面向 21 世纪课程教材

全国高校计算机公共课重点教材

大学计算机基础

朱文球　刘阳　张建伟　刘强　主编

北京大学出版社
PEKING UNIVERSITY PRESS

内 容 简 介

本书是根据教育部计算机基础课程教学指导分委员会提出的"白皮书"中有关"大学计算机基础"课程的"一般要求"编写的，反映了高等学校计算机基础课程教学改革的最新成果。本书特点是基于 Windows XP 环境，强调其实用性。

本书共分 9 章，主要内容有计算机的基本概念、计算机系统及其基本原理、计算机软件基础、办公软件 Office 2003、数据库系统、多媒体技术、计算机网络和信息安全基础等。本书内容丰富、重点突出、图文并茂、深入浅出、通俗易懂。通过对本书的学习，读者可掌握计算机的基本知识和基本技能，并可以为进一步学习计算机知识打下坚实的基础。

本书可作为高等学校大学计算机基础课程教学用书，也可作为全国计算机水平等级考试及各类计算机培训班的教材和计算机入门的自学教材。

图书在版编目（CIP）数据

大学计算机基础/朱文球，刘阳，张建伟，刘强主编. —北京：北京大学出版社，2008.4
（面向 21 世纪课程教材·全国高校计算机公共课重点教材）
ISBN 978-7-301-13098-8

Ⅰ. 大…　Ⅱ. ①朱…　②刘…　③张…　④刘…　Ⅲ. 电子计算机—高等学校—教材　Ⅳ. TP3

中国版本图书馆 CIP 数据核字（2007）第 173839 号

书　　　　名：	大学计算机基础
著作责任者：	朱文球　刘阳　张建伟　刘强　主编
责 任 编 辑：	温丹丹
标 准 书 号：	ISBN 978-7-301-13098-8/TP·0931
出　版　者：	北京大学出版社
地　　　址：	北京市海淀区成府路 205 号　100871
电　　　话：	邮购部 62752015　发行部 62750672　编辑部 62765126　出版部 62754962
网　　　址：	http://www.pup.cn
电 子 信 箱：	xxjs@pup.pku.edu.cn
印　刷　者：	世界知识印刷厂
发　行　者：	北京大学出版社
经　销　者：	新华书店
	787 毫米×1092 毫米　16 开本　21 印张　495 千字
	2008 年 4 月第 1 版　2009 年 7 月第 3 次印刷
定　　　价：	32.00 元

前　言

随着科学技术的飞速发展和计算机应用的日益普及，人类已进入计算机广泛应用的信息化时代，学习和掌握计算机的基础知识和基本技能成为信息社会对各类人才的必然要求。

本书是根据教育部计算机基础课程教学指导分委员会提出的"白皮书"中有关"大学计算机基础"课程的"一般要求"编写的，反映了高等学校计算机基础课程教学改革的最新成果。

本书由高校长期从事计算机基础教学的教师集体编写，是各位编者多年教学经验和智慧的结晶。为了保证教材的实用性和权威性，作者在撰稿前对教材内容体系进行了认真的分析和研究，在编写过程中，对书稿进行了反复修改，几易其稿。为了使读者更好地掌握教材内容，在每一章后均附有一定数量的习题。

本书共分 9 章，第 1 章介绍计算机的基本概念和基础知识；第 2 章介绍计算机中数据的表示方法；第 3 章介绍计算机系统及其基本原理；第 4 章介绍计算机操作系统基础知识，主要包括 Windows XP、Linux 系统简介；第 5 章介绍 Office 2003 办公软件的基本操作和使用，主要包括 Word、Excel 和 PowerPoint 等内容；第 6 章介绍多媒体技术及应用；第 7 章介绍数据库原理及应用；第 8 章介绍计算机网络的基本概念、基本原理及 Internet 的应用；第 9 章介绍信息安全的基本知识。

本书的可操作性强，对所有实例都列出了非常详细的操作过程，并且配有例图，读者只要按照书中的步骤一步一步地操作，就可以掌握所学的内容。

本书力求内容新颖、概念清楚、技术实用、通俗易懂，通过对本书的学习，读者可掌握计算机的基本知识和基本技能，并可以为进一步学习计算机知识打下坚实的基础。

本书由湖南工业大学朱文球、刘阳、张建伟、刘强老师主编。

我们真诚希望本书能给读者以最大的帮助，也希望读者通过本书的学习能真正领悟计算机学科和利用计算机提高工作效率的真谛。由于编者水平有限，加之时间仓促，书中难免有错误和不妥之处，敬请读者批评指正。

编　者

2008 年 4 月

目　　录

第 1 章　计算机与信息社会

【学习目标】
1. 了解信息技术相关的概念。
2. 了解计算机的发展史以及计算机发展新技术。
3. 了解计算机的分类的方法。
4. 掌握计算机的特点和应用。

1.1　计算机的发展

1.1.1　计算机的定义

计算机应用已经深入到社会生活的许多方面，从家用电器到航天飞机，从学校到工厂。计算机所带来的不仅仅是一种行为方式的变化，更是人类思考方式的革命。计算机（Computer）和计算（Computation）是密切相关的，但计算机不是一个单纯作为计算工具使用的"计算机器"，计算机是一台自动、可靠、能高速运算的机器，只要人们给它一系列指令，它就能够自动地按照指令去完成被指定的工作，由于计算机能作为人脑的延伸和发展，可以用比人脑高得多的速度完成各种指令性甚至智能性的工作，所以人们又将它称为电脑。

1.1.2　计算机的发展历程

计算的概念和人类文明历史是同步的。自从有人类活动记载以来，对自动计算的追求就一直没有停止过。唐代末期我国发明了算盘，可以被认为是人类最早被广泛使用的计算装置。随后欧洲相继出现了计算尺、电动机械计算机、手摇计算机等计算工具。

1642 年，法国青年布莱斯·帕斯卡发明的 Pascaline 被公认为是人类历史上的第一台自动计算机器。为了纪念这位自动计算的先驱，著名的程序设计语言 Pascal 就是以他的名字命名的。德国著名数学家莱布尼兹于 1673 年改进了 Pascaline 计算机的轮子和齿轮，造出了可以准确进行四则运算的机器，同时莱布尼兹还是二进制的发明人。

19 世纪初，英国数学家查尔斯·巴贝奇设想要设计一台机器完成大量的公式计算，该机器后来被称为"差分机"。与巴贝奇一起进行研究的还有著名诗人拜伦的女儿奥古斯塔·拜伦。这台机器的原理为 IPOS（Input，Processing，Output and Storage），即输入、处理、输出和存储。现代计算机的基本原理就是来自于巴贝奇的发明，因此巴贝奇被公认为"计算机之父"。

19 世纪末，美国人口调查局的赫尔曼·霍勒里斯研制了一种穿孔卡片机用于人口统计。他和老汤马斯·沃尔森联合成立了一家公司，20 世纪 40 年代，这家公司更名为国际商业机器公司，即 IBM 公司。

在计算机领域的发展历史中，还有许多引人入胜的故事。计算机发展的历史是和从事计算机专业的科学家、工程师们的非凡想象力和创造力分不开的！

1.1.3 第一台电子计算机

1930 年之前的计算机主要是通过机械原理实现的。1939 年美国依阿华大学的阿塔纳索夫（Jhon Atanasoff）和他的助手贝里（K.Berry）建造了能求解议程的电子计算机。这台计算机后来被称为 ABC（Atanasoff Berry Computer）。ABC 没有投入实际使用，但它的一些思想却为今天的计算机所采用。此后，哈佛大学的霍华德·邓肯在 IBM 公司的资助下，制造了 Mark I 计算机，如图 1-1 所示。

图 1-1   Mark I 计算机

有人把 ABC 作为第一台"电子计算机"，也有人认为世界第一台电子计算机诞生于 1946 年，它是由美国宾夕法尼亚大学莫尔学院的 4 位科学家和工程师埃克特、莫奇列、戈尔斯坦、博克斯研制出来的，这台计算机取名为 ENIAC（Electronic Numerical Integrator And Calculator，读作"埃尼克"，如图 1-2 所示）。 现在部分教科书尤其是国内的书籍中均以后者为准（本教材中我们也这样认为），但在新出版的著作中基本上以前者为准。ENIAC 长 30.48 米，宽 1 米，占地面积 170 平方米，大约使用了 18800 个电子管，1500 多个继电器，6000 多个开关，重 30 吨，功率达 150kw，每秒能做 5000 次加、减运算。ENIAC 主要用来进行弹道计算的数值分析，它采用十进制进行计算，主频仅为 0.1MHz，它计算炮弹弹道只需要 3 秒钟，而在此之前，则需要 200 人手工计算两个月。除了常规的弹道计算外，ENIAC 后来还涉及诸多的科研领域，曾在第一颗原子弹的研制过程中发挥了重要作用。

之所以把 ENIAC 作为世界上研制的第一台电子数字计算机，是因为它是第一台可以真正运行的并全部采用电子装置的计算机，它的诞生是人类文明史上的一次飞跃，它宣告了计算机时代的到来。1958 年 8 月 1 日，我国第一台数字电子计算机——103 机诞生（如图 1-3 所示），平均运算速度为每秒 30 次。经改进配置了磁心存储器，计算机的运算速度提高到每秒 1800 次。北京有线电厂生产了 36 台，定名为 DJS–1 型计算机。

图 1-2　世界第一台电子计算机

图 1-3　我国第一台数字电子计算机 103 机

1946 年，美籍匈牙利科学家冯·诺依曼提出了程序存储式电子数字自动计算机（The Eletronic Discrete Variable Automatic Computer，EDVAC）的方案，由于各种原因，直到 1951 年 EDVAC 的设计才告完成，在这台计算机中确定了计算机硬件的五个基本部件，即输入器、输出器、控制器、运算器、存储器，它采用了二进制编码，把程序和数据存储在存储器中。

在 EDVAC 研制的同时，英国剑桥大学威尔克思教授在冯·诺依曼程序存储式思想启发下，领导研制了埃德沙克计算机（The Electronic Delay Storage Automatic Calculator，EDSAC），于 1949 年 5 月正式投入运行，成为世界上第一台程序存储式电子计算机。

在距今短短的六七十年的时间，根据电子计算机采用的物理器件（电子元器件）的不同进行划分，计算机的发展经历了四个阶段（或者说划分为四代，也有观点把 1992 年以后的计算机划分为第五代），目前计算机正在向微型化、网络化、智能化发展。计算机的四个发展阶段如表 1-1 所示。

表 1-1　计算机的四个发展阶段

	第一代	第二代	第三代	第四代
起止年代	1946~1957 年	1958~1964 年	1965~1970 年	1971~至今
所用的电子元器件	电子管	晶体管	中、小规模集成电路	大规模、超大规模集成电路
数据处理方式	机器语言、汇编语言	高级程序设计语言	结构化、模块化程序设计、实时处理	实时、分时数据处理、网络操作系统
运算速度	0.5 万~3 万次/秒	几十万~几百万次/秒	几百万~几千万次/秒	上亿次/秒
主存储器	磁芯、磁鼓	磁芯、磁鼓	磁芯、磁鼓、半导体存储器	半导体存储器
外部辅助存储器	磁带、磁鼓	磁带、磁鼓、磁盘	磁带、磁鼓、磁盘	磁带、磁鼓、磁盘
主要应用领域	国防及高科技	工程设计、数据处理	工业控制、数据处理	工业、生活等各方面
典型机种	ENIAC、EDVAC、IBM 701、UNIVAC	IBM 7000、CDC 6600	IBM 360、PDP 11、NOVA 1200	IBM 370、VAX II、IBM PC

20 世纪 60 年代中期到 70 年代初，也就是第三代计算机时期，出现了操作系统。

20 世纪 70 年代中期以后，集成电路技术更加成熟，集成度越来越高。这一时期的计算机无论是在体系结构方面还是在软件技术方面都有较大提高，我们把它称为微型计算机。自 1971 年世界第一台 4 位微型电子计算机机——MCS-4 诞生以来，微型计算机系统不断升级换代，其发展经历了以下几个阶段。

20 世纪 70 年代初期（1971～1972 年）为第一阶段，以 4 位微处理器为基础。典型产品有 Intel 公司生产的 Intel 4004、Intel 4040 以及 Intel 8008，芯片集成度大约为 2300 个晶体管/片，时钟频率约为 1MHz。

20 世纪 70 年代中、后期（1973～1977 年）为第二阶段，以 8 位微处理器为基础。典型产品为 Intel 公司生产的 Intel 8080，Motorola 公司生产的 M6800 和 Zilog 公司生产的 Z80，CPU 字长为 8 位，集成度为 4000～10000 个晶体管/片，时钟频率为 2.5～5 MHz。

20 世纪 80 年代初为第三阶段，以 16 位微处理器为基础。典型产品为 Intel 公司生产的 Intel 8088/8086、Intel 80286、Motorola 公司生产的 M68000 和 Zilog 公司生产的 Z8000，CPU 字长为 16 位，集成度为 2~7 万个晶体管/片，时钟频率为 4～10 MHz。

20 世纪 80 年代中期进入 32 位微型计算机的发展阶段，这一阶段属于第四阶段，以 32 位微处理器为基础。典型产品为 Intel 公司生产的 32 位微处理器 Intel 80386、Intel 80486、Pentium、Pentium II、Pentium III、Pentium IV集成度为 10～4200 万个晶体管/片，时钟频率为 10MHz～1.4 GHz。2001 年 Intel 公司推出时钟频率达 2GHz 的 P4 处理器，目前最新的 Pentium IV CPU 的时钟频率已达 3.8GHz 以上。

微型计算机发展极其迅猛，PC 使用的微处理器芯片的集成度几乎平均每 18 个月增加一倍，处理速度提高一倍。目前，世界上几家著名的微处理器芯片制造厂商已开发出 64 位微处理器芯片。随着微电子技术的发展，64 位计算机的体系结构将取代 32 位的体系结构。

1.1.4　现代计算机的分类

计算机种类很多，分类方法也很多。根据原理不同，计算机可分为：电子模拟计算机和电子数字计算机。根据其用途不同又可分为：通用计算机和专用计算机。平常使用的计算机是能解决各种问题、具有较强通用性的电子数字计算机。目前更常用的一种分类方法是按计算机的运算速度（MIPS——每秒百万条指令，是计算机处理能力的一个主要指标）、字长、存储容量等综合性能指标将计算机分为以下 7 类。

（1）超级计算机（又称为巨型计算机）。20 世纪 70 年代以后，巨型计算机得到了迅速的发展，它是几种计算机中价格最贵、功能最强、占地面积最大的一类，它主要应用于航天、气象、核反应等尖端科学领域。目前，世界上最快的巨型机的运算速度达到每秒十万多亿次，美国、日本是生产巨型机的主要国家。美国巨型计算机 Cray-2 峰值速度达到 1.951Gflops（浮点运算），巨型 CM-5 系统峰值速度超过 1Tflops。我国先后推出了银河 I（1 亿次，见图 1-4）、银河 II（10 亿次）、银河III（130 亿次）等巨型计算机，并于 2000 年 7 月和 2001 年 2 月成功地研制出"神威一号"3840 亿次的巨型计算机、"曙光 3000"4032 亿次的高性能超级服务器，这标志着我国计算机水平已跨入世界先进之列。

图1-4　"银河-I"巨型计算机

（2）大、中型计算机。大型计算机通常使用多处理器结构，其特点是通用性强、综合处理能力强、性能覆盖面广等，它主要用于大公司、大银行、航空、国家级的科研机构等。目前只有少数国家从事大型机的研制、生产工作，美国的 IBM、DEC，日本的富士通、日立等公司是生产大型机的主要厂商。

（3）小型计算机。小型机规模小、结构简单、可靠性高、成本较低，易于操作又便于维护，比大型机更具有吸引力。如 DEC 公司推出的 PDP–11 和 VAX 系列小型机。小型机广泛用于企业管理、工业自动控制、数据通信、计算机辅助设计等，也用作大型、巨型计算机系统的端口。

（4）工作站。工作站是具有很强功能和性能的单用户计算机，其性能高于一般微机的一种多功能计算机，它通常主要用于图形图像处理、计算机辅助设计、软件工程以及大型控制中心等信息处理要求比较高的应用场合。

工作站不同于网络系统中的工作站。网络中的工作站泛指联网的用户节点，这里的工作站指的是一种高档微机，它配有大屏幕、高分辨率的显示器，大容量的内存储器，而且大都具有较强的联网功能。

（5）微型计算机。微型计算机也叫个人计算机（Personal Computer，PC），简称微机或者 PC。微型计算机因其具有小、轻、价廉、易用等优势，它的应用已渗透到社会生活的各个方面，几乎无处不在，无所不用，使微型计算机成为目前发展最快的领域。

（6）移动计算机。移动计算机也是微机，只是它的体积更小，便于携带，通常叫做便携式微机，或者叫做笔记本电脑。几年前曾经有过移动计算机的新机种叫做移动 PC，但发展并未像预料中的那样成功。移动 PC 采用了台式机的部分零件，取消了随机电池，目的是节约成本，降低价格。

（7）嵌入式计算机。简单地说，如果把处理器和存储器以及接口电路直接嵌入设备当中，这种计算机就是嵌入式计算机。嵌入式系统中使用的"计算机"往往基于单个或少数几个芯片，芯片上处理器、存储器以及外设接口电路是集成在一起的。在通用计算机中使用的外设，包含嵌入式微处理器，许多输入输出设备都是由嵌入式处理器控制的。在制造业、过程控制、通信、仪器仪表、汽车、船舶、航空航天、军事装备、消费类产品等许多领域，嵌入式计算机都有其广泛的应用。

1.2　计算机的特点和用途

无论今后的计算机如何发展，如何变化，它只会变得越来越好。本节将概要地介绍一下它们的特点和用途。

1.2.1　计算机的特点

简单归纳计算机的特点为高速、精确的运算能力，准确的逻辑判断能力和强大的存储能力，以及自动处理功能和网络与通信功能。

（1）具有记忆装置，因而具有强大的存储能力。计算机的工作步骤、原始数据、中间结果和最后答案都可以存入记忆装置（即计算机的存储器）。

（2）高速、精确的运算能力。计算机的计算精度和速度是其他计算工具难以达到的，高速度的计算机具有极强的处理能力，特别是能在地质、能源、气象、航天航空以及各种大型工程中发挥作用。

（3）准确的逻辑判断能力。计算机能够进行逻辑运算，在计算过程中若遇到支路，计算机自己能够根据编好的计算步骤判断应当选择哪一条支路进行计算，这一功能，使计算机的自动计算成为可能。

（4）自动处理功能。计算机可以将预先编好的一组指令（称为程序）先"记"下来，然后自动地逐条取出这些指令并执行，工作过程完全自动化，不需要人的干预，而且可以反复进行。

（5）网络与通信功能。计算机技术发展到今天，不仅可以将几十台、几百台甚至更多的计算机连成一个网络，而且可以将一个个城市、一个个国家的计算机连在一个计算机网络上。目前最大、应用范围最广的国际互联网（Internet），连接了全世界150多个国家和地区数亿台的各种计算机。在网上的计算机用户可共享网上资料、交流信息、互相学习。

1.2.2　计算机的应用领域

现在已进入信息社会和网络时代，计算机的应用已渗透到人类社会活动的各个领域和人们的日常生活之中，成为当今生活中不可缺少的一部分。计算机的主要应用领域包括制造业、工商业、教育、医药、办公自动化与电子政务、艺术与娱乐、科研、信息家庭。按照计算机应用的特点，可以划分为以下几种应用类型。

1. 科学计算

科学计算主要是使用计算机进行数学方法的实现和应用。在计算机发展的历史中，科学计算是计算机最早应用的领域。现代科学技术的发展，使得人们在各个领域中遇到的计算问题将越来越大和越来越复杂，而这些问题也都将由计算机来解决，如著名的人类基因序列分析计划、人造卫星的轨道测量、气象卫星云图数据处理等。随着计算机技术的飞速发展，特别是互联网技术的发展，计算机的应用领域将会越来越广泛，科学计算在计算机应用中所占比重将会逐渐减小。

2. 数据处理

数据处理的另一个叫法是"信息处理"。如完成数据的输入、分析、合并、分类、统计等方面的工作，以形成判断和决策的信息。信息处理是目前计算机使用量最大的领域，随着计算机技术的发展，计算机在企业管理、银行业务、政府办公等方面的应用将得到更迅速的推广。

3. 过程控制

计算机过程控制又称为实时控制，指用计算机即时采集检测数据、判断系统的状态，对控制对象进行实时自动控制或自动调节。过程控制广泛应用于冶金、机械、石油、化工水电、航天等领域。在工业生产中计算机对生产线进行过程控制：产品的原料下料、加工、组装、成品质量检测。由于计算机的高速和精确的运算使生产效率和产品质量大大提高，并且降低了生产成本。

4. 计算机辅助系统

计算机辅助系统包括 CAD、CAM、CAI、CAT、CAE 等。

（1）计算机辅助设计（CAD，Computer Aied Design），就是用计算机帮助设计人员进行设计，如超大规模集成电路的版图设计。利用计算机的快速运算能力，可以任意改变产品的设计参数，从而可以得到多种设计方案，选出最佳设计。还可以进一步通过工程分析、模拟测试等方法，用计算机仿真模拟代替制造产品的模型（样品），借以降低产品的试制成本，缩短产品的设计、试制周期，增强市场竞争力。上述方法有时也称为计算机辅助工程（CAE），或与 CAD 合称 CAD-CAE。

（2）计算机辅助制造（CAM，Computer Aied Manufacturing），它包括用计算机对生产设备进行管理、控制和操作的过程。如 20 世纪 50 年代的数控机床，70 年代的"柔性制造系统"（FMS），80 年代的计算机集成制造系统（CIMS，Computer Integrated Manufacturing System）。

（3）计算机辅助教学（CAI，Computer Aied Instruction），就是利用计算机系统使用课件来进行教学，改变了粉笔加黑板的教学方式。

计算机管理教学（CMI，Computer Managed Instruction），包括教务管理、教学计划制订、课程安排、计算机题库及计算机考评分系统等。

CAI 和 CMI 合称 CBE——计算机辅助教育。

（4）计算机辅助测试（CAT，Computer Aied Testing），是采用计算机作为工具，将计算机用于产品的设计、制造和测试等过程的技术。

5. 人工智能（AI，Artificial Intelligence）

人工智能是指将人脑进行的演绎推理的思维过程、推理规则和选择策略集合存储在计算机中，然后让计算机根据所获得的信息去自动求解。因此，人工智能是通过计算机研究、解释和模拟人类智能、智能行为及其规律的学科。它们主要有专家系统、机器人、模式识别和智能检索等系统，其任务由能实现智能信息处理、模仿人类智能的计算机系统完成。

6. 数据库应用

数据库是长期存储在计算机内、有组织的可共享的数据集合。当今任何一个工业化国家从国民经济信息系统和跨国科技情报网到个人的通信、银行账目、社会保险、图书馆等都与数据库有关。数据库是一种资源，通过计算机技术和网络通信技术，人们可以充分利用这种资源。

7. 多媒体技术应用

多媒体技术是把数字、文字、声音、图像及动画等多种媒体有机组合起来，利用计算机、通信和广播电视技术，使它们建立起逻辑联系，并进行加工处理的技术。目前多媒体技术的应用正在不断拓展。

8. 网络与通信

作为信息技术革命的支柱，数字化和网络化将成为知识经济时代的基本特征。在知识经济时代，谁能最快获得最新的信息，谁就能创造财富、把握未来，这已成为人们的共识。全球经济一体化，利用 Internet 开展电子商务工作，对经济增长有着巨大的推动作用。网络应用一个非常重要方面就是电子邮件，电子邮件（E-mail）是 Internet 上最基本、使用最多的服务。据统计，Internet 上 30%以上的业务量是电子邮件。现在的电子邮件不仅可以传递文字信息，而且可以传输声音、图像、视频等内容。网络应用在现代社会将会越来越普及。

1.3　计算机的新技术

当前计算机的发展趋势概括为：巨型化、微型化、多媒体化、网络化和智能化。前 3 项的内涵想必大家已经能看得到，这里介绍一下智能化。

1. 计算机智能研究的发展方向

智能化就是要求计算机能模拟人的思维功能和感观，即具有识别声音、图像的能力，有推理、联想学习的功能。其中最具代表性的领域是专家系统和智能机器人。例如，用运算速度为每秒约 10 亿次的"力量 2 型"微处理器制成的"深蓝"计算机在 1997 年战胜国际象棋世界冠军卡斯帕罗夫。

现在计算机绝大部分只能按照人类给它编制的程序进行运算，其智能水平还很低。目前由世界各国 100 多位著名计算机专家联合研制的 "下一代计算机"，拟在神经计算机和模糊计算机相结合的基础上实现，其主要特点表现在以下 4 个方面。

（1）计算机应能从事"非意识"性的工作

现在的计算机只能从事"有意识"的工作，一切都是依照人们事先设计好的程序来进行有关操作。今后的计算机发展趋势应增强应付突发事件的能力，这种突发事件并不是像今天的计算机中断处理，因为今天的中断处理功能实际上也是人们事先设计好的。这里所讲的突发事件是事先根本无法预测的事件，比如教室里上课的时候，外面突然鼓乐齐鸣，师生事先并没有这种意识存在，也根本不存在这类事件的处理程序，但在日常生活中，人的潜意识里面肯定会有反映，有判断，有思维表现出来。人脑能从事这类"非意识"的思维，而目前的计算机缺少这方面的能力。

（2）计算机应提高形象思维和综合处理能力

当今的计算机无论是巨型机，还是高性能微型机，在图像识别上还只能按行、列对像素进行处理，采用分析的方法得出结论，其形象思维、综合处理水平很低。

而人脑却能进行形象思维，能在瞬间完成立体图像的识别，计算机的图像识别综合处理、判断速度目前远不如人脑，21 世纪的计算机应提高这方面的能力。

（3）计算机应增加直观处理问题的能力

目前的计算机解决问题，人们对它总是先要设计算法，分析框图，最后编写程序上机执行。这都是遵循规则的，并且是经过了推理的。这种规则即相当于交通红绿信号灯，依指挥而行动，然而在现实世界当中，没有红绿信号灯，人们照样也可能横穿马路，这是因为人的大脑可以对周围的环境做出直观的判断。计算机目前缺少这种能力，现阶段它只能遵照程序规则办事，它的直观处理能力还远不如人脑。

（4）计算机应进一步提高并行处理能力

计算机的处理速度虽说已达到每秒多少亿次，甚至多少万亿次，其实在许多方面它还不如人脑，对图像的识别，如判断一张照片中的人物图像是大人，还是小孩，这个人是否见过，是否认识，人脑瞬间即可判断完成，而计算机却达不到人脑的速度，这是因为人脑的神经元并行处理能力比计算机强多了，这方面计算机的处理水平还比较低。

诸如以上提到的一些问题都是 21 世纪计算机发展过程中必须逐步提高、逐步解决的问题，这是 21 世纪计算机的发展趋势。

2．未来型计算机（Future Genneration Computer System，FGCS）的展望

科学家们在研制智能计算机的同时，也开始探索更新一代的计算机：神经网络计算机、光电子计算机和生物电子计算机。

（1）神经网络计算机。就是用简单的数据处理单元模拟人脑的神经元，从而模拟人脑活动的一种巨型信息处理系统，它具有智能特性，能模拟人的逻辑思维、记忆、推理、设计、分析、决策等智能活动，人、机之间有自然通信能力。

（2）生物计算机。生物计算机使用生物芯片，生物芯片是由生物工程技术产生的蛋白分子为主要原材料的芯片，它具有巨大的存储能力，且能以波的形式传输信息。生物计算机的数据处理速度比当今最快的巨型机的速度还要快百万倍以上，而能量的消耗仅为其十亿分之一。由于蛋白分子具有自我组合的特性，从而可能使生物计算机具有自调节能力、自修复能力和再生能力，更易于模拟人类大脑的功能。

（3）光电子计算机。利用光子代替现代半导体芯片中的电子，以光互连代替导线互连制成全光数字计算机。

1.4　信息化社会

在前面几节中简述了计算机的发展以及计算机在各领域的广泛应用，从而看到计算机的普及，以及网络通信的发展使其对人们的生产、生活乃至对社会的发展已产生了深刻的影响，今后世界的发展趋势是从社会工业化迈向社会信息化。20 世纪末人类已进入了信息化社会，计算机对 21 世纪信息社会的发展将产生更加广泛和深刻的影响。

1.4.1　信息技术的基本概念

1. 信息

信息这一概念目前并没有一个严格的定义。最开始源于通信技术研究中涉及到的噪声干扰下正确接收信号的问题，从而产生了通信工程等学科，逐步形成了狭义信息论、广义信息论等研究领域。狭义信息论主要指基于通信范围内的研究，广义信息论则是指信息科学的研究。

信息通常指消息，对人有用的消息称为信息，信息应当认为是一种资源。现实中的各类信息要进入计算机系统进行处理的话，首先要将信息转换成为能为计算机所识别的符号。信息表示必须符号化，而这些符号化的信息就是数据。数据可以是文字、数字或图像，是信息的载体和具体表示形式。可以这样说，在计算机系统中，信息是抽象的，而数据是具体的，信息必须通过数据来表征。

2. 信息技术

信息技术（Information Technology）是在信息科学的基本原理和方法的指导下扩展人类信息功能的技术。一般来说，信息技术是以电子计算机和现代通信为主要手段实现信息的获取、加工、传递和利用等功能的技术总和。人的信息功能包括：感觉器官承担的信息获取功能，神经网络承担的信息传递功能，思维器官承担的信息认知功能和信息再生功能，效应器官承担的信息执行功能。按扩展人的信息器官功能分类，信息技术可分为以下几方面技术。

（1）传感技术——信息的采集技术，对应于人的感觉器官。传感技术的作用是扩展人获取信息的感觉器官功能，包括信息识别、信息提取、信息检测等技术，它几乎可以扩展人类所有感觉器官的传感功能。信息识别包括文字识别、语音识别和图形识别等。通常是采用一种叫做"模式识别"的方法。传感技术、测量技术与通信技术相结合而产生的遥感技术，更使人感知信息的能力得到进一步的加强。

（2）通信技术——信息的传递技术，对应于人的神经系统的功能。通信技术的主要功能是实现信息快速、可靠、安全的转移。各种通信技术都属于这个范畴。广播技术也是一种传递信息的技术。由于存储、记录可以看成是从"现在"向"未来"或从"过去"向"现在"传递信息的一种活动，因而也可将它看成信息传递技术的一种。

（3）计算机技术——信息的处理和存储技术，对应于人的思维器官。计算机信息处理技术主要包括对信息的编码、压缩、加密和再生等技术。计算机存储技术主要包括着眼于计算机存储器的读写速度、存储容量及稳定性的内存储技术和外存储技术。

（4）控制技术——信息的使用技术，对应于人的效应器官。控制技术即信息施用技术是信息过程的最后环节，它包括调控技术、显示技术等。

由上可见，传感技术、通信技术、计算机技术和控制技术是信息技术的四大基本技术，其主要支柱是通信（Communication）技术、计算机（Computer）技术和控制（Control）技术，即"3C"技术。信息技术是实现信息化的核心手段。信息技术是一门多学科交叉综合的技术，计算机技术、通信技术、多媒体技术、网络技术互相渗透、互相作用、互相融合，将形成以智能多媒体信息服务为特征的时空的大规模信息网。信息科学、生命科学和材料科学一起构成了当代三种前沿科学，信息技术是当代世界范围内新的技术革命的核心。信息科学和技术是现代科学技术的先导，是人类进行高效率、高效益、高速度社会活动的理论、方法与技术，是国家现代化的一个重要标志。

3. 从工业化到信息化

信息化是指在经济和社会活动中，通过普遍采用现代信息技术和信息装备，建设和完善先进的信息基础设施，发展信息技术和信息产业，增强开发和利用信息资源的能力，促进经济发展和社会进步，使信息产品和服务在国民经济中占据主导地位，使物质与精神生活的质量和水平实现高度发展的历史进程。

蒸汽机的发明，揭开了世界工业化的序幕。从 18 世纪 60 年代到 20 世纪 50 年代的两个世纪，是人类社会从农业社会普遍向工业社会过渡的时期。一场由动力革命开端，以机电技术为核心的工业革命，向社会提供了蒸汽机、电动机等动力机械和各种工作母机，不仅减轻了体力劳动，而且大幅度提高了生产率，为社会创造了前所未有的物质文明。与此同时，电力的普遍利用促进了电报、电话、广播等技术的发明与应用，使信息的交流与传播速度更快、范围更广。

20 世纪 50 年代，工业化时代达到了鼎盛时期。但是，高度的工业发展也带来了能源和材料的过度消耗与环境的严重污染，出现了工业技术本身难以克服的矛盾。社会呼唤新的生产力，以保持经济的继续增长。

早在 1906 年，人类就发明了电子管，这是电子技术的萌芽。1946 年发明了计算机，从 20 世纪 50 年代到 20 世纪 60 年代，晶体管计算机和中、小集成电路计算机相继问世，信息技术有了较大的发展。但当时计算机的应用还不普遍，即使在工业发达国家，信息工业的产值也远远落后于钢铁工业、汽车工业等传统产业的产值。大规模集成电路的使用，使信息技术出现了新的飞跃。在 20 世纪 70 年代的世界能源危机中，许多传统产业产量下降，唯有信息产业独领风骚，以年均 20%~25% 的增长率持续上升，终于在 20 世纪 90 年代初在美国跃居为第一位大产业。上述的事实，使人们认识到世界已进入一个新时代——信息化时代。美国科学院将这场变革称为信息革命或第二次产业革命，以区别于 18 世纪下半叶开始的工业革命或第一次产业革命。

如果说工业革命是以能源的开发为中心，用动力机和工作机代替人的体力劳动，推动了农业社会向工业社会的过渡，那么信息革命将是以信息的利用为中心，通过改进信息的处理和传播，用计算机来辅助人的脑力劳动，促进工业社会向信息社会的演变。自 20 世纪 50 年代以来，美国建成了遍布全国的高速公路网，加速了物资、商品和劳务的流通，大大推动了美国及其周边国家经济的发展，在此背景下，1991 年参议员阿尔·戈尔（AL Gore）提出了"信息高速公路（Information Superhighway）法案"。1993 年 9 月戈尔代表美国政府提出的"NII（国家信息基础设施）行动日程"计划，欧洲议会公布的"欧洲通向信息社会之路行动计划"（1994年 7 月），以及西方七国集团（美、日、加、法、德、英、意）首脑会议通过的 11 项 GII 示范计划（1995 年 2 月），把全球的社会信息化正式提上了各国政府的议事日程。

4. 信息社会的特征

同信息化以前的社会相比，信息社会具有下列的主要特征。

（1）信息成为重要的战略资源。在工业社会，能源和材料是最重要的资源。信息技术的发展，使人们日益认识到信息在促进经济发展中的重要作用，把信息当作一种重要的战略资源。一个企业不实现信息化，就很难增加生产，提高与其他企业的竞争能力；一个国家如果缺乏信息资源，又不重视提高信息的利用和交换能力，只能是一个贫穷落后的国家。

（2）信息业上升为最重要的产业。1977 年，美国学者 M.U.Portat 就提出一种宏观经济结构理论，将信息业与工业、农业、服务业并列为四大产业。信息业不能代替工业生产汽车，也不能代替农业生产粮食。但它是发展国民经济的"倍增器"，通过提高企业的生产水平，改进产品质量，改善劳动条件，能够产生明显的经济效益与社会效益。自 20 世纪 80 年代以来，信息业高速发展，在发达国家的增长率一般达到国民经济总值增长率的 3～5 倍。我国在"八五"期间，电子工业年平均递增 27%，电信业年平均递增 40%以上，分别为同期国民经济总值增长率的 2～3 倍。可以预期，在信息社会中，信息业将成为全世界最大的产业。

（3）信息网络成为社会的基础设施。随着 NII 计划的提出和 Internet 网的扩大运行，"网络就是计算机"的思想已深入人心。因此，信息化不单是让计算机进入普通家庭，更重要的是将信息网络联通到千家万户。如果说供电网、交通网和通信网都是工业社会中不可或缺的基础设施，那么信息网的覆盖率和利用率，理所当然地将成为衡量信息社会是否成熟的标志。美国政府计划在 20 年内为 NII 投资 4000 亿美元，并且企业界的投资将多倍于此数，足见这一基础设施的建设规模。

5．我国社会的信息化

我国于 1954 年提出过渡时期的总路线，确定了实现工业化的目标和途径。1958 年，第一台电子计算机在我国诞生。1964 年制成了晶体管计算机，1971 年又研制出集成电路计算机。改革开放以来，政府对发展计算机技术十分重视。1980 年提出了"大、中、小结合，以中、小为主，大力发展微型机，着重普及应用"的方针，小型机与微型机的生产先后形成系列。1983 年，科学院和国防科技大学相继研制成每秒千万次的 757 型计算机和每秒 1 亿次的银河计算机，进一步丰富了研制大型机和巨型机的经验。

邓小平同志在 1984 年的一次题词"开发信息资源，服务四化建设"，是国家领导人首次从信息化的高度对经济建设提出的新要求。1990 年，江泽民同志进一步指出，"四个现代化无一不和电子信息有紧密联系，要把信息化提到战略地位上来，要把信息化列为国民经济的重要方针"。1993 年，国务院重新组建了电子信息系统推广办公室，明确提出了"工业化与信息化并举，用信息化加速工业化"的建设方针，而不是先搞工业化，后搞信息化。"八五"、"九五"期间，我国计算机的装机数量由 1990 年的 50 万台增长到 2000 年的 1000 万台；传统产业的改造向深、广发展，建材、冶金、化工、机械等工业炉窑广泛采用计算机控制，CAD 和 MIS 的普及率显著提高；以"三金"工程为代表的一系列重大信息工程开始实施；信息服务业初具规模，全国应用技术队伍有 100 多万人。

今天，我国正处于信息化建设和计算机应用大发展的重要时期。按照国家"九五"计划和 2010 年远景目标纲要，我国的信息化建设在近期内的目标与任务应该包括以下内容。

（1）继续实施"金系列"工程，促进国家信息基础设施的建设，与国际接轨。基本建成"金桥"、"金关"、"金卡"、"金税"等工程并投入运行，"金企"、"金农"、"金卫"等工程也开始实施。

（2）加强对传统产业的改造力度，使之向综合化、集成化、智能化的方向发展。到本世纪末，全国要有 1000 个大型骨干企业基本实现企业信息化；主要产品用计算机辅助设计，生产过程和生产线采用计算机控制，企业用计算机网络进行综合管理；80%的大型商业企业和30%～40%的中、小企业普及计算机管理，初步实现管理现代化；机械制造业的 CAD 普及率达到 70%以上，在主要设计单位要实现"甩掉图板"；全国 70%的工业炉窑用计算机进行节能控制，年节电 1000 亿度。

（3）加快信息技术和信息服务业的发展，鼓励自有品牌的成套产品及典型应用系统的开发，扶持软件服务业、系统集成业、数据库及信息咨询等信息服务业的发展，把电子信息产业建设成国民经济的支柱产业之一，使之在国民经济整体中占有重要的地位。

（4）普及计算机教育，提高全民族的计算机文化。实现信息化最终要靠人才，只有为实施信息化建设和应用信息化设施培养出足够数量的人才，信息化才有确切的保证。

1.4.2　计算机文化与社会信息化

本节将从社会发展的角度，讨论计算机文化对未来社会的影响，并且联系我国的国情，阐明在国内普及计算机文化的重要意义。

1. 计算机文化

计算机文化（Computer Literacy）的概念是在计算机被广泛应用的背景下，于 1981 年召开的第三次世界计算机教育会议上，首次被提出来的。从教育的角度来看，"文化"是知识的代名词，受教育者的计算机知识水平，也是文化水平的反映。在人类不能离开计算机的时代，不懂计算机知识的人被称为"机盲"。计算机的使用者为了能够与计算机交流，就必须懂得计算机使用的语言，而高级语言的发明使得程序设计从少数专家的技术活动变成了众多普通使用者能够掌握的文化知识。

然而"文化"的内涵又远比"知识"要深刻得多，计算机的发展随之而来的普遍应用，对人类社会的各个领域都产生了不可估量的影响。在人类社会发展的历史进程中，语言、文字和印刷术长期作为传播信息的主要手段，帮助人类产生和传播信息，创造了人类不同时期的文化，推动了人类社会的文明与进步。因此语言的产生、文字的使用和印刷术的发明被称为人类文化史的三次信息革命。今天，新的信息革命是以计算机为中心，以计算机技术与通信技术相结合为标志的，意义更加深远的第四次信息革命。

计算机文化与传统文化不同，它具有自己的特征，这些特征主要表现在以下几方面。

（1）信息处理是计算机文化的核心。计算机实际上是一种自动的信息处理机。

（2）信息表现形式的多样性体现了计算机文化的丰富内涵。各种文本、语音、音乐、图像、图形表示的信息在计算机中进行处理时必须转化为数字化的数据。

（3）信息处理由程序控制，是程序的执行过程。用户要求计算机处理问题的过程是由程序控制"自动"完成的。

（4）"网络计算"是最近几年发展起来的计算机文化的重要特征，计算机网络化是计算机发展的必然趋势，是工业时代走向信息时代的重要标志。

2. 普及计算机文化

文化是一种历史现象，也是一定社会阶段政治和经济的反映。在信息社会前，人类已经历了狩猎社会、农业社会、工业社会等阶段，每个阶段都有与之相适应的文化。人体上说，狩猎文化和农业文化反映的是人对大自然的斗争，记录了人类谋求生存的奋斗；工业文化反映的是人对大自然的开发，记录了人类谋求发展的斗争；而计算机文化所反映的，将是人对自身智力的开发，通过人脑和电脑的高度融合，将要为人类创造出更加辉煌灿烂的文明。

今天，计算机文化正在走近我们，向社会的各个领域加速渗透。PC 的普及加快了人们工作和生活的节奏，网络的运行大大缩短了世界的距离，多媒体技术的应用，使人们的生活更加丰富多彩。随着信息网络进入政府、企业、学校、医院和家庭，计算机文化已经并且将继续渗透到工作、学习、医疗、购物、娱乐、新闻等一切领域。在计算机文化的影响下，人类的生活正在经历着前所未有的巨大变化。适者生存，不了解计算机文化，将不能适应未来的社会。

　　3. 从计算机文化到信息素养

　　人们在计算机发展的早期就已认识到计算机是处理信息的强有力的工具，随着计算机技术的不断发展，人类社会必将进入信息社会。为了适应信息社会需要，计算机基础教育应该培养一种具有计算机文化的现代文明人。对计算机文化含义的不同理解，导致了以不同方式开设计算机基础教育课程。综观我国多年来的计算机基础教育的发展变化，可以非常清晰地划分为两个阶段：20 世纪 80 年代的计算机语言与程序设计阶段及现在的计算机应用基础阶段。这与国外计算机基础教育的发展情况基本一致。

　　由于程序设计在计算机科学中的特殊地位，在计算机基础教育发展的早期，程序设计一度被认为是计算机文化的核心。前苏联的计算机教育学家叶尔肖夫在 1981 年在瑞士洛桑举行的第三届世界计算机教育应用大会上所作的著名报告"程序设计——第二文化"中提出了人类生活在一个"程序设计的世界"的看法。一时间，在世界范围掀起了程序设计热。我国在这一阶段是以 BASIC 程序设计语言教学为特征的。计算机基础课程与 BASIC 语言或程序设计语言在当时几乎成为同义语。谭浩强先生的《BASIC 语言》也因此一举成为我国图书发行史上的第一畅销书。不能否认，当时的"BASIC 热"对推动我国计算机普及教育起到了非常重要的作用，而且，当时的计算机水平也只能进行单一的程序设计工作。但是，从某种意义上来说，将程序设计作为计算机文化的核心而要求人人都必须掌握毫无疑问是非常片面的，它夸大了程序设计对社会普通人的地位和作用，因此，其负面影响也是不小的。

　　计算机文化发展的第二阶段则要比第一阶段在认识上更全面、更理智。这一阶段，是以掌握计算机基本操作如操作系统、汉字输入、文字信息处理、数据库及简单的程序设计为核心的。这一阶段的特征是把计算机作为人们处理日常信息（如文字处理、数据统计等）的工具来掌握，而不再认为掌握计算机与掌握数学具有同等重要的意义，不再认为程序设计等同于使用计算机。这种观念的改变，使得人们对计算机的认识更具体与全面，而不再对其充满"神秘"的色彩。不过，在具体实施的过程中，还是存在各种各样的问题与误区，主要是没有完全摆脱"计算机专业思想"的束缚，把许多计算机科学的专业思想试图灌输给非计算机专业人员或初学者。

　　20 世纪 90 年代以来，尤其是近几年来，Internet 在全球的广泛普及与高速发展，信息社会的来临不再是托夫勒在《第三次浪潮》中所预言的那样，而是真真切切的现实。人们对信息的需求也与日俱增。面对这种形势，计算机基础课程的改革再一次被提出。这次人们的眼光应该放得更远、视线应该更开阔。以"超媒体文化"与"计算机网络文化"为特征、以信息技术为核心的新一代计算机文化观已逐渐形成。为了能更精确地描述这一代计算机文化观的本质，一般将其称为"信息素养"或者"信息文化"。

1.4.3　计算机在信息社会中的应用

　　1. 计算机技术的应用

　　电子计算机从它诞生之日起，至今只有短短的几十年时间，但计算机技术的发展给人类社会带来了巨大的影响，发挥了巨大的作用。计算机技术目前已渗透到了人类社会的绝大多数工作领域，如工程与计算领域、信息管理领域、电子商务领域、航空领域、教育领域等。可以说，计算机的应用无孔不入。在信息化社会中，对信息的采集、加工、处理、存储、检索、识别、控制分析等都是离不开计算机的。可以肯定地说，没有计算机，就没有现代社会的信息化；没有计算机及其与通信、网络的综合利用，就没有日益发展的信息化社会。

　　2．计算机教育的普及

　　随着计算机技术的不断发展，计算机及其应用已成为人们日常生活和工作中必要的文化内容，成为与语言、数学等一样重要的基础知识。在我国，计算机教育已列入基础教育的范围，国家把计算机技术教育作为中小学生重要的文化教育内容；各大专院校把计算机技术作为各专业学生的必修课程；掌握计算机的应用，成为国家公务员晋升晋级、企业招聘职员的必要条件之一。在信息社会里，计算机及其应用技术已深入社会的每个角落，那些对计算机技术不了解的人会处处感到别扭和不适应。在全球经济一体化的今天，竞争是高素质人才的竞争，而掌握信息技术是培养高素质人才必备的条件之一。只有普及计算机及其技术的教育，提高整个中华民族的科学技术水平，增强全民族的创新意识，才会立于不败之地。

1.4.4　信息化社会道德规范与法制

　　随着计算机在应用领域的深入和计算机网络的普及，今天计算机已经超出了作为某种特殊机器的功能，给人类带来了一种新的文化、新的生活方式。比如说以前人们获取信息要通过报纸、书籍、录音、录像这些媒体，而现在网络电子报纸、电子书籍、网络虚拟图书馆日益成熟，相信在不远的将来，人类获取信息的主要手段可能全转向通过计算机和网络来获取。在计算机给人类带来极大便利的同时，它也不可避免的造成了一些社会问题，同时在这样新的生活方式下也对我们提出了一些道德规范要求。面对这些已经存在的或将要发生的问题应该有所了解，以便更好地应用它，同时免受其害。下面分门别类地介绍一下这方面的情况。

　　1．软件版权和自由软件

　　知识产权（Intellectual Property）是指由个人或组织创造的无形资产，与有形资产一样，它也应该享有专有权利。知识产权即知识财产权，知识所有权，又被称为精神产权，智力成果权。知识产权的范围十分广泛，对于广义的知识产权保护，世界知识产权组织 WIPO（World Intellectual Property Organization）给出了八类规定。

　　在计算机界，知识产权除了设计上的专利外主要就是软件的版权问题，与之对应的是自由软件运动。

　　（1）软件版权及其保护

　　计算机软件是脑力劳动的创造性产物，是一种商品，一种财产，和其他的著作一样，受《著作权法》的保护。软件版权是授予一个程序的作者唯一享有复制、发布、出售、更改软件等诸多权利。购买版权或者获得授权（License）并不是成为软件的版权所有者，而仅仅是得到了使用这个软件的权利。如果将购买的软件拷贝到机器或者备份到软盘或其他存储介质上，这是合法的；但如果把购买的软件让他人拷贝就不是合法的了，除非得到版权所有人的许可。

　　商业软件一般除了版权保护外，同样享有"许可证保护"。软件许可证是一种具有法律效力的"合同"，在安装软件时经常会要求认可使用许可——"同意"它的条款，则继续安装，"不同意"，则退出安装，它是计算机软件提供合法保护常见方法之一。

　　对网络软件还有多用户许可问题。在一个单位或者是机构的网络里使用的软件，一般不需要为网络的每一个用户支付许可费用。多用户许可允许多人使用同一个软件，如电子邮件软件就可以通过多用户许可证解决使用问题。

  由于计算机信息可以在网络上轻易复制和传播，因此加强知识产权的保护非常重要。按照不同的保护方式，知识财产可分为商业机密、版权和专利。自 1978 以来，我国基本确定了符合中国国情并达到国际先进水平的知识产权保护制度，制订了多部相关法律，使知识产权保护成为现实。我国现行的知识产权保护法有 1990 年的《中华人民共和国著作权法》、1991年的《计算机软件保护条例》、1992 年的《计算机软件著作权登记办法》、1992 年修订的《中华人民共和国专利法》、1993 年修订的《中华人民共和国商标法》、1993 年的《中华人民共和国反不正当竞争法》、1993 年的《中华人民共和国技术合同法》、1995 年的《中华人民共和国知识产权海关保护条例》、2000 年的《解决国家之间在知识产权领域内的争议的条约草案》和《关于制作数字化制品的著作权规定》、2000 年的《最高人民法院关于审理涉及计算机网络著作权纠纷案件适用法律若干问题的解释》。

  （2）自由软件

  自由软件也叫做源代码开放软件。一个程序能被称为自由软件，被许可人还可以自由分发副本，而不管这个副本是经过更改或未更改过的，可以免费收取发行费的方式给予任何其他人。被许可人不用为能否使用该软件而申请或付费。

  （3）共享软件

  共享软件也叫试用软件，是美国微软公司的 R.Wallace 在 20 世纪 80 年代提出来的，严格意义上它是介于商业软件与自由软件之间的一种形式。在发行方式上，共享软件的复制品也可以通过网络在线服务、BBS 或者从一个用户传给另一个用户等途径自由传播。这种软件的使用说明通常也以文本文件的形式与程序一起提供。这种试用性质的软件通常附有一个用户注意事项，其内容是说明权利人保留对该软件的权利，因此试用软件受著作权保护。

  2. 计算机犯罪

  计算机犯罪是指利用计算机作为犯罪工具进行的犯罪活动，例如，利用计算机网络窃取国家机密、盗取他人信用卡密码、传播复制黄色作品等。计算机犯罪有其不同于其他犯罪的以下特点。

  （1）犯罪人员知识水平高。有些犯罪人员单就专业知识水平来讲可以称得上是专家。

  （2）犯罪手段较隐蔽。不同于其他犯罪，计算机犯罪者可能通过网络在千里之外而不是在现场实施犯罪。计算机犯罪在计算机及网络应用刚刚普及还并不成熟时，确实是一个令人头疼的问题，但随着网络应用技术的日趋成熟，人们对它的防范能力日益增强。例如，在美国利用计算机犯罪的案例较多，但引起政府重视的大案却基本上无一漏网。但由于网络操作的隐蔽性，仍然驱使一些对计算机知识一知半解的好事者去做一些徒劳的尝试，这就好像今天有些人以为通过电话骚扰他人而不会被查获一样可笑。虽然计算机网络的操作有一定的隐蔽性，但用户做的每一步操作在计算机内都是有记录的。另外像现在的一些网络安全应用，如防火墙（Fire Wall）技术等可以轻易地认证用户的来源。尽管有时可以使用一些更隐蔽的手段，但在网络上反查出操作者的身份已不是什么难事。所以了解到这些以后，那些对计算机刚刚入门的人们不要在好奇心的驱使下再做这些徒劳的尝试，应该把精力投入到健康有益的学习中去。

  3. 计算机病毒

  现在普通的 PC 用户比较关心，也比较担忧的问题就是电脑病毒了。有些人谈"毒"色变，因为害怕染上病毒，以至于连一些正常的信息交换都不敢做。

计算机病毒实际上是一种功能较特殊的计算机程序，它一旦运行，便得系统控制权，同时把自己复制到存储介质（如内存、硬盘、软盘）中。被复制的病毒程序可能会通过软盘或网络散布到其他机器上，这样计算机病毒便传播开了。

计算机病毒的危害是巨大的，例如，1988 年 11 月 2 日，美国 Internet 网的 ARPANET 受到计算机病毒的严重攻击，一夜之间，全国 300 所大学、私人公司、研究中心、军事基地和国防部研究机构的约 6200 台 VAX 系列小型机及 SUN 工作站都染上了病毒。网络连接的计算机不断进行病毒复制，并通过电子邮件将病毒提供给与之相连的网络.不断扩大感染对象，从而造成网络瘫痪。当夜，美国国防部成立了一个应急中心，协同全国数千名电子计算机专家进行网络消毒工作。直到 11 月 4 日下午，病毒扩散的事态才得以平息。据统计，这次病毒侵害造成的直接经济损失达数百万美元，对各大研究中心研究工作的影响则难以用美元来估算。人们甚至对当时正在进行的总统大选的结果提出质疑（后经宣布，进行选票统计的计算机未与染毒网络相连，该风波才得以平息）。

具有讽刺意味的是，该病毒的制造者正是当年 Bell 实验室的一名优秀程序员、KMP 查找算法的发明人之一。该病毒巧妙地利用了 Berkeley Unix4.3 的 3 个小漏洞夺取运行控制权并进入网络。

继此次病毒大发作之后，计算机病毒大规模入侵的案例不胜枚举。这一切使人们开始认识到，计算机系统的安全性与共享性是一对矛盾体。如何使计算机有效抵御病毒入侵已提到计算机用户的议事日程上来。

4. 注意个人道德规范和心理调整

由于计算机的广泛应用和 Internet 的普及，使得现代社会的人的生活和学习与计算机紧密相连。但长时间使用计算机和网络，如果不注意防范，会给人的心理造成一定的偏差。所以，特别是青少年，正处在生长发育时期，一定要分清计算机和网络的虚拟世界与我们真实的现实世界之间的区别，不要迷失在计算机和网络的虚拟世界中。在网络上则要养成良好的习惯，不要做违反公共道德和法律的事情，同时也要注意保护自己，不要被网络所伤害。

1.5　本章小结

本章介绍了计算机的历史，解释了什么是计算机、计算机的特点，以及计算机的主要应用领域；同时也介绍了计算机的分类，计算机新技术及发展方向；介绍了信息技术的基本概念，以及信息化社会人们应该遵守的道德规范等。

通过本章的学习，应该能够理解和掌握以下内容。

（1）计算机是一门科学，在应用技术领域它是一种工具。

（2）作为工具，计算机是一种程序，进行计算和信息处理的现代化电子装置。

（3）计算机的发展历史是建立在人类对自动计算千百年来不懈追求的成果之上的。

（4）计算机的特点和用途。

（5）计算机的分类。

【课外拓展】

1. 中国计算机发展史略（1956～2006）（http://www.xtrj.org）

1956 年，周恩来总理亲自提议、主持、制订我国《十二年科学技术发展规划》，选定 "计算机、电子学、半导体、自动化" 作为 "发展规划" 的四项紧急措施，并制订了计算机科研、生产、教育发展计划。我国计算机事业由此起步。

1956 年 3 月，由闵乃大教授、胡世华教授、徐献瑜教授、张效祥教授、吴几康副研究员和北大党政人员组成的代表团，参加了在莫斯科主办的 "计算技术发展道路" 国际会议。这次参会可以说是到前苏联 "取经"，为我国制订 12 年规划的计算机部分作技术准备。随后在制订的 12 年规划中确定中国要研制计算机，批准中国科学院成立计算技术、半导体、电子学及自动化四个研究所。

1956 年 8 月 25 日，我国第一个计算技术研究机构——中国科学院计算技术研究所筹备委员会成立，著名数学家华罗庚任主任。这就是我国计算技术研究机构的摇篮。

1956 年，夏培肃完成了第一台电子计算机运算器和控制器的设计工作，同时编写了中国第一本电子计算机原理讲义。

1957 年，哈尔滨工业大学研制成功中国第一台模拟式电子计算机。

1958 年 8 月 1 日，我国第一台小型电子管数字计算机 103 机诞生，该机字长 32 位、每秒运算 30 次，采用磁鼓内部存储器，容量为 1K 字。

1958 年，我国第一台自行研制的 331 型军用数字计算机由哈尔滨军事工程学院研制成功。

1959 年 9 月，我国第一台大型电子管计算机 104 机研制成功。该机运算速度为每秒 1 万次，该机字长 39 位，采用磁芯存储器，容量为 2K～4K，并配备了磁鼓外部存储器、光电纸带输入机和 1/2 寸磁带机。

1960 年，中国第一台大型通用电子计算机——1077 型通用电子数字计算机研制成功。

1964 年，我国第一台自行研制的 119 型大型数字计算机在中科院计算所诞生，其运算速度每秒 5 万次，字长 44 位，内存容量 4K 字。在该机上完成了我国第一颗氢弹研制的计算任务。

1965 年，中国第一台百万次集成电路计算机 "DJS-Ⅱ" 型操作系统编制完成。

1965 年 6 月，我国自行设计的第一台晶体管大型计算机 109 乙机在中科院计算所诞生，字长 32 位，运算速度每秒 10 万次，内存容量为双体 24K 字。

1967 年 9 月，中科院计算所研制的 109 丙机交付用户使用。该机为用户服役 15 年，有效算题时间 10 万小时以上，平均使用效率 94%以上，被用户誉为 "功勋机"。

1972 年，华北计算所等十几个单位联合研制出容量为 7.4 兆字节的磁盘机。这是我国研制的能实际使用的最早的重要外部设备。

1974 年 8 月，DJS-130 小型多功能计算机分别在北京、天津通过鉴定，我国 DJS-100 系列机由此诞生。该机字长 16 位，内存容量 32K 字，运算速度每秒 50 万次，软件与美国 DG 公司的 NOVA 系列兼容。该产品在十多家工厂投产，至 1989 年底共生产了 1000 台。

1974 年 10 月，国家计委批准了由国防科委、中国科学院、四机部联合提出的 "关于研制汉字信息处理系统工程"（"748" 工程）的建议。工程分为：键盘输入、中央处理及编辑、校正装置、精密型文字发生器和输出照排装置、通用型快速输出印字装置远距离传输设备、编辑及资料管理等软件系统、印刷制版成形等，共 7 个部分。"748" 工程为汉字进入信息时代做出了不可磨灭的贡献。

1977 年 4 月 23 日，清华大学、四机部六所、安庆无线电厂联合研制成功我国第一台微型机 DJS-050。

1978 年，电子部六所研制出以 Intel 8080 为 CPU、配有工业过程控制 I/O 部件的 DJS-054 微型控制机，这是我国第一台板级系列工控机。

1980 年 6 月，计算机总局颁发《软件产品实行登记和计价收费的暂行办法》，我国软件产业的行业规范由此诞生。

1980 年 10 月，经中宣部、国家科委、四机部批准，中国第一份计算机专业报纸——《计算机世界》报创刊，由此带起了 IT 媒体这个新兴产业。

1981 年 3 月，《信息处理交换用汉字编码字符集（基本集）》GBZ 312-80 国家标准正式颁发。这是第一个汉字信息技术标准。

1981 年 7 月，由北京大学负责总体设计的汉字激光照排系统原理样机通过鉴定。该系统在激光输出精度和软件的某些功能方面，达到了国际先进水平。

1982 年，中科院计算所研制出达到同类产品国际水平的每英寸 800/1600 位记录密度的磁带机，并由产业部门定型（ZDC207）生产。

1982 年 8 月，燕山计算机应用研究中心和华北终端设备公司研制的 ZD-2000 汉字智能终端通过鉴定并投产。

1982 年 10 月，国务院成立电子计算机和大规模集成电路领导小组，万里任组长，方毅、吕东、张震寰任副组长。

1983 年 8 月，"五笔字型"汉字编码方案通过鉴定，该输入法后来成为专业录入人员使用最多的输入法。

1983 年，中科院计算所研制的 GF20/11A 汉字微机系统通过鉴定，这是我国第一台在操作系统核心部分进行改造的汉字系统，并配置了汉化的关系数据库。

1983 年 11 月，中科院计算所研制成功我国第一台千万次大型向量计算机 757 机，字长 64 位，内存容量 52 万字，运算速度 1000 万次。

1983 年 12 月，国防科技大学研制成功我国第一台亿次巨型计算机银河-I，运算速度每秒 1 亿次。银河机的研制成功，标志着我国计算机科研水平达到了一个新高度。

1983 年 12 月，电子部六所开发的我国第一台 PC——长城 100 DJS-0520 微机（与 IBM PC 机兼容）通过部级鉴定。

1983 年，电子部六所开发成功微机汉字软件 CCDOS，这是我国第一套与 IBM PC-DOS 兼容的汉字磁盘操作系统。

1984 年，国务院成立电子工业振兴领导小组，当时的国务院副总理李鹏任组长。

1984 年，邓小平同志在上海参观微电子技术及其应用展时说："计算机要从娃娃抓起"。全国出现微机热。

1985 年 6 月，第一台具有字符发生器的汉字显示能力、具备完整中文信息处理能力的国产微机——长城 0520CH 开发成功。由此我国微机产业进入了一个飞速发展、空前繁荣的时期。

1985 年，中科院自动化所研制出国内第一套联机手写汉字识别系统，即汉王联机手写汉字识别系统。

1986 年 3 月，在邓小平同志关怀下，国家高技术发展计划即"863"计划启动。

1987 年，中科院高能所通过低速的 X.25 专线第一次实现了国际远程联网。

1987 年，第一台国产的 286 微机——长城 286 正式推出。

1987 年 9 月 20 日，钱天白教授发出了中国第一封 E-mail 邮件，由此揭开了中国人使用 Internet 的序幕。

1987 年 11 月，中国电信在广州建立了我国第一个模拟移动电话网，正式开办移动电话业务。

1987 年，我国破获第一起计算机犯罪大案。某银行系统管理员利用所掌管的计算机，截留贪污国家应收贷款利息 11 万余元。

1988 年，第一台国产 386 微机——长城 386 推出，中国发现首例计算机病毒。

1988 年，电子工业部六所、清华大学、南方信息公司联合研制成功我国第一套国产以太局域网系统。

1988 年 9 月 8 日，中国软件技术公司推出第一个商品化的英汉全文机器翻译系统——译星 1.0 版，它装有 10 万个英语词汇。

1988 年，计算机病毒开始传入我国。据《计算机世界》报道，在我国统计系统内部，多台 IBM PC 及其兼容机的 MS-DOS 系统通过软盘感染上了"小球病毒"。

1988 年，电子部六所等单位联合研制出我国第一个工作站系列——华胜 3000 系列。

1988 年，希望公司发布超级组合式中文平台 UCDOS。此后，该软件一度成为我国 DOS 平台市场份额最大的中文操作系统。

1989 年 5 月，清华大学电子系推出我国最早的印刷文本识别系统产品——清华 OCR 试用版，该产品后来成为市场份额最大的多体印刷汉字识别系统。

1989 年 7 月，金山公司的 WPS 软件问世，它填补了我国计算机字处理软件的空白，并得到了极其广泛的应用。

1989 年，我国第一个大学校园计算机网在清华大学建成。该网采用清华大学自主研制的 X.25 分组交换机和分组拆装机 PAD，并开通了 Internet 电子邮件通信。

1990 年，中国首台高智能计算机——EST / IS 4260 智能工作站诞生，长城 486 计算机问世。

1990 年，北京用友电子财务技术公司的 UFO 通用财务报表管理系统问世。这个被专家称誉为"中国第一表"的系统，改变了我国报表数据处理软件主要依靠国外产品的局面。

1991 年 6 月 4 日，我国正式发布实施《计算机软件保护条例》。

1991 年 12 月，中国邮电工业总公司与解放军信息工程学院合作开发的 HJD-04 程控交换机通过国家鉴定。这是我国自主开发的第一个数字程控交换机机型。

1991 年，上海长途电信局首次开通电子邮件业务。

1991 年，新华社、科技日报、经济日报正式启用汉字激光照排系统。

1992 年，中国最大的汉字字符集—— 6 万电脑汉字字库正式建立。

1992 年 1 月 17 日，中美就知识产权保护问题签署谅解备忘录，3 月 17 日生效。我国开始遵照国际公约对计算机软件进行保护。

1992 年 4 月 27 日，机电部颁发《计算机软件著作权登记办法》，我国正式开始受理计算机软件著作权登记。

1992 年 4 月，北京新天地电子信息技术研究所率先推出了基于 Windows 3.0 的外挂式中文平台中文之星 1.0 版。中文之星一度成为应用人数最多的 Windows 微机环境下的中文平台。

1992 年 11 月 19 日，国防科技大学研制成功的国内第一台通用十亿次并行巨型机银河-II

通过国家鉴定。

1993 年 7 月 2 日，由电子部牵头，在全国组织实施涉及国民经济信息化的金桥（国家公用数据信息通信网工程）、金卡（银行信用卡支付系统工程）、金关（国家对外贸易经济信息网工程）等"三金工程"。

1993 年 5 月，我国发布 ISO/IEC 10646-1 国际编码标准。该编码标准涵盖了各种主要语文的字符，包括繁体及简体的中文字。该标准使世界各地不同的电脑系统之间能更准确地储存、处理、传递及显示各种语言的电子文档。

1993 年 10 月，国家智能计算机研究开发中心研制出我国第一套用微处理器构成的全对称多处理机系统——曙光一号。

1994 年，国务院颁布《中华人民共和国计算机信息安全保护条例》。

1994 年 4 月 20 日，中关村地区教育与科研示范网络（NCFC）完成了与 Internet 的全功能 IP 连接，从此，中国正式被国际上承认是接入 Internet 的国家。

1994 年 5 月 15 日，在法国的许榕生与在美国的樊岗和在北京的安德海通过 Internet 共同建立了中国第一个网站。

1994 年 7 月 19 日，电子部、铁道部、电力部共同组建成立了中国联合通信公司，首次将竞争机制引入我国电信市场。

1994 年 10 月 22 日，中国公用计算机互联网 CHINANET 开通。

1994 年 10 月，由国家计委投资、国家教委主持的中国教育和科研计算机网（CERNET）开始启动。

1995 年 5 月，国家智能计算机研究开发中心研制出曙光 1000。这是我国独立研制的第一套大规模并行机系统，峰值速度达每秒 25 亿次，实际运算速度超过 10 亿次浮点运算，内存容量为 1024 兆字节。

1995 年 8 月 8 日，建在中国教育和科研计算机网（CERNET）上的水木清华 BBS 正式开通，这是国内第一个 Internet 上的 BBS。

1995 年 10 月，我国第一张从芯片设计、生产到卡片制作全部国产化的 IC 卡——中华 IC 卡通过原电子工业部和国家教委的鉴定。

1996 年 1 月 23 日，国务院成立国务院信息化工作领导小组，由当时的国务院副总理邹家华任组长，胡启立同志任常务副组长。

1996 年 1 月，中国公用计算机互联网（CHINANET）全国骨干网建成并正式开通，全国范围的公用计算机互联网络开始提供服务。

1996 年 1 月，巨龙公司自主研制成功我国第一台综合业务数字网交换机 HJD04-ISDN。

1996 年 2 月 11 日，国务院第 195 号令发布了《中华人民共和国计算机信息网络国际联网管理暂行规定》。

1996 年 11 月 27 日，以上海华虹微电子有限公司超大规模集成电路专项工程建设项目的动工兴建为标志，国家"909"工程启动。

1997 年 3 月，联想集团以 10%的市场占有率首次成为中国 PC 市场第一。

1997 年 4 月 18～21 日，国务院信息化工作领导小组在深圳召开全国信息化工作会议，提出我国信息化建设的 24 字指导方针，即"统筹规划，国家主导，统一标准，联合建设，互联互通，资源共享"。

1997 年 5 月，我国研制的 6000 米光缆水下机器人在由大洋矿产资源开发协会组织的深海调查中，圆满完成了各项调查任务。

1997 年 12 月 30 日，公安部发布了由国务院批准的《计算机信息网络国际联网安全保护管理办法》。

1998 年，我国在移动通信设备的开发制造方面实现了群体突破，巨龙、大唐、中兴、华为、东兴等一批具有自主知识产权的中国通信设备制造企业迅速成长起来。

1998 年 8 月，"金贸"工程正式启动，电子商务成为热点。

1998 年 8 月 26 日，信息产业部召开会议，对各行业解决 2000 年问题进行了统一部署。

1999 年 1 月，中国电信和国家经贸委联合 40 多家部委（办、局）共同发动的"政府上网工程"正式启动。

1999 年 3 月，中科院软件研制中心（又名北京凯思集团）推出"女娲计划"，其中的嵌入式操作系统 Hopen 可广泛用于机顶盒、袖珍电脑、掌上电脑、PDA、DVD、Internet 接入设备等。

1999 年 4 月，信息产业部批准中国电信、中国联通、吉通公司在部分城市开展 IP 电话试验。

1999 年 11 月 2 日，中软总公司发布了第一个 64 位国产操作系统 COSIX64 产品。

1999 年 12 月，北京大学研制的支持微处理器设计的软硬件协调设计环境 JBCODES 和 JBCore16 位微处理器通过鉴定。该项成果对我国发展具有自主知识产权的微处理器事业有重要意义。

1999 年，联想公司在亚太地区（除日本外）PC 销售居第一。

2000 年 1 月 28 日，中科院计算所研制的"863"项目曙光 2000-II 超级服务器通过鉴定，其峰值速度达到 1100 亿次，机群操作系统等技术进入国际领先行列。

2000 年 5 月，大唐公司提出的 TD-SCDMA 获得国际电信联盟的批准，成为第一个由中国提出的 3G 移动通信国际标准。

2000 年 6 月 15 日，中科院软件所在 UltraSPARC 64 位平台上开发成功第一个 64 位中文 Linux 操作系统——Penguin 64。这是当时起点最高的直接针对具体硬件平台开发的中文 Linux 操作系统。

2000 年 6 月 24 日，国务院发布了《鼓励软件产业和集成电路产业发展的若干政策》的文件（国发{2000}18 号文件）。此举对即将加入 WTO 的中国软件产业和集成电路产业的发展意义重大。

2000 年 8 月 21～25 日，国际信息处理联合会（IFIP）主办的第 16 届世界计算机大会（WCC2000）在中国北京召开，原国家主席江泽民出席开幕式并发表重要讲话。

2000 年 12 月 28 日，全国人民代表大会常务委员会通过《关于维护互联网安全的决定》。这是我国最高立法机构首次针对互联网制订的立法文件。

2001 年，中国 IT 产业产值达到 1.35 万亿元（人民币），规模直逼排名第二的日本。此时，中国 IT 产业产值及产品贸易额，均占世界总额的 5%以上；其中家电、通信终端、计算机等一些整机产品的产量已跃居世界前列，程控交换机、手机、计算机显示器、彩电、彩管、激光视盘放像机、收录机等产品的产量和出口量排名世界第一。

2001 年 6 月 1 日，由海关总署牵头，12 个相关部委联合开发的口岸电子执法系统在全国各口岸全面运行。

2001 年 7 月 10 日，中芯微系统公司宣布研制成功第一块 32 位 CPU 芯片"方舟-1"，其主频为 200MHz。

2001 年 7 月 12 日，中国移动通信集团宣布在全国 25 个城市开通 GPRS 业务。此举标志着中国无线通信进入 2.5G 时代。

2001 年 10 月，由大唐电信与国防科技大学共同研制的、具有自主知识产权的 863 中国高速信息示范网核心路由器 ISR 系列正式推向市场。

2001 年 12 月 11 日，国务院批准电信体制改革方案，中国电信宣布一分为二。中国电信北方 10 省市的资源归重组后的中国网通集团公司，其余的资源归新的中国电信集团公司。加上中国移动、中国联通、卫星通信以及中国铁通等，中国电信市场垄断局面被彻底打破。

2001 年 12 月 20 日，国务院公布《计算机软件保护条例》。

2001 年 12 月 22 日，中国联通公司 CDMA 移动通信网一期工程建成，并于 12 月 31 日开通运营。从地域和人口的覆盖来看，中国联通的 CDMA 网是世界上最大的 CDMA 网络。

2002 年 4 月，境外权威调查机构（Nielsen/NetRatings）的最新研究表明，中国内地家庭上网人数达 5660 万，超过日本，居世界第二，仅次于美国。

2002 年 7 月 3 日，国家信息化领导小组举行第二次会议。会议通过了《国民经济和社会信息化专项规划》和《关于我国电子政务建设的指导意见》，为各级政府的电子政务建设催生了一个大市场。

2002 年 9 月 28 日，中科院计算所宣布中国第一个可以批量投产的通用 CPU "龙芯 1 号"芯片研制成功，其指令系统与国际主流系统 MIPS 兼容，定点字长 32 位，浮点字长 64 位，最高主频可达 266MHz。此芯片的逻辑设计与版图设计具有完全自主的知识产权。采用该 CPU 的曙光 "龙腾" 服务器同时发布。

2002 年 11 月 8 日，党的第十六次全国代表大会上提出："以信息化带动工业化，以工业化促进信息化"，为我国制订了一条新型的工业化发展思路。

2002 年 11 月 25 日，高性能嵌入式 32 位微处理器神威 I 号在上海复旦微电子公司研制成功，并一次流片成功。

2003 年 4 月 9 日，由苏州国芯、南京熊猫、中芯国际、上海宏力、上海贝岭、杭州士兰、北京国家集成电路产业化基地、北京大学、清华大学等 61 家集成电路企业机构组成的 "C*Core（中国芯）产业联盟" 在南京宣告成立，谋求合力打造中国集成电路完整产业链。

2003 年 12 月 9 日，联想承担的国家网格主节点 "深腾 6800" 超级计算机正式研制成功，其实际运算速度达到每秒 4.183 万亿次，全球排名第 14 位，运行效率 78.5%。

2003 年 12 月 28 日，"中国芯工程" 成果汇报会在人民大会堂举行，我国 "星光中国芯"工程开发设计出 5 代数字多媒体芯片，在国际市场上以超过 40% 的市场份额占领了计算机图像输入芯片世界第一的位置。

2004 年 3 月 24 日，在国务院常务会议上，《中华人民共和国电子签名法（草案）》获得原则通过，这标志着我国电子业务渐入法制轨道。

2004 年 6 月 21 日，美国能源部劳伦斯伯克利国家实验室公布了最新的全球计算机 500 强名单，曙光计算机公司研制的超级计算机 "曙光 4000A" 排名第十，运算速度达 8.061 万亿次。

2005 年 4 月 1 日，《中华人民共和国电子签名法》正式实施。电子签名自此与传统的手写签名和盖章具有同等的法律效力，将促进和规范中国电子交易的发展。

2005 年 4 月 18 日，"龙芯二号" 正式亮相。由中国科学研究院计算技术研究所研制的中国首个拥有自主知识产权的通用高性能 CPU "龙芯二号" 正式亮相。

2005 年 5 月 1 日，联想完成并购 IBM PC。联想正式宣布完成对 IBM 全球 PC 业务的收购，联想以合并后年收入约 130 亿美元、个人计算机年销售量约 1400 万台，一跃成为全球第三大 PC 制造商。

2005 年 8 月 5 日，百度在纳斯达克上市暴涨。国内最大搜索引擎百度公司的股票在美国 Nasdaq 市场挂牌交易，一日之内股价上涨 354%，刷新美国股市 5 年来新上市公司首日涨幅的记录，百度也因此成为股价最高的中国公司，并募集到 1.09 亿美元的资金，比该公司最初预计的数额多出 40%。

2005 年 8 月 11 日，阿里巴巴收购雅虎中国。阿里巴巴公司和雅虎公司同时宣布，阿里巴巴收购雅虎中国全部资产，同时得到雅虎 10 亿美元投资，打造中国最强大的互联网搜索平台，这是中国互联网史上最大的一起并购案。

2. 登录网站 http://www.computerhistory.org/ 了解计算机的历史，从它的发展轨迹进一步理解计算机。

3. 登录 Yahoo 中文网站，进入"网站分类"，选择"电脑和因特网"，查看计算机的应用领域。更进一步可以登录 Yahoo 英文网站，了解更多的计算机应用领域方面的知识。

【思考题与习题】

一、思考题

1. 什么是计算机？

2. 计算机的发展历程是怎样的？简述计算机的四个发展阶段。

3. 哪一种技术是推动计算机技术不断向前发展的核心技术？

4. 计算机的未来将涉及一些什么技术？

5. 如何理解信息安全这一概念？

6. 计算机的应用领域主要包括哪些？现代计算机是如何进行分类的？

7. 什么是计算机文化？

二、选择题

1. 早期计算机的主要应用是（　　　）。

A. 科学计算　　　　　B. 信息处理　　　　　C. 实时控制　　　　　D. 辅助设计

2. 世界第一台电子计算机是（　　　）。

A. ABC　　　　　　　B. Mark I　　　　　　C. ENIAC　　　　　　D. EDVAC

3. 第一代电子计算机的主要标志是（　　　）。

A. 机械式　　　　　　B. 机械电子式　　　　C. 集成电路　　　　　D. 电子管

4. 第二代电子计算机的主要标志是（　　　）。

A. 晶体管　　　　　　B. 机械电子式　　　　C. 集成电路　　　　　D. 电子管

5. 第三代电子计算机的主要标志是（　　　）。

A. 晶体管　　　　　　B. 集成电路　　　　　C. 大规模集成电路　　D. 电子管

6. 第四代电子计算机的主要标志是（　　　）。

A. 晶体管　　　　　　B. 集成电路　　　　　C. 大规模集成电路　　D. 电子管

7. 计算机的发展经历了从电子管到超大规模集成电路的几代变革，各代发展主要基于（　　　）的变革。

A. 存储器容量　　　　B. 操作系统　　　　　C. I/O 系统　　　　　D. 处理器芯片

第 2 章　信息表示与数据编码

【学习目标】
1. 了解计算机中位、字节、存储容量、ASCII 码、汉字机内码等概念。
2. 掌握数制的概念，各种数制之间的相互转换。
3. 掌握已知原码求反码、补码的方法（仅限整数）。
4. 掌握计算机中数据的表示，熟悉计算机中的定点数以及浮点数的表示方法。
5. 熟悉计算机中的码和常用的编码。
6. 了解计算机的算术运算和逻辑运算。

2.1　常　用　数　制

计算机的一个显著特点就是它强大的存储能力，信息在计算机内部的具体表示形式就是数据，这些数据可以是数字、字符或汉字，那么计算机是如何将这么多的不同类型数据准确无误地进行存储的呢？要理解这个问题，先要说说一些关于数制的知识。

2.1.1　丰富多彩的数制

用一组固定的数字（数码符号）和一套统一的规则来表示数值的方法叫做数制（Number System），也称计数制。

在人类历史发展的长河中，先后出现过多种不同的记数方法，其中有一些至今仍在使用中，例如十进制和六十进制。

如今，大多数人使用的数字系统是基于 10 的。这种情况并不奇怪，因为最初人们是用手指来数数的，要是人类进化成 8 个或 12 个手指，也许人类计数的方式会有所不同。英语单词 Digit（数字）可以指手指或脚趾，单词 five（5）和单词 fist（拳头）有相同的词根，出现这种情况并不是巧合。

与十进制不同，古代巴比伦人则是使用以 60 为基数的六十进制数字体系，六十进制迄今为止仍用于计时。使用六十进制，巴比伦人把 75 表示成"1，15"，这和我们把 75 分钟写成 1 小时 15 分钟是一样的。

中美洲的玛雅人使用二十进制数，但又不是一种规则的二十进制。真正的二十进制应该是以 1，20，20^2，20^3 等顺序增加数目，而玛雅体系使用的序列是 1，20，18×20，18×20^2 等，这使得一些计算变得复杂。

在早期的数字系统中，还有一种非常著名的罗马数字沿用至今。钟表的表盘上常常使用罗马数字，此外，它还用来在纪念碑和雕像上标注日期，标注书的页码，或作为提纲条目的标记。现在仍在使用的罗马数字有 I、V、X、L、C、D、M，其中 I 表示 1，V 表示 5，X 表示 10，L 表示 50，C 表示 100，D 表示 500，M 表示 1000。

很长一段时间以来，罗马数字被认为用来做加减法运算非常容易，这也是罗马数字能够在欧洲被长期用于记账的原因。但使用罗马数字做乘除法则是很难的。其实，许多早期出现的数字系统和罗马数字系统相似，它们在做复杂运算时存在一定的不足，随着时间的发展，逐渐被淘汰掉了。

2.1.2　进位计数制和非进位计数制

对多种数制进行分析后，可将数制分为非进位计数制和进位计数制两种。

1. 非进位计数制及其特点

非进位计数制的特点是：表示数值大小的数码与它在数中的位置无关。典型的非进位计数制是罗马数字。例如，在罗马数字中：I 总是代表 1，II 总是代表 2，III 总是代表 3，IV 总是代表 4，V 总是代表 5 等。非进位计数制表示数据不便、运算困难，现已基本不用。

2. 进位计数制及其特点

进位计数制的特点是：表示数值大小的数码与它在数中所处的位置有关。例如，十进制数 123.45，数码 1 处于百位上，它代表 $1 \times 10^2 = 100$，即 1 所处的位置具有 10^2 权；2 处于十位上，它代表 $2 \times 10^1 = 20$，即 2 所处的位置具有 10^1 权；3 代表 $3 \times 10^0 = 3$；而 4 处于小数点后第一位，代表 $4 \times 10^{-1} = 0.4$；最低位 5 处于小数点后第二位，代表 $5 \times 10^{-2} = 0.05$。

如上所述，数据用少量的数字符号按先后位置排列成数位，并按照由低到高的进位方式进行计数，这种表示数的方法称为进位计数制。

在进位计数制中，每种数制都包含有两个基本要素。

- 基数：计数制中所用到的数字符号的个数。例如，十进制的基数为 10。
- 位权：一个数字符号处在某个位上所代表的数值是其本身的数值乘上所处数位的一个固定常数，这个不同数位的固定常数称为位权。

2.1.3　计算机科学中常用数制及其表示

在计算机科学中，常用的数制是十进制、二进制、八进制、十六进制四种。人们习惯于采用十进位计数制，简称十进制。但是由于技术上的原因，计算机内部一律采用二进制表示数据，而在编程中又经常使用十进制，有时为了表述上的方便还会使用八进制或十六进制。因此，了解不同计数制及其相互转换是十分重要的。

1. 十进制

十进制（Decimal System）有 0～9 共 10 个数码（数字符号），权系数为 10^i。十进制的计数规则为"逢十进一"。对十进制的特点我们已经非常熟悉，因此不再说细介绍。

2. 二进制数

一个二进制数具有以下基本特点：（1）有两个不同的数字符号 0 和 1；（2）逢 2 进位；（3）一个二进制数的权，小数点左面的权是 2 的正次幂，依次为 2^0，2^1，2^2，…，2^{n-1}，小数点右面的权是 2 的负次幂，依次为 2^{-1}，2^{-2}，…，2^{-m}。

一个二进制数，可以用它的按权展开式来表示，就可以得到它所对应的十进制数，例如：

$(10111.11)_2 = 1 \times 2^4 + 0 \times 2^3 + 1 \times 2^2 + 1 \times 2^1 + 1 \times 2^0 + 1 \times 2^{-1} + 1 \times 2^{-2} = (23.75)_{10}$

$(101110)_2 = 1 \times 2^5 + 0 \times 2^4 + 1 \times 2^3 + 1 \times 2^2 + 1 \times 2^1 + 0 \times 2^0 = (46)_{10}$

当二进制某一位计数满 2 时就向高位进 1。二进制的运算规则和十进制类似，不同的是它只有两个数码。

3．十六进制数

一个十六进制数具有如下特点：（1）有 16 个不同的数字符号，采用 0～9、A～F 表示；（2）逢 16 进位；（3）一个十六进制数的权，小数点左边的权是 16 的正次幂，依次为 16^0，16^1，…，16^{n-1}，小数点右面的权是 16 的负次幂，依次为 16^{-1}，16^{-2}，…，16^{-m}。

一个十六进制数，可以按它的权展开式来表示，就可以得到它所对应的十进制数，例如：

$(E4)_{16} = 14 \times 16^1 + 4 \times 16^0 = (228)_{10}$

$(3AB.11)_{16} = 3 \times 16^2 + 10 \times 16^1 + 11 \times 16^0 + 1 \times 16^{-1} + 1 \times 16^{-2} = (939.0664)_{10}$

4．八进制数

一个八进制数具有如下特点：（1）有 8 个不同的数字符号 0，1，2，…，7；（2）逢 8 进位；（3）一个八进制数的权，小数点左面的权是 8 的正次幂，依次为 8^0，8^1，…，8^{n-1}，小数点右面的权是 8 的负次幂，依次为 8^{-1}，8^{-2}，…，8^{-m}。

一个八进制数，可以按它的权展开式来表示，就可以得到它所对应的十进制数，例如：

$(174)_8 = 1 \times 8^2 + 7 \times 8^1 + 4 \times 8^0 = (124)_{10}$

5．R 进制数及其特点

扩展到一般形式，一个 R 进制数，基数为 R，用 0，1，…，R-1 共 R 个数字符号来表示，且逢 R 进一，因此，各位的位权是以 R 为底的幂。

一个 R 进制数的按位权展开式为：

$$(N)_R = k_n \times R^n + k_{n-1} \times R^{n-1} + \ldots + k_0 \times R^0 + k_{-1} \times R^{-1} + k_{-2} \times R^{-2} + \ldots + k_{-m} \times R^{-m}$$

为了区别，常在数的外面写上括号，并在括号右下角标注进位计数制的基数；也可以在数字最后加一个字母来区分，即用 B（Binary 二进制）、O（Octal 八进制）、D（Decimal 十进制）、H（Hexadecimal 十六进制）。

2.1.4　计算机中为什么要用二进制

计算机内部一般都采用二进制数，但二进制并不符合人们的习惯，之所以采用二进制，原因主要有以下 4 点。

（1）电路简单，容易被物理器件所实现。计算机是由逻辑电路组成，逻辑电路通常只有两个状态。如：开关的"通"和"断"，电压的"高"和"低"，电容器的"充电"和"放电"。这两种状态正好用二进制的 0 和 1 来表示。

（2）工作可靠。两种状态电表示两个数据，数字传输和处理不容易出错，因而电路更加可靠。

（3）简化运算。二进制数的运算规则简单，无论是算术运算还是逻辑运算都容易进行。

十进制的运算规则相对烦琐，已经证明，R 进制数的算术求和、求积规则各有 R(R+1)/2 种。如采用二进制，求和与求积运算法只有 3 个，因而简化了运算器等物理器件的设计。

（4）逻辑性强。计算机不仅能进行数值运算而且能进行逻辑运算。逻辑运算的基础是逻辑代数，而逻辑代数是二值逻辑。二进制的两个数码 1 和 0，恰好代表逻辑代数中的"真"（True）和"假"（False）。

2.2 不同进制之间的转换

因为计算机使用的二进制数在人们的现实生活中并不常用，所以要想使人、机顺利地交流，首先应了解各种进制之间的相互转换方法。表 2-1 列出了二进制数与其他进制数之间的对应关系。

表 2-1 二进制数与其他进制数之间的对应关系

十进制	二进制	八进制	十六进制	十进制	二进制	八进制	十六进制
0	0	0	0	10	1010	12	A
1	1	1	1	11	1011	13	B
2	10	2	2	12	1100	14	C
3	11	3	3	13	1101	15	D
4	100	4	4	14	1110	16	E
5	101	5	5	15	1111	17	F
6	110	6	6	16	10000	20	10
7	111	7	7				
8	1000	10	8				
9	1001	11	9				

（1）通常，在计算机学科中一位八进制数字可用三位二进制数字表示，对应关系如表 2-2。

表 2-2 八进制—二进制对应关系

八进制	0	1	2	3	4	5	6	7
二进制	000	001	010	011	100	101	110	111

（2）一位十六进制数字可用四位二进制数字表示，对应关系如表 2-3。

表 2-3 十六进制—二进制对应关系

十六进制	0	1	2	3	4	5	6	7
二进制	0000	0001	0010	0011	0100	0101	0110	0111
十六进制	8	9	A	B	C	D	E	F
二进制	1000	1001	1010	1011	1100	1101	1110	1111

下面介绍几种主要的数制之间进行转换的方法。

1．十进制与二进制的相互转换

（1）二进制数→十进制数：以 2 为基数按权展开并相加。

二进制数用$(N)_2$表示，如$(0)_2$，$(1)_2$，$(10)_2$，$(101)_2$。

例：求$(1101.101)_2$的等值十进制数。

$(1101.101)_2=1\times2^3+1\times2^2+0\times2^1+1\times2^0+1\times2^{-1}+0\times2^{-2}+1\times2^{-3}=(13.625)_{10}$

（2）十进制整数→二进制整数。转换方法为"除 2 取余"，如$(46)_{10}=(?)_2$直接转换过程如下：

```
2 | 46        ----------- 0        低
  2 | 23      ----------- 1        ↑
    2 | 11    ----------- 1        |
      2 | 5   ----------- 1        |
        2 | 2 ----------- 0        |
          2 | 1 --------- 1        高
            0
```

所以，$(46)_{10}=(101110)_2$。

（3）十进制小数→二进制小数。转换方法为"乘 2 取整"，如$(0.625)_{10}=(?)_2$转换过程为：

```
            0.625
二进制小数点后 第 1 位 →  1 .250   （去掉小数最后的 0）
            第 2 位 →  0 .50
            第 3 位 →  1 .0
```

所以，$(0.625)_{10}=(0.101)_2$

提示，在十进制小数转换过程中有时候是转化不尽的，这时只能视情况转换到小数点后第几位即可。

2．十进制与八进制或十六进制之间的转换

十进制数转换为八进制数或十六进制数的方法与十进制数转换为二进制数的方法类似。整数部分的转换分别为除 8 取余和除 16 取余。小数部分的转换分别为乘 8 取整和乘 16 取整。

例：$(278)_{10}=(426)_8$，$(59)_{10}=(3B)_{16}$。

3．二进制与八进制的相互转换

例：计算 $(637)_8=(?)_2$。

根据表 2-2 所示的对应关系：6→110；3→011，7→111，所以$(637)_8=(110011111)_2$。

二进制数转换为八进制数以小数点为界向左向右 3 位分节，往左为整数，最高位不足 3

位的可以在最高位的前面补 0；往右为小数，最低位不足 3 位的可以在最低位的后面补 0，如：计算 $(11011100110.0101)_2=(\ ?\ )_8$。

$$\underset{3}{\underline{011}}\ \underset{3}{\underline{011}}\ \underset{4}{\underline{100}}\ \underset{6}{\underline{110}}\ .\ \underset{2}{\underline{010}}\ \underset{4}{\underline{100}}$$

所以，$(11011100110.0101)_2=(3346.24)_8$。

4. 二进制与十六进制的相互转换

例：计算 $(A47.D)_{16}=(\ ?\ )_2$。

根据表 2-3 所示的对应关系有：A→1010，4→0100，7→0111，D→1101。

所以，$(A47.D)_{16}=(101001000111.1101)_2$。

二进制转换十六进制时，以小数点为界，分别向左向右 4 位分节，不足 4 位的则补 0，例如：计算 $(111000101001.011011)_2=(\ ?\ )_{16}$。

$$\underset{E}{\underline{1110}}\ \underset{2}{\underline{0010}}\ \underset{9}{\underline{1001}}\ .\ \underset{6}{\underline{0110}}\ \underset{C}{\underline{1100(补0)}}$$

所以，$(111000101001.011011)_2=(E29.6C)_{16}$。

5. 十进制与八进制、十六进制之间的相互转换

通常，十进制与八进制及十六进制之间的转换不需要直接进行，可用二进制数作为中间量进行相互转换。如要将一个十进制数转换为相应的十六进制数，可以先将十进制数转换为二进制数，然后直接根据二进制写出对应的十六进制数，反之亦然。

大家可能使用过 Windows 附带的计算器，它是一个小程序，可以从 Windows 的"开始"→"程序"→"附件"→"计算器"打开它。这个计算器有两种模式（标准型和科学型），可以从打开的"计算器"菜单的"查看"中选择，如图 2-1 所示的就是科学型计算器。这个计算器可以完成简单的数制转换。只要选择相应的进制按钮，输入数据，然后选择需要转换的进制，就完成了相应的转换。

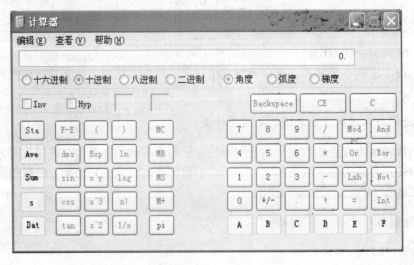

图 2-1　Windows 中的科学型计算器

2.3　二进制的运算

2.3.1　二进制的算术运算

二进制的算术运算也就是通常所说的四则运算，即加法、减法、乘法和除法，具体运算规则详述如下。

1.　二进制加法运算规则

二进制加法运算法则如表 2-4 所示。

表 2-4　二进制加法运算法则

A	B	A+B
0	0	0
0	1	1
1	0	1
1	1	10（向高位进位）

例：求$(10011.01)_2+(100011.11)_2$之和。计算过程如下：

```
   1 0 0 1 1 . 0 1
+ 1 0 0 0 1 1 . 1 1
-------------------
 1 1 0 1 1 1 . 0 0
```

所以，$(10011.01)_2+(100011.11)_2=(110111.00)_2$。

2.　二进制减法运算规则

二进制减法运算法则如表 2-5 所示。

表 2-5　二进制减法运算法则

A	B	A−B
0	0	0
1	0	1
0	1	1（向高位借位）
1	1	0

例：求$(110011)_2 - (001101)_2$之差。计算过程如下：

```
   1 1 0 0 1 1
-  0 0 1 1 0 1
-------------
   1 0 0 1 1 0
```

所以，$(110011)_2 - (001101)_2=(100110)_2$。

3.　二进制乘法运算规则

二进制乘法运算法则如表 2-6 所示。

表2-6　二进制乘法运算法则

A	B	A × B
0	0	0
1	0	0
0	1	0
1	1	1

例：求$(1110)_2 \times (1101)_2$之积。计算过程如下：

```
        1 1 1 0
    ×   1 1 0 1
    _____
        1 1 1 0
      0 0 0 0
    1 1 1 0
  1 1 1 0
_____
1 0 1 1 0 1 1 0
```

所以$(1110)_2 \times (1101)_2 = (10110110)_2$。二进制乘法运算可归结为加法与移位。

4. 二进制除法运算规则

二进制除法运算法则如表2-7所示。

表2-7　二进制除法运算法则

A	B	A ÷ B
0	0	无意义
1	0	无意义
0	1	0
1	1	1

例：求$(1101.1)_2 \div (110)_2$之商。计算过程如下：

```
            10.01
    110)1101.1
        110
        _____
          1 10
          1 10
          _____
              0
```

所以$(1101.1)_2 \div (110)_2 = (10.01)_2$。二进制除法运算可归结为减法与移位。

2.3.2　二进制的逻辑运算

逻辑是指条件与结论之间的关系，因此逻辑运算是指对因果关系进行分析的一种运算。逻辑运算的结果并不表示数值大小，而是表示一种逻辑概念，若成立用真或1表示，若不成立用假或0表示。有四种基本的逻辑运算：逻辑非、逻辑与、逻辑或和逻辑异或。

1．逻辑与运算

逻辑与运算也称为逻辑乘法，是二元运算（也就是说参加运算的操作数有两个），通常用符号"×"或"∧"或"·"来表示。当参加逻辑与运算的两个操作数值均为非 0（逻辑真）时，结果才为真；否则为 0（逻辑假），即：

$0 \wedge 0 = 0$　　　　$0 \wedge 1 = 0$　　　　$1 \wedge 0 = 0$　　　　$1 \wedge 1 = 1$

例如：求 $10111001 \wedge 11110011 = ?$

$$
\begin{array}{r}
10111001 \\
\wedge\quad 11110011 \\
\hline
10110001
\end{array}
$$

所以，$10111001 \wedge 11110011 = 10110001$

2．逻辑或运算

逻辑或也被称为逻辑加法，通常用符号"+"或"∨"来表示，它也是二元运算，参加或运算的两个操作数中，只要有一个操作数值为非 0（逻辑真），结果就为 1（逻辑真）；否则为 0（逻辑假），即：

$0 \vee 0 = 0$　　　　$0 \vee 1 = 1$　　　　$1 \vee 0 = 1$　　　　$1 \vee 1 = 1$

例如：求 $10100011 \vee 10011011 = ?$

$$
\begin{array}{r}
10100011 \\
\vee\quad 10011011 \\
\hline
10111011
\end{array}
$$

所以，$10100011 \vee 10011011 = 10111011$

3．逻辑非运算

逻辑非运算也称为逻辑否运算，是一元运算符（也就是说参加运算的操作数只有一个），通常是在逻辑变量上加上划线来表示。若操作数本身的值为 0，则经过逻辑非运算后的结果为 1（逻辑真）；当操作数值为非 0 时，逻辑非运算的结果为 0，即：

$0 = \bar{1}$　　　　$1 = \bar{0}$

例如：$\overline{10111101} = 01000010$

4．逻辑异或运算

逻辑异或运算通常用符号 $\oplus$ 来表示，它的逻辑意义是指当逻辑运算中变量的值不同时，结果为 1，而变量的值相同时，结果为 0。如在判断两个带符号数的符号是否相同，只需要对两数进行异或运算，运算结果的最高位若为 0，就表示两数符号相同，若为 1，就表示符号不同，即：

$0 \oplus 0 = 0$　　　　$0 \oplus 1 = 1$　　　　$1 \oplus 0 = 1$　　　　$1 \oplus 1 = 0$

5．逻辑运算案例

为了让大家更好地理解上述与、或、非的含义，我们引入 3 个电路，如图 2-2 所示，这种电路我们在中学物理中就已经学过，分析起来也比较方便。

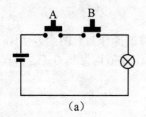 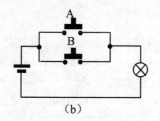 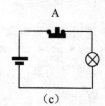

图 2-2 用于说明与、或、非定义的电路

在图 2-2 中，给出了 3 个指示灯的控制电路，根据串、并联电路的工作原理，可以得出：

（1）在图 2-2（a）中，只有当两个常开按钮同时按下时，指示灯才会亮；

（2）在图 2-2（b）中，只要两个常开按钮中任何一个按下，指示灯都会亮；

（3）在图 2-2（c）中，没有按按钮时，电路是接通的，所以指示灯亮，按下按钮时，指示灯反而不亮。

案例分析与讲解

由图 2-2 可知，按钮只有按下和没按下两种情况，指示灯只有亮和灭两种状态。而二进制码的两个符号"1"和"0"正好与逻辑命题的两个值"是"和"否"或称"真"和"假"相对应。如果能理解用"1"表示按钮按下或指示灯亮，用"0"表示按钮没按下或指示灯灭，那么就很容易理解逻辑判断了。

为了表示这几种运算，更好地进行讲解推导过程，引入 3 个变量：用 A、B 表示按钮的状态（即为逻辑变量），用 Y 表示指示灯的状态（即为逻辑代数表达式的值），这样教师通过分析 A、B 两个按钮处于不同的状态，就可以得到 Y 相应的结果。

在此以分析图 2-2（b）电路为例来进行说明，其分析结果如下：

（1）A 按钮没按下（即 A=0），B 按钮没按下（即 B=0），Y 指示灯不亮（即 Y=0）；

（2）A 按钮按下（即 A=1），B 按钮没按下（即 B=0），Y 指示灯亮（即 Y=1）；

（3）A 按钮没按下（即 A=0），B 按钮按下（即 B=1），Y 指示灯亮（即 Y=1）；

（4）A 按钮按下（即 A=1），B 按钮按下（即 B=1），Y 指示灯亮（即 Y=1）。

即可以得到逻辑或的运算规则：

$$Y = 0 \vee 0 = 0 \quad \longrightarrow \quad Y = 0$$

$$\left.\begin{array}{l} Y = 0 \vee 1 = 1 \\ Y = 1 \vee 0 = 1 \\ Y = 1 \vee 1 = 1 \end{array}\right\} \longrightarrow \quad Y = 1$$

同理，可以得到与运算和非运算的运算规则。通过对电路进行分析所得的结果与前面对或、与、非等运算所给的结果是一样的。

2.4 计算机中的数据表示

2.4.1 数据的长度单位

在计算机上数据的长度单位有位、字节和字等。

1. 位

位，也称比特，记为 bit。它是计算机中存储的最小单位，可用 0 和 1 来表示一个二进制数位。

2. 字节

字节记为 Byte 或大写字母 B。在 PC 中，8 个二进制数位构成一个基本存储单元，称为一个字节。存放在一个字节当中的信息可以从 8 个 0 变化到 8 个 1，即从 00000000 到 11111111，一个字节中二进制数值的变化最多有 256 种。

通常将 2^{10} 即 1024 个字节称为 1K 字节，记为 1KB（注意：在计算机上 1K=1024=2^{10}，）这与平常理解的 1K=1000 是不同的），1KB 可读做千字节；2^{20} 个字节约为百万个字节，记为 1MB，读做兆字节；2^{30} 个字节，约为 10 亿个字节，记为 1GB，读做吉字节或者千兆字节；2^{40} 个字节约为万亿个字节，记为 1TB，读做太字节；2^{50} 个字节约为千万亿个字节，记为 1PB，读做拍字节。

3. 字

字记为 word 或小写字母 w，字和计算机中字长的概念有关。字长是指计算机在进行处理时一次作为一个整体进行处理的二进制数的位数，具有这一长度的二进制数则被称为该计算机中的一个字。字通常取字节的整数倍，是计算机进行数据存储和处理的运算单位。

计算机按照字长进行分类，可以分为 8 位机、16 位机、32 位机和 64 位机等。字长越长，那么计算机所表示数的范围就越大，处理能力也越强，运算精度也就越高。在不同字长的计算机中，字的长度也不相同。例如，在 8 位机中，一个字含有 8 个二进制位，而在 64 位机中，一个字则含有 64 个二进制位。

2.4.2　原码、反码和补码

在现代计算机中，无论数值还是数的符号，都只能用 0 和 1 来表示，通常规定一个数的最高位为符号位：0 表示正数，1 表示负数，即机器字长为 8 位，则 D_7 为符号位，$D_6 \sim D_0$ 为数值位；若字长为 16 位，则 D_{15} 为符号位，$D_{14} \sim D_0$ 为数值位，在内存中这个 16 位字长的数占两个字节。为了分析问题方便起见，下面所介绍的有关内容都是针对 8 位字长的格式而言的。

（1）机器数和真值

设有数 N1=+24，N2=−24，写成二进制数表示形式为 N1=+11000B，N2=−11000B。若要表示成 8 位长度的格式，最高位为符号位（D_7=0，表示正；D_7=1，表示负），则有 N1=00011000B，N2=10011000B。

像这样，连同符号位在一起数字化了的数，称为机器数，而它的数值称为机器数的真值。

在计算机中，机器数可以有不同的表示方法。对带符号数，机器数常用的表示方法有原码、反码和补码三种。

（2）原码

正数的符号位用 0 表示，负数的符号位用 1 表示，机器数的不变形表示法即称为该数的原码。

设机器数位长为 n，则数 x 的原码可定义为：

$$[x]_原 = \begin{cases} 0x_1x_2\cdots x_{n-1} & (x \geq 0) \\ 1x_1x_2\cdots x_{n-1} & (x \leq 0) \end{cases}$$

n 位原码表示的数值范围是：

$$-(2^{n-1}-1) \sim +(2^{n-1}-1)$$

若 n=8，则 8 位机器数原码表示的数值范围是：–127～+127。

应当注意，数 0 的原码有两种表示形式。

（3）反码

正数的反码表示与原码相同；负数的反码是将负数的原码除符号位以外，其余各数位按位取反而得到的。因此，反码的定义为：

$$[x]_反 = \begin{cases} 0x_1x_2\cdots x_{n-1} & (x \geq 0) \\ 1\bar{x}_1\bar{x}_2\cdots \bar{x}_{n-1} & (x \leq 0) \end{cases}$$

n 位反码表示的数值范围为：

$$-(2^{n-1}-1) \sim +(2^{n-1}-1)$$

若 n=8，则机器数 8 位反码表示的数值范围为：–127～+127。

由于正数的反码表示形式与正数的原码表示形式相同，因此，反码的表示实质上是对负数而言的。

数 0 的反码有两种表示形式：

[＋0]$_反$=00000000，[－0]$_反$=11111111

由负数的反码求真值的方法是：反码→原码→真值。

如 $[x]_反$=11111001，则 $[x]_原$=10000110。

所以 x 的真值为–6。

（4）补码

正数的补码表示与原码相同；负数的补码是将负数的原码除符号位以外，其余各数位按位取反再加 1 而得到的。

因此，补码的定义为：

$$[x]_补 = \begin{cases} 0x_1x_2\cdots x_{n-1} & (x \geq 0) \\ 1\bar{x}_1\bar{x}_2\cdots \bar{x}_{n-1}+1 & (x \leq 0) \end{cases}$$

对于正数而言

$$[x]_补 = [x]_反 (=[x]_原)$$

对于负数而言

$$[x]_补 = [x]_反 + 1$$

n 位补码表示的数值范围为：

$$-2^{n-1} \sim +(2^{n-1}-1)$$

即若 n=8，则 8 位机器数补码表示的范围为：–128～+127

数 0 的补码只有一个，即：

$$[+0]_补 = [-0]_补 = 00000000$$

8 位二进制负数的原码、反码和补码如表 2-8 所示。

表 2-8　8 位二进制负数的原码、反码和补码

x	原码	反码	补码
−1	10000001	11111110	11111111
−2	10000010	11111101	11111110
−3	10000011	11111100	11111101
−4	10000100	11111011	11111100
⋮	⋮	⋮	⋮
−127	11111111	10000000	10000001
−128	—	—	10000000

由负数的补码求得负数的原码的方法有两种：一是将负数的补码除符号位外，其余各位求反再加 1；二是将负数的补码先减 1，除符号外，其余各位再求反。求真值只能由原码才能计算出，不能由补码和反码直接按数位计算负数的真值。

思考题：

（1）用补码计算 67−89 ＝ ？

（2）$[x]_补 = 11010101$，$[x]_{真值} = $？

（3）$[x]_原 = 10011011$，$[x]_补 = $？

2.4.3　定点数和浮点数的表示

进一步考虑计算机中如何表示数，就需要考虑数的长度。如果一个数很大，要书面表达这个数，习惯上一般用指数表示或用简称。如我们表达"数十亿"这个数的大小概念时，一般不会直接在 1 后面书写一长串的 9 个 0。因此，在计算机中为了解使其表示的数能够符合实际需要，采取了固定小数点方法表示数。考虑数在计算机中的表示时，有以下几个因素。

● 要表示的数的类型（小数、整数、实数等）。
● 可能的数值范围：确定存储、处理能力。
● 数值精确度：与处理能力相关。
● 数据存储和处理所需要的硬件代价等。

在计算机中，对于任意一个二进制数 Y，都可以表示成：$Y = 2^j \cdot S$。其中，S 为数 Y 的尾数，j 为数 Y 的阶码，2 为阶码的底，尾数 S 表示数 Y 的全部有效数字，阶码 j 则指出了小数点的位置。S 和 j 值都可正可负。

一般计算机中的数有两种常用表示格式：定点和浮点。

1．定点数

（1）当阶码 j 为 0 时，S 为整数，表示小数点固定在数的最低位之后，称为定点整数，小数点的位置是隐含的。

定点整数的表示形式为：

用公式形式表示为：

$$Y = N_s S_{n-1} S_{n-2} \cdots S_1 S_0 \quad (N_s \text{——符号位})$$

小数点位置 ——————→

（2）当阶码 j 为 0 时，S 若为纯小数，表示小数点固定在数的最高位之前，称为定点小数。小数点之前为数的符号位，小数点不用明确表示出来，它隐含在符号位与最高数位之间。定点小数的表示形式为：

符号位	数值部分

小数点位置

用公式形式表示为：

$$Y = N_s S_{n-1} S_{n-2} \cdots S_{-m} \quad (N_s \text{——符号位})$$

小数点位置

2. 浮点数

浮点表示法，即小数点的位置是浮动的。浮点数容许的数值范围很大，但要求的处理硬件比较复杂。浮点数由阶码部分和尾数部分两部分组成。阶码部分又分为阶符和阶码，尾数部分又分为数符和尾数。浮点数存储的时候可分为单精度和双精度两种情况，主要是存储长度有区别。在 32 位微型计算机中，单精度浮点数据类型占 32 位二进制数，双精度浮点数则要占到 64 位。32 位浮点数格式如下：

符　号	阶　码	尾　数
1 位	8 位	23 位

例如：一个十进制数–34500，在计算机中，它的二进制数−1000011011000100，如果使用浮点数表示，则为

符号　　阶码　　　　　　　尾数

1　　　00010000　　　10000110110001000000000

注意： 在计算机中这些数据都是二进制数表示的，而且是定长格式。如阶码为 2^{16}，对应的二进制数为 00010000。

这种结构是规格化浮点数。为了提高浮点数表示的精度，通常规定其尾数的最高位必须是非零的有效位，称为浮点数的规格化形式，即尾数的绝对值大于等于 0.1 并且小于 1。浮点数需要规格化，主要解决同一浮点数表示形式的不唯一性问题，否则尾数要进行左移或右移。上例 -0.345×10^5 就是十进制实数−34500 的规格化形式表示，用二进制表示为：$-0.10000110110001 \times 2^{16}$。浮点数的表示范围主要取决于阶码，数的精确度取决于尾数。

2.5　计算机中的数据编码

我们知道，一般情况下数字是用来表示"量"的，但我们也知道，"数"不仅仅用来表示"量"，它还能作为"码"来使用。例如，在我国实行的公民身份证制度，身份证上有一组18 位（旧身份证为 15 位）的数字为"身份证号码"，这就是用数字进行编码的例子。再如每一个学生入学后都会有一个学号，这也是一种编码。

　　在计算机中，数是用二进制表示的。而计算机能识别和处理的各种字符，如大小写英文字母、标点符号、运算符号等，这些又如何表示呢？由前面介绍所知，计算机中任何数据都只能采用二进制数的各种组合来表示，所以需要对全部用到的字符按照一定的编码规则进行二进制数的组合编码。也就是说，在计算机内部不论是数值型数据，还是非数值型数据（各种字符、汉字等），都必须采用二进制代码。数值型数据、字符和汉字的二进制编码是计算机中三大类最重要的、应用也最广泛的编码。

　　1. 数据的编码

　　在计算机中，数值型数据的表示主要有两种形式，一种是纯二进制数，比如带符号整数、无符号整数、定点数、浮点数等。采用一种称之为"补码"的编码方式直接进行运算；另一种是压缩十进制数形式，即用二进制数编码表示的十进制数（BCD 数）。

　　可以将一位十进制数用四位二进制编码来表示，这样表示的方法有很多，通常使用最多的一种编码方式叫十进制数的二进制编码，即 8421 BCD 码。以十进制数 0～14 为例，它们的 BCD 编码对应关系如表 2-9 所示。

表 2-9　十进制数——BCD 编码对应关系

十进制数	8421 BCD 码	十进制数	8421 BCD 码	十进制数	8421 BCD 码
0	0000	5	0101	10	0001　0000
1	0001	6	0110	11	0001　0001
2	0010	7	0111	12	0001　0010
3	0011	8	1000	13	0001　0011
4	0100	9	1001	14	0001　0100

　　8421 BCD 码具有 0～9 十个不同的数字符号，且它是逢"十"进位的，所以它是十进制数。但它的每一位又都是用四位二进制编码来表示的，因此称为二进制编码的十进制数。8421 BCD 码用四位二进制数来表示一位十进制数是十分方便的。如十进制数 568，写成 8421 BCD 编码为 0101 0110 1000。反之，一个 BCD 编码数也可以很容易读出，如（1001 0111 1000. 0110 0011）$_{BCD}$ 可方便地认出为 978.63。

　　2. 字符数据的编码

　　计算机中用得最多的数据就是字符这种非数值数据。目前，在计算机中最普遍采用的是 ASCII 码（American Standard Code for Information Interchange，美国标准信息交换码），编码如表 2-10 所示。

　　从码表中可以看出，ASCII 码是 7 位编码，一共可以表示 128 个字符，其中包括数码（0～9），以及英文字母等可打印的字符。从表中可以看到，数码 0～9，相应用 0110000～0111001 来表示的。因微型机字节长度为 8 位，所以通常 bit7 用作奇偶校验位，但在计算机中表示时，常认其为 0，故用一个字节来表示一个 ASCII 码。于是 0～9 的 ASCII 码为 30H～39H，大写字母 A～Z 的 ASCII 码为 41H～5AH。在 ASCII 码 128 个字符组成的字符集中，其中编码值 0～31（0000000～0011111）不对应任何可印刷字符，通常称为控制符，用于计算机通信中的通信控制或用于对计算机设备的功能控制。编码值为 32（0100000）是空格字符 SP。编码值为 127（1111111）是删除控制 DEL 码……其余 94 个字符称为可印刷字符。

表 2-10　ASCII 码表

	b₆b₅b₄	0	1	2	3	4	5	6	7
b₃b₂b₁b₀		000	001	010	011	100	101	110	111
0	0000	NUL	DLE	SP	0	@	P	、	P
1	0001	SOH	DC1	!	1	A	Q	a	q
2	0010	STX	DC2	"	2	B	R	b	r
3	0011	ETX	DC3	#	3	C	S	c	s
4	0100	EOT	DC4	$	4	D	T	d	t
5	0101	ENQ	NAK	%	5	E	U	e	u
6	0110	ACK	SYN	&	6	F	V	f	v
7	0111	BEL	ETB	'	7	G	W	g	w
8	1000	BS	CAN	(	8	H	X	h	x
9	1001	HT	EM	)	9	I	Y	i	y
A	1010	LF	SUB	*	:	J	Z	j	z
B	1011	VT	ESC	+	;	K	[	k	{
C	1100	FF	FS	,	<	L	\	l	|
D	1101	CR	GS	—	=	M	]	m	}
E	1110	SO	RS	·	>	N	↑	n	~
F	1111	SI	US	/	?	O	↓	o	DEL

3. Unicode 编码

在假定会有一个特定的字符编码系统能适用于世界上所有语言的前提下，1988 年，几个主要的计算机公司一起开始研究一种替换 ASCII 码的编码，称为 Unicode 编码。鉴于 ASCII 码是 7 位编码，Unicode 采用 16 位编码，每一个字符需要 2 个字节。这意味着 Unicode 的字符编码范围从 0000H～FFFFH，可以表示 65536 个不同字符。

Unicode 编码不是从零开始构造的，开始的 128 个字符编码 0000H～007FH 就与 ASCII 码字符一致，这样就能够兼顾已存在的编码方案，并有足够的扩展空间。从原理上来说，Unicode 可以表示现在正在使用的或者已经没有使用的任何语言中的字符。对于国际商业和通信来说，这种编码方式是非常有用的，因为在一个文件中可能需要包含有汉语、英语和日语等不同的文字。并且，Unicode 还适合于软件的本地化，也就是针对特定的国家修改软件。使用 Unicode，软件开发人员可以修改屏幕的提示、菜单和错误信息来适合于不同的语言和地区。目前，Unicode 编码在 Internet 中有着较为广泛的使用，Microsoft 和 Apple 公司也已经在他们的操作系统中支持 Unicode 编码。

尽管 Unicode 对现有的字符编码做了明显改进，但并不能保证它能很快被人们接受。ASCII 码和无数的有缺陷的扩展 ASCII 码已经在计算机世界中占有一席之地，要把它们逐出计算机世界并不是一件很容易的事。

4. 汉字的输入编码

汉字编码的目的也是为了使计算机能够处理、显示、打印、交换汉字字符等。中文常用汉字有 7000 个左右，如何将这些不同于西文字符的方块汉字输入到计算机中，必须解决好一个汉字编码的问题。根据目前的使用情况来看，汉字编码主要划分为数字编码、拼音编码和字形编码等类型。

（1）数字编码。数字编码主要是国标码和区位码。国标码就是 GB 2312-80 编码，一个汉字用四位 16 进制数来表示。国标码是信息交换码，编码中，两个字节的最高位都不是 1，而是 0。并且两个字节都是从 21H 到 7EH 共 94 个位；两个字节组合在一起，构成 94×94 种编码，称之为国标码。如 "保" 字，第一字节为 31H，第二字节为 23H，组合的国标码为 3123H。根据国标 GB 2312-80 编码规定，所有的国标汉字与符号可划分成 94 个区，每个区分成 94 位。区号为 01～94，位号也是 01～94。在汉字的区位码中，用四位十进制整数来表示汉字和有关符号的编码，高两位为区号，低两位为位号。在区位码中汉字与符号的分布情况如下：

- 1～15 区为图形符号区；
- 16～55 区为常用的一级汉字区；
- 56～87 区为不常用的二级汉字区；
- 88～94 区为自定义汉字区。

常用的一级汉字有 3775 个，二级汉字有 3008 个，两级汉字共计 6783 个，另外还有图形符号 682 个。

数字编码的最大优点是输入无重码，其缺点是代码难记，输入速度慢，只能作为一种辅助输入法。

（2）拼音编码，又称字音编码。该编码方式以汉字读音为基础。其优点是易学易记，缺点是汉字输入重码率高，影响输入速度。从输入方式来看，又可分为全拼输入法、双拼输入法和微软拼音输入法等几种。一般全拼输入法是最基础的输入法，它最易掌握。

（3）字形编码。它是以汉字的构成形状确定的编码。汉字总数虽多，但都是由一笔一画组成的，全部汉字的部件和笔画是有限的。因此，把汉字的笔画部件用字母或数字进行编码，按笔画书写的顺序依次输入，就能表示一个汉字，五笔字型便是这种编码法。五笔字型输入法的优点是不需要拼音知识、拼形有规律可循、重码率仅万分之二，可以高速输入，尤其适宜于专业打字员。

5. 汉字机内码

计算机内部使用的汉字编码称为汉字内码或汉字机内码，是在设备和信息处理系统内部存储、处理和传输用的。汉字情况比西文字符要复杂，目前，在国际上各大计算机公司一般均以 ASCII 码为内部码来设计计算机系统。汉字数量多，用一个字节无法区分，一般用两个字节来存放汉字的内码。为了统一起见，我国汉字信息处理系统一般采用这种与 ASCII 码相容的 8 位码方案。另外，为了区分汉字和英文字母，规定英文字母机内码的最高位为 0，而汉字机内码中两个字节的最高位均为 1。以汉字 "大" 为例，国标码为 3473H，机内码为 B4F3H。如下所示：

国标码	3473H	0011	0100	0111	0011
		↓		↓	
汉字机内码	B4F3H	1011	0100	1111	0011

6. 汉字字模信息码

汉字主要是通过显示设备显示输出或通过打印机打印输出，汉字的输出是汉字信息处理的重要环节。

　　显示输出有图形显示方式和字符显示方式两种情况。但无论什么情况，在需要输出一个汉字时，首先要根据汉字的机内码找出其字模信息在汉字库中的位置，然后取出该汉字的字模信息作为图形在屏幕上显示或在打印机上打印输出。

　　字模信息码即汉字字形码。汉字是方块象形文字，构建各种汉字字体的字形主要是点阵法。点阵法将单个汉字划分成多行多列，如 16 行×16 列，简称为 16×16 点阵。行列交汇处称为一个像素，对显示而言，用 1 表示发亮，而用 0 表示暗。16×16 点阵表示一个汉字共需 16×16=256 个像素点，每个像素点用一位二进制数码表示，则需要 256 位二进制码，占内存 32 个字节的存储空间。人们将用点阵构建汉字字形的模式称为点阵字模。图 2-3 是"嘉"字的点阵字形。

　　根据输出汉字的要求不同，汉字点阵的多少也不同，点阵划分得越密集，输出的汉字就越逼真、清晰、美观。

　　字模点阵的信息量所占存储空间很大，以 16×16 点阵为例，每个汉字要占用 32 个字节，两级汉字再加上约 700 个图形字符，共需占存储空间约 256KB。若采用 48×48 或 72×72 的点阵，则汉字点阵字模占用的存储空间会更大。16×16 点阵多用于显示，24×24 点阵、32×32 点阵、48×48 点阵、64×64 点阵等，多用于打印输出。

　　汉字处理系统中所用汉字点阵字模的集合又称为汉字库。汉字库可做成硬字库或软字库。硬字库又称汉卡；软字库以文件形式将字库储存在软磁盘、硬盘或光盘上。

　　要提高汉字的输出质量，现在已改为用矢量法来描述汉字的笔画轮廓，从而使汉字的显示更加精美。

　　无论是西文字符或中文字符，在机内一律用二进制编码表示。因汉字字符远多于西文字符，前者用双字节，后者使用单字节，汉字库占用的空间，也远大于西文字库（称为字符发生器）的空间。汉字处理较纯西文处理复杂、需要更多的时间和空间。从汉字编码转换的角度来看，四种汉字编码的关系如图 2-4 所示，但其间均需要各自的转换程序来实现。

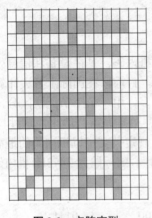

图 2-3　点阵字型

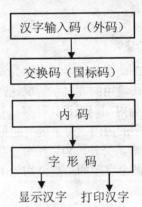

图 2-4　汉字代码间的转换关系

2.6　计算机中图形和声音的表示

　　具有多媒体功能的计算机除可以处理数值和字符信息外，还可以处理图形和声音信息。

在计算机中，图形和声音的使用能够增强信息的表现能力。本节将讨论计算机中图形和声音信息的表示方法。

2.6.1　图形的表示方法

计算机通过指定每个独立的点（或像素）在屏幕上的位置来存储图形，最简单的图形是单色图形。单色图形包含的颜色仅仅有黑色和白色两种。为了理解计算机怎样对单色图形进行编码，可以考虑把一个网格叠放到图形上。网格把图形分成许多单元，每个单元相当于计算机屏幕上的一个像素。对于单色图，每个单元（或像素）都标记为黑色或白色。如果图像单元对应的颜色为黑色，则在计算机中用 0 来表示；如果图像单元对应的颜色为白色，则在计算机中用 1 来表示。网格的每一行用一串 0 和 1 来表示，如图 2-5 所示。

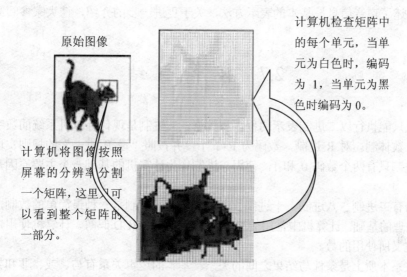

原始图像

计算机检查矩阵中的每个单元，当单元为白色时，编码为 1，当单元为黑色时编码为 0。

计算机将图像按照屏幕的分辨率分割一个矩阵，这里只可以看到整个矩阵的一部分。

图 2-5　存储一幅单色位图图像

对于单色图形来说，用来表示满屏图形的比特数和屏幕中的像素数正好相等。所以，用来存储图形的字节数等于比特数除以 8；若是彩色图形，其表示方法与单色图形类似，只不过需要使用更多的二进制位以表示出不同的颜色信息。

这里讲述了图形图像信息最基本的表示方法，关于更进一步的介绍，请大家参阅第 6 章。

2.6.2　声音的表示方法

通常，声音是用一种模拟（连续的）波形来表示的，该波形描述了振动波的形状。如图 2-6 所示，表示一个声音信号有三个要素，分别是基线、周期和振幅。

声音的表示方法是以一定的时间间隔对音频信号进行采样，并将采样结果进行量化，转化成数字信息的过程，如图 2-7 所示。声音的采样是在数字模拟转换时，将模拟波形分割成数字信号波形的过程，采样的频率越大，所获得的波形越接近实际波形，即保真度越高。

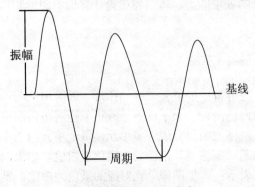

图 2-6　声音信号的三要素

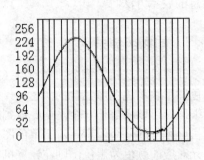

图 2-7　声音信号的采样和量化

这里讲述了声音信息最基本的表示方法，关于更进一步的介绍，请大家参阅第 6 章。

2.7　本章小结

计算机只能执行以二进制表示的程序和数据。二进制是现代计算机系统的数字基础。数制被称为计数体制。对 R 进制，数码为 R–1 个，并按照"逢 R 进一"的规则实现向高位的进位。二进制只有两个数码 0 和 1，使用二进制作为计算机的基础一个主要原因是电路容易实现。

常用的有二进制、八进制、十进制、十六进制。二进制是一种最简单的数制，也是计算机运算、处理的基础。计算机中常用的编码有 ASCII 码、BCD 码等。计算机使用定点和浮点两种格式定义所使用的数。

逻辑关系本质上是条件与结果之间的关系，基本的逻辑关系有与、或、非和异或。

【思考题与习题】

一、思考题

1. 什么是数制？采用权位系数表示法的数制有哪几个特点？
2. 二进制的加法和乘法运算规则是什么？
3. 十进制整数转换为非十进制整数的规则是什么？
4. 二进制与八进制之间如何转换？
5. 二进制与十六进制之间如何转换？
6. 将下列十进制数转换为二进制数。

　　6　　　12　　　286　　　1024　　　0.25　　7.125　　　　2.625

7. 写出下列各数的原码、补码和反码：11001，–11001。

二、选择题

1. 二进制数 10110111 转换为十进制数是（　　　）。

A. 185　　　　　　B. 183　　　　　　C. 187　　　　　　D. 以上都不是

2. 十六进制数 F260 转换为十进制数是（　　　）。

A. 62040　　　　　B. 62408　　　　　C. 62048　　　　　D. 以上都不是

3. 二进制数 111.101 转换为十进制数是（　　　）。

A. 5.625　　　　　B. 7.625　　　　　C. 7.5　　　　　　D. 以上都不是

4. 十进制数 1321.25 转换为二进制数是（　　　）。

A. 10100101001.01　　　　　　　　　B. 11000101001.01

C. 11100101001.01　　　　　　　　　D. 以上都不是

5. 二进制数 100100.11011 转换为十六进制数是（　　　）。

A. 24.D8　　　　　B. 24.D1　　　　　C. 90.D8　　　　　D. 以上都不是

6. 计算机数据长度的最小单位是（　　　）。

A. 比特　　　　　B. 字节　　　　　C. 字　　　　　　D. 以上都不是

7. 汉字输入编码之一是（　　　）。

A. 机内码　　　　　　　　　　　　　B. 字模信信息码

C. 字形码　　　　　　　　　　　　　D. ASCII 码

8. 一个 16×16 点阵的汉字，存储到计算机中需要占用存储空间为（　　　）个字节。

A. 16　　　　　　B. 32　　　　　　C. 2　　　　　　　D. 以上都不是

第3章 计算机系统

【学习目标】
1. 掌握计算机系统组成部分及各部分的功能。
2. 掌握计算机软、硬件系统基础知识。
3. 学习计算机的基本工作原理。
4. 了解计算机的存储体系，内存和外存的特点。
5. 了解微机的组成、特点，CPU 的性能指标。

3.1 计算机系统概述

通常所说的计算机，严格意义上来说，都应称为计算机系统。一台完整的计算机系统是由硬件系统和软件系统两部分组成的，如图 3-1 所示。

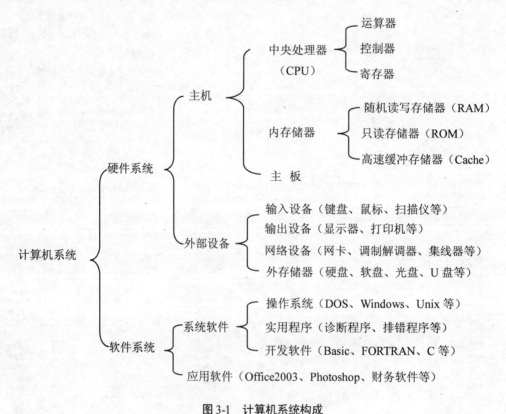

图 3-1 计算机系统构成

计算机硬件是物理上存在的实体，是构成计算机的各种物质实体的总和。计算机软件系统是指计算机上运行的各种程序、数据和有关的技术资料，在某些场合，通常把程序与软件当作是同一个概念。

计算机系统中硬件和软件是不可缺少的两个重要方面，没有安装任何软件系统的计算机称之为裸机，裸机是不能工作的。我们了解计算机时，首先接触到的就是它的硬件，它是计算机系统的物质基础；而计算机软件系统则担负着指挥功能。计算机系统中的硬件和软件之间，以及软件和软件之间是一种层次关系，如图 3-2 所示。在这个层次结构中，硬件处于最底层，操作系统是直接加在硬件上的软件（加载操作系统的裸机为用户提供了一台"虚拟机"），它最接近硬件，其他的软件在操作系统之上，即它们离硬件的距离比操作系统要远。

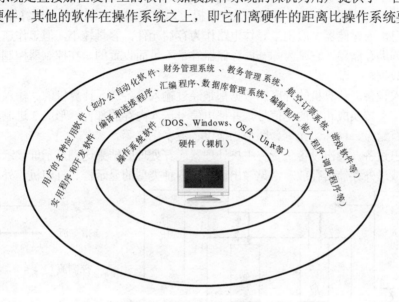

图 3-2 计算机硬软件层次示意图

3.2 计算机硬件系统基础

3.2.1 计算机系统组成

自第一台计算机于 1946 年诞生以来，尽管计算机制造技术已经发生了巨大的变化，但到现在为止，就其体系而言，都基于同一个基本原理，即存储程序和程序控制的原理。这个思想是由美籍匈牙利数学家冯·诺依曼于 1946 年首先提出的，所以人们把基于这一原理的计算机称为冯·诺依曼计算机。冯·诺依曼在领导研制 EDVAC 的过程中，提出了计算机的重要设计思想，可以归纳为以下三点。

（1）计算机由五个基本部分组成：运算器、控制器、存储器、输入设备和输出设备。

（2）计算机的程序和程序运行所需要的数据以二进制形式存放在计算机的存储器中。

（3）计算机根据程序的指令序列执行，即程序存储（Stored Program）的概念。

冯·诺依曼计算机硬件部分都是由五大功能部件组成，如图 3-3 所示。

（1）运算器（算术逻辑单元，ALU）。运算器是计算机的核心部件，主要负责对输入计算机中的二进制编码进行算术或逻辑运算。算术运算就是指加、减、乘、除。逻辑运算就是指"与"、"或"、"非"、"比较"、"移位"等操作。

（2）控制器（实现计算机各部分联系及自动执行程序的部件）。控制器是计算机的神经中枢和指挥中心，它控制计算机的全部动作。

控制器一般由指令寄存器、指令译码器、时序电路和有关控制电路组成。控制器的基本功能就是从内存依次取出指令，产生控制信号，向其他部件发出命令，指挥整个计算过程。同时把数据地址发向有关部件（输入、输出、运算器），并根据各部件的反馈信号进行控制调整。

（3）存储器（存储大量信息的部件）。存储器是具有记忆功能的部件，其主要作用是存储程序和数据，它可分为内存储器和外存储器。内存储器又称为主存储器，由随机存储器 RAM、只读存储器 ROM 组成。主存储器位于系统主板上，在控制器控制下，与运算器、输入/输出设备交换信息。内存储器一般用半导体电路作为存储元件，容量较小，但工作速度快。外存储器又称为辅助存储器，它是为弥补内存储器容量不足而设置的。在控制器控制下，它与内存成批交换数据。

（4）输入设备。计算机的程序和数据都是经过输入设备送入计算机的。输入设备负责将程序和数据信息转换成相应的电信号，并把电信号送入内存的部件，形成二进制代码。常见的输入设备有键盘、鼠标、光笔、图形扫描仪、数字化仪等。

（5）输出设备。输出设备负责将中央处理器运算处理的结果送到显示屏显示，或送打印机上打印，或送外存储器存放。常见输出设备有各种类型的显示器、打印机、外存储器等。

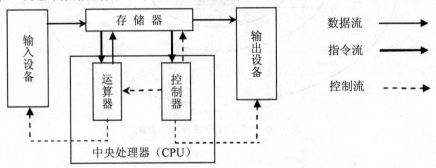

图 3-3　计算机硬件结构框图

随着计算机硬件技术的发展，将以上五部分的组件集成在一起，并为之命名了专业术语。

（1）中央处理器：运算器和控制器一起称为中央处理器（CPU）。在微型计算机上中央处理器通常是一块超大规模集成电路芯片。像 8088、80486、Pentium 等是微型计算机上的 CPU 芯片。

（2）主机：运算器、控制器和内存储器三者的合称，所以，主机包括 CPU 和内存。

（3）外部设备：包括输入设备和输出设备，简称外设。

（4）总线：连接计算机内各部件的一簇公共信号线，是计算机中传送信息的公共通道。其中传送地址的称为地址总线；传送数据的称为数据总线；传送控制信号的称为控制总线。

（5）接口：主机与外设相互连接部分，是外设与 CPU 进行数据交换的协调及转换电路。

3.2.2　计算机的工作原理

简单来说，计算机的工作原理就是存储程序和程序控制。即首先把计算机如何进行操作的指令序列（称为程序）和原始数据输入到计算机内存中——存储程序；然后每一条指令中明确规定了计算机从哪个地址取数、怎样操作、最后送到哪里等步骤，就这样在控制器的指挥下完成规定的所有操作步骤，直到遇到停止指令——程序控制。

1. 指令和程序

指令是计算机能识别并执行的二进制代码，是计算机为完成某个基本操作而发出的指示或命令。一条指令通常由操作码和操作数两部分组成。操作码指出将要执行的操作类型或性质，操作数是执行指定操作时要用到的数据（或数据存放的地址）。

指令的类型通常有以下几种。

- 数据传送指令：如完成内存与 CPU 之间数据传送的指令等。
- 数据处理指令：如算术运算的＋、－、×、÷等，逻辑运算的与（and）、或（or）等。
- 程序控制指令：如转移指令等。
- 输入输出指令：如完成主机与 I/O 设备之间数据传送的指令等。
- 其他指令：如对计算机的硬件进行管理的指令等。

一台计算机能执行的所有指令的集合称为该计算机的指令系统，不同类型的计算机指令系统也不相同。

程序是人们为解决某一个问题而设计的一个指令序列。当计算机执行完这一指令序列后，就可以完成预定的任务。

2. 指令的执行过程

计算机执行指令的过程大致可以分为 3 步（如图 3-4 所示）。

（1）取指令：按照指令计数器中的地址，从内存储器中取出指令，并送往 CPU 中的指令寄存器。

（2）分析指令：对指令寄存器中存放的指令进行分析，由译码器对操作码进行译码，将指令的操作码转换成相应的控制电位信号；由地址码确定操作数地址。

（3）执行指令：由操作控制线路发出完成该操作所需要的一系列控制信息，去完成该指令所要求的操作。

一条指令执行完成，指令计数器加 1 或将转移地址码送入程序计数器，然后回到步骤 1。

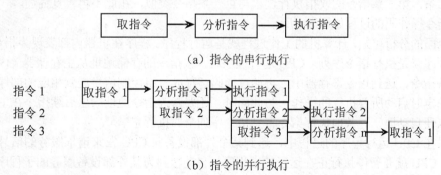

（a）指令的串行执行

（b）指令的并行执行

图 3-4　指令执行过程示意图。有 3 条指令的并行执行理论上约是串行执行速度的 3 倍

3. 程序的执行过程

有序的指令集合构成了程序，程序的执行过程就是一条一条指令的执行过程。

4. 案例：计算机的工作过程

为了分析计算机的工作过程，举一个简单例子来进行说明。比如计算机是如何完成加法过程的，两个加数为 5 和 7，即 5+7=？，选择汇编语言实现。程序如下：

MOV AL，5 ；取加数 5 到寄存器 AL 中
ADD AL，7 ；相加，和保留在 AL 中
HLT ；停机

译成机器码，前两条指令每条占主存两个字节，第三条指令 HLT 只占一个字节。前两条指令第一个字节（地址为 00H、02H 的单元）表示操作码，第二个字节表示操作数（地址为 01H、03H 的单元），第三条指令只有操作码（在 04H 单元）。机器码及其在内存中的存储如图 3-5 所示。

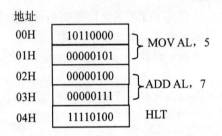

图 3-5 指令存存储示意图

程序执行时，先由 CPU 的程序计数器 PC 发出第一条指令第一个字节的地址 00H，然后 PC 自动加 1，变成 01H。

00H 地址经过地址寄存器 AR 到存储器地址译码器译码识别主存 00H 地址单元。

CPU 发来读命令，将存储器寻址到的单元内容读出送到 DR 数据寄存器，再送到 IR 指令寄存器，然后送 ID 进行译码，CPU 识别该操作码的含义：取操作数。

接着 PC 再将地址 01H 发出，又自动加 1，变成 02H。

重复以上过程，从存储单元读出操作数 5 送到 AL 寄存器，至此第一条指令执行完毕。

第二条，第三条指令的取指执行过程与第一条指令类似，在此不再重复描述。

取指令操作码的过程如图 3-6 所示。

从上面的分析可知，计算机的工作过程就是运行程序。程序在机器内部表现为指令序列，故运行程序就是执行指令序列。CPU 运行程序时，按指令的存储地址从主存储器（内存）中取出一条指令，送到指令寄存器中，再通过译码解释成一组控制信号送到相应的部件，按一定的节拍定时启动所要执行的操作。与此同时，还要修改指令地址给出后续指令在主存中的位置，以便自动地、逐条地执行指令直到指令序列全部执行完毕。

如果在 CPU 运行程序的过程中，遇到某个外部设备向 CPU 发来请求服务的信号，若条件允许，CPU 就要暂停执行正在运行的主程序，自动转为为某外部设备服务的子程序，这个过程称之为中断。CPU 发生中断时，将转入到一个新的地址，即中断服务子程序的入口地址，重新读取指令，译码执行，直到中断服务子程序执行完毕，再返回到程序中止的地方重新运行主程序。因此，计算机的工作过程中 CPU 的主要功能可归纳为：

（1）指令执行顺序的控制；

（2）指令操作的控制；

（3）时序信号控制；

（4）数据的加工处理与传递。

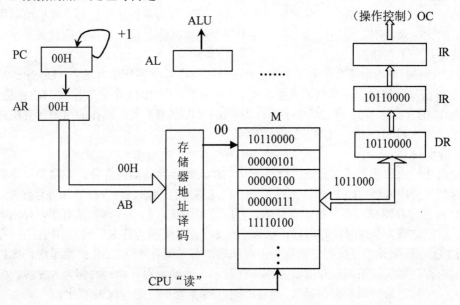

图 3-6 CPU 读第一条指令第一个字节操作码过程

3.2.3 计算机的存储体系

存储器是计算机硬件体系的基本组成部分，有了存储器计算机才具有"记忆"功能。计算机所以能自动工作，就是因为在存储器中存储了计算机工作所必需的数据和程序。存储器系统性能的优劣将在很大程度上影响计算机系统的性能。

1. 存储器的基本组成

存储器一般由存储体、地址寄存器及选址部件、数据缓冲寄存器、读写控制线路等部件组成。存储器的组成如图 3-7 所示。

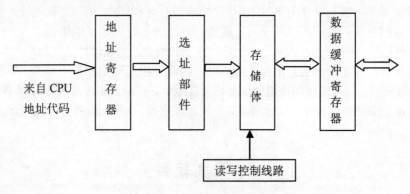

图 3-7 存储器基本组成

（1）存储体。存储体是整个存储器中存放信息的实体，它由大量的存储元件组成。这些存储元件能够用来存储二进制数码 "1" 和 "0"。通常将这些能够存储 "1" 或 "0" 的存储元件称为存储体的单位，叫做比特（Bit），中文即位的概念。8 个比特（位）排列在一起，构成存储体的一个字节，称为 Byte。存储器操作的时候以字节为单位进行读写。我们可以用一个非常形象的比喻来说明上面的概念，教室当中每个座位就像是位，每排座位就像是字节，整个教室就像是一个存储器。

在 PC 上一般将两个字节称为一个字（Word），而将 4 个字节称为双字（Double Word，DW）。为了衡量存储器存储容量的大小，将 2^{10} 个字节，即 1024 个字节称为 1KB；将 2^{20} 个字节称为 1MB（兆字节）；将 2^{30} 个字节称为 1GB（吉字节）等。现在的微型计算机内存储器的容量可以达到 512MB、1GB、2GB 等容量。

（2）存储体系

存储器在构成体系上通常分成内存储器（主存）和外存储器两部分。在微型计算机上存储器从内到外分成 4 级：CPU 内部寄存器组、高速缓冲存储器、内存储器和外存储器。

CPU 内部寄存器是最高一级的存储器，存取速度最快，但寄存器数量有限，存储容量最小。第二级存储器为高速缓冲存储器，称为 Cache，容量一般为几 KB 到 1MB 左右，存取速度可与 CPU 相匹配。第三级存储器称为内存储器，容量现在可达 2GB 的数量级，比以前的大中型机内存还要大。第四级存储器为外部存储器，速度最慢，读写时间为 MS 级，但存储容量最大。可称之为 "海量存储器"，如目前硬盘的容量一般在 160GB 以上。

2. 逻辑地址和物理地址

在整个计算机的发展过程中，人们认识到存储资源是一种很紧张的资源，经常会出现程序装不下的问题。为了解决存储器资源紧张的矛盾，计算机专家提出了存储器管理的许多办法，比如采用覆盖、多道程序设计和虚拟存储等技术提高存储器的利用率。这些办法应当说是行之有效的。目前来看，关于存储管理的研究主要表现在以下四个方面，即存储分配问题、地址再定位问题、存储保护问题、存储扩充问题。

这些研究问题都会涉及到一个地址空间的问题。在这里简单地提出与地址有关的几个基本概念。

（1）逻辑地址。在我们用汇编语言或高级语言编写程序时，总是通过符号名来访问某一单元。我们把程序中由符号名组成的空间称为名空间。用户源程序经过汇编或编译后转换为相对地址编址形式，它是以 0 为基址顺序进行编址的。相对地址也叫逻辑地址，把程序中由相对地址组成的空间叫做逻辑地址空间，逻辑地址空间是逻辑地址的集合。

（2）物理地址。物理地址空间是主存绝对地址的集合，物理地址是实地址，是 CPU 可以真正访问的地址，程序必须装入主存才可执行。因此，物理地址即是主存的实际地址。

（3）地址映射。相对地址即逻辑地址又称为虚地址。一个逻辑地址空间的程序必须要装入到主存物理地址空间方可运行，这之间需要进行地址变换，即地址映射，又称为地址再定位。

3.3　计算机软件系统

一个计算机系统除了硬件部分以外，还必须拥有许多软件。软件是指程序、程序运行所需要的数据以及开发、使用和维护这些程序所需要的文档的集合，即：软件=程序+数据+文档。

我国颁布的"计算机软件保护条例"对程序的定义是："计算机程序是指为了得到某种结果可以由计算机等具有信息处理能力的装置执行的代码化指令序列，或者可被自动地转换成代码化指令序列的符号化序列，或者符号化语句序列。"这就是说，程序要有目的性和可执行性。程序就其表现形式而言，可以是机器能够直接执行的代码化的指令序列，也可以是机器，虽然不能直接执行，但是可以转化为机器可以直接执行的符号化指令序列或符号化语句序列。

文档则是指用自然语言或者形式化语言所编写的用来描述程序的内容、组成、设计、功能规格、开发情况、测试结构和使用方法的文字资料和图表。例如，程序设计说明书、流程图、用户手册等。

文档不同于程序，程序是为了装入机器以控制计算机硬件的动作，实现某种过程，得到某种结果而编制的；而文档是供有关人员阅读的，通过文档人们可以清楚地了解程序的功能、结构、运行环境、使用方法，更方便人们使用软件、维护软件。因此在软件概念中，程序和文档是一个软件不可分割的两个方面。

软件一般以文本形式提供给用户。程序是软件的主体，一般保存在存储介质如软盘、硬盘、光盘中。文档对于使用和维护软件非常重要，随软件产品发行的文档主要是使用手册，它包含了该软件的功能介绍、运行环境要求、操作说明等。

软件与程序的关系是密切相联的。没有程序、数据与文档资料，则不存在软件。这就是说，软件是程序，但程序并不就等于软件。一个程序能否称之为一个软件，取决于它的作用、复杂性、高科技含量多少、社会影响，以及它的商业价值和发展前景诸多因素。

软件概念是程序概念的一次认识上的飞跃，开发一个软件的工作量和复杂程度远远超过一般的程序。

3.3.1 软件的分类

软件通常可分为两大类，即系统软件和应用软件。系统软件用于计算机管理、维护、控制和运行。系统软件本身又可分成三部分，即操作系统、语言处理系统和常用的例行服务程序。语言处理系统包括各种语言的编译程序、解释程序和汇编程序。服务程序种类很多，通常包括诊断排错程序、排序程序、编辑程序、媒体间的复制程序等。在系统软件中，操作系统是核心，是高级管理程序。操作系统具有处理机管理、存储器管理、输入输出设备管理、作业管理和文件管理五大功能。操作系统一般可分为多道批处理系统、分时系统、实时系统、网络操作系统、单用户操作系统等多种。如 DOS、OS/2、Windows、UNIX、Netware、Windows NT 等都是操作系统软件。

应用软件是计算机用户利用计算机软硬件资源为了解决某些具体问题而开发和研制的各种程序。如应用于财务上的通用财务管理软件、航空的订票系统、高校学籍管理软件、银行业务软件、实时控制软件、计算机辅助设计软件、计算机人口普查软件等都是应用软件。

随着计算机技术的不断发展，后来又出现了一种称之为支撑软件的软件。支撑软件主要指支持其他软件实施设计、开发、维护的一类软件。虽然编译程序、汇编程序具有支撑软件的作用，但此处提到的支撑软件主要指包括数据库管理系统、各种接口软件和工具软件在内的一类软件。实际上，软件技术发展到今天，有些软件已很难明确界定它是应用软件、支撑软件或是系统软件的概念了。因为，这些软件的开发技术基本相同，相互之间既有分工又有结合。软件系统的分类如图 3-8 所示。

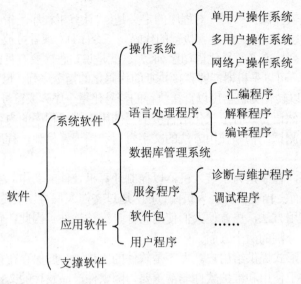

图 3-8　软件系统的分类

3.3.2　系统软件

系统软件是用来管理、监控和维护计算机的软件，它是为整个计算机系统所配置的、不依赖于特定应用领域的通用性软件。它扩大了计算机的功能，提高了计算机的工作效率。系统软件是不可少的，一般由生产厂家或专门的软件开发公司研制，其他程序都是在它的支持下编写和运行的。系统软件主要包括操作系统和实用系统软件。实用系统软件又包括语言处理程序、数据库管理系统以及各种实用工具程序（故障诊断程序、排错程序等）。

1. 操作系统

操作系统（Operating System，OS）是直接运行在裸机上的最基本的系统软件，是系统软件的核心，其他软件必须在操作系统的支持下才能运行。因此，操作系统是最基本、最不可少的系统软件，它控制和管理计算机系统内各种软、硬件资源，合理有效地组织计算机系统的工作。有了操作系统，用户不必关心硬件细节，机器更易于使用。

操作系统实际上也是一组计算机程序，和别的计算机程序一样，它们都给 CPU 的执行提供指令，但它又不同于其他程序。操作系统控制着 CPU 及其他系统资源，并控制着其他程序的执行。

2. 语言处理程序

计算机本身是不能直接识别高级语言的，必须将高级语言的程序翻译成计算机能识别的机器指令，计算机才能执行。这个翻译的工作是由"编译系统"软件来完成的。不同类型的计算机上使用的翻译软件是不同的。因此，在一台计算机上能运行某一种高级语言程序的条件是：必须在此计算机系统上配有此语言的编译系统。例如要在一台微机上运行 C 语言程序，必须先将为该微机设计的 C 编译系统装入计算机内。

一般将用高级语言或汇编语言编写的程序称为源程序，而将已翻译成机器语言的程序称为目标程序，不同的高级语言编写的程序必须通过相应的语言处理程序进行翻译。计算机将源程序翻译成机器指令时，通常有两种翻译方式：编译方式和解释方式，具体如图 3-9 所示。

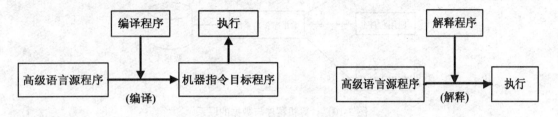

（a）语言处理程序的编译过程　　　　　　（b）语言处理程序的解释过程

图 3-9　计算机语言处理程序的翻译过程

　　编译方式通过相应语言的编译程序，将源程序一次全部翻译成目标程序，再经过链接程序的连接，最终处理成可直接执行的可执行程序。经编译方式编译的程序执行速度快、效率高。解释方式通过相应的解释程序将源程序逐句解释，边解释边执行。解释程序不产生被执行的目标程序，而是借助于解释程序直接执行源程序本身。若执行过程中有错，则机器显示出错信息，修改后可继续执行。解释方式对初学者有利，便于查找错误，但效率低。

　　语言处理程序主要有：汇编程序、解释程序和编译程序。汇编程序用来处理汇编语言编制的程序，它把汇编语言源程序翻译成机器语言程序。解释程序和编译程序用来处理高级语言程序。解释程序是一种边解释边执行的语言处理程序，它将源程序的一条语句翻译成机器语言后立即执行（不作保存），然后再翻译执行下一条语句。因此，利用解释程序来运行程序效率比较低，而且不能生成可独立执行的可执行文件，但这种方式比较灵活，可以动态地调整、修改应用程序。编译程序把程序翻译成机器指令序列，所以，它的目标程序可以脱离其语言环境独立执行，使用比较方便、效率较高。但是，应用程序一旦需要修改，就必须先修改源代码，再重新编译成新的目标文件才能执行。现在大多数的高级语言都是编译型的，例如 C++、Pascal 等，而 Basic 语言有解释执行和编译执行两种方式。

3. 数据库管理系统（DBMS）

　　数据库是存储在一起的相关数据的集合，这些数据是结构化的、无有害的或不必要的冗余，可为多种应用服务，数据的存储独立于使用它的程序。对数据库插入新数据，修改和检索原有数据均能按一种公用的和可控制的方式进行。也就是说，数据库是可以共享的、相互关联的、以一定结构组织起来的数据集合。

　　数据库中对于数据的管理是通过一组软件来实现的，这就是数据库管理系统，它与计算机系统内其他软件一样，也是在操作系统的支持下工作的。操作系统、数据库管理系统（DataBase Management System，DBMS）和应用程序在硬件系统的支持下形成了数据库系统，这是一个实际可运行的存储、维护和为应用系统提供数据的软件系统，是存储介质、处理对象和管理系统的集合体。

　　数据库管理系统是数据库系统的核心组成部分（如图 3-10 所示）。应用程序对数据库的一切操作，包括定义、查询、更新及各种控制，都是通过 DBMS 进行的。DBMS 总是基于某种数据模型，因此，可以把 DBMS 看成某种数据模型在计算机系统上的具体实现。根据数据模型的不同，DBMS 可以分成层次型、网状型、关系型、面向对象型等。当前流行的关系型 DBMS 有 FoxPro、Access、Oracle、Sybase 等。

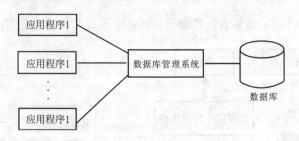

图 3-10　计算机程序与数据的联系

数据库管理系统通常由三部分组成：用来描述数据库的结构，供用户建立数据库的数据描述语言 DDL；供用户对数据库进行数据查询和存储的数据操作语言 DML；其他的管理和控制程序。通过数据库管理系统可以很方便地对数据库中的数据进行追加、删除、修改和查询操作，也可以进行各种数据的统计、排序、索引以及生成和打印报表等。

　　4. 各种实用工具程序

实用工具程序能配合各类其他系统软件为用户的应用提供方便和帮助。如磁盘及文件管理软件、瑞星、金山毒霸及 Norton 等。在 Windows 的附件中也包含了系统工具，包括磁盘碎片整理程序、磁盘清理等实用工具程序。

3.3.3　应用软件

应用软件是为计算机在特定领域中的应用而开发的专用软件。例如，各种管理信息系统、飞机订票系统、地理信息系统等。应用软件包括的范围是极其广泛的，可以这样说，哪里有计算机应用，哪里就有应用软件。应用软件不同于系统软件，系统软件是利用计算机本身的逻辑功能，合理地组织用户使用计算机的硬、软件资源，以充分利用计算机的资源，最大限度地发挥计算机效率，便于用户使用、管理为目的；而应用软件是用户利用计算机和它所提供的系统软件，为解决自身的、特定的实际问题而编制的程序和文档。

在应用软件发展初期，应用软件主要是由用户自己各自开发的各种应用程序。随着应用程序数量的增加和人们对应用程序认识的深入，一些人组织起来把具有一定功能、满足某类应用要求，可以解决某类应用领域中各种典型问题的应用程序，经过标准化、模块化之后，组合在一起，构成某种应用软件包。应用软件包的出现不只是减少了在编制应用软件中的重复性工作，而且一般都是以商品形式出现的，有着很好的用户界面，只要它所提供的功能能够满足使用的要求，用户无须再自己动手编写程序，而可以直接使用。而在数据管理中形成的有关数据管理的软件已经从一般的应用软件中分化出来形成了一个新的分支，特别是数据库管理系统，目前人们已不把它当成一般的应用软件，而是视作一种新的系统软件。

随着计算机应用领域的不断扩大，应用软件也日益增多，例如，办公信息化系统、计算机辅助设计（CAD）、计算机辅助制造（CAM）、计算机辅助教学（CAI）、计算机辅助测试（CAT）、翻译软件、游戏软件等。

3.3.4　计算机语言

计算机语言（Computer Language）也叫计算机程序设计语言，指用于人与计算机之间通信的语言。计算机语言是人与计算机之间传递信息的媒介。语言分为自然语言与人工语言两大类。自然语言是人类在自身发展的过程中形成的语言，是人与人之间传递信息的媒介。人工语言指的是人们为了某种目的而自行设计的语言。计算机语言就是人工语言的一语。计算机语言是人与计算机之间传递信息的媒介。

计算机程序设计语言的发展，经历了从机器语言、汇编语言到高级语言的历程。

1. 机器语言

计算机是不能识别与执行人类的自然语言的，要使计算机执行人们的意志，必须使计算机能识别指令。众所周知，计算机内部存储数据和指令是采用二进制（0 和 1）方式的。人们在设计某一类型计算机时，同时为它设计了一套"指令系统"，即事先规定好用指定的一个二进制指令代表一种操作。例如，在 16 位机上，由 16 位二进制数据组成的一个指令代表一种操作。如用 1011011000000000 作为一条加法指令，计算机在接收此指令后就执行一次加法，用 1011010100000000 作为减法指令，使计算机执行一次减法。16 个 0 和 1 可组成各种排列组合，通过线路转换为电信号，使计算机执行各种不同的操作。这种由 0 和 1 组成的指令，称为"机器指令"。一种计算机系统的全部指令的集合称为该计算机的"机器语言"。在计算机诞生初期，为了使计算机能按照人们的意志工作，人们必须用机器语言编写好程序（程序是由若干条指令组成的，用于实现一个专门的目的）。但是机器语言难学、难记、难写、难修改，只有少数计算机专业人员才会使用它。

2. 汇编语言

为了减轻使用机器语言编程的痛苦，人们进行了一种有益的改进：用一些简洁的英文字母、符号串来替代一个特定的指令的二进制串，比如，用"ADD"代表加法，"MOV"代表数据传递，用"ADD 1，2"代表一次加法，用"SUB 1，2"代表一次减法，等等。这样一来，人们很容易读懂并理解程序在干什么，纠错及维护都变得方便了，这种程序设计语言就称为汇编语言，即第二代计算机语言。然而计算机是不认识这些符号的，这就需要一个专门的程序，专门负责将这些符号翻译成二进制数的机器语言，这种翻译程序被称为汇编程序。

汇编语言同样十分依赖于机器硬件，移植性不好，但效率仍十分高，针对计算机特定硬件而编制的汇编语言程序，能准确发挥计算机硬件的功能和特长，程序精炼而质量高，所以至今仍是一种常用而强有力的软件开发工具。

3. 高级语言

20 世纪 50 年代，出现了"高级语言"。它不依赖于具体的计算机，而是在各种计算机上都通用的一种计算机语言。高级语言接近人们习惯使用的自然语言和数学语言，使人们易于学习和使用，人们认为，高级语言的出现是计算机发展史上一次惊人的成就，使千万非专业人员能方便地编写程序，操纵使用计算机按人们的指令进行工作。

常用的高级语言有：Basic（适合初学者应用）、FOPTRAN（用于数据计算）、Cobol（用于商业管理）、Pascal（用于教学）、C（用于编写系统软件）、Ada（用于编写大型软件）、Lisp（用于人工智能）等。不同的语言有其不同的功能，人们可根据不同领域的需要选用不同的语言。

特别要提到的是，在 C 语言诞生以前，系统软件主要是用汇编语言编写的。由于汇编语言程序依赖于计算机硬件，其可读性和可移植性都很差；但一般的高级语言又难以实现对计算机硬件的直接操作（这正是汇编语言的优势），于是人们盼望有一种兼有汇编语言和高级语言特性的新语言——C 语言。

　　高级语言的发展也经历了从早期语言到结构化程序设计语言，从面向过程到非过程化程序语言的过程。相应地，软件的开发也由最初的个体手工作坊式的封闭式生产，发展为产业化、流水线式的工业化生产。

　　20 世纪 60 年代中后期，软件越来越多，规模越来越大，而软件的生产基本上是各自为战，缺乏科学规范的系统规划与测试、评估标准，其恶果是大批耗费巨资建立起来的软件系统，由于含有错误而无法使用，甚至带来巨大损失，软件给人的感觉是越来越不可靠，以致几乎没有不出错的软件。这一切，极大地震动了计算机界，史称"软件危机"。人们认识到：大型程序的编制不同于写小程序，它应该是一项新的技术，应该像处理工程一样处理软件研制的全过程。程序的设计应易于保证正确性，也便于验证正确性。1969 年，提出了结构化程序设计方法，1970 年，第一个结构化程序设计语言——Pascal 语言出现，标志着结构化程序设计时期的开始。

　　20 世纪 80 年代初开始，在软件设计思想上，又产生了一次革命，其成果就是面向对象的程序设计。在此之前的高级语言，几乎都是面向过程的，程序的执行是流水线似的，在一个模块被执行完成前，人们不能干别的事，也无法动态地改变程序的执行方向，这和人们日常处理事物的方式是不一致的，对人们而言，希望发生一件事就处理一件事，也就是说，不能面向过程，而应是面向具体的应用功能，也就是对象（Object）。其方法就是软件的集成化，如同硬件的集成电路一样，生产一些通用的、封装紧密的功能模块，称之为软件集成块，它与具体应用无关，但能相互组合，完成具体的应用功能，同时又能重复使用。对使用者来说，只关心它的接口（输入量、输出量）及能实现的功能，至于如何实现的，那是它内部的事，使用者完全不用关心，C++、Virtual Basic、Delphi 就是典型代表。

　　高级语言的下一个发展目标是面向应用，也就是说：只需要告诉程序你要干什么，程序就能自动生成算法，自动进行处理，这就是非过程化的程序语言。

　　表 3-1 是机器语言、汇编语言与高级语言在执行指令时的对比。

表 3-1　三类语言执行指令时的对比

执行指令	机器语言	汇编语言	高级语言
第一条指令	00111110　0000011 操作码（LOAD）操作数 7 （将 7 送累加器 A）	LD　A,7；7→A	LET A=7+10
第二条指令	11000110　　00001010 ADD　10　（将 A+10）	ADD A,10 ;A+10	
第三条指令	01110110　；暂停	HALT　　　;暂停	END
特点和缺点	计算机能识别可直接执行。但难懂、易错、难修改	含义清楚，但面向机器，通用性差；编程时要熟悉指令系统；要熟悉机器内部；要汇编程序翻译	接近自然语言或数字语言；易看易懂；不需懂机器内部；但要经过翻译

3.4　微型计算机

3.4.1　微型计算机的特点

微型计算机从 20 世纪 70 年代以来不断发展，它从问世开始就受到了人们的欢迎。微型计算机一般具有以下一些特点。

（1）运算速度快、计算精度高，具有记忆功能和逻辑判断能力。

（2）价格低、集成度高、适应性强，有利于推广和普及。

（3）生产周期短、见效快，微处理生产厂家除生产微处理器芯片以外，还生产各种配套的支持芯片，为微型计算机系统的应用创造了十分有利的条件。

（4）体积小、重量轻、耗电少、维护方便，逐步形成了标准化、模块化和系列化生产。

3.4.2　微型计算机的基本结构

根据计算机的应用领域和结构功能，计算机可以划分为大、中、小型机和微型机等多种类型。就目前而言，各类计算机都还是属于冯·诺依曼体系结构，微型计算机也不例外。因此，微型计算机也具有控制器、运算器、存储器、输入设备和输出设备五大部件。微型计算机系统硬件配置如图 3-11 所示。

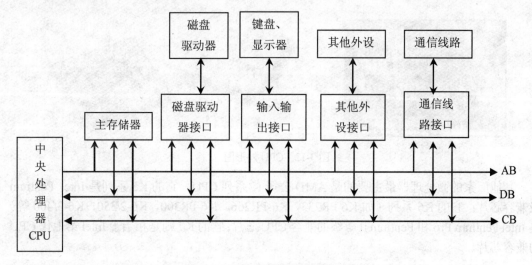

图 3-11　微型计算机硬件结构原理图

微型计算机硬件系统的这种结构一般称为三总线结构，即以中央处理器（CPU）为核心，通过地址总线 AB、数据总线 DB 和控制总线 CB 将其他部件与微处理器连接起来。除了中央处理器和主存储器以外，微型计算机硬件系统还必须拥有一定的外部设备，又称为 I/O 设备，像磁盘驱动器、打印机、键盘、鼠标、显示器等都属于 I/O 设备。各种 I/O 设备与微处理器相连接，进行信息的交换，必须通过各自的 I/O 接口才能进行。

I/O 接口技术是组成实用微机系统的关键技术，它不是简单地将微型计算机与外部设备连接起来的问题，其关键技术还包括如何实现微型计算机与外部设备通信。下面分别就微型计算机的硬件组成原理从微处理器、主存储器和外部设备等几个方面进行介绍。

1. 微处理器（Microprocessor）

微处理器即微型计算机的 CPU，有时简称 MPU，它是微型计算机的核心部件。微处理器包括算术逻辑部件 ALU、控制部件和寄存器组三个基本部件。

按生产厂家来分，微处理器可分为主流产品和非主流产品两大类。

主流微处理器产品通常指 Intel 公司开发的 80X86 系列产品。

非主流微处理器产品是指非 Intel 公司生产并且与 Intel 80X86 系列兼容的微处理器。

Intel 公司于 1971 年首先推出代号 4004 的 4 位微处理器产品，到今已走过了三十多个年头。80X86 微处理器系列已推出第 6 代产品，从 4 位达到了 64 位。Intel 的 MMX 技术为 X86 微处理器新增 57 条指令，使 X86 后来推出的产品功能大大增强。非主流微处理器生产公司主要有 AMD、Cyrix 等。

Intel 将 8086（8088）定为 X86 第一代新产品；80286 为第二代产品；80386 为第三代；80486 为第四代；Pentium（奔腾）为第五代；Pentium PRO、PentiumⅡ、PentiumⅢ都属于第六代产品；Intel 的第七代 CPU 已经发布，它的名字叫 Merced IA-64，是 Intel 和 HP 公司共同研制的第一个真正 64 位 CPU，主频达到 800MHz，其产品于 2000 年推出。2001 年 Intel 已推出 1GHz 的 Foster 处理器。现在，Intel PIV 已有 2GHz、2.4GHz、2.8GHz、3.0 GHz 的产品，目前最高主频可达 3.8GHz。从集成度来看，Pentium IV CPU 集成了 4200 万个以上的晶体管，见图 3-12。

图 3-12　CPU 外形图

其他厂家的微处理器最主要的是 AMD 公司 K 系列 CPU。它的 K5 系列是 Intel Pentium 级兼容芯片；它的 K6 系列（如 K6-PR233，K6-PR266，K6-PR300，K6-2/350，K6-3/400 等）是 Intel Pentium Pro 和 PentiumⅡ等级的兼容 CPU 芯片；它的 K7 则是相当于 Intel 第七代 CPU 的兼容芯片。

2. 主存储器

计算机技术的发展使存储器的地位不断得到提升，系统由最初的以运算器为核心逐渐变成了以存储器为核心。

根据冯·诺依曼原理工作的计算机，要执行的程序和数据必须放在主存内。目前，微型计算机内部使用的都是半导体存储器。在微型计算机系统中广泛应用的半导体存储器有三种主要类型。

（1）只读存储器（ROM）。它在没有电源的情况下能保持数据，但存储器一旦做好，就不易改动其内容。

（2）静态随机存取存储器（SRAM）。它不必周期性地刷新就可以保持数据。

（3）动态随机存取存储器（DRAM）。它需要周期性地刷新来保持数据。此类存储器又分为同步动态随机存取存储器（SDRAM）及 DDR（Double Data Rate），它们都是 168 个引脚的插条结构。见图 3-13。

SDRAM 内存条　　　　　　　　　　　　　DDR 内存条

图 3-13　内存条的外观

（4）高速缓冲存储器（Cache）。在 32 位、64 位微型计算机中，为了加快运算速度，普遍在 CPU 与常规主存储器之间增设一级或两级高速小容量存储器，称之为高速缓冲存储器（Cache）。Cache 存储器是由双极型 SRAM 构成的。DRAM 的存储周期为 10ns 左右，Cache 的存储器周期一般为几个 ns，比 DRAM 快得多。高速缓冲存储器及其控制逻辑都是由硬件实现的。Cache 的容量相对主存要小得多。

3. 外存储器

外存储器是外设的一部分，它既是输入设备，又是输出设备，用于存放当前不需要立即使用的信息。存放在外存储器中的程序必须调入到内存储器中才能执行。因此，外存储器主要用于和内存储器交换信息。

常见的微型计算机的外存储器主要有软磁盘、硬盘和光盘等几种，如图 3-14 所示。

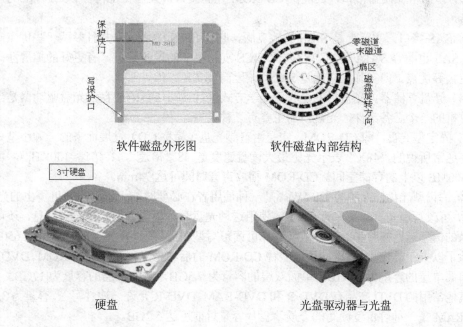

软件磁盘外形图　　　　　　　　　　软件磁盘内部结构

硬盘　　　　　　　　　　　　光盘驱动器与光盘

图 3-14　外存储器

（1）软磁盘。软磁盘存储器是一种曾广泛使用的外存设备，但目前因 U 盘的出现，软盘的使用呈现逐渐减少的趋势。PC 上主要使用存储量为 1.44MB 的 3.5 英寸高密盘。

3.5 英寸的软磁盘具有 80 个磁道，每道有 18 个扇区，每扇区 512B，共有上下两面，故 3.5 英寸软磁盘的存储容量为：

软盘总容量=80×18×2×512B=1474560B≈1.44MB

（2）硬磁盘存储器。简称"硬盘"。硬盘是计算机上非常重要的一种外存储器设备。它是由若干个同样大小的、涂有磁性材料的铝合金圆片组合而成。现在 3.5 英寸硬盘使用较多。这些硬盘驱动器通常采用温彻斯特技术，该技术的特点是把磁头、盘片及执行机构都密封在一个腔体内，与外界环境隔绝。采用这种技术的硬盘也称为温彻斯特盘。硬盘具有多个盘片，一个盘片对应两个磁头，因此磁头数是一般是盘片数的两倍。

从磁硬盘存储容量上看，1991 年达到 100～130MB 左右，1997 年达到 1.2～3.2GB，目前市场上可见到的硬盘容量一般在 80GB～300GB 之间。星钻三代硬盘容量已达到 160GB。

衡量硬盘性能好坏，不单纯是看它的容量大小。硬盘的平均寻道时间和内部传输速率是两项主要性能指标。目前，硬磁盘的转速有 3600r/min、4500r/min、7200r/min 几种。最快的平均寻道时间为 8ms，内部传输速率最高的为 190MBps。硬盘的数据传输率主要受硬盘控制卡和输入/输出接口、硬盘所拥有的 Cache 容量以及数据传送模式等参数的影响。

（3）硬盘接口。硬盘接口有以下几种。

① IDE 是早期 486 主板最常用的硬盘标准接口，数据传输速率在 10MBps 以上。

② EIDE 是一种扩展接口标准。数据传输速率达到 12~18MBps。目前在 Pentium 以上主板中普遍用 EIDE 做接口标准。

③ Fast ATA 接口。数据传输速率比普遍 IDE 接口成倍提高。

④ SCSI 接口最多可驱动 32 个外部设备，数据传输速率可达 80MBps。SCSI 是一种智能型接口，除了能做硬盘接口，还能做 CD-ROM 光驱接口，并且支持符合 SCSI 标准的扫描仪等设备。

⑤ SAS 接口。实际上是 SICS 的改良版，它有 SICS 的优点，并且多了一些优点出来，例如，SAS 也兼容 SATA 硬盘。SAS 比 SICS 支持更多的设备数量，有更好的扩展性，硬盘带宽更大等优点。但实际上它就是 SICS，相当于 SICS 二代。

（4）光盘存储器。光盘指的是利用光学方式进行读写信息的圆盘。光盘驱动器是当前微型计算机的一个必备部件，光盘目前主要有三种类型。

① 固定型光盘，即 CD-ROM。它是由音频光盘（简称 CD）发展而来的一种小型只读存储器。通常所说的"48X"表示光驱最大读盘速度是 48 "倍速"，1 倍速=150KBps，可提供多达 600MB 以上的存储空间。CD-ROM 播放声音时间可达 74min。

② 追记型光盘，又称为 DRAW，是一种使用者在必要时能记录信息并可再生的光盘。

③ 可改写型光盘，又称为 CD-R。使用这种光盘时，使用者可自己记录信息，还可以对已记录的信息进行抹除和改写，故又称作可读可写型光盘。CD-R 光盘的容量可达 650MB。

除了以上三类光盘外，现在还有一种 CD-ROM 的后继产品，称为 DVD-ROM。DVD-ROM 盘片单面单层的容量为 4.7GB，单面双层的容量为 7.5GB，双面双层的容量为 17GB。

其他常用的 DVD 产品有 DVD-R 和 DVD-RAM。DVD-R 允许一次性写入，容量为 3.8GB。DVD-RAM 是一种可重复读写的介质，盘片容量目前可达 5.2GB。

4. 可移动的外存储器

软盘存储容量较小，也容易损坏，而硬盘固定在机箱内，移动不方便。基于此种因素，目前研制出了一种可移动的存储器，这就是 U 盘和可移动硬盘，见图 3-15。

（1）闪存盘（U 盘）。U 盘采用一种可读写非易失的半导体存储器——闪速存储器作为存储媒介，通过通用串行总线接口（USB）与主机相连，可以像使用软、硬盘一样在该盘上读写、传送文件。目前 Flash Memory 产品可擦写次数在 100 万次以上，数据至少可保存 10 年，存取速度至少比软盘快 15 倍以上。U 盘容量通常在 16MB～1GB 之间，未来可望达到 2GB 以上。

（2）USB 硬盘。U 盘虽具有高性能、小体积、耐用等优点。但对于需要较大数据量存储的情况，U 盘则显得存储容量不能满足需求。这时可使用一种存储容量更大的可移动硬盘，即采用 USB 接口的 USB 硬盘。市面上 USB 硬盘的容量一般在 20GB～40GB 之间，使用方法与 U 盘类似。

图 3-15　U 盘和 USB 硬盘

5. 外部设备

外部设备是微型计算机系统不可缺少的设备，通常又称为 I/O 设备或外围设备。外部设备可分为输入设备和输出设备。常见的输入设备如图 3-16 所示。

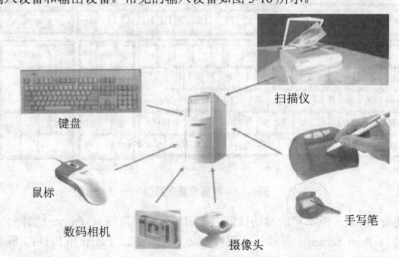

图 3-16　常见的输入设备

（1）键盘。键盘是微型计算机上配置的输入设备，程序和数据就是通过键盘录入计算机的。PC 上早期配置 83 键或 84 键的键盘，现在的 X86 系列微机主要配置 101 键/102 键的键盘，也有的微机配置 104 键/105 键的键盘。

键盘按键大体上分为机械式按键与电子式按键两类。键盘上按键的作用是完成两个端点间的通断。用键盘的按键开关来输入信息，实际上就是把机械信号转变为电信号。键盘上的字符由键盘按键的位置来确定，通过编码器将按键位置上的代码变为字符的二进制代码，通过键盘输入接口电路送入计算机。

键盘布局图如图 3-17 所示。根据键盘按键的功能，可分四个区：功能健区、打字键区、编辑键区和数字/编辑键区。

键盘主要特殊功能键的介绍如下。

① 空格键[Space]。键盘下方的长键，按一次可产生一个空格字符，光标右移动一格。

② 变换键[Alt]。该键必须和其他键配合使用。例如，在 Windows 中，Alt+F4 表示关闭当前打开的某个窗口或对话框。

③ 换档键[Shift]。有的计算机键盘上用标有"⇧"符号的键表示换档键。键盘许多键上面都有两种符号，若要输入键的上档符号，必须同时按下 Shift 键。

④ 控制键[Ctrl]。该键不能单独使用，必须与有关的键同时使用。例如，在 WPS 中，Ctrl+OA 可进入自动制表，Ctrl+OS 设置制表连线，Ctrl+B 可进行段落重排。

⑤ 退格键[BackSpace]。按该键一次，光标可向左删除一个字符。

⑥ 回车键[Enter]。在输入时，回车表示该输入行的结束，同时光标移至下一行的开头。

⑦ 大小写转换键[Caps Lock]。这是一个开关键。按一下该键，键盘右上方指标灯会亮，表示打字键区处于大写字母输入状态。再按该键一次，打字键区又回到小写字母输入状态。

⑧ 制表键[Tab]。它用于制表定位，此外也可快速移动光标，一次跳跃几个光标位。

⑨ 功能键 F1～F12。可由用户根据自己的需要设置成最常用的命令或字符串，以便减少击键次数。

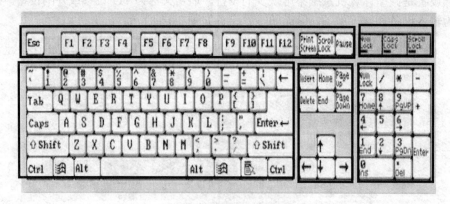

图 3-17　键盘按键布局图

此外，还有 Insert（插入和改写切换键）、Del（删除字符键）、Pause（暂停）、NumLock（数字锁定键）、Print Screen（屏幕打印键）、Esc（返回键）、PgUp 和 PgDn（屏幕上下滚动翻页）、←↑→↓、Home 和 End（光标控制键）等。

（2）鼠标。鼠标能够方便、快速、精确地将光标定位在屏幕指定位置，以完成各种有关操作。鼠标最初于 1963 年发明，在现代微型计算机上鼠标已成了必备的输入设备。

常见的鼠标有机械式、光电式和光机式几种。机械式鼠标下面有一个可以滚动的小球。当鼠标在平面上移动时，小球和平面进行摩擦而发生转动。屏幕上的光标随着鼠标的移动而移动，光标和鼠标的移动方向一致，且移动距离也成比例。

机械式鼠标又可分为光机式和机电式两种。这两种机械式鼠标主要是获得电信号的脉冲方式不同。另外，机械式鼠标不需要专用的反射板，使用方便。现在大多数高分辨率的鼠标都是光机式鼠标。

光电式鼠标的下面是两个平行放置的小灯泡，当鼠标在特定的反射板上移动时，小灯泡发出的光经反射板反射后，由鼠标接收为移动信号，送入计算机，使屏幕光标随之移动。光电式鼠标没有活动的机械部件，没有磨损，因此，可靠性高。把它从一点移动到另一点再返回来，屏幕上的光标也会准确地回到原来的位置。光电式鼠标反射板不可缺少，否则就不能工作，同时应注意保持反射板及鼠标底部的清洁，否则会影响到光的反射与接收。

目前最流行的鼠标是光机式鼠标，为光学和机械混合结构。鼠标器最重要的参数是分辨率，它以 dpi(像素/英寸)为单位。一般鼠标器的分辨率为 150dpi～200dpi，高的可达到 300dpi～400dpi。

鼠标的使用主要涉及鼠标接口、鼠标驱动程序和鼠标按键的选择。在 X86 系列微机及其兼容机上常用的鼠标接口有三种：总线接口、串行接口和特殊端口。现在多数采用串行接口或 USB 接口。

鼠标按键的选择通常是通过按左键或右键来完成指定的功能，如菜单选择或作图。一般多使用左键。

(3) 扫描仪。图片输入的主要设备是扫描仪，它能将一幅画或一张照片转换成图形存储到计算机中。利用有关的图形软件可对输入到计算机中的图形进行编辑、处理、显示或打印。目前，使用最普遍的是由 CCD（电荷耦合器件）阵列组成的电子扫描仪。

常见的输出设备如图 3-18 所示。

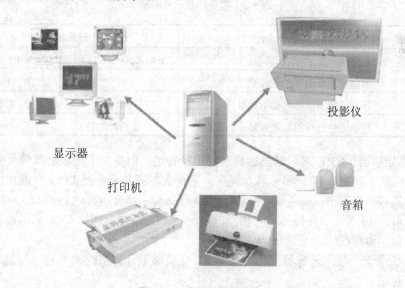

图 3-18 常见的输出设备

（1）显示器。微型计算机中一种十分重要的输出设备是显示器。从种类来看，显示器有单色和彩色的两大类型。现在已基本上不使用单色显示器了。显示器显示部件一类是 CRT 阴极射线管，另一类是 LCD 液晶显示器。但是阴极射线管 CRT 技术目前仍是最主要显示技术。下面从以下几方面对显示器加以介绍。

① 显示器的外形。微型计算机上的显示器目前多用 15 英寸和 17 英寸。从屏幕的形状来看，可分为球面屏幕、柱面屏幕和平面直角屏幕。球面屏幕和柱面屏幕给人的感觉是屏幕上有曲面。平面直角屏幕在水平和垂直两个方向上都几乎没有弯曲，显示的图像无论从哪个视角看都在一个平面上，画面形象逼真。平面直角屏幕是三种屏幕中最受人欢迎的一种。

② 彩色显示器及其分辨率。彩色显示器比单色显示器具有更先进的技术。彩色显像管拥有三把电子枪，采用红、蓝、绿磷光体组成三合一磷光体，它们排列成与电子枪相同的形状。通过聚集和偏转线圈使电子束对准三合一磷光体，照射不同磷光体便产生所需要的图像。

电子枪排列成三角形形状。显像管上呈三角形排列的红、蓝、绿三个像素点中心位置与相邻红、蓝、绿三点中心的距离参数对显示器的清晰度影响非常重要。点距越小，显示器的清晰度就越高。目前常用的 CRT 的像素间距有 0.28mm、026mm、0.25mm 几种，多数显示器采用 0.28mm 规格。CRT 的分辨率就是指显示设备所能表示的像素个数，像素越密，分辨率越高。分辨率的大致范围划分为以下三种。

- 低分辨率：300×200 左右。
- 中分辨率：600×350 左右。
- 高分辨率：640×480、800×600、1024×768、1280×1024 等。

所谓分辨率，以 1024×768 为例，就是表明该显示器在水平方向上能显示 1024 个像素，在垂直方向上能显示 768 个像素，即整个屏幕能显示 1024×768 个像素。

几种常见显示器的分辨率如表 3-2 所示。

表 3-2　常见的显示分辨率

显示模式	显示标准	显示特性	
CGA	彩色图形显示标准	640×200 （4 色）；　320×200 （16 色）	
EGA	增强型彩色图形显示标准	640×350	16 色
VGA	彩色视频图形阵列显示标准	640×480	256 色
SVGA	超级彩色视频图形阵列显示标准	1024×768	256 色

③ 液晶显示器。CRT 显示器虽然目前使用较普遍，但是由于阴极射线管尺寸大，故不适于便携式微机。其次，CRT 显示器功耗高，重量大。液晶显示器 LCD 发展很快的原因，主要是它重量轻、体积小、功耗低。目前，LCD 液晶显示器分辨率达到了 1600×1200 像素，显示器尺寸可达 19 英寸。在外形尺寸相同的情况下，LCD 显示器比 CRT 显示器可视面积要大，且图形显示清晰。

④ 显示适配器。显示适配器又称为显示卡。它将微型计算机的微处理器与显示器这个外部设备连接起来。

显示卡的标准有 CGA、EGA 和 VGA 等多种。标准 VGA 显示卡的技术指标能达到 640×480 的分辨率，256 种颜色支持。超级 VGA 显示卡支持的分辨率达 1024×768 以上。

多媒体微型计算机上所配的显示卡，又称图形加速卡，显存至少 2MB。现在的 3D 图形加速卡多采用 AGP 接口技术。3D 图形加速芯片数据传输速度很高，以 Intel 公司为主开发的 3D 图形加速芯片可作为 Pentium 的 3D 芯片，它支持并行处理和超级流水线像素内插和直接内存执行等技术。AGP 显卡数据传输速度一般可达到 266MBps，最高可达到 532MBps 以上。

（2）打印机。打印机也是微型计算机上十分重要的一种输出设备。现在的打印机种类和型号很多。按传输方式可分为串行式、行式和页式三种；按成字的方式可分为击打式和非击打式两种；在击打式中，按字符的形成、构成字符的方式可分为字模式和点阵式两种。

非击打式打印机分辨率高，打印速度快，有激光、喷墨、热敏等多种方式的打印机。

打印幅面是用户直接关心的问题。针式打印机规格有 80 列和 132 列两种规格，即每行可打印 80 个或 132 个字符。对非击打式打印机，幅面一般分为 A4、A3 和 B4 几种。打印机设置较大的缓冲存储器是为了满足高速打印机和打印大型文件或图形的需要，对于喷墨和激光打印机，其缓冲存储器容量可达到 4MB～16MB。

① 针式打印机，即击打式点阵打印机。这种打印机现在的打印头具有 24 根钢针，打印字符时打印头移动，24 根钢针经过色带将字符点打印在纸上成字。

② 喷墨打印机。喷墨打印机是非击打式打印机，其工作原理是打印机墨水通过喷嘴，并在强电场作用下高速喷射在纸上形成图像和文字。

喷墨打印机噪声小，打印效果好。一般能达到 360dpi（每英寸 360 点），有的能达到 1400dpi。

③ 激光打印机。激光打印机也是一种非击打式打印机，具有输出速度快，打印分辨率高等特点。激光打印机是激光技术和电子照相技术的复合产物，它由激光扫描系统、电子照相系统和控制系统三大部分组成。激光打印机分辨率已达 600dpi 以上，有的甚至可高达 2800dpi，其打印效果清晰美观，打印速度可达 4～120 页/min。

④ 热敏打印机。热敏打印机是利用电阻材料做成的打印头产生的热量变化，使专用的热感应纸或感应色带因受热的不同而产生不同的反应，使打印纸产生不同的变色，形成字符和图像。热敏打印机的打印速度和分辨率都较好。

（3）绘图仪。绘图仪（Plotter）是一种输出图形的硬拷贝设备。在绘图软件的支持下，绘图仪能绘制出复杂精确的图形。在进行计算机辅助设计（CAD）工作时，绘图仪是一种不可缺少的输出设备。

目前绘图仪主要有三大类型：笔式、喷墨式和发光二极管（LED）式。现在一般多使用笔式绘图仪。

3.4.3　主板、总线与系统微机配置

1. 主板

CPU 主板是微型计算机内部的各种器件载体，CPU、存储器、总线等都在主板上，各种 I/O 适配器也是插在主板上的。从主板的发展过程来看，经历了与 8086/80286/80386/80486/Pentium/P4/等 CPU 相配合适用的主板发展阶段。一般来说，主板是随 CPU 而变化的，即一种 CPU 有一种相应档次的主板。CPU 决定了主板，CPU 也决定了计算机的性能和速度。CPU 升级涉及到主板支持芯片组的变化，所以 CPU 升级一般要更换相应的主板。主板有很多种品牌，如：华硕主板、LEO（大众）主板、IBM 主板，还有精英、联想、钻石、技嘉、微星等各种品牌的主板。图 3-19 是一个主板实物图。

图 3-19　主板实物图

2. 总线

自从 20 世纪 80 年代初 IBM 公司推出第一台 PC 以来，微型计算机的发展一日千里，微型机的档次不断提高，从 8 位机到 16 位机、32 位机、64 位机。将微型计算机的部件连接起来所采用的总线标准也有多种。

所谓总线，就是微型计算机在部件之间、设备之间传送信息的公共信号线。总线的特点就在于其公用性，可以形象地将总线比作计算机内部信息传送的"高速公路"。

总线一般分为三个层次，一是微处理器级总线，也叫前端总线。包括地址总线 AB、数据总线 DB 和控制总线 CB，现代 CPU 的地址总线达 32 位。第二层是系统级总线，也称为 I/O 通道总线，同样包括地址线、数据线和控制线，用于 CPU 和接口卡的连接。最后一层是外设总线，是指计算机主机与外部设备接口连接的总线。

从总线标准的发展过程来看，先后采用的系统级总线标准有 ISA（Industry Standard Architecture，工业标准体系）总线、VL（VESA Local Bus，视频电子标准协会局部总线）总线、EISA（Extended Industry Standard Architecture，扩展工业标准结构）总线、PCI（Peripheral Component Interconnect，外部设备互连）总线、AGP（Advanced Graphics Port，加速图像端口）总线、USB（通用串行总线）等，这些总线的传输速度不断增加。

3. 微型计算机配置

微型计算机由微处理器（即 CPU）、主板、内存、硬盘、软驱、光驱、机箱、电源、键盘、显示器和显示卡等部件组成，各部件都通过电缆线和接插口相连接。在进行微型计算机的配置时应注意如下几方面。

（1）微处理器的选配。Intel Pentium 4（P4）处理器是较新的 IA-32（IA，Intel Architecture）处理器，它进一步增强和加速了视频、语音、影像和照片处理的能力，可提供每秒 3.2GB 的吞吐率，比 PentiumⅢ 处理器一般快三倍以上。

（2）系统主板。目前常用的主板结构有：ATX、Micro-ATX、AT、NLX 等标准。ATX 主板受到用户欢迎，但应注意 ATX 主板必须使用 ATX 结构的机箱电源。另外值得用户引起重视的是主板芯片组。目前应用较多的芯片组有 Intel 845、Intel 865、Intel 915、945、965、P35 等芯片组。其中，Intel 965 芯片组支持 800MHz 前端总线的 Socket755 接口的 Intel 处理器；支持双通道 DDR2-533 内存，可以提供高达 8.5GBps 的带宽；提供最多两个带宽相当于现在 AGP 接口两倍的 PCI Express x16 接口支持最多 4 个 SATA 接口等。

（3）显示器

① 点距：显示器主流点距有 0.28mm、0.26mm、0.25mm 甚至更小。

② 分辨率：分辨率应达到 1024×768 或 1280×1024。

③ 垂直刷新频率：主流显示器垂直刷新频率达到 85Hz。

市场上常见的显示器品牌有：SONY、NEC、菲利浦、三星、LG、国产熊猫、彩虹、TCL 等，液晶 LCD 显示器现在受到用户欢迎。

（4）光盘存储器。光盘存储器记录密度高，存储容量大，信息保存时间长。在适宜条件下，可存放 50 年以上。光盘存储器有：只读型、一次性写入型和可擦写型三种。因 DVD-ROM 能够提供较大的存储空间，价格也越来越便宜，目前 DVD-ROM 比 CD-ROM 更加受到用户的欢迎。

（5）硬盘存储器。硬盘是微型计算机的主要外存储器，速度比光盘存储器更快，并且目前容量可达 80GB～200GB 左右。

（6）内存。当微处理器选定好以后，决定计算机速度的主要因素便是内存的配置。在微型计算机中，主存储器目前一般采用内存芯片。单片内存容量可达 256MB、512MB、1GB 等，目前微型计算机的内存容量一般在 256MB 以上。

3.4.4　微型计算机的主要技术指标

衡量计算机性能的主要技术指标可从以下几个方面进行评价。

（1）字长。字长是计算机内部一次可以处理的二进制数的位数，字长越长，一个字所能表示的数据精度就越高，同时，数据处理的速度也越快。一般一台计算机的字长决定于 CPU 的通用寄存器、内存储器和数据总线的宽度。所以，字长是计算机的一项重要的技术指标。目前，微型计算机的字长已逐步由 32 位转向 64 位，传统的大、中、小型机的字长为 48～128 位。

（2）主存储器的容量。主存储器的容量是衡量计算机存储二进制信息量大小的一项重要技术指标。20 世纪 80 年代初期的 IBM PC/XT 机内存容量最大可达 1MB，286 微机的内存容量最大可达 16MB。后来的 386、486 和 Pentium（586）系列的微机内存常见配置为 32MB、64MB、128MB、256MB 等。实际上，从地址寻址的空间来分析，80386 以上微机内存容量通过一定的硬件和软件的支持可扩充达到 4GB。

（3）运算速度。这是衡量计算机性能的一项主要指标，它取决于每秒钟所能执行的指令条数。常用的单位为 MIPS，即每秒钟百万条指令。

主频也是一项判定计算机运算速度的重要指标。主频，即主时钟频率。它是时钟周期的倒数，用兆赫兹（MHz）为单位来表示。时钟频率越高，计算机的运算速度就越快。20 世纪 80 年代初期 IBM PC 机采用的 Intel 8088 芯片的主频为 4.77MHz，1997 年 Intel 公司推出的第二代奔腾（Pentium II）微处理器的主频已达到 300MHz 以上。目前，在微型计算机中最快的 CPU 主频已达到 3.8GHz。

（4）外设扩展能力。在微型计算机系统中，外设的扩展能力主要包括可以用来扩展外设的接口类型、接口性能、接口数量等。

3.5　计算机系统案例实战

计算机系统包括硬件系统与软件系统，计算机系统的安装分为硬件系统的组装与软件系统的安装，软件系统的安装包括 BIOS 设置、操作系统的安装、驱动程序的安装与其他应用软件的安装。本节通过硬件组装实践来熟悉电脑的硬件系统。

组装前的准备工作，包括工具上的准备、零部件的准备及安全操作思想准备。"工欲善其事，必先利其器"，电脑装机最重要的工具是"磁性梅花螺丝刀"。其次要准备常用的零部件包括：网卡、软驱、CD-ROM 光驱、声卡、硬盘、数据线、显卡、RAM、CPU 风扇、主板。最后就是安全工作思想意识上的准备，主要是要避免损坏硬件设备，具体注意事项如下。

（1）组装之前要先放掉身上的静电，配件要轻拿轻放。释放静电的方法有触摸大块金属物或洗手。

（2）各电源线接头不要插反，CPU 的金三角不要插反。

（3）硬盘和机箱应用粗纹螺丝固定，而软驱、光驱和板卡用细纹螺丝固定。

（4）连接软驱的数据线要注意有交叉的一端应连接软驱。

（5）主板在拿出机箱后应在其下垫上软物，安装时在固定孔下放绝缘垫片。

（6）在安装板卡时不要过分用力，避免破坏主板电路。

（7）在安装 CPU 的风扇时使用螺丝刀不要用力过猛，碰坏主板电路板。

（8）在固定主板时一定要对准螺丝孔，不要在主板与机箱之间多安装螺丝。

（9）机箱前面板连线时要认真阅读主板说明书，保证各种开关、指示灯正确。

3.5.1　电脑硬件组装的基本步骤

准备工作做好后，就可以开始自己动手 DIY 电脑了，电脑组装的基本步骤如下。

1.　跳线设置

跳线（Jumper）是控制线路板上电流流动的小开关。跳线设置包括主板跳线与硬盘、光驱跳线设置。

（1）主板跳线。包括 CPU 设置跳线、CMOS 跳线等。CPU 设置跳线较复杂，根据主板说明书和 CPU 频率，在主板上设置内核电压、外频、倍频跳线。通常情况下，主板上对应 CPU 电压的是一组跳线，找到合适的电压值，插上一个键帽短接它，就选择了这个电压值。同理，找到外频跳线和倍频跳线，分别进行设置合适的外频和倍频。最新主板大都支持软跳线设置，不用再进行硬件跳线。CMOS 跳线大都在主板电池附近，它的设置有两种方式：NORMAL 和 CLEAR CMOS（一般在 CMOS 跳线附近会有跳线的说明）。当设置为 1-2（短接）时，为正常状态；当设置为 2-3（短接）时，为清除 CMOS 设置，可以用来清除 CMOS

密码、开机密码等（如图 3-20 所示）。

（2）硬盘跳线。默认设置是作为主盘，只安装一个硬盘时不需改动，但当安装多个硬盘时，需对硬盘跳线重新设置。位置多在硬盘后数据线接口和电源线接口之间，硬盘表面有关跳线设置的说明。以希捷硬盘为例：一般主要有四种设置方式："Master or Single drive"（设置硬盘为主盘或该通道上单独连接一个硬盘）、"Drive is Slave"（当前盘为从盘）、"Master with a non-ATA compatible slave"（存在一个主盘，从盘是不与 ATA 接口兼容的硬盘）、"Cable Select"（使用数据线选择硬盘主从，支持这种功能的数据线很少见，因此很少用）。

（3）光驱跳线。光驱在出厂后默认被设为从盘。光驱跳线与硬盘跳线很类似，其跳线位置多在光驱后面，数据线接口和电源线接口之间。一般只有 Master（主盘）、Slave（从盘）、Cable Select（线缆选择）三种。

小常识：

（1）调整跳线非常重要，如果跳错了，轻则死机，重则烧毁整个设备，所以在调整跳线时一定要仔细阅读说明书，核对跳线名称、跳线柱编号和通断关系。

（2）外部时钟（External Clock）是处理器与其他部件通信的时钟频率。处理器的实际工作频率，则是外频乘上倍频系数（multiplier）。举例来说，如果外频是 133.33MHz，而倍频值为 13，实际就是 1733MHz。

图 3-20　CMOS 跳线

图 3-21　触点式 CPU

2. 安装 CPU

（1）CPU 一般为触点式（如图 3-21 所示），打开插座（如图 3-22 所示）。用适当的力向下微压固定 CPU 的压杆，同时用力往外推压杆，使其脱离固定卡扣，见图 3-23。压杆脱离卡扣后，将压杆拉起，接着将固定处理器的盖子与压杆反方向提起就展现了 LGA 775 插座。

图 3-22　打开 CPU 插座

图 3-23　压杆脱离卡扣

（2）安装处理器（如图 3-24 所示）。在安装处理器时，需特别注意三角标识。在安装时，处理器上印有三角标识的那个角要与主板上印有三角标识的那个角对齐，然后慢慢地将处理器轻压到位。这适用于目前所有的处理器，特别是对于采用针脚设计的处理器而言，如果方向不对，则无法将 CPU 安装到全部位。

（3）完成安装（如图 3-25 所示）。将 CPU 安放到位以后，盖好扣盖，并反方向微用力扣下处理器的压杆。

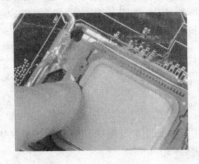　　　　　

图 3-24　安装处理器　　　　　　　　　　　图 3-25　完成 CPU 安装

小常识：

上述是主板上的 LGA 775 处理器的安装方法。目前，英特尔处理器主要有 32 位与 64 位的赛扬与奔腾两种（酷睿目前已上市，最新的架构同样采用 LGA 775 接口，因此安装方法与英特尔 64 位奔腾赛扬完全相同）。32 位的处理器采用了 478 针脚结构，而 64 位的则全部统一到 LGA 775 平台。LGA 775 接口的英特尔处理器全部采用了触点式设计，不用担心针脚折断的问题。

3．安装散热风扇

（1）涂抹散热膏。一定要在 CPU 上涂散热膏或加块散热垫，这有助于将热量由处理器传导至散热装置上。没有在处理器上使用导热介质可能会导致运行不稳定、频繁死机等问题。一些散热装置附带散热膏。常用的散热膏是导热硅脂，能够很好地填充散热片和 CPU 之间的缝隙。注意不要涂抹的过多，否则会影响散热效果。

（2）安装风扇（如图 3-26 所示）。将散热器的四角对准主板相应的位置，然后用力压下四角扣具即可。有些散热器采用了螺丝设计，因此在安装时还要在主板背面相应的位置安放螺母。

图 3-26　安装风扇

（3）接入风扇供电电源。固定好散热器后，还要将散热风扇接到主板的供电接口上。找到主板上安装风扇的接口（主板上的标识字符为 CPU_FAN），将风扇插头插放即可（目前有四针与三针等几种不同的风扇接口）。

小常识：

（1）由于主板的接口均采用了防呆式设计，反向无法插入，因此安装起来非常方便。

（2）由于现代 CPU 功耗高，发热量大，因此需要风扇这种主动散热装置。各类 CPU 使用的散热片和风扇的结构和安装方法各不相同。Intel LGA 775 针接口处理器的原装散热器较之前的 478 针接口散热器相比，做了很大的改进，即由以前的扣具设计改成了如今的四角固定设计，散热效果也得到了很大的提高。

4. 安装内存条

（1）打开扣具。先用手将内存插槽两端的扣具打开（如图 3-27 所示）。

图 3-27　安装内存条

（2）安装内存条。然后将内存平行放入内存插槽中（内存插槽也使用了防呆式设计，反方向无法插入，大家在安装时可以对应一下内存与插槽上的缺口），用两拇指按住内存两端轻微向下压，听到"啪"的一声响后，即说明内存安装到位。

小常识：

（1）RAM 必须配合主板，主板的芯片组决定要选用哪种 RAM，可以在主板使用手册中找到相关规格。内存条底部的限位可确保 RAM 正确安装。在安装之前先将 RAM 对齐其插槽，然后小心地将模块压入插槽中，正确插入的话，两侧的卡口便会扣紧。

（2）双通道的内存设计的目的是解决内存成为影响整体系统的最大瓶颈的问题。提供英特尔 64 位处理器支持的主板目前均提供双通道功能，主板上的内存插槽一般都采用两种不同的颜色来区分双通道与单通道。将两条规格相同的内存条插入到相同颜色的插槽中，即打开了双通道功能。

5. 安装主板

目前，大部分主板板型为 ATX 或 MATX 结构，因此机箱的设计一般都符合这种标准。

（1）安装固定主板的垫脚螺母（如图 3-28 所示）。相当数量机箱主板底架是固定在机箱上的，应该先让机箱侧躺。在安装主板之前，先装机箱提供的主板垫脚螺母安放到机箱主板托架的对应位置（有些机箱购买时就已经安装）。

（2）放入主板（如图 3-29 所示）。双手平行托住主板，将主板放入机箱中。确定机箱安放到位，可以通过机箱背部的主板挡板来确定（如图 3-30 所示）。

（3）固定主板（如图 3-31 所示）。拧紧螺丝，固定好主板。（在装螺丝时，注意每颗螺丝不要一到位就拧紧，等全部螺丝安装到位后，再将每粒螺丝拧紧，这样做的好处是随时可以对主板的位置进行调整。）

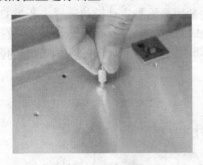

图 3-28　安装垫脚螺母

图 3-29　主板放入 CPU

图 3-30　机箱背部主板挡板

图 3-31　固定主板

小常识：

在主板底架上通常都会有比实际需要更多的螺丝孔留在上面，这些都是按照标准位置预留的，与主板上的固定孔相对应。在安装前需要对比一下主板，决定金属铜柱要装的位置。计算机上固定用的螺丝一般有两类，固定主板一般用细螺纹的。

6. 安装硬盘、光驱与软驱、电源

硬盘跳线后，就可以安装硬盘了。每部磁盘驱动器的每侧使用两颗螺丝。磁盘散热的问题需要注意，对于现今的磁盘驱动器而言，转速达 7200 rpm 的硬盘其温度很快就会上升至 50℃以上，因此应该在它们之间留有空隙以避免热量累积。固定硬盘用宽螺纹英制螺丝，软驱用细螺纹的。

CD-ROM 光驱也需要线设置跳线，CD-ROM 光驱的散热也是要加以考虑的。安装时注意不要把螺丝拧得太紧，太大的压力会对机箱产生过大的拉力而导致扭曲，光驱的转速越快，这种效应就越严重，螺丝只要锁紧到光驱稳固即可。固定光驱用细螺纹螺丝。

在安装好 CPU、内存之后，需要将硬盘固定在机箱的 3.5 寸硬盘托架上。对于普通的机箱，只需要将硬盘放入机箱的硬盘托架上，拧紧螺丝使其固定即可。很多用户使用了可拆卸的 3.5 寸机箱托架（如图 3-32 所示），这样安装起硬盘来就更加简单。机箱中固定 3.5 寸托架的扳手，拉动此扳手即可固定或取下 3.5 寸硬盘托架（如图 3-33 所示）。

图 3-32　拆卸硬盘托架

图 3-33　硬盘装入托架

　　将托架重新装入机箱（如图 3-34 所示），并将固定扳手拉回原位固定好硬盘托架。简单的几步便将硬盘稳稳地装入机箱中，还有几种固定硬盘的方式，视机箱的不同大家可以参考一下说明，方法也比较简单，在此不一一介绍。

图 3-34　硬盘托架重新装入机箱

　　安装光驱的方法与安装硬盘的方法大致相同，对于普通的机箱，只需要将机箱 4.25 寸的托架前的面板拆除，并将光驱将入对应的位置，拧紧螺丝即可。但还有一种抽拉式设计的光驱托架，简单介绍安装方法。这种光驱设计比较方便，在安装前，先要将类似于抽屉设计的托架安装到光驱上。

　　机箱电源的安装，方法比较简单，放入到位后，拧紧螺丝即可。

　　7. 安装显卡、声卡与网卡

　　显卡通常采用 AGP 或 PCI-E 插槽，一般位于主板的中央（如图 3-35 所示）。其他扩展卡一般采用 PCI 插槽，如声卡。安装前，需要从机箱的背板去除适当的插槽挡板。PCI 插槽一般有若干个，理论上各个插槽都是相同的，可以随意选择。固定扩展卡一般使用细螺纹螺丝。目前，PCI-E 显卡已经市场主力军，因此在选择显卡时 PCI-E 绝对是必选产品。用手轻握显卡两端（如图 3-36 所示），垂直对准主板上的显卡插槽，向下轻压到位后，再用螺丝固定即完成了显卡的安装过程。声卡与网卡的安装只需要用同样的方式插入相应的扩展槽固定即可。

图 3-35　主板上的 PCI-E 显卡插槽

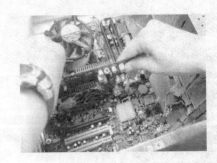

图 3-36　安装显卡

8. 连接数据线

有两种主要的数据线：34-pin 的软盘数据线与供连接硬盘及 CD-ROM 的 40-pin 的硬盘数据线。ATA33 线有 40 条线缆，ATA66 线有 80 条线缆。数据线在其第一针脚位有颜色，主板和许多磁盘驱动器有对应的辨识标志。如果数据线插头没有限位又找不到辨识标志，经验上第一针就在电源接头的旁边。

（1）安装硬盘电源与数据线接口。对于 SATA 硬盘，红色的为数据线，黑黄红交叉的是电源线，安装时将其按入即可。接口全部彩色防呆式设计（如图 3-37 所示），反方向无法插入。

主板供电电源接口（如图 3-38 所示），这里需要说明一下，目前大部分主板采用了 24-pin 的供电电源设计（如图 3-39 所示），但仍有些主板为 20-pin，大家在购买主板时要重点看一下，以便购买适合的电源。

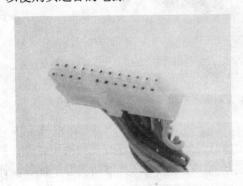

图 3-37　电源线接口

图 3-38　主板 CPU 供电的接口

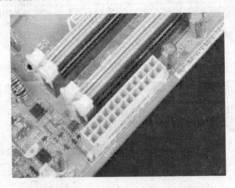

图 3-39　主板上 24-pin 的供电电源接口

（2）安装 CPU 电源。CPU 供电接口，目前主板上均提供一个给 CPU 单独供电的接口（有 4 针、6 针和 8 针三种，如图 3-40 所示），以提供 CPU 稳定的电压供应。

（3）光驱数据线安装。IDE 数据线的一侧有一条蓝或红色的线，这条线位于电源接口一侧。

（4）安装主板上的 IDE 数据线。

SATA 串口由于具备更高的传输速度渐渐替代 PATA 并口成为当前的主流，目前大部分的硬盘都采用了串口设计，由于 SATA 的数据线设计更加合理，给安装提供了更多的方便。接下来认识一下主板上的 SATA 接口（如图 3-41 所示）。PATA 并口目前并没有从主板上消失，即便是在不支持并口 Intel 965 芯片组中，主板厂家也额外提供一块芯片来支持 PATA 并口，这是因为目前的大部分光驱依旧采用 PATA 接口（如图 3-42 所示）。

图 3-40　CPU 电源线接口

图 3-41　主板 SATA 串口

图 3-42　主板 PATA 并口

（5）机箱开关、重启、硬盘工作指示灯接口，安装方法可以参见主板说明书。

特别说明的是，在 SLI 主板上，也就是支持双卡互联技术的主板上，一般提供额外的显卡供电接口，在使用双显卡，注意要插好此接口，以提供显卡充足的供电。

小常识：

SLI（Scalable Link Interface，可升级连接界面）是通过一种特殊的接口连接方式，在一块支持双 PCI Express X16 插槽（注意这里只是插槽而不一定都具有 16 条 PCI Express Lanes）的主板上，同时使用两块同型号的 PCI Express 显卡，以增强系统图形处理能力。

（6）整理机箱内的线缆，以提供良好的散热空间。

9. 主板上的扩展前置 USB 接口

目前，USB（如图 3-43 所示）成为日常使用范围最多的接口，大部分主板提供了高达 8 个 USB 接口，但一般在背部的面板中仅提供 4 个，剩余的 4 个需要安装到机箱前置的 USB

接口上，以方便使用。目前主板上均提供前置的 USB 接口。

图 3-43　主板 USB 接口

图 3-44 便是主板上提供的前置 USB 接口。以图 3-43 为例，这里共有两组 USB 接口，每一组可以外接两个 USB 接口，分别是 USB4、5 与 USB6、7 接口，总共可以在机箱的前面板上扩展 4 个 USB 接口。

图 3-45 是机箱前面板前置 USB 的连接线，其中 VCC 用来供电，USB2–与 USB+分别是 USB 的负正极接口，GND 为接地线。在连接 USB 接口时大家一定要参见主板的说明书，仔细对照，如果连接不当，很容易造成主板的烧毁。图 3-45 是主板与 USB 接口的详细连接方法。

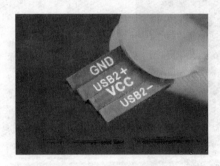

图 3-44　USB 的连接线

图 3-45　USB 接口的详细连接方法

很多主板的 USB 接口的设置相当的人性化，类似于 PATA 接口的设计，采用了防呆式的设计方法，大家只有以正确的方向才能够插入 USB 接口，方向不正确是无法接入的，大大地提高了工作效率，同时也避免因接法不正确而烧毁主板的现象。

3.5.2　BIOS 设置与操作系统安装简述

电脑硬件组装完成后，还不能正常工作，还需要根据实际情况依次完成 BIOS 设置、硬盘高级格式化、硬盘分区、安装操作系统、安装硬件驱动程序、安装应用程序等工作。

BIOS（基本输入输出系统）全称 "ROM-BIOS"，是一组固化在 FLASH-ROM 芯片上的程序，用以保存电脑最重要的基本输入输出的程序、系统设置信息、开机上电自检程序、系统自检及初始化程序，是连接软件程序和硬件系统的一座"桥梁"。不同的 BIOS 有不同的进入方法，例如，按 "DEL"、"ESC"、"F2"，一般在开机画面有提示，有些品牌机设置自己专门的热键进入，可以参考品牌机的说明书。进行 BIOS 设置界面后，就可以进行磁盘、内存、CPU、主板上集成接口、电源管理、安全设置及其他参数设置。另外最新 BIOS 设置提示了软跳线设置、端口设置及主板串口阵列设置等功能。操作系统、驱动程序及应用软件的安装方法相对简单，按提示操作即可。

3.6 本 章 小 结

本章从计算机系统的角度讨论了计算机的组成及其相关软件硬件基础知识。可以把计算机系统的功能部件分为处理器子系统、存储器子系统和输入输出子系统等 3 个子系统，以总线连接这些子系统。

微型计算机一般由主机、显示器、键盘、鼠标以及各种插件和外部设备组成。微机的主机实际上是以主板的结构形式把许多元器件组合在一起，它的许多设备按照连接形式可以分为内置或外置。CPU 是微机的核心，被安装在主板上。

本章也介绍了计算机中软件的一些基础知识，包括概念、分类，系统软件和应用软件，操作系统的概念及几种常见的操作系统，语言处理系统对源程序代码的处理方法。

【知识积累】

（1）谜一样的大师：阿兰·图灵

阿兰·图灵（Alan Turing）这个名字无论是在计算机领域、数学领域、人工智能领域还是哲学、逻辑学等领域，都可谓"掷地有声"。图灵是计算机逻辑的奠基者，许多人工智能的重要方法也源自这位伟大的科学家。他在 24 岁时提出了图灵机理论，31 岁参与了 Colossus（二战时，英国破解德国通信密码的计算机）的研制，33 岁时构思了仿真系统，35 岁提出自动程序设计概念，38 岁设计了"图灵测试"，在后来还创造了一门新学科——非线性力学。虽然图灵去世时只有 42 岁，但在其短暂而离奇的生涯中的那些科技成就，已让后人享用不尽。人们仰望着这位伟大的英国科学家，把"计算机之父"、"人工智能之父"、"破译之父"等头衔都加冕在了他身上，甚至认为，他在技术上的贡献及对未来世界的影响几乎可与牛顿、爱因斯坦等巨人比肩。

阿兰·图灵

1912 年，图灵出生在伦敦一个缺少亲情的家庭里。少年图灵的性格迥异，他内向、腼腆、胆小、软弱并患有轻度口吃，不被人接受，更不擅与人打交道。他小时候学业平平，除了一些简单的化学实验和数学题外，并无太多闪光之处。图灵的人生转机出现在他 19 岁进入英国剑桥皇家学院学习时，从那时起，他对数字的兴趣便一发不可收拾。在剑桥的图灵就已经是一个妇孺皆知的怪才。他的自行车链条经常在半路上掉落，要是换了别人，早就拿到车铺去修理了，而他居然在脚踏板旁装了一个小巧的机械计数器，到圈数时就停，然后歇口气换换脑子，再重新运动起来。

1936 年，图灵在一篇名为《可计算数学》的论文中首次提出了有关计算机的理论，之后，"图灵机"（Turing Machine）便诞生了。当时的图灵机还只能计算有限的实数，但它的符号记录方法为以后的计算机发展奠定了基础理论，基于此，人类首次产生了符号处理的概念，并开始把研究重点转向了"可改变的编码程序"上，这就是今天软件的前身。图灵论文中的"用有限的指令和有限的存储空间可算尽一切可算之物"理论让当时所有的科学家震惊，他也因此赢得了科学界的"史密斯奖"，美国《国防软件工程杂志》也将他评为百年来影响软件发展的十位大师之一。然而，这对他来说还只是个开始。

1939年第二次世界大战爆发，正在为英国国家密码机构工作的图灵和其他科学家一起着手研究如何破解敌人的密码，他果然不负众望，成功破译了德国军方使用的著名通信密码系统"Enigma"（谜）。于是第一台电子图灵机被设计制造出来，做出重大贡献的图灵获得了政府颁发的 OBE 奖。

二战后，图灵被英国国家物理实验室邀请参加计算机的设计工作。1950年，图灵的一篇里程碑式的论文《机器能思考吗？》又为人类带来了一个新学科——人工智能。为了证明机器是否能够思考，他又发明了"图灵测试"（Turing Test），图灵测试在今天仍被沿用。他指出，最好的人工智能研究应该着眼于为机器编制程序，而不是制造机器。而他在论文中预测的计算机发展过程中将会出现的一些问题，至今仍未被解决。

尽管才华横溢的图灵在许多领域都有着不凡的成就，但因其在计算机和人工智能方面的突出贡献，人们还是喜欢称他为"人工智能之父"或"计算机之父"。同样有着"计算机之父"称号的冯·诺依曼的助手弗兰克尔在一封信中写到："……计算机的基本概念属于图灵。按照我的看法，冯·诺依曼的基本作用是使世界认识了由图灵引入的计算机基本概念……"。

为了纪念，图灵的事迹已被拍成影视剧，写成小说、诗歌等，以他名字命名的"图灵奖"也已成为计算机界的诺贝尔奖。牛津大学著名数学家安德鲁·哈吉斯在为图灵写的一部脍炙人口的传记《谜一样的图灵》（Alan Turing: The Enigma）中这样描述到："图灵似乎是上天派来的一个使者，匆匆而来，匆匆而去，为人间留下了智慧，留下了深邃的思想，后人必须为之思索几十年、上百年甚至永远。"

（2）冯·诺依曼（J. Von Neumann）

冯·诺依曼（J. Von Neumann）是本世纪最伟大的科学家之一。他1913年出生于匈牙利首都布达佩斯，6岁能心算8位数除法，8岁学会微积分，12岁读懂了函数论。通过刻苦学习，在17岁那年，他发表了第一篇数学论文，不久后掌握7种语言，又在最新数学分支——集合论、泛函分析等理论研究中取得突破性进展。22岁，他在瑞士苏黎世联邦工业大学化学专业毕业。一年之后，摘取布达佩斯大学的数学博士学位，转而攻向物理，为量子力学研究数学模型，又使他在理论物理学领域占据了突出的地位。

冯·诺依曼

1928年，美国数学泰斗韦伯伦教授聘请这位26岁的柏林大学讲师到美国任教，冯·诺依曼从此到美国定居。1933年，他与爱因斯坦一起被聘为普林斯顿大学高等研究院的第一批终身教授。虽然电脑界普遍认为冯·诺依曼是"电子计算机之父"，数学史界却坚持说，冯·诺依曼是本世纪最伟大的数学家之一，他在遍历理论、拓扑群理论等方面作出了开创性的工作，算子代数甚至被命名为"冯·诺依曼代数"。物理学界表示，冯·诺依曼在30年代撰写的《量子力学的数学基础》已经被证明对原子物理学的发展有极其重要的价值，而经济学界则反复强调，冯·诺依曼建立的经济增长横型体系，特别是20世纪40年代出版的著作《博弈论和经济行为》，使他在经济学和决策科学领域竖起了一块丰碑。1957年2月8日，冯·诺依曼因患骨癌逝世于里德医院，年仅54岁。他对电脑科学做出的巨大贡献，永远也不会泯灭其光辉！

"电子计算机之父"的桂冠，被戴在数学家冯•诺依曼头上，而不是 ENIAC 的两位实际研究者，这是因为冯•诺依曼提出了现代电脑的体系结构。

1944 年夏，戈德斯坦在阿贝丁车站等候去费城的火车，偶然邂逅闻名世界的大数学家冯•诺依曼教授。戈德斯坦抓住机会向数学大师讨教，冯•诺依曼和蔼可亲，耐心地回答戈德斯坦的提问。听着听着，他敏锐地从这些数学问题里，察觉到不寻常事情。他反过来向戈德斯坦发问，直问得年轻人"好像又经历了一次博士论文答辩"。最后，戈德斯坦毫不隐瞒地告诉他莫尔学院的电子计算机项目。

从 1940 年起，冯•诺依曼就是阿贝丁试炮场的顾问，计算问题也曾使数学大师焦虑万分。他向戈德斯坦表示，希望亲自到莫尔学院看看那台正在研制之中的机器。从此，冯•诺依曼成为莫尔小组的实际顾问，与小组成员频繁地交换意见。年轻人机敏地提出各种设想，冯•诺依曼则运用他渊博的学识，把讨论引向深入，并逐步形成电子计算机的系统设计思想。在 ENIAC 尚未投入运行前，冯•诺依曼就看出这台机器致命的缺陷，主要弊端是程序与计算两分离。程序指令存放在机器的外部电路里，需要计算某个题目，必须首先用人工接通数百条线路，需要几十人干好几天之后，才可进行几分钟运算。冯•诺依曼决定起草一份新的设计报告，对电子计算机进行脱胎换骨的改造。他把新机器的方案命名为"离散变量自动电子计算机"，英文缩写是"EDVAC"。

1945 年 6 月，冯•诺依曼与戈德斯坦、勃克斯等人，联名发表了一篇长达 101 页纸的报告，即计算机史上著名的"101 页报告"，直到今天，仍然被认为是现代电脑科学发展里程碑式的文献。报告明确规定出计算机的五大部件，并用二进制替代十进制运算。EDVAC 方案的革命意义在于"存储程序"，以便电脑自动依次执行指令。人们后来把这种"存储程序"体系结构的机器统称为"诺依曼机"。由于种种原因，莫尔小组发生令人痛惜的分裂，EDVAC 机器无法被立即研制。1946 年 6 月，冯•诺依曼和戈德斯坦、勃克斯回到普林斯顿大学高级研究院，先期完成了另一台 ISA 电子计算机（ISA 是高级研究院的英文缩写），普林斯顿大学也成为电子计算机的研究中心。

直到 1951 年，在极端保密情况下，冯•诺依曼主持的 EDVAC 计算机才宣告完成，它不仅可应用于科学计算，而且可用于信息检索等领域，主要缘于"存储程序"的威力。EDVAC 只用了 3563 只电子管和 1 万只晶体二极管，以 1024 个 44 比特水银延迟线来储存程序和数据，消耗电力和占地面积只有 ENIAC 的 1/3。

最早问世的内储程序式计算机既不是 ISA，也不是 EDVAC，英国剑桥大学威尔克斯（M.Wilkes）教授，抢在冯•诺依曼之前捷足先登。威尔克斯 1946 年曾到宾夕法尼亚大学参加冯•诺依曼主持的培训班，完全接受了冯•诺依曼内储程序的设计思想。回国后，他立即抓紧时间，主持新型电脑的研制，并于 1949 年 5 月，制成了一台由 3000 只电子管为主要元件的计算机，命名为"EDSAC"（电子储存程序计算机）。威尔克斯后来还摘取了 1967 年度计算机世界最高奖——"图灵奖"。

在冯•诺依曼研制 ISA 电脑的期间，美国涌现了一批按照普林斯顿大学提供的 ISA 照片结构复制的计算机。雷明顿•兰德公司科学家沃尔（W. Ware）甚至不顾冯•诺依曼的反对，把他研制的机器命名为 JOHNIAC（"约翰尼克"，"约翰"即冯•诺依曼的名字）。冯•诺依曼的大名已经成为现代电脑的代名词，1994 年，沃尔被授予计算机科学先驱奖，而冯•诺依曼本人则被追授予美国国家基础科学奖。

【思考题与习题】

一、问答题

1. 计算机系统由哪些部件组成？什么是冯·诺依曼体系结构？
2. 计算机硬件系统由哪些部件组成？
3. 说明微型计算机存储器的分类情况。内存和外存各有什么特点？
4. 什么是显示器的分辨率？
5. 什么是 I/O 总线？常用的 I/O 总线有哪些？
6. 简述计算机软件与硬件的关系。

二、填空题

1. 计算机中存储的最小单位是_____。
2. 要求计算机执行某种操作的命令称为_____。
3. 计算机内部一次可以同时处理的二进制数码的位数称为_____。
4. 衡量微型计算机性能的主要技术指标有_____等几个方面。
5. CPU 的中文名称为_____，微机的 CPU 由_____和_____组合而成，它是微型计算机的核心部件。
6. 目前常用的 CRT 的像素间距有 0.28mm、0.26mm、0.25mm 几种情况，间距越小，显示器的清晰度就越_____。
7. 输入设备是_____和_____系统之间进行信息交互的装置。

三、选择题

1. 计算机存储器容量以_____为基本单位。
A. 字　　　　　　　B. 位　　　　　　　C. 字节　　　　　　D. 比特
2. 在计算机中，CPU 是在一块大规模集成电路上把_____和控制器集成在一起。
A. 寄存器　　　B. 存储器　　　C. ALU　　　　D. 指令译码器
3. 通常所指微型机用来存放运行程序和数据的内存是_____。
A. 随机存储器 RAM　　　　　　B. 只读存储器 ROM
C. 可编程只读存储器 PROM　　　D. 可改写只读存储器 EPROM
4. 微型机运行中，一旦发生停电事故，_____中的信息全部消失，再次通电也不能恢复。
A. ROM　　　　B. PROM　　　C. RAM　　　　D. EPROM
5. RAM 中的信息可以随时读出或写入，当读出 RAM 中的信息时_____。
A. RAM 中的内容全部为 0　　　B. 破坏 RAM 中的原有内容
C. 使 RAM 中相应的存储单位清零　D. RAM 中原有信息保持不变

四、课外拓展题

登录计算机生产厂商的网站进一步了解计算机的体系结构。如 IBM 公司是生产计算机系列最全、也是世界上最大的计算机公司，它的网址为 www.ibm.com。

在网上搜索获取更多的有关微机设备、配件以及数码产品的信息。

第4章 操 作 系 统

【学习目标】
1. 掌握操作系统的概念。
2. 熟悉操作系统的管理功能。
3. 熟悉目前比较流行的操作系统 Windows XP，掌握 Windows XP 的一些基本操作和配置。
4. 了解操作系统 Red Hat Linux。

4.1 计算机操作系统概述

在计算机系统中都必须装有操作系统，只要用过计算机的人就肯定用过操作系统。那么，什么是操作系统？为什么要使用操作系统？操作系统在计算机系统中的地位如何？它是怎样发展起来的？下面，就一起来探讨这些问题。

4.1.1 什么是操作系统

操作系统是计算机系统中重要的系统软件，是系统的控制中心，是管理系统中各种软件和硬件资源、使其得以充分利用并方便用户使用计算机系统的程序集合。计算机操作系统位于计算机硬件和用户之间，一方面，它采用合理的方法组织多个用户共享计算机的各种资源，最大限度地提高资源的利用率；另一方面，它为用户提供一个良好的使用计算机的环境，将裸机改造成一台功能强、服务质量高、使用灵活、安全可靠的虚机器。

操作系统作为系统软件，在计算机系统中占有特殊的重要地位，由图 4-1 计算机系统的层次关系图中可看出，操作系统是裸机之上的第一层软件，与硬件关系尤为密切。它不仅对硬件资源直接实施控制、管理，而且很多功能的完成是

图 4-1　计算机系统的层次结构

与硬件配合实现的。操作系统的运行需要有良好的硬件环境，这种硬件配置坏境通常称作硬件平台。操作系统作为整个计算机系统的控制管理中心，其他所有软件都建立在操作系统之上。操作系统对它们既具有支配权力，又为其运行建造必备环境。在裸机上安装了操作系统后，就为其他软件和用户提供了工作环境，通常把这种工作环境称作软件平台。

4.1.2 操作系统的发展历程

操作系统的产生与发展主要来自两方面的推动，一个是来自应用领域的需要，另一个

是来自硬件技术的发展。计算机操作系统在从无到有的产生过程中经历了如下几个主要阶段。

1. 手工操作阶段（20 世纪 40 年代）

从 1946 年诞生世界上第一台计算机起，到 20 世纪 50 年代末，计算机处于第一代。此时没有操作系统，人们采用手工操作方式使用计算机，其工作步骤大致是：首先将程序和数据通过手工操作记录在穿孔纸带上；然后将程序纸带放到光电输入机上并通过控制台开关启动光电机将程序输入内存；继而再通过控制台开关启动程序由第一条指令开始执行；程序在运行的过程中通常需要人工干预。显然，这种操作方式有如下两个缺点：首先，用户在其作业处理的整个过程中始终独享系统中的全部资源；其次是手工操作所需的时间很长。

2. 批处理阶段（20 世纪 50 年代）

为了缩短手工操作的时间，人们首先提出了从一个作业转到下个作业的自动转换方式，如此便出现了批处理。批处理经历了两个阶段：联机批处理阶段和脱机批处理阶段。

联机批处理：早期的批处理是联机的，其工作原理是，操作员将若干个作业合成一批，并将其卡片依次放到读卡机上，监督程序通过内存将这一批作业传送到磁带机上，输入完毕后监督程序开始处理这一批作业。监督程序自动地将第一个作业读入内存，并对该作业的程序进行汇编或编译，然后将产生的目标程序与所需要的例行子程序连接装配在一起，继而执行该程序，计算机完成之后输出其结果。第一个作业处理完毕后立即开始处理第二个作业，如此重复直到所有作业处理完毕。这样监督程序不断地处理各个作业，实现了作业之间转换的自动化，大大地缩短了手工操作时间。不过，联机批处理也有一个缺点，即作业由读卡机到磁带机的传输需要处理机完成，由于设备的传输速度远远低于处理机的速度，在此传输过程中处理机仍会浪费较多的时间。

脱机批处理：为了克服联机批处理的缺点，引入了脱机批处理。脱机批处理的思想是把输入/输出操作交给一个功能较为单纯的卫星机去做，使主机从繁琐耗时的输入/输出中解脱出来，其基本原理如图 4-2 所示。待处理的作业由卫星机负责经读卡机传送到输入磁带上，主机由输入磁带读入作业并加以处理，其结果送到输出磁带上，最后由卫星机负责将输出磁带上的结果信息在打印机上输出。

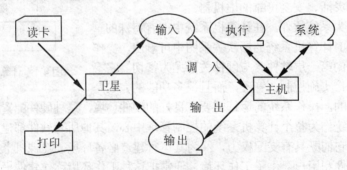

图 4-2 脱机批处理模型

批处理是操作系统的雏形，它的出现也促进了其他软件的发展，出现了监督程序、汇编程序、编译程序、装配程序等。

3. 执行系统阶段（20 世纪 60 年代）

批处理较之手工操作前进了一大步，但它仍有一些缺点：如需要额外的卫星机、磁带机的装卸需要手工操作等。

在 20 世纪 60 年代初期，硬件在两方面取得了重要进展，一是通道的引入，二是通道中断主机功能的出现。这是操作系统发展史的重要事件，它推进了操作系统进入执行系统阶段。

通道也称 I/O 处理机，它具有自己的指令系统和运控部件，与处理机共享内存资源。通道可以受处理机的委托执行通道程序，完成输入/输出操作。通道的 I/O 操作可以同处理机的计算工作完全并行，并在 I/O 操作完成时向处理机发出中断请求。这样，作业由读卡机到磁带机的传输以及运行结果由磁带机到打印机的传输可由通道完成，这既非联机，也非脱机，称做"假脱机"或"伪脱机"。通道取代了卫星机，也免去了手工装卸磁带的麻烦。

执行系统是操作系统的初级阶段，它为操作系统的最终形成奠定了基础。

（1）操作系统的完善

操作系统由形成到完善经历了如下几个发展阶段。

① 多道批处理系统（20 世纪 60 年代初期）

执行系统出现不久，人们就发现在内存中同时存放多道作业是有利的。当一道作业因等待 I/O 传输完成等原因暂时不能运行时，系统可将处理机资源分配给另外一个可以运行的程序，如此便产生了多道批处理操作系统。

多道批处理的出现是操作系统发展史上一个革命性的变革，它将多道程序设计的概念引入操作系统中。

② 分时系统（20 世纪 60 年代初/中期）

手工操作是一种联机操作方式，其效率很低。批处理系统否定并代替了手工操作，是一种脱机操作方式。执行系统及多道批处理系统是批处理系统的进一步发展，属于更高级的脱机处理方式。但是，多道批处理系统出现不久，人们便发现仍有联机操作的必要，这个要求首先是由程序员提出的。对于脱机操作来说，程序员无法了解其作业的执行情况并对其进行动态控制，如果作业在处理过程中出现错误，程序员不能对其进行及时的修改，必须等待批处理结果输出后才能从输出报告中得知错误所在，并对其进行修改，然后再次提交批作业，如此可能需要重复多次，使得作业的处理周期较长。也就是说脱机方式非常不利于程序的动态调试。

为达到联机操作的目标，出现了分时系统。分时系统是由一个主机和若干个与其相连的终端构成，用户在终端上输入和运行他的程序，系统采用对话的方式为各个终端上的用户服务，便于程序的动态修改和调试，缩短了程序的处理周期。由于多个终端用户可以同时使用同一个系统，因而分时系统也是以多道程序设计为基础的。

多道批处理系统与分时系统各有所长，前者适用于大型科技计算任务，后者适用于交互式任务，它们的出现标志着操作系统已进入完善阶段。

③ 实时处理系统（20 世纪 60 年代中期）

在 20 世纪 60 年代中期，集成电路取代了分立元件，计算机进入了第三代。由于性能的提高，计算机的应用范围迅速扩大，从传统的科技计算扩展到商业数据处理，进而深入到各行各业，例如工业控制、医疗诊断、航班订票等，这样就出现了实时操作系统。

多道批处理系统、分时操作系统和实时操作系统是传统操作系统的三大类别，它们为通用操作系统的最终形成做好了必要的准备。

④ 通用操作系统

为了进一步提高计算机系统的适用能力和使用效率，人们将多道批处理、分时和实时等功能结合在一起，构成了多功能的通用操作系统。通用操作系统可以同时处理实时任务、接收终端请求、运行成批作业。当然通用操作系统更加庞大、更加复杂、造价也更高。

（2）操作系统的发展

操作系统自形成以来，经过几十年的完善与发展，就单机环境而言，其基本原理和设计方法已趋成熟。出现了许多公认的流行系统，如 UNIX、VMS、OSF/1、Windows/NT 等。20世纪80年代后，随着通用微处理器芯片的高速发展，个人计算机和工作站系统得到了迅猛的发展，强烈冲击着传统小型机、中大型机的市场。相应地，微机及工作站上的操作系统获得了快速的发展和应用，如 MS-DOS、Windows、SUNOS、IRIX 等。

当前操作系统的发展方向主要有以下几种。

① 操作系统的标准化工作。20世纪80年代以来，国际标准化组织及应用部门和厂商均非常注重操作系统的标准化工作，制订并推行了相应的一些国际标准。最著名的标准是 IEEE 1004 委员会提出的 POSIX（Portable Operating based on UNIX）。人们普遍希望各种操作系统都能具有一致的 API（Application Programming Interface，应用程序接口）界面，但标准化的工作无疑蕴含着较大的复杂性和艰巨性。

② 网络操作系统和分布式操作系统的研究工作。计算机硬件体系结构由集中向分散发展，从而出现了计算机网络。计算机网络是计算机技术与现代通信技术相结合的产物，它突破了空间上的限制，使得地理上分散、功能各异的计算机连接在一起，形成一个相对完整、功能更加强大的计算机系统。计算机网络在商业、文化、教育、通信、管理、军事等各个领域为计算机的应用开辟了更加广阔的前景，成为现代化信息社会最重要的工具，也为操作系统的研究提出了新的课题，即如何有效地管理网络中的资源，并实现分布环境中的并发控制。为此，出现了网络操作系统和分布式操作系统。

③ 并行操作系统的研究。在科学和军事领域，大型计算任务要求极强的计算能力和处理能力，在单一处理机的计算能力不能满足处理要求的条件下，多处理机并行成为必然选择。处理机并行使得并发控制问题变得更加复杂，由此产生了并行操作系统。随着处理机芯片的降价，服务器甚至主板上都配有多个处理机插槽，多数流行操作系统也提供了相应的支持。

④ 嵌入式操作系统和智能操作系统的研究。传统的操作系统是以计算机为中心的，随着各种芯片和处理机存储介质在各种控制领域的广泛应用，嵌入式操作系统和智能操作系统应运而生。在这些领域，"计算"是为某种应用服务的，处于附属地位。由于应用的多样化，要求操作系统具有专用特性。然而为每个具体应用开发一个操作系统代价过高，因而人们尝试从不同应用中抽取具有共性的内容，并做成很小的操作系统核心，由此产生了微内核操作系统体系结构。

4.1.3　操作系统的主要功能

从资源管理的角度看，计算机操作系统也即资源管理系统，它具有四大功能。

1. 存储器管理功能

存储器管理实质上是对主存空间进行管理，以便尽可能地方便用户使用和提高主存空间的利用率，其主要功能包括：内存分配、地址转换、内存的共享与保护、内存扩充。

（1）内存分配。内存分配的主要任务是为每道程序分配一定的内存空间。为此，操作系统必须记录整个内存的使用情况，处理用户提出的申请，按照某种策略实施分配，接收系统或用户释放的内存空间。

由于内存是宝贵的系统资源，并且往往出现这种情况：用户程序和数据对内存的需求量总和大于实际内存可提供的使用空间。为此，在制订分配策略时应考虑到提高内存利用率，减少内存浪费。

（2）地址转换。很多人都有这样的经历：在编写程序时并不考虑程序和数据要放在内存的什么位置，程序中设置变量、数组和函数等都只是为了实现这个程序所要完成的任务。源程序经过编译之后，会形成若干个目标程序，各自的起始地址都是"0"（但它并不是实际内存的开头地址），各程序中用到的其他地址都分别相对起始地址计算。这样一来，在多道程序环境下，用户程序中所涉及的相对地址与装入内存后实际占用的物理地址就不一样。CPU 执行用户程序时，要从内存中取出指令或数据，为此就必须把所用的相对地址（用户的逻辑地址）转换成处理器能访问的绝对地址（内存的物理地址）。这就是操作系统地址的转换功能（需要硬件支持）。

（3）内存的共享与保护。在操作系统中，很多代码应是可共享的，例如，命令解释程序、编译程序、编辑程序等。为此，在操作系统中引入了内存共享机制，以保证不同用户的程序能够共同访问公共程序所占的内存区以节省内存空间和保持数据的一致性。

由于不同用户的程序都放在一个内存中，就必须保证它们在各自的内存空间中的活动不能相互干扰，更不能侵犯操作系统空间。因此，必须建立内存保护机制，以防止多程序在执行中互相干扰并保护区域内的信息不被破坏。例如，设置两个界限寄存器，分别存放正在执行的程序在内存中的上界地址值和下界地址值。当程序运行时，所产生的每个访问内存的地址都要做合法性检查，也就是说，该地址必须大于等于下界寄存器的值，并且小于上界寄存器的值。如果地址不在此范围内，则属于越界，将发生中断并进行相应处理。

（4）内存扩充。一个系统中内存容量是有限的，不能随意扩充其大小。而且用户程序对内存需求越来越大，很难完全满足用户要求。这样就出现各用户对内存"求大于供"的局面。怎么办？物理上扩充内存不妥，就采取逻辑上扩充内存的办法，这就是虚拟存储技术。简单说来，就是把一个程序当前正在使用的部分（不是全体）放在内存，而其余部分则放在磁盘上。在这种"程序部分装入内存"的情况下，启动并执行它。以后根据程序执行时的要求和内存当时使用的情况，随机地将所需部分调入内存；必要时还要把已分出去的内存回收，供其他程序使用（即内存置换）。

2. 处理机管理功能

我们都知道，计算机系统中最主要的资源是 CPU，对它管理的优劣直接影响整个系统的性能。此外，用户的计算任务称为作业；程序的执行过程称作进程，它是分配和运行处理机的基本单位。因而，处理机管理的功能包括：作业和进程调度、进程控制和进程通信。

（1）作业和进程调度。一个作业通常要经过两级调度才得以在 CPU 上执行。首先是作业调度，它把选中的一批作业放入内存，并分配其他必要资源，为这些作业建立相应的进程。然后进程调度按一定的算法从就绪进程中选出一个合适进程，使之在 CPU 上运行。

（2）进程控制。进程是系统中活动的实体，进程控制包括创建进程、撤销进程、封锁进程、唤醒进程等。

（3）进程通信。多个进程在活动中彼此间会产生相互依赖或者相互制约的关系。为保证系统中所有进程都能正常活动，就必须设置进程同步机制，它分为同步方式和互斥方式。

相互合作的进程之间往往需要交换信息，为此系统要提供通信机制。

3. 设备管理功能

设备管理是对硬件资源中除 CPU、存储器之外的所有设备进行管理，它除了管理设备的机械部分外，还管理诸如控制器、通道等电子线路，以提高设备的利用率和方便用户使用。其主要功能包括：设备分配、缓冲区管理、设备驱动和设备无关性。

（1）设备分配。设备分配的主要任务是根据用户的 I/O 请求和相应的分配策略，为该用户分配外部设备以及通道、控制器等。

（2）缓冲区管理。为了解决 CPU 和外设速度不匹配的矛盾，使它们能充分并行工作并提高各自的利用率，系统往往在内存中设立一些缓冲区供 CPU 和外设传送数据。缓冲区的分配、释放及其他管理工作由设备管理程序负责。

（3）设备驱动。设备驱动就是为了实现 CPU 与通道和外设之间的通信。由 CPU 向通道发出 I/O 指令，后者驱动相应设备进行 I/O 操作。当 I/O 任务完成后，通道向 CPU 发中断信号，由相应的中断处理程序进行处理。

（4）设备无关性。设备无关性又称设备独立性，即用户编写的程序与实际使用的物理设备无关，由操作系统把用户程序中使用的逻辑设备映射到物理设备。为了方便用户，许多系统都允许用户通过设备的逻辑名来使用设备，由设备分配程序根据当前设备的工作情况为用户选择一台具体的物理设备，以实现逻辑设备到物理设备的映射。

4. 文件管理功能

为了使用户借助外存储器方便灵活地存取信息，并利于保密和共享，操作系统引入了文件系统。所谓文件系统是指负责存储和管理文件信息的机构，也可称信息管理系统，其主要功能包括：文件存储空间的管理、文件操作的一般管理、目录管理、文件的读写管理和存取控制。

（1）文件存储空间的管理。系统文件和用户文件都要放在磁盘上，为此，需要由文件系统对所有文件以及文件的存储空间进行统一管理：为新文件分配必要的外存空间，回收释放的文件空间，提高外存的利用率。

（2）文件操作的一般管理。包括文件的创建、删除、打开、关闭等。

（3）目录管理。目录管理包括目录文件的组织、实现用户对文件的"按名存取"，以及目录的快速查询和文件共享等。

（4）文件的读写管理和存取控制。根据用户的请求，从外存中读取数据或者将数据写入外存中。为保证文件信息的安全性，防止未授权用户的存取或破坏，对各文件（包括目录文件）进行存取控制。

从用户的角度来看，计算机操作系统主要是通过命令界面、程序界面或图形界面来为用户提供各种服务，使得用户可以方便、有效地使用计算机硬件和开发、运行自己的程序。

不同的操作系统提供的服务不全相同，但大致可分为如下几类。

（1）系统访问。例如：通过注册/注销命令进入/退出系统。

（2）资源申请。例如：对 I/O 设备及存储空间的访问等。

（3）程序设计。例如：用户可通过操作系统开发、运行自己的程序，通过返回断点/指定点、正常/异常结束来进行错误检测与响应。

（4）信息维护。例如：获取或设置系统时间、获取或设置文件属性等。

4.2 Windows XP 操作系统简介

Windows XP 中文全称为视窗操作系统体验版，是微软公司于 2001 年 10 月发布的一款视窗操作系统。微软最初发行了两个版本，家庭版（Home）和专业版（Professional）。家庭版的消费对象是家庭用户，专业版则在家庭版的基础上添加了新的为面向商业设计的网络认证、双处理器等特性。

4.2.1 Windows XP 概述

Windows XP 家庭版是为个人或者家庭用户而设计的，包括数字媒体、家庭联网和通信的体验。Windows XP 专业版是为各种规模的企业和需要最高计算体验的用户而设计的操作系统。Windows XP 增加了远程访问，提高了安全性，具备更高的性能、管理功能以及多语言特性，提高了用户的工作效率，使他们更方便接入网络。

1. 特点

与以往的 Windows 版本相比，Windows XP 主要有以下几个方面的新特点。

（1）更美观的界面

比起微软过去版本的操作系统，Windows XP 更注重艺术性，画面异常地漂亮，在某种程度上可以跟苹果机媲美。

（2）更容易使用

Windows XP 的易用性主要体现在以下几点。

① 提供了很体贴用户的、人性化的设计。比如它的分组相似任务栏功能可以让用户的任务栏更加简洁，少开窗口。

② Windows XP 内置丰富的工具软件。它内置集成的防火墙、ZIP 和其他格式压缩文件支持、强大的多媒体功能、图片缩略和幻灯片播放功能等，方便了用户使用。在网络应用方面内置防火墙、Windows Messenger、MSN Explorer，一方面方便了用户，另一方面也受到非议，被认为是体现微软的垄断性行为的标志。

Windows Messenger 中的联系人列表状态和通知支持可以帮助用户在 Internet 上更有效地与人联系，可以通过即时消息或者通过语音以及视频电话与他们交流。Windows XP 中内置的"Internet 连接防火墙"在用户连接到 Internet 时可起到保护计算机安全的作用。MSN Explorer 这款软件集 Hotmail、即时信使、浏览器于一体。

③ 更容易定制的"开始"菜单以及"个性化菜单"功能。当打开新增加的"个性化"菜单后，最近没有使用过的菜单项将被隐藏。当用户欲使用隐藏起来的菜单项时，只需将鼠标在双箭头上停留片刻即可。

④ 可定制的工具栏。比如，添加新按钮、改变原有按钮的排列位置等。

⑤ 良好的多语言支持。可以同时支持简体中文、繁体中文、日文等语言。

⑥ 以鼠标代笔的手写输入板。Windows XP 附带的"微软拼音输入法 2.0 版"为用户新提供了一种鼠标输入法，它的识字速度快、识别率高、容错性好，具有一定的预见性，可连续地输入汉字，而且还能自动显示汉字的汉语拼音和声调。

⑦ 强化的资源管理器功能。Windows XP 的资源管理器在标准工具栏上增加了"搜索"功能，可搜索本地、网络以及 Internet 上的文件。

⑧ 功能强大的"网上邻居"。为了帮助用户在网络中查找信息和资源，Windows XP 将工作组和局域网中的计算机这些内容放入了"邻近的计算机"文件夹，新增的"添加网上邻居"向导，可帮助用户在"邻近的计算机"文件夹中建立指向某一网络资源的链接。

⑨ 扩展的"记忆式键入"功能。在 Windows XP 中此功能延伸到了整个用户界面。

（3）更容易管理

Windows XP 的易管理性主要体现在以下几点。

① 风格统一的"控制面板"。Windows XP 将原来放在"我的电脑"中的"打印机"、"拨号网络"、"任务计划"等选项都被移到了"控制面板"中，并且在其中新增加了"管理工具"、"文件夹选项"等选项。

② 面目一新的"添加/删除程序"。通过它用户可自由地添加/更改/删除程序、Windows 组件，查看已安装程序的详细信息等。

③ 功能强大的系统管理工具。在 Windows XP 中集成了大量系统工具，如性能监视器、事件查看器等。

④ 新增的"Last know good option（最后一次正确的配置）"功能。在 Windows XP 中，不论是因为什么原因导致系统无法启动了，只要在开机出现"启动模式列表"时按 F8 键并选择"最后一次正确配置"就能使计算机恢复如初。

⑤ Windows XP Professional 对敏感的信息进行了加密，从而其文件系统很安全。与安全相关的管理设置确保系统的安全性、可靠性和秘密性。

⑥ 增强的备份实用工具使用起来更加简单，使定期将数据复制到磁盘、ZIP 盘和其他存储媒体这些操作变得很简单。"自动系统恢复"甚至可以在磁盘失败时恢复操作系统。

⑦ 可以在整个单位增加部署 Windows XP Professional。只按需要对个人计算机进行升级可减少费用，还可以轻松自如地利用 Windows XP 的新技术。使用"远程安装服务"和"组策略"，可以很容易地对通过 Windows 2000 Server 软件链接的业务计算机进行升级和管理。这些功能可以将多台独立的计算机作为组（而不是作为零散的机器）进行安装、配置和管理，还可以从集中位置进行监视，从而可以最大限度节省时间和支持费用。

（4）可靠性与兼容性

Windows XP Professional 标志着商务软件的新标准，将企业级性能和可靠性与空前的简单使用结合起来。Windows XP 可靠地建立在 Microsoft 已证实的 Windows 2000 技术基础上，它包含 Microsoft Windows XP Home Edition 的所有功能，还包括为商务和高级用途特别设计的新的高级功能。

启动时间更快，商务程序运行状况比以前任何时候都好。通过跨多个监视器对工作进行延展，可以一次查看更多的工作。或者在安装了双重界面显示适配器的计算机上，同时查看两个不同的程序。使用 Microsoft Clear Type 技术，屏幕内容更容易阅读（尤其对于笔记本电脑）。

Windows XP 增强的电源管理功能可以延长电池的使用寿命。而且使用笔记本电脑和其他 PC，可以更好地控制计算机使用电源的方式。

Windows XP 为新硬件和多媒体技术提供了更多的支持，支持外设的即插即用，可与多种服务器平台组成客户机/服务器网络或对等网络，支持高速连接技术。XP 除了比 Windows 2000 集成更多的多媒体功能外，也修正了很多工具软件和游戏不能在 Windows 2000 下运行的 Bug，并且在桌面快捷方式上也提供了对 Windows 9X 程序的兼容设置功能，比 Windows 2000 要灵活。

（5）方便全球式商务办公

可在全球的任何角落，通过自己的办公计算机阅读电子邮件、查看文件和运行程序。Windows XP Professional 的高级通信功能可以使用最新的移动计算和前沿无线技术。

可以使用"远程桌面"，通过 Internet 从其他运行 Windows XP 的计算机上查看运行 Windows XP Professional 的计算机的屏幕。这意味着可以从笔记本电脑、家庭电脑或从地球另一端的客户办公室"到达您的办公室"，就好像同时置身于两个地方！

使用声音、视频和邮件即时传送，Windows XP 中的安全无线连接可以进行实时通信和合作，当有其他安装了 Windows XP 的无线设备进入连接范围时，计算机将自动通知。

Windows XP Professional 具有全世界多语言支持。可以在 24 种语言中选择，对于横跨全球的国际化公司，使用不同语言的多语言职员可以共享相同的计算机。

2. 运行环境

Windows XP 是微软有史以来最全面、最强大的操作系统，其拥有极佳的多媒体性能、网络性能和极高的安全性和稳定性，同时也具备良好的硬件兼容性。作为最为强悍的主流操作系统，它对硬件配置的要求自然不低。

（1）Windows XP Home edition 的配置要求

① 官方最低配置要求

- CPU： Intel MMX 233MHz
- 内存：64MB
- 硬盘空间：1.5GB
- 显卡：4MB 显存以上的 PCI、AGP 显卡
- 声卡：最新的 PCI 声卡
- CD-ROM：8x 以上 CD-ROM

② 实际使用最低配置要求

- CPU：Intel PⅡ 450MHz
- 内存：128MB
- 硬盘空间：4GB
- 显卡：8MB 以上的 PCI 或 AGP 显卡
- 声卡：最新的 PCI 声卡
- CD-ROM：8x 以上 CD-ROM 或 DVD

③ 理想配置要求

- CPU ：Intel PⅢ 1GHz 或者 P4
- 内存：256MB 以上

- 硬盘：20GB 以上

（2）Windows XP Professional

① 官方最低配置要求

- CPU：Intel MMX 233MHz
- 内存：128MB
- 硬盘空间：1.5GB
- 显卡：4MB 显存以上的 PCI、AGP 显卡
- 声卡：最新的 PCI 声卡
- CD-ROM：8x 以上 CD-ROM

② 实际使用最低配置要求

- CPU：Intel PIII 500MHz
- 内存：256MB
- 硬盘空间：4GB
- 显卡：4MB 以上的 PCI 或 AGP 显卡
- 声卡：最新的 PCI 声卡
- CD-ROM：8x 以上 CD-ROM

③ 理想配置要求

- CPU ：Intel PIII 1GHz 或者 P4
- 内存：256MB 以上
- 硬盘：20GB 以上

3. 安装

安装过程具体包括安装前的准备、安装过程中的操作步骤以及安装后的工作。

（1）安装前的准备

安装 Windows XP 之前做一些准备工作是非常必要的，其目的在于能够有效地确保安装的成功，并使安装好的系统能够正常的工作。

① 检查硬件要求

在安装 Windows XP 之前首先应该根据微软网站的建议检查所用计算机的硬件性能是否满足安装要求。

② 选择安装方式

中文版 Windows XP 的安装有 3 种方式。

- 升级安装：如果用户的计算机上安装了微软公司其他版本的 Windows 操作系统，可以覆盖原有的系统而升级到 Windows XP 版本。中文版的核心代码是基于 Windows 2000 的，所以从 Windows NT4.0/2000 上进行升级安装是非常方便的。
- 全新安装：如果用户新购买的计算机还未安装操作系统，或者机器上原有的操作系统已格式化掉，可以采用这种方式进行安装，在安装时需要在 DOS 状态下进行，用户可先运行 Windows XP 的安装光盘，找到相应的安装文件，然后在 DOS 命令行下执行 Setup 安装命令，在安装系统向导提示下用户可以完成相关的操作。
- 双系统共存安装：如果用户的计算机上已经安装了操作系统，也可以在保留现有系统的基础上安装 Windows XP，新安装的 Windows XP 将被安装在一个独立的分区

中，与原有的系统共同存在，但不会互相影响。当这样的双操作系统安装完成后，重新启动计算机，在显示屏上会出现系统选择菜单，用户可以选择所要使用的操作系统。这种安装方式适合于原有操作系统为非中文版的用户，如果要安装中文版 Windows XP，由于语言版本不同，不能从非中文版直接升级到中文版，可以选择双系统共存安装。

③ 磁盘分区工作

磁盘分区是对物理硬盘的一种划分方法，它可将硬盘划分成一个个物理上独立的单元，从而允许操作系统和用户数据位于独立的逻辑单元中，以便加强管理。划分好的各分区用其盘符（C:，D:，E:，…）表示。下面介绍安装过程中的两项必要的工作。

ⅰ. 选择磁盘分区

在 Windows XP 的安装过程中，安装向导可能会推荐下列选项。

● 如果硬盘还没有被分区，则可创建 Windows XP 分区并规定其大小。
● 如果硬盘上已有分区并有足够的未分区磁盘空间，则可在未分区空间中为 Windows XP 创建分区。
● 如果硬盘现有的分区足够大，则可直接在现有的分区上安装 Windows XP。
● 如果需要为 Windows XP 创造更多的未分区磁盘空间，则可以删除硬盘中现有的分区。特别要注意，删除现有的分区时会将此分区上的所有数据删除。

ⅱ. 转换和重新格式化现有的磁盘分区

在运行安装程序之前，需要决定是否对现有的磁盘分区进行格式转换或格式化，在默认情况下，安装程序会保留现有的分区格式。如果决定重新格式化分区，就需要选择一个合适的文件系统，这时要注意备份分区上的信息，因为格式化会删除现有分区中的所有数据。

在 Windows XP 安装程序中，可以将现有的分区转换为 NTFS 文件系统以利用 Windows XP 中的安全特性。其做法是在安装过程中选择"是否应该将现有的分区转换为 NTFS？"选项，这样做会保留分区中现有的文件，但转化后只在 Windows XP 下才能够访问此分区中的文件。

另外，也可以根据需要将现有的分区重新格式化为 NTFS、FAT 或者 FAT32 文件系统。在安装完成之后，利用磁盘管理工具可以将 FAT 文件系统转换为 NTFS 文件系统。

④ 其他准备工作

在安装 Windows XP 之前，还应该获取 DNS 服务器地址、IP 地址等网络信息，并确定需要安装的计算机是加入到域中还是加入到工作组中。对于 Windows XP 的安装来说，如果是选择将计算机加入域中，安装程序会将其设置为成员服务器；如果是选择将计算机加入工作组中，安装程序则会将其设置为独立服务器。

（2）开始安装 Windows XP

安装 Windows XP 的过程分为两个阶段。

第一阶段的安装步骤如下。

① 启动安装程序

根据引导方式的不同，可以分为从 CD-ROM 引导安装程序和在 MS-DOS 方式下启动安装程序。

● 从 CD-ROM 引导安装程序：把安装光盘放入 CD-ROM 中，然后重新启动计算机。按键盘上的 Del 键进入"BIOS 设置"（有些计算机是按 F2 健，要根据 BIOS 芯片的具体类型而定），设置成优先从"CD-ROM"启动，保存设置后退出。看到屏幕提示后按回车键便可自动启动安装程序。

- 在 MS-DOS 方式下启动安装程序：如果用户拥有 Windows 9x 操作系统，则可以在 MS-DOS 方式下执行安装光盘中的"Setup.exe"命令。

② 检测计算机硬件配置

安装程序启动后，首先会自动检测计算机的硬件配置信息，其中包括显示适配器、网络适配器、SCSI 适配器、鼠标、声卡、USB、PC Card 等。

③ 指定安装位置

在此步骤中，用户可以选择新建分区或使用已有分区作为操作系统的安装分区，安装程序允许用户对系统安装分区进行格式化，如果不需要双重启动，推荐使用 NTFS 文件系统格式。此时，如果原分区上存在旧的操作系统，则全新安装 Windows XP 后，旧的操作系统将被覆盖。

④ 从安装源向目标硬盘分区中拷贝文件

指定了安装分区并完成格式化操作之后，安装程序将会把安装时所需的临时文件从安装光盘拷贝到目标硬盘分区中。拷贝完成后，系统将自动重新启动，进入第二阶段的安装。

第二阶段的安装步骤如下。

系统重新启动后，进入第二阶段的安装界面。在此阶段中，用户需要输入一些有关计算机的信息或做出一些选择，具体包括如下内容。

① 输入序列号

在这里需要输入 Windows XP 的序列号才能进行下一步的安装，一般来说可以在系统光盘的包装盒上找到该序列号。

② 设置网络连接

网络是 XP 系统的一个重要组成部分，也是目前生活所离不开的。在安装过程中就需要对网络进行相关的设置。如果是通过 ADSL 等常见的方式上网的话，选择"典型设置"即可。

③ 创建用户账号

在这里需要来创建用户账号，这里可以任意为账号命名。

（3）完成安装后的工作

安装完成之后，还需要进行如下的工作。

- 了解安装刚完成后系统的默认状态。比如，了解硬盘下的目录以及目录下的文件。
- 进行个性化设置。根据个人爱好和习惯，对系统的一些默认设置做改变，使计算机更能适应个人需要。比如语言、桌面图案、鼠标、快捷键方式等。
- 管理或控制计算机的行为。包括安装/删除应用程序、添加/删除硬件、管理硬盘、管理服务等。
- 管理或控制网络行为。包括配置网络连接、给计算机命名、允许被人访问、访问别人等。

4. 启动与退出

（1）Windows XP 的启动

启动 Windows XP 是非常简单的，安装完成后系统会自动启动 Windows XP。以后需要启动 Windows XP 时，只要打开计算机即可。

（2）Windows XP 的退出

Windows XP 的初始界面与 Windows 9x 的初始界面是十分相似的，因此退出 Windows XP 也与退出 Windows 9x 的方法相似。具体操作如下。

单击"开始"按钮，并选择"关闭计算机"命令，在随后出现的"关闭计算机"对话框中单击"关闭"按钮，系统将提示正在"保存设置"、"正在关机"，即可关闭计算机。

4.2.2　Windows XP 基本操作

在这一小节主要介绍 Windows XP 中的一些最基本的操作，包括键盘和鼠标操作、开始菜单、窗口和对话框以及菜单栏和工具栏的操作方法。

1. 键盘和鼠标

键盘和鼠标是目前计算机最常用的两种输入设备。下面首先介绍键盘中常用的编辑控制键以及 Windows XP 常用快捷键。

编辑控制键主要完成诸如文字的插入删除、上下左右移动翻页等功能，包括方向键、Insert、Delete、Home、End、PageUp、PageDown、Ctrl、Alt 和 Shift。其中 Ctrl 键、Alt 键和 Shift 键往往又与别的键结合，用以完成特定的功能，如最常用的热启动操作就是同时按下 Ctrl + Alt + Del 3 个键。

下面介绍这些编辑控制键的功能。

● 方向键：控制光标上下左右移动。
● Insert：在当前光标前插入文字。
● Delete：删除当前光标后的文字。
● Home/End：光标跳到句首/尾。
● PageUp/PageDown：向上/下翻页。
● Ctrl、Alt 和 Shift：与其他键组合使用。

在 Windows 2000 中，还提供了一些方便用户的键盘快捷键，对于常用的快捷键列举如下：

● Ctrl + C：复制。
● Ctrl + X：剪切。
● Ctrl + V：粘贴。
● Ctrl + Z：撤消。
● Ctrl + A：选中全部内容。
● Ctrl + O：打开某一项。
● Ctrl + F4：在允许同时打开多个文档的程序中关闭当前文档。
● Ctrl + ESC：显示"开始"菜单。
● Ctrl + 向右键：将插入点移动到下一个单词的起始处。
● Ctrl + 向左键：将插入点移动到前一个单词的起始处。
● Ctrl + 向下键：将插入点移动到下一段落的起始处。
● Ctrl + 向上键：将插入点移动到前一段落的起始处。
● Shift + Delete：永久删除所选项，而不将它放到"回收站"中。
● Shift + F10：显示所选项目的快捷菜单。

- Alt + Enter：查看所选项目的属性。
- Alt + F4：关闭当前项目或者退出当前程序。
- Alt + Tab：在打开的项目之间切换。
- Alt + Esc：以项目打开的顺序循环切换。
- Alt + 空格键：显示当前窗口的"系统"菜单。
- Alt + 菜单名中带下划线的字母：显示相应的菜单。
- F2：重新命名所选项目。
- F3：搜索文件或文件夹。
- F4：显示"我的电脑"和"Windows 资源管理器"中的"地址"栏列表。
- F5：刷新当前窗口。
- F6：在窗口或桌面上循环切换屏幕元素。
- F10：激活当前程序中的菜单条。
- Delete：删除。
- Esc：取消当前任务。

由于 Windows 的绝大部分操作是基于鼠标来设计的，因此，掌握了鼠标的使用方法，日常的工作变得非常容易。下面介绍鼠标的使用方法。

（1）用鼠标移动光标。在鼠标垫上移动鼠标，与此同时，显示屏上的光标也在移动，光标移动的距离取决于鼠标移动的距离，这样就可以通过鼠标来控制显示屏上光标的位置。

（2）鼠标单击动作。鼠标的单击动作可以实现对对象的选择，比如文件、文件夹、图标等，具体做法是，用食指快速地按一下鼠标左键，马上松开；另外还有一种单击操作是单击鼠标右键，这一操作在 Windows 中一般会出现一个弹出式菜单。

（3）鼠标双击动作。鼠标的双击动作可以实现打开文件夹、运行应用程序等工作，具体做法是，用食指连续快速地按两下鼠标左键，马上松开，注意掌握好节奏。

（4）鼠标拖动动作。鼠标的拖动动作可以实现窗口、图标、文件、文件夹等的移动工作，具体做法是，先移动光标到选定对象，按下左键不要松开，通过移动鼠标将对象移到预定位置，然后松开左键，这样可以将一个对象由一处移动到另一处。

2. "开始"菜单

"开始"菜单的作用是开始 Windows XP 的操作和使用，用户要求的功能 99%都可以由"开始"菜单提供，例如，启动程序、打开文件、使用"控制面板"自定义系统、单击"帮助和支持"获得帮助、单击"搜索"可搜索计算机或 Internet 上的项目等。

"开始"菜单上的一些项目带有向右箭头，这意味着第二级菜单上还有更多的选项。鼠标指针放在有箭头的项目上时，另一个菜单将出现。"开始"菜单的左边与使用得最多的程序连接，获取更新。顶端左边是固定项目，如连接到 Internet 浏览器和电子邮件的快捷方式。

单击 Windows XP 任务栏上桌面左下角的"开始"按钮，将打开"开始"菜单，其中包含以下项目。

（1）"所有程序"菜单项

当鼠标指向"程序"菜单项时，便显示"程序"文件夹和存放于其中的程序项（快捷方式），单击某程序项就可以执行规定的程序。简单来讲，通过这一菜单项可以让用户启动一个应用程序。

（2）"我的文档"菜单项

　　"我的文档"即为用户的个人文件夹。它含有两个特殊的个人文件夹，即"图片收藏"和"我的音乐"。可将个人文件夹设置为在此计算机上的所有用户账户都可以访问，或设置为专用，这样只有您可以访问其中的文件。

　　Windows 为计算机上的每一个用户创建个人文件夹。当多人使用一台计算机时，它会使用用户名来标识每个个人文件夹。例如，如果 John 和 Jane 使用同一个计算机，则有两组个人文件夹：John 的文档、音乐和图片，Jane 的文档、音乐和图片。由 John 登录计算机时，他的个人文件夹会显示为"我的文档"、"图片收藏"和"我的音乐"；而此时 Jane 的个人文件夹则会显示为"Jane 的文档"、"Jane 的图片"和"Jane 的音乐"。

　　Windows 还为要与其他用户共享的文件提供了"共享文档"文件夹。与"我的文档"一样，该"共享文档"文件夹也含有"共享图像"和"共享音乐"文件夹。这些文件夹可用于与计算机上的其他用户共享的图片和音乐。

　　可以通过 Windows 资源管理器来访问"共享文档"、"共享音乐"和"共享图像"文件夹。

　　(3)"我最近的文档"菜单项

　　可以让用户打开一个文档进行操作。当鼠标指向"文档"时，即列出最近使用过的 15 个文档。初始安装 Windows XP 时，这个选项为空，经过一段时间使用后，会把用户最近使用的文档以快捷方式收集于此，以便用户使用。单击某个文档选项便可打开文档及相应的处理程序，使文档操作变得非常容易。一旦"文档"菜单中已包含了 15 个文档，则最新文档将取代最近最少使用的文档。

　　(4)"图片收藏"菜单项

　　方便查看与订购图片、照片，及对图片进行管理的功能。

　　(5)"我的音乐"菜单项

　　单击曲集文件夹中的"联机购买音乐"任务时，Windows 会打开 WindowsMedia.com 网页，可以在该网页中购买同一位艺术家的其他专辑。

　　(6)"我的电脑"菜单项

　　"我的电脑"显示软磁盘、硬盘、CD-ROM 驱动器和网络驱动器中的内容。也可以搜索和打开文件及文件夹，并且访问控制面板中的选项以修改计算机设置。

　　(7)"网上邻居"菜单项

　　"网上邻居"显示指向共享计算机、打印机和网络上其他资源的快捷方式。只要打开共享网络资源（如打印机或共享文件夹），快捷方式就会自动创建在"网上邻居"上。"网上邻居"文件夹还包含指向计算机上的任务和位置的超级链接。这些链接可以帮助查看网络连接，将快捷方式添加到网络位置，以及查看网络域中或工作组中的计算机。

　　单击"添加一个网上邻居"任务，启动"添加网上邻居向导"。该向导帮助新建指向网络、Web 和 FTP 服务器上的共享文件夹和资源的快捷方式。如果在 Web 服务器上还没有文件夹，则"添加网上邻居向导"会帮助创建新的文件夹以存储联机文件。

　　可以查看、管理、移动、复制、保存和重命名已存储在 Web 服务器上的文件和文件夹，就像对已存储在计算机上的文件和文件夹进行操作一样。查看存储在 Web 上的文件夹内容时，该文件夹的 Internet 地址将显示在"地址"栏中。

　　(8)"控制面板"菜单项

　　"控制面板"提供丰富的专门用于更改 Windows 的外观和行为方式的工具。使用"控制面板"的强大工具自定义计算机！从这里可以转到安装新硬件、添加和删除程序、更改屏幕外观，以及许多其他项目。

有些工具可帮调整计算机设置，从而使得操作计算机更加有趣。例如，可以通过"鼠标"将标准鼠标指针替换为可以在屏幕上移动的动画图标，或通过"声音和音频设备"将标准的系统声音替换为自己选择的声音。其他工具可以将 Windows 设置得更容易使用，例如，如果习惯使用左手，则可以利用"鼠标"更改鼠标按钮，以便利用右按钮执行选择和拖放等主要功能。

要打开"控制面板"，请单击"开始"，然后单击"控制面板"。如果计算机设置为使用更熟悉的"开始"菜单的经典显示方式，请单击"开始"，指向"设置"，然后单击"控制面板"。

首次打开"控制面板"时，将看到"控制面板"中最常用的项，这些项目按照分类进行组织。要在"分类"视图下查看"控制面板"中某一项目的详细信息，可以用鼠标指针按住该图标或类别名称，然后阅读显示的文本。要打开某个项目，请单击该项目图标或类别名。某些项目会打开可执行的任务列表和选择的单个控制面板项目。例如，单击"外观和主题"时，将与单个控制面板项目一起显示一个任务列表。

单击"切换到经典视图"可以打开"控制面板"时没有看到所需的项目。要打开某个项目，请双击它的图标。要在"经典控制面板"视图下查看"控制面板"中某一项目的详细信息，请用鼠标指针按住该图标名称，然后阅读显示的文本。

（9）"设定程序访问和默认值"菜单项

"设定程序访问和默认值"是一项功能，它简化了指定用于活动（如 Internet 冲浪和发送电子邮件）的默认程序的过程。另外，还可以指定从"开始"菜单、桌面和其他位置可以访问的程序。

如果希望将自己喜爱的浏览器、媒体播放器、电子邮件程序、即时消息程序或 Java 虚拟机设置为 Windows 使用的默认程序，则必须以管理员身份登录到自己的计算机。

（10）"打印机和传真"菜单项

Windows XP 使得打印文档更加容易，而不管计算机是直接连接到打印机，还是通过网络远程连接到打印机。单击此菜单项弹出的"打印与传真"对话框可以安装打印机、执行基本打印任务、共享打印机以及管理共享打印机。安装和使用"传真客户"在计算机上发送和接收传真的信息。

（11）"帮助和支持"菜单项

该选项将打开"帮助支持中心"对话框，"帮助和支持中心"是全面提供各种工具和信息的资源。可以连接获取来自 Microsoft 专业技术支持的帮助，可以与 Windows 新闻组中的其他用户和专家交谈，也可以使用远程协助寻求朋友或同事的帮助。用户在使用 Windows XP 中出现的问题都可以在此求助，获取有关信息，这些功能对于初学者是非常重要的。

（12）"搜索"菜单项

该选项可以打开"搜索助理"对话框，"搜索助理"使得对文件和文件夹、打印机、用户以及其他网络计算机的搜索很容易；并且它是在 Internet 中搜索信息的方便起点。"搜索助理"还提供了索引服务，该服务维护着计算机上所有文件的索引，从而可提高搜索的速度。

（13）"运行"菜单项

该选项提供了一种通过输入命令字符来启动程序、打开文档或文件夹以及浏览 Web 站点的方法。选择"运行"选项将打开运行应用程序的对话框，在该对话框中用户可以输入一个程序、文件或者相应的路径名和文件名，Windows XP 根据用户输入的信息去运行相应的对象，还可以通过对话框中的"浏览"按钮找到相应的文件名。如果用户所需要运行的是一条 MS-DOS 命令，同样可以使用该选项来执行。

（14）"注销"菜单项

如果系统设置了用户配置文件或者网络连接，该选项就会出现在"开始"菜单的底部。选择该选项将关闭当前运行的程序，并重新显示"登录"对话框，从而允许另一个用户在该系统中工作。

（15）"关闭计算机"

弹出"关闭计算机"对话框，提供"待机"、"关闭"、"重新启动"功能。

3．窗口和对话框

启动某个应用程序或者打开某个文档，就会打开相应的窗口。

（1）窗口的组成

窗口的组成如图 4-3 所示，对各组成部分说明如下。

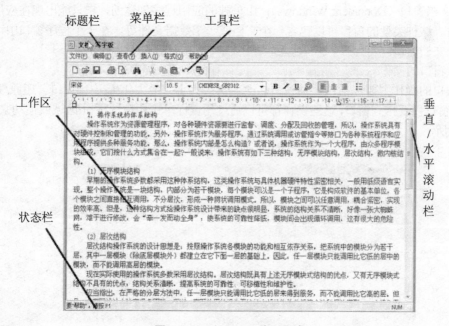

图 4-3　Windows XP 窗口组成

① 标题栏：位于窗口顶部用于显示窗口名称的水平条，窗口的标题一般位于标题的中央。此外，标题栏左面为一个控制菜单图标，右面有"最大化/还原"、"最小化"和"关闭"按钮，拖动标题栏，可以使窗口在桌面上移动。若标题栏处于高亮度状态，则说明此窗口是活动的（即当前可以与用户交互的窗口）。

② 菜单栏：紧挨着标题栏下面的是菜单栏。菜单栏中包括该窗口中应用程序可以使用的菜单项。每个菜单项下有若干命令组成的命令清单，称为此菜单项的下拉菜单。单击某个菜单项时，立即显示出该菜单项的下拉菜单。

③ 工具栏：工具栏是一行图标和按钮，它为应用程序的常用命令提供鼠标单击的快捷方式。使用"工具栏"中按钮，可以加快操作速度。

④ 垂直/水平滚动栏：当窗口内的信息在垂直方向长度超过窗口时，便出现垂直滚动栏，

通过单击滚动箭头或拖动滚动块可以控制窗口中内容上下滚动；当窗口内的信息在水平方向宽度超过窗口时，便出现水平滚动栏，通过单击滚动箭头或拖动滚动块可以控制窗口中内容左右滚动。

⑤ 状态栏：显示窗口当前所处的状态。窗口最下方的水平条为其状态栏。通过该状态栏所表示的信息，用户可以了解当前窗口的一些工作状态。例如，呈暗灰色的"改写"表示当前处于非改写状态，即插入状态。

⑥ 工作区：窗口内部供存放、显示、处理文档的一块区域，称之为窗口的工作区。

（2）窗口类型

在 Windows XP 中所有的窗口分为两种类型，即应用程序窗口和文档窗口。

① 应用程序窗口（Application Windows）：Windows 应用程序运行时创建的人机界面，一个应用程序窗口包含一个正在运行的程序，应用程序的名字、与该应用程序相关的菜单和工具栏以及被处理的文档名字等都将出现在窗口的顶端。应用程序窗口可定位在桌面的任何位置。

② 文档窗口（Document Windows）：由单独的应用程序创建的，它只能出现在应用程序窗口之内。这种类型的窗口可以包含一个文档或一个数据文件等。在一个程序窗口中可同时打开几个文档窗口。

（3）窗口的操作

对窗口的操作主要包括：移动窗口、改变窗口大小、最大化/最小化窗口、还原/关闭窗口、切换窗口以及排列窗口，这些操作都可以通过用鼠标单击相应的按钮/区域或拖动来完成，如图 4-4 所示。

图 4-4　窗口的操作

对话框是 Windows XP 中的一种特殊窗口，专门用来进行人机交互，系统通过对话框给用户提示信息，用户可以通过回答对话框中的各种问题，用来指挥系统完成既定工作；同时 Windows XP 也使用对话框显示附加信息和警告或解释没有完成的操作（消息框）。

有些菜单命令后有省略号"......"时，就表示当执行该命令时，会出现一个对话框。

对话框中的元素（控件）的激活可以通过鼠标单击或利用 Tab 键进行切换。对话框中主要包括的控件有：标题栏、选项卡、单选按钮、复选按钮、列表框、下拉列表框、文本框、单行/多行编辑框、数值框、滑标、和命令按钮等。

4. 菜单栏和工具栏

菜单栏和工具栏是应用程序为用户提供的一种执行其本身命令的两个对象。用户对于应用程序窗口中的对象在进行操作时，都是通过相应的菜单栏或工具栏来实现的。

（1）菜单栏

应用程序的所有命令都组织在菜单中，每个应用程序一般都有自己的菜单，菜单的内容不尽相同，但其形式与用法却大致相似，在窗口的标题栏下面有一个菜单栏，菜单栏包含了该程序的全部菜单项。每个菜单项有一个由一些菜单命令组成的下拉菜单，当选定某个菜单项时，将弹出该菜单的下拉菜单。

① 打开菜单

用鼠标单击每个菜单项即可打开菜单，也可以用键盘的组合键（按下 Alt 键的同时，按下菜单名右边的英文字母打开菜单）。例如，可以使用 Alt + F 表示打开"文件"菜单。

② 取消菜单

打开菜单后，如果不想从菜单中选择命令或选项，就用鼠标单击菜单以外的任何地方或按 ESC 键。

菜单中各个菜单命令，均带有一些符号，这些符号均有自己特定的含义，具体如下。

● 暗淡色：命令项不可用，一般由于该命令项执行的条件不满足。
● 带省略号"…"：执行该命令项后会打开一个对话框，要求用户交互一些信息。
● 带有符号"√"：当前命令项由此符号时，表示该命令有效；如果再一次选择，则删除该标记，表示该命令无效。
● 带组合键：按下响应的组合键可直接执行相应的菜单命令。
● 带符号"▶"：当鼠标指向时，会打开相应的子菜单。

（2）工具栏

Windows XP 的应用程序为了提高用户操作的效率，为每个菜单命令均提供了工具栏按钮，工具栏上的按钮对应着菜单命令，通过对工具栏中工具按钮的单击，可以启动相应的菜单命令。

当移动鼠标指针指向某个工具按钮时，停留片刻，鼠标指针旁边会显示该按钮的名称或主要功能。

工具栏的基本操作主要包括工具栏的定制、显示或隐藏以及移动。

① 定制

对于具体的应用程序而言，一般也不可能将所有的命令均通过工具栏按钮进行表示，这样对于不同用户，可能会感到默认工具栏按钮不适合自己的需要，这时可通过"定制"工具栏上的按钮来达到自己的需要。对于工具栏按钮的定制，可以通过两种方法实现。

● 通过应用程序提供的"视图"菜单中"工具栏"命令的"自定义"选项。
● 在工具栏空白区域单击鼠标右键，弹出的快捷菜单中选择"自定义"命令。

通过"自定义"对话框，用户可以选择适合自己的命令将其定义在相应的工具栏上，也可以将自己不需要的工具栏已有的按钮删除。

② 显示或隐藏

　　由于工具栏的显示会占用窗口的空间，因而当工具栏显示过多时，窗口内部相应的显示区域就会减少。用户在窗口中进行不同操作，某些工具栏用户是不会使用的，所以用户可以为自己的任务选择显示有用的工具栏或隐藏无用的工具栏，以便尽可能合理使用有限区间。

　　显示工具栏和隐藏工具栏与定制工具栏操作类似，均可通过应用程序所提供"视图"菜单中"工具栏"命令选项或在工具栏空白处单击鼠标右键而得到的快捷菜单中选择所需要和不需要的工具栏。

　　③ 移动

　　工具栏出现的位置，用户可以根据自己需要进行摆放，用鼠标指向欲移动工具栏空白区域，压住鼠标左键，这时鼠标指针会变成十字指针，然后拖动鼠标至合适位置，松开鼠标左键即可。

4.2.3　Windows XP 资源管理

　　Windows XP 的资源管理主要包括对文件和文件夹以及资源管理器操作两方面的工作。

1. 文件和文件夹操作

　　"文件"是计算机用来管理信息的一种组织形式，一般来讲，"文件"是指有名称的一组相关信息的集合，任何程序和数据都是以文件的形式存放在计算机的外部（辅助）存储器上，如软盘、硬盘、光盘、磁带等。任何一个文件都有一个文件名，文件名是用来访问文件的唯一标识，随着外部存储设备容量不断增大，在其上保存的文件也越来越多，为了便于管理文件，文件按一定方式的分类方法分别组成目录。目录采用树形结构，在 Windows XP 中，考虑到兼容性，对于文件和目录沿用过去的 MS-DOS 或 Windows 98 的基本原则。

　　Windows XP 中采用长文件名，它可以支持长达 256 个字符的文件名。使用长文件名可以用描述性的名称帮助用户识别或区分文件的内容及用途。Windows XP 为了保持对过去产品的兼容性，仍支持"8.3"格式。因此，用户可以根据自己需要选择性地命名文件。文件夹采用树形结构，文件夹的命名等同于文件。

　　在 Windows XP 中，对于文件/文件夹的命名规定如下。

　　（1）在文件名中和文件夹名中，最多可以有 256 个字符，其中包括盘符、路径、主文件名和扩展名。

　　（2）文件名或文件夹名中不能出现以下字符：?、\、/、〈、〉、:、*、|、"。

　　（3）文件名不区分英文字母大小写。

　　（4）查找和显示时可以使用通配符"*"和"?"，"*"表示任意个数的任意字符，"?"表示一个任意字符。

　　（5）可以使用多分隔符的名字，例如"2008.4.7 星期一 阴天 日记.doc"。

　　一个完整的文件/文件夹位置由盘符、路径和文件名（可以有扩展名）组成的。例如："C:\User\Student\Exam.txt"表示在 C 盘、User 目录的 Student 子目录下、文件名为 Exam.txt 的一个文本文件。

　　Windows XP 中的文件和文件夹如图 4-5 所示。

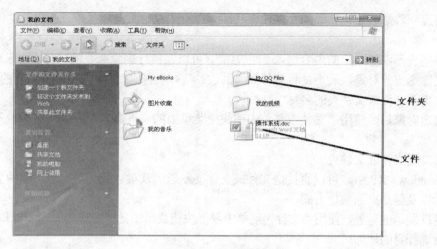

图 4-5　文件和文件夹

下面介绍 Windows XP 中文件和文件夹的相关操作。

（1）选定文件和文件夹

若要对文件或文件夹进行操作，首先要选择被操作的对象，即选定文件或文件夹，另外，有些操作如文件的复制，移动等还要选择操作的目标位置，完成选择可以用鼠标，也可以使用键盘上的某些组合键实现。

用鼠标可以很方便地选定文件和文件夹，用鼠标的左键在"资源管理器"的左右窗口中单击欲选定的对象，此时被选定的对象将呈反向显示。

如果一次操作要完成对多个文件或文件夹的操作，则可以进行以下操作。

① 要选的对象是连续的，则用鼠标单击第一个对象，然后按住 Shift 键，再单击最后一个对象，则这两个对象之间的文件或文件夹均被选定。

② 要选的对象是不连续的，则用鼠标单击第一个对象，然后按住 Ctrl 键再依次单击欲选的对象即可；或者用鼠标拖出一个选定框，将要选的对象框住，所有框住的对象均是被选出的对象。

③ 如果要撤消一个已选定的对象，则在按住 Ctrl 键情况下单击这个对象即可。

（2）复制、移动文件或文件夹

在选定了要复制或者移动的文件和文件夹后，使用"编辑"菜单中或快捷菜单中的"剪切"或者"复制"命令，然后再定位到目的地，使用"编辑"菜单中或者快捷菜单中的"粘贴"命令，就可以实现移动或者复制文件夹和文件操作。

按住 Ctrl 键不放，用鼠标将选定的文件或者文件夹拖拽到目标盘或者目标文件夹中，也能实现复制操作。如果在不同驱动器上复制，只要用鼠标拖拽文件或文件夹即可，不需使用 Ctrl 键。

按住 Shift 键不放，用鼠标将选定的文件或者文件夹拖拽到目标盘或目标文件夹中，也可以实现移动操作。

（3）删除文件或文件夹

当文件/文件夹不再需要时，或者有时为了释放磁盘空间，需要进行删除操作，首先选定要删除的文件或文件夹，使用"文件"菜单或者快捷菜单中的删除命令即可。

用户可以通过移动将文件或文件夹移动到"回收站"文件夹中，同样可以实现删除。用户可以通过回收站恢复被删除的文件或者利用"清空回收站"彻底从磁盘上删除文件和文件夹。

如果用户不希望删除的内容进入"回收站"，可以在执行删除命令的同时，按下 Shift 键，则彻底删除选定的对象，而不是将其移到"回收站"。这样删除的对象是不可恢复的。

（4）更改文件或文件夹的名称

在选定对象后，使用"文件"菜单中或快捷菜单中的"重命名"命令，然后输入新的名字即可。

（5）发送文件或文件夹

在 Windows XP 中，可以直接把文件或文件夹发送到软盘、我的公文包、我的文档、邮件接收者以及建立桌面快捷方式。

选定欲发送的对象，使用"文件"菜单中或者快捷菜单中的"发送到"，弹出相应的子菜单，然后选择目的地即可。

（6）创建新的文件或者文件夹

打开欲创建文件或文件夹的上层文件夹，使用"文件"菜单中或者快捷菜单中"新建"命令，弹出相应"文件夹"或者欲创建新文件的类型，窗口中会出现带临时名称的文件夹或者文件，键入新文件夹名或者文件名，按 Enter 键或者单击其他任何地方。此时，创建的文件夹和文件均为空，欲编辑新文件，可以双击该文件，系统会自动调用相应的应用程序来编辑该文件。

（7）创建应用程序的快捷方式

当一个应用程序存在快捷方式时，只要双击该快捷方式即可运行该应用程序，这样可以提高用户的操作效率。

选定任意欲创建快捷方式的目的地，通过使用"文件"菜单中或者快捷菜单中的"新建命令"，在"请键入项目的位置"的单行编辑框中输入要创建快捷方式的应用程序文件名，或通过"浏览"按钮选择文件，然后再单击"下一步"命令按钮，输入快捷方式的名称，最后通过单击"完成"按钮，即实现整个创建过程。

（8）创建或修改文件类型

对文件类型的设置可以使用"工具"菜单中"文件夹选项"命令。

（9）查看或者修改文件夹和文件属性

选定欲查看或者修改的文件和文件夹，使用"文件"菜单中或快捷菜单中的"属性"命令，单击"常规"选项卡，可以对选定的对象属性进行浏览和修改，单击"共享"选项卡，可以定义该对象是否允许网络用户共享，以及共享的权限，共享的人数等。

（10）查找文件

Windows XP 提供一种对文件夹快速定位的方式，即"搜索"。通过搜索，用户可以快速定位到欲操作的文件或文件夹。

执行"搜索"命令可以通过在"Windows 资源管理器"中选择"查看"菜单的"浏览栏"子菜单中的"搜索"命令；或者直接用鼠标右键单击所要在其中搜索的驱动器和文件夹，在快捷菜单中选择"搜索"命令；或者通过使用"开始"菜单中的"搜索"命令。

利用上述三种方式中任意一种均会出现"搜索"子窗口，在该子窗口中进行输入要搜索的文件名或关键字、文件类型，选择搜索范围等设置，即可以完成搜索操作。

最后单击"开始搜索"按钮，即开始进行搜索，搜索的结果显示在右边的子窗口中。

2. 资源管理器

在 Windows XP 中可以使用"Windows 资源管理器"和"我的电脑"对文件进行管理。"资源管理器"是作为 Windows XP 中的一个应用程序,因此启动和关闭"资源管理器"的方法和启动与关闭应用程序方法相同。启动"资源管理器"主要有两种方法。

- 单击"开始"按钮,在"程序"菜单的"附件"子菜单中选择"Windows 资源管理器"。
- 用鼠标指向"开始"按钮,单击鼠标右键,弹出的快捷菜单中选择"Windows 资源管理器"。

启动后的"Windows 资源管理器"如图 4-6 所示。

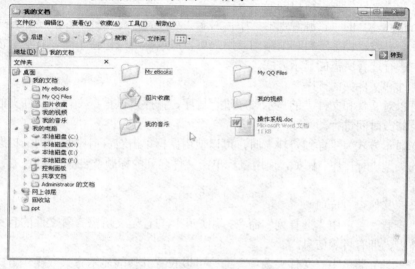

图 4-6　Windows 资源管理器

Windows XP 把桌面作为资源管理器窗口中的第一个文件夹,把"我的电脑"、"网上邻居"、"回收站"等作为一个文件夹看待。"Windows 资源管理器"窗口上部是菜单栏和工具栏。菜单栏中集成资源管理器所提供的命令,用户可以通过其完成资源管理器中操作的任务。工具栏主要包括标准按钮栏、地址栏和链接栏,对于这些工具栏用户可根据自己需要进行定制、显示或隐藏以及移动。窗口中间部分分为 3 个子窗口,左边的窗口主要管理硬件设备和文件夹,用来显示计算机中资源的组织结构,称为"文件夹"列表窗口;右边的窗口管理文件,用来显示"文件夹"列表窗口中所选对象的内容,称之为"文件"列表窗口;中间窗口主要用显示"文件夹"列表窗口中选定对象的属性,或"文件"列表窗口中选定对象的属性,称为"属性"显示窗口,窗口底部是状态栏。

在 Windows XP 中,对资源管理器的主要操作如下。

（1）调整子窗口的大小

由于"资源管理器"窗口中有 4 个子窗口,因此每个子窗口的宽度就相应较小,有时为了显示信息的需要,要改变子窗口的大小,可以通过鼠标的拖拽操作来实现。将鼠标指针移动到"文件夹"列表窗口的右边界处,指针会变为双向箭头,此时进行拖拽操作,即可改变子窗口的大小。另外,可以取消中间的"Web"窗口或者"属性"窗口,以扩大"文件"列表窗口的空间,具体操作如下:

① 打开"工具"菜单，选择"文件夹选项"命令。

② 选择"常规"栏中的"使用 Windows 传统风格的文件夹"选项

③ 单击"确定"按钮即可。

（2）浏览文件夹中的内容

当在"文件夹"列表窗口选定一个文件夹时，"文件"列表窗口中就显示该文件中所包含的文件和子文件夹。在"文件夹"列表窗口中，文件夹名的前面有一个加号（+）的表明该文件夹中包含有一个或多个文件夹，是可以扩展的文件夹，单击该符号就可以展开该文件夹；文件夹名的前面有一个减号（－）的表明该文件夹已被展开，单击该符号就可折叠该文件夹；如既无加号（+）又无减号（－）表示该文件夹仅包含文件而不包含文件夹。

（3）改变"文件"列表窗口的显示方式

在 Windows XP 的"资源管理器"中，对于"列表窗口"设置了 5 种显示方式，即大图标、小图标、列表、详细资料和缩略图。用户可以通过标准按钮栏中的"显示"按钮或"查看"菜单中进行选择所需的显示方式。

（4）文件和文件夹的排序

用户可以对文件和文件夹的显示顺序进行排序，排序可以根据文件和文件夹的名称、类型、大小及修改时间进行。

当选择显示方式为"详细资料"时，可以使用鼠标单击右窗口中某一列的标题，就可根据这一列的类型进行排序。例如，使用鼠标单击文件名列的标题"名称"，则在右窗口以文件名进行排序。

（5）修改其他查看选项

通过"查看"菜单中"选择列"命令，用户可以自己定义所需查看文件的有关信息，例如文件的作者，拥有者等信息。

通过"工具"菜单中"文件夹选项"命令可以设置其他的显示方式或操作方式。

选择"工具"菜单中"文件夹选项"命令，并单击"常规"选项卡后，用户可以选择活动桌面方式，Web 视图方式、浏览文件夹方式以及打开项目的操作方式。

选择"查看"选项卡后，用户可以根据自己工作的需求进行设置。

选择"文件类型"选项卡后，用户可以对已注册的文件类型进行查阅、编辑，也可以定义新的文件类型。关于"文件类型"的具体使用将在稍后章节详细介绍。

选择"脱机文件"选项卡后，用户可以定义脱机所用的网络文件。

（6）磁盘格式化

对磁盘格式化可以在"Windows 资源管理器"和"我的电脑"中进行，下面以"Windows 资源管理器"中进行格式化为例说明。用右键单击欲格式化的驱动器号，在快捷菜单中选择"格式化"命令，选择欲格式化的驱动器号、格式化方式等信息，对磁盘进行格式化。

4.2.4 Windows XP 基本配置

Windows XP 的基本配置工作主要包括：桌面设置、显示设置、系统特性设置以及与控制面板相关的其他设置，在本节中将介绍实现这些设置的方法。

1. 桌面设置

Windows XP 的桌面看起来像 Windows 9x，同时又是 Windows 2000 的继承版本。下面介绍一些关于设置桌面的基本操作。

（1）个性化的"开始"菜单。在 Windows XP 中，采用个性化的"开始"菜单代替了 Windows 9x 中的层叠式菜单。因为系统会自动记录用户最近使用或启动的应用程序，当单击"开始"按钮后只显示用户常用的一些应用程序对应的菜单项，其余菜单项均不可见。假如在个性化菜单中找不到需要的选项，可以关闭个性化菜单而显示整个"开始"菜单。选择"开始"→"设置"→"控制面板"→"切换到经典视图"→"任务栏和「开始」菜单"，在"「开始」菜单"选项卡中选择"经典「开始」菜单"复选框即可恢复整个菜单。

（2）新建工具栏。"快速启动栏"（在"开始"按钮和正在运行的程序按钮之间的任务栏）为一些程序选项提供了单击启动程序的便利，用户可以在快速启动栏上添加一个程序、文档或文件夹图标，只需要简单地将其从窗口中拖到该栏中想要设置的任意地方；想要从工具栏中删除一个选项，选中该选项，单击右键，在快捷菜单中选择"删除"；如果想用另外一个预定义的工具栏替换原来的，只需在工具栏的任意空白处单击右键，选择"工具栏"，选中一个替换的工具栏选项即可。

（3）在 Explorer 窗口中浏览更多的文件。资源管理器窗口方便了信息的预览和管理，但它也占用了大量的空间。假如想看到更多的文件，可以改变资源管理器的 Web 视图设置，选择"工具"→"文件夹选项"，在"文件夹选项"对话框的"Web 视图"选项栏中选择"使用 Windows 传统风格的文件夹"，然后单击"确定"按钮即可。

（4）文件夹视图。如果想看到所有文件完整的文件扩展名，而不只是用不同的颜色显示压缩文件和文件夹，可以在 Windows XP 中进行设置。从"控制面板"或资源管理器窗口的"工具"菜单中打开"文件夹选项"，在"查看"选项卡中的"高级设置"列表中，选中或删除相应选项的复选标记，按"确定"按钮后就对当前文件夹做了修改，或者单击"与当前文件夹类似"按钮，将设置应用到所有的文件夹（如果从"控制面板"中打开"文件夹选项"，则在默认情况下该选项是灰显的，设置将对所有文件夹有效）。单击"还原为默认值"按钮，可以恢复文件夹默认的视图设置。

（5）更方便地创建快捷方式。在桌面或在任一文件夹中创建一个快捷方式是相当简单的。右键单击任意空白处，选择"新建"/"快捷方式"，然后打开"创建快捷方式"对话框，如图 4-7 所示，然后根据"创建快捷方式"向导的提示进行即可。

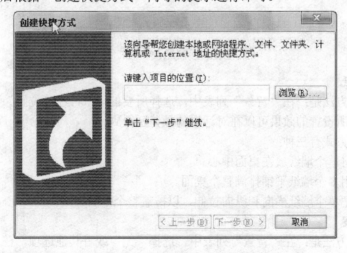

图 4-7 "创建快捷方式"向导

在 Windows 9x 中，需要单击"浏览"按钮并在文件夹中查找要创建快捷方式的应用程序，而 Windows XP 可以自动完成路径选择，只需键入"C："就可以看到 C 盘根目录下所有的文件（包括所有的第一层文件夹）；键入"C:\M"后可以看到根目录下以"M"开头的所有文件和文件夹，例如，"My Documents"和"My Photos"。因此，键入的信息越多，结果列表的范围就缩得越小，在"开始"→"运行"中，同样支持自动完成路径选择功能，但只显示可执行的程序和文件夹。

2. 显示设置

在控制面板中双击"显示"图标，打开"显示"属性对话框，通过它可以自定义桌面的外观和监视器显示信息的方式。也可通过在桌面空白区域单击鼠标右键，使用快捷菜单中的"属性"命令，获得该对话框。

（1）"桌面"选项卡。如图 4-8 所示，用户可以在这个选项卡中选择自己喜爱的图片或者是 HTML 文档作为 Windows XP 桌面的墙纸。

图 4-8 "桌面"选项卡

① 选择墙纸

选择墙纸的方法是：在"背景"列表中，选择所要的墙纸；在"位置"列表中，选择墙纸的排列方式，所设置的效果可以在对话框的预览区得到。

墙纸的排列方式有三种：

● 居中：将单个墙纸放在桌面中心。

● 平铺：用多个墙纸平铺排满整个桌面。

● 拉伸：把单个墙纸横向和纵向拉伸，以覆盖整个桌面。

② 选择图案

选择图案的方法是：在"背景"列表中，选择"无"或者其他选项，在"位置"列表中选择"居中"，单击"图案"命令按钮，在"颜色"列表中选择所需的颜色，选择图案的效果可以通过旁边的"预览"框浏览，最后通过"确定"按钮返回到"桌面"选项卡；也可以通过"编辑图案"命令对所选的图案进行修改。

（2）"屏幕保护程序"选项卡。屏幕保护程序是指在一段指定的时间内没有使用鼠标或键盘时，在屏幕上出现的移动的图片或图案。屏幕保护程序可以减少屏幕的损耗并保障系统安全。单击"显示"属性对话框中的"屏幕保护程序"选项卡，可以设置和修改屏幕保护程序以及相关的属性，如图 4-9 所示。

（3）"外观"选项卡。在该选项卡中，用户可以定义自己喜爱的外观方案，并且修改外观各个项目的颜色，大小和字体等属性。Windows XP 提供了包括"Windows XP 标准"在内的 60 种外观方案，组织在方案的列表中，供用户选择。

（4）"Web"选项卡。"活动桌面"是 Windows XP 具有特点的界面，这种界面允许用户将"活动内容"从 Web 页或频道移动桌面上。例如，可以将内容不断更新的主页放到桌面上的合适位置作为桌面墙纸。通过定期添加所需要的项目，如新闻、天气预报等内容，可以使桌面变成真正属于用户自己的空间。

（5）"主题"选项卡。在该选项卡中，用户可以设置或者更改 Windows XP 的视觉效果。

（6）"设置"选项卡。如图 4-10 所示，在该选项卡中可以设置显示器不同的颜色数和桌面区域的像素大小（即屏幕分辨率）等。所设置的值或根据显示器适配器（显）类型不同而有所区别。颜色一般有 4 种选择：256 色、增强色（16 位）、真彩色（24 位）和真彩色（32 位）。分辨率一般有 640×480、800×600、1024×768、1152×864、1280×1024 等可供选择。

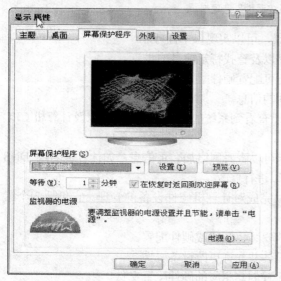

図 4-9　"屏幕保护程序"选项卡　　　　　　　図 4-10　"设置"选项卡

3. 系统属性设置

在 Windows XP 中，若想观察或更改系统信息，可以使用"控制面板"中的"系统"工具。

系统属性窗口包括 7 个选项卡："常规"、"计算机名"、"硬件"、"高级"、"系统还原"、"自动更新"和"远程"，如图 4-11 所示。

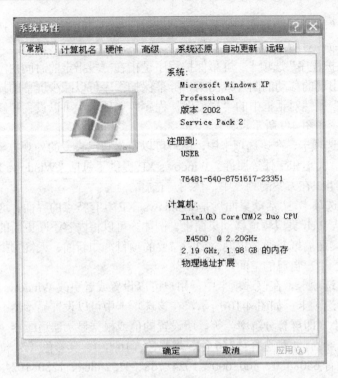

图 4-11 "系统属性"选项卡

通过 Windows XP 中"性能和维护"工具，可以实现以下任务。
- 查看并更改控制计算机如何使用内存以及查找特定信息的设置。
- 查找有关硬件和设备属性的信息，还可配置硬件配置文件。
- 查看有关计算机连接和登录配置文件的信息。

（1）"常规"选项卡。通过该选项卡，可以查看到系统的版本号，注册号以及计算机 CPU 和内存信息。

（2）"网络标识"选项卡。通过该选项卡可以查看网络加登录信息，如计算机名或 DNS 城名，了解域或工作组的详细信息，并且可以进行修改。

（3）"硬件"选项卡。通过该选项卡可以完成对计算机硬件设备的管理。它包括 3 个组件：

① 硬件向导：可以引导用户完成硬件的安装、卸载或硬件配置。
② 设备管理器：显示计算机上安装的设备并允许更改设备属性。
③ 硬件配置文件：可以为不同的硬件配置创建相应的硬件配置文件。

（4）"用户配置文件"选项卡。通过该选项卡，可以选择、查看或定义用户配置文件。用户配置文件是用来定义自定义的桌面环境，其中包括单独显示设置、网络和打印机连接及其他指定的设置。

（5）"高级"选项卡。通过该选项卡可以更改控制计算机如何使用内存的性能选项，包括页面文件大小，注册表大小，或者指示系统在哪可以找到某些类型信息的环境变量。"启动"和"故障"复选项用来指定启动计算机时将使用的操作系统以及系统意外终止时将执行的操作。

4.　其他设置

（1）打印机

打印机是电脑的重要外部设备之一，输入和编辑的文档、图形等，需要使用打印机才能打印出来。Windows XP 对打印特性进行较大的改善，设置了"添加打印机"向导，使用户可以非常方便地安装新的打印机。

在开始安装时，首先确定打印机的位置，如果是本地打印机，应保证打印机和计算机正确连接。打印机与计算机的连接可以参考打印机厂商所提供的说明书，一般打印机可以通过并行端口（LPT）、USB 端口、IEEE 1494 端口或者红外线接口与计算机相连。如果是网络打印机，应确定网络打印机的位置或者在"网上邻居"中搜索这台打印机。具体的步骤如下。

①　双击"拉制面板"中"打印机和传真"图标。

②　单击"添加打印机"图标，启动"添加打印机向导"。此时，系统会通过一系列对话框引导用户完成打印机的安装。

③　选择安装的打印机是"本地打印机"或者"网络打印机"。并确定是否需要 Windows XP 系统自动检测即插即用的新设备，如果所安装的打印机不支持即插即用，则需要注意的是用户必须以管理员或管理组的成员身份登录。

④　如果选择了系统自动检测设备即插即用的打印机选项，系统会自动扫描该设备并确定相应的驱动程序；如果系统没有检测到该设备，可以通过手工方式进行安装。

⑤　选择打印机与计算机连接的端口。

⑥　选择所使用打印机的生产厂商和型号，以确定该打印机的驱动程序。Windows XP 集成了大多数打印机的驱动程序，如果在列表区中没有所使用的打印机，可以通过"从磁盘安装"来实现。

⑦　为新安装的打印机起一个名称，以便将来标识和使用这台打印机。并确定该台打印机是否为 Windows 默认使用的打印机。

⑧　设置该台打印机是否允许网络用户进行共享。

确定安装完毕之后，是否需要打印测试页，确定各种选项无误之后，单击"完成"命令按钮，系统则会按照用户的设置进行安装。

（2）添加/删除硬件

双击"控制面板"中的"添加/删除硬件"图标，此时向导会提示用户关闭所有应用程序；向导询问用户是否让 Windows 自己检测新的即插即用兼容设备，此时用户可以根据需要选择"是"或"否"。一般来讲，用户可以先选择"是"，如果系统自身能够检测到新硬件，向导会先显示检测到新设备，再进行安装；如果系统检测不到，用户可以选择"否"，通过手工配置硬件类型，产品厂商和产品型号等选项进行安装。

如果已安装的设备不需要时，可以通过该工具将其删除。其过程也会有相应的向导指导用户完成删除过程。

（3）添加或删除程序

Windows XP 提供了一个"添加或删除程序"的工具，用来控制用户对应用程序的安装和删除。

双击"控制面板"中的"添加或删除程序"图标，将弹出"添加或删除程序"对话框，其中主要包括"更改或删除程序"、"添加新程序"和"添加/删除 Windows 组件"3 个选项。

①　"更改或删除程序"。该组件的功能主要是对已安装的软件进行配置修改或删除该软

件。删除程序的具体方法是:

- 选择"更改或删除程序"对话框中欲删除的程序,此时在该对话框中会显示该程序的大小、使用情况以及上次使用日期等信息,单击"更改或删除"按钮会显示详细报告。
- 单击"删除"命令按钮,系统会弹出对话框要求进行确认,确认无误后,系统即可开始删除程序。
- 如果单击"更改"命令按钮,会启动程序相应的安装程序。一般表示进行重新安装。

② "添加新程序"。该组件的功能主要是用来安装新的应用程序,它可以选择通过"光盘或软盘"安装新的应用程序,也可以选择通过"Windows Update"添加 Windows 新组件,设备驱动程序或进行系统更新。

③ "添加/删除 Windows 组件"。该组件的功能是用来添加未安装的 Windows 组件,或删除已安装的 Windows 组件。Windows XP 提供了丰富且功能齐全的组件,在安装过程中,用户往往由于各种原因未能全部安装,该选项卡提供了用户在后期使用过程中可根据具体情况随时补充安装或者删除 Windows XP 提供的组件。

4.3　设置个性化的 Windows XP 工作环境

Windows XP 丰富的用户体验功能使界面与苹果电脑可以相比,苹果电脑在图形处理方面有着非常强大的计算功能,因此常是专业美术设计公司选用的工作机型。如今可以利用 Windows XP 设置类似于苹果电脑的个性化桌面工作环境,不仅可以得到优美的感观,而且艺术类专业学生可以借此初步熟悉昂贵的苹果电脑的操作界面风格。另外,在一台已使用很久的电脑上存放了许多资料与文件,而这些资料与工作文件都不能删除,通常情况下用户会感觉资料繁多、文件杂乱,给查找与整理带来许多不便。其实,Windows XP 允许设置不同用户的体验环境,可以让不同的人使用一台电脑似乎在不同的电脑上工作,也可以让同一个人似乎拥有了两台电脑。其他例如工作文件目录和文件的建立,壁纸、任务栏等设置都属于设置个性化的 Windows XP 工作环境,这些设置不仅可以给用户带来工作的方便,而且可以使用户心情愉悦,为长时间在电脑前工作减除疲劳。

本节通过案例来讲解设置个性化的 Windows XP 工作环境,其实也是对 Windows XP 操作系统的知识的一个综合回顾,希望能对学习与掌握 Windows XP 起到事半功倍的学习效果。

1. 了解任务栏

任务栏分为 4 个区域,从左到右依次是开始按钮、程序快捷方式、运行程序图标区,以及常用输入法、音量时间等设置区,如图 4-12 所示。

图 4-12　任务栏

2. 自定义"开始"菜单

(1) 右击任务栏选择"属性",在图 4-13 中任务栏选项卡中选中"分组相似任务栏按钮",

这样当打开的程序很多时，类型相同的会分组显示在任务栏中。"开始"菜单选项卡中有"经典「开始」菜单"可以恢复菜单为以前的风格，选择"「开始」菜单"单选钮，单击"自定义"按钮，则弹出"自定义「开始」菜单"对话框，如图4-14所示，可以自定义"开始"菜单风格。

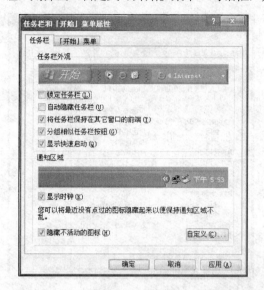

图 4-13　"任务栏与「开始」菜单属性"对话框

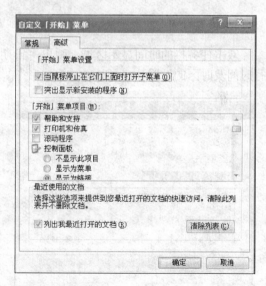

图 4-14　"自定义「开始」菜单"对话框

（2）在"自定义「开始」菜单"中"常规"选项卡下可设置"开始"菜单上显示的程序数目及显示的浏览器及电子邮件管理程序。在"高级"选项卡可设置"开始"菜单的菜单项。

3. 任务管理器查看进程的有关属性，关闭正在运行的程序

右击任务栏，选择"任务管理器"，如图4-15所示。在"应用程序"选项卡中，可看到正在运行的程序，若需关闭，可单击"结束任务"按钮。在"进程"选项卡中，打开"查看"
→"选择列"在"句柄计数"前勾选，则可查看某进程的句柄数，也可以在"进程"窗口结
束进程来结束程序的运行。

图 4-15　"Windows 任务管理器"对话框

4. 设置时间

双击任务栏的时间显示区域，弹出"日期和时间属性"对话框（如图 4-16 所示），可进
行时间及时区的设置。

图 4-16　"日期和时间属性"对话框

5. 设置声音

双击任务栏右侧图标，弹出如图 4-17 所示的"音量控制"对话框，可以设置是否静音，
如设置全部静音，则没有音响效果。

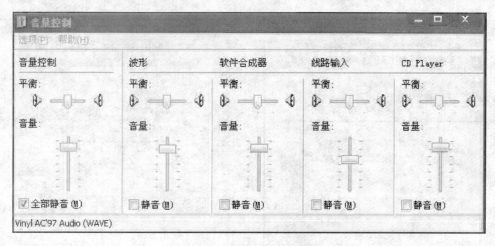

图 4-17 "音量控制"对话框

6. 桌面设置

（1）新建快捷方式。桌面右键弹出菜单"新建"下拉菜单中快捷方式，根据向导可建立应用程序的桌面快捷方式，如图 4-18 所示。

（2）排列桌面图标。在桌面上按鼠标右键在弹出菜单中选择"排列图标"→"修改时间"，可以按修改时间排列图标。按修改时间排列图标常用来寻找最近建立的文件等。

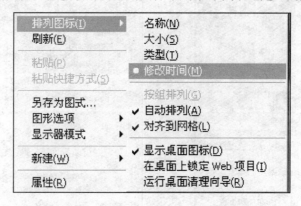

图 4-18 按桌面右键弹出的浮动菜单图

7. 设置桌面属性

（1）设置桌面主题。在"主题"选项卡中的主题列表中选"年韵 2006"，如图 4-19 所示。

（2）设置墙纸。在"桌面"选项卡中选一背景，如图 4-19。

（3）更改桌面图标。在图 4-20 中单击"自定义桌面"按钮，"更改图标"按钮可更改桌面图标。

（4）清除桌面。在图 4-21 中单击"现在清理桌面"按钮，按图 4-22 向导可完成清理桌面的工作，清理后的桌面会将长期未使用的桌面快捷方式自动整理在一个文件夹内。

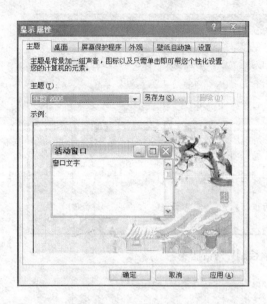

图 4-19 "显示属性"对话框"主题"选项卡

图 4-20 "显示属性"对话框"桌面"选项卡

图 4-21 "桌面项目"对话框

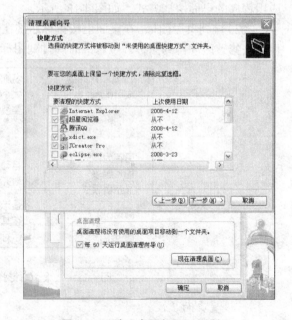

图 4-22 "清理桌面向导"对话框

（5）设置屏幕保护程序。如图4-23所示，在"屏幕保护程序"选项卡中选"三维文字"，单击"设置"按钮弹出"三维文字设置"对话框，自定义文字为"立志学好信息技术"，单击"选择字体"按钮进行字体设置。

（6）设置桌面外观。如图4-24所示，在"外观"选项卡中，在"窗口和按钮"列表中选"Tiger"，在"色彩方案"列表中选"Apple-Blue"，可把外观设置成类似于苹果电脑的风格。

（7）设置壁纸自动换。在如图4-25所示的选项卡中，选择"开启桌面壁纸自动换"→"随机显示图片"复选框，设置文件路径与时间，可以让用户的电脑自动更换桌面背景，为工作环境设置丰富多彩的新鲜感。

　　（8）设置屏幕分辨率。在图 4-26 中可以设置色彩效果与屏幕分辨率。

图 4-23　"显示属性"对话框"屏幕保护"选项卡

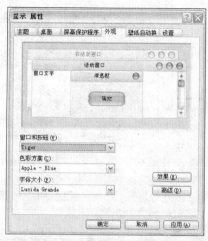

图 4-24　"显示属性"对话框"外观"选项卡

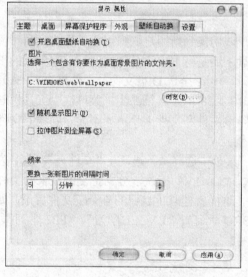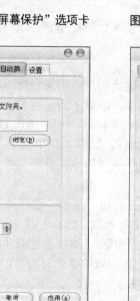

图 4-25　"壁纸自动换"选项卡

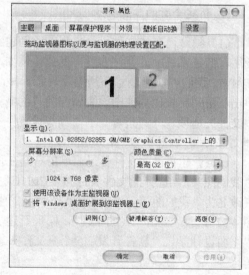

图 4-26　"显示属性"对话框"设置"选项卡

8. 创建新用户

　　双击"我的电脑"，单击"控制面板"，单击"切换到经典视图"，在图 4-27 中会显示系统、用户账户、管理工具等更多设置项目。双击"用户账户"图标，弹出用户账户设置向导，单击"创建一个新账户"，为新账户命名，选择权限是"计算机管理员"或"受限"，按提示即可完成创建新用户工作。选择"开始"→"注销"→"切换用户"，切换到新用户后，桌面的环境及图标会是系统初始安装后的桌面，C 盘的系统文件也会默认隐藏起来，桌面图标变成一个很纯净的工作面，好像拥有一个全新的工作环境。此时，可以按以上 1～7 步骤进行新用户的个性化环境设置。

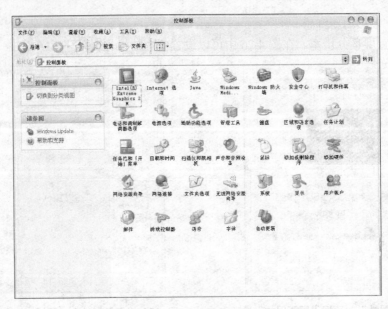

图 4-27 "控制面板"窗体

9. 新建全新的工作目录

（1）隐藏已有的文件目录与文件。创建新用户，切换到新用户账户工作，虽然桌面环境变了，但是系统中的文件并没有变化，例如，D 盘下还是有很多杂乱的文件，创建全新的工作目录，我们可以把 D 盘下所有文件都隐藏起来。第一步：全选 D 盘文件及文件夹（Ctrl+A），单击右键弹出快捷菜单中设置属性为"隐藏"，如图 4-28 所示。第二步：菜单栏"工具"→"文件夹选项"→"查看"→"高级设置"→"隐藏文件和文件夹"→"不显示隐藏的文件和文件夹"，如图 4-29、4-30 所示。

（2）新建自己的文件目录。单击右键在弹出的菜单中选择"新建"→"文件夹"，改名为"我的照片"。选择此文件夹，按"Ctrl+C"一次，"Ctrl+V"三次，分别把复制过来的文件夹改名为"我的随笔"、"我的学习"、"我的生活"，这样就建立了自己的 4 个空文件目录，如图 4-31 所示。双击"我的学习"，同理新建"WORD 学习"、"EXCEL 学习"、"PPT 学习"、"平面设计学"、"软件开发" 5 个空文件夹。

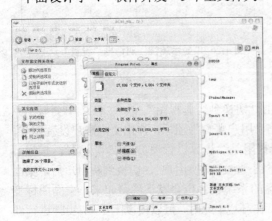

图 4-28 修改文件属性

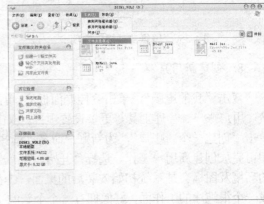

图 4-29 调出"文件夹选项"对话框

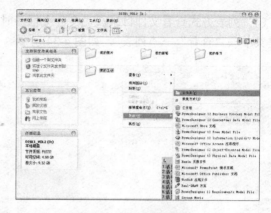

图 4-30　"文件夹选项"对话框　　　　　　　图 4-31　新建文件目录

（3）在相应文件目录下新建文件。任务是在"WORD 学习"文件夹里写一个 Word 学习总结的文档，而要在"平面设计学"文件夹下设计一个关于网页制作的网页文件。参考实现方法：双击"我的学习"，右键方式新建文件，命名"WORD 学习总结"，确定后选中该文件复制，回到上级目录再进入"平面设计学"目录，按"Ctrl+V"粘贴，修改文件名为"平面网页美工.html"，在弹出的"重命名"对话框中单击"是"，则原来的空 Word 文档就变成了空网页文件，以备相关应用软件进一步编辑，如图 4-32、4-33 所示。

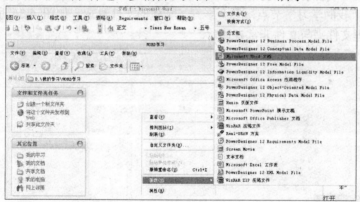

图 4-32　新建 Word 文件

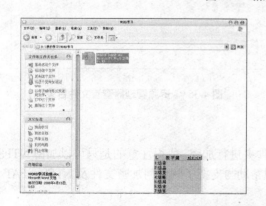
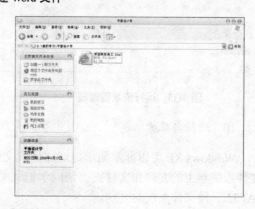

图 4-33　在不同目录建立文件后的结果

（4）列表方式查看文件目录。当文件夹很多时，用列表方式查看文件目录更为清晰，方法是菜单项"查看"→"列表"，如图 4-34 所示。

图 4-34　　列表方式查看文件夹

（5）资源管理器查看文件目录。至此，一个个性化的工作环境及工作目录已经完成，我们可以在资源管理器中查看 D 盘下建立的工作目录。方法是选择"开始"→"程序"→"附件"→"Windows 资源管理器"，如图 4-35 所示。在资源管理树中打开"我的电脑"节点→"D:"节点→"我的学习"节点，完全展开了新建的文件目录，如图 4-36 所示，可见资源管理器组织管理文件夹与文件非常方便。

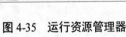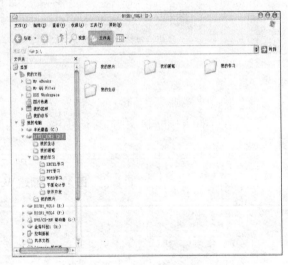

图 4-35　运行资源管理器　　　　　　　**图 4-36　　资源管理器查看文件目录**

10. 进阶与探索

　　Windows XP 可以非常简单地对文件或文件夹进行加密，值得注意的是只可以加密 NTFS 文件系统卷上的文件和文件夹。请同学们利用帮助与支持了解如何加密文件及 NTFS、FAT、FAT32 三种文件系统的区别。

4.4　本章小结

操作系统是计算机软件系统的一个重要组成部分，它是对计算机全部软件、硬件资源进行控制和管理的大型程序，是软件系统的核心，它包括处理机管理、存储器管理、设备管理、文件系统管理等功能。本章以一个实例的方式介绍了 Windows XP 操作系统的基本使用方法。

【思考题与习题】

1．什么是操作系统？它的主要功能是什么？

2．操作系统的基本特征是什么？

3．叙述操作系统在资源管理方面的功能。

4．开机进入 Windows XP 桌面，完成操作后正确关机。

5．用 3 种方法打开资源管理器，然后分别记录下地址栏的内容，最后关闭之。

6．在桌面上新建工作文件夹形如"计 05-2 班孙欣"，然后在该文件夹中建立子文件夹"BQKS"。

7．把文件夹"C：\KSW\KSML2\"中的文件 KSWJ1-1.doc、KSWJ4-11.doc、KSWJ6-8.xls、KSWJ8-5.doc 复制到工作文件夹中。

8．分别更名第 7 题所述的 4 个文件为 A1.doc、A4.doc、A6.xls、A8.doc。

9．分别查看第 8 题所述的 4 个文件及子文件夹的属性，并记录下它们的类型和创建时间。

10．在"BQKS"文件夹中建立"任务管理器"、"计算器"和"Microsoft Office Word 2003"的快捷方式。

11．以不同方式查看工作文件夹中的 4 个文件及子文件夹，最终以"详细信息"方式按文件大小从小到大显示并作记录（仅名字和大小即可）。

12．把文件夹中最大的那个文件发送到桌面，并记录下该文件在桌面上之所现。

13．在文件夹中新建文本文档形如"孙欣的简历.txt"，输入如下形式的内容，要求内容真实。

班级：　　　　姓名：　　　　性别：　　　　年龄：

籍贯：　　　　兴趣爱好：

第 5 章　Office 办公软件

【学习目标】

1. 掌握 Office 办公软件的基本功能及应用。

2. 掌握 Word 的启动与退出。

3. 熟练掌握 Word 建立文件、编辑文件、格式排版、表格、图文混排的基本操作；掌握文档的页面设置与打印输出。

4. 了解电子表格的概念与基本功能；掌握工作表、工作簿的基本操作；掌握公式的使用；掌握表格数据的统计、绘制统计图。

5. 了解 Power Point 的基本功能；掌握演示文稿的制作方法；掌握演示文稿的格式设置；掌握演示文稿的播放操作。

5.1　文字处理软件 Word

5.1.1　Word 概述

1. Word 2003 中文版简介

Word 是微软公司开发的 Office 组件中的文字处理软件，它具有强大的文字处理功能。Word 2003 中文版在 Word 2000 中文版的基础上新增和改进了许多功能，突出特点是更多的任务窗格、更强大的安全性和崭新的界面风格。新增和改进的功能中包括自动更正、嵌入时自动套用格式、记忆式键入、自动编写摘要、自动创建样式和样式预览等。Word 2003 的"自动更正"功能使用的是拼写检查主词典，而不是预定义的拼写更正列表，所以具备更强的检测及更正常见拼写错误的能力；改进后的审阅和标记功能提供了多种跟踪更改和管理批注的方式。Word 2003 还支持"可扩展标记语言"（XML）文件格式，并可作为功能完善的 XML 编辑器。

2. 启动 Word 2003 中文版

启动 Word 2003 中文版有多种方法：

（1）在桌面上，单击"开始"→"程序"→"Microsoft Word 2003"命令；

（2）在桌面上，双击 Word 2003 中文版的快捷图标。

3. Word 2003 中文版用户界面

启动 Word 2003 之后，屏幕上出现如图 5-1 所示的 Word 2003 中文版用户界面。了解用户界面的组成部分及功能，是使用 Word 2003 的基础。

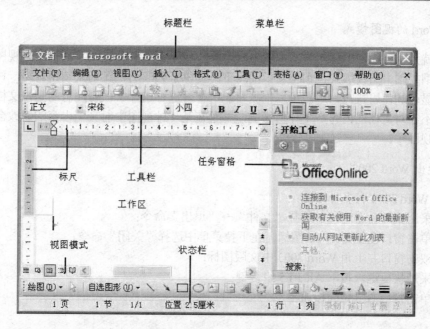

图 5-1　Word 2003 用户界面

（1）标题栏。位于窗口的最上端，显示了应用软件名称"Microsoft Word"和当前文档的名称"文档 1"。如果未存盘或未命名，系统默认文件名称为"文档 1"。 是应用程序控制菜单图标，单击该图标可以打开控制窗口命令菜单。左边有 3 个控制窗口大小的按钮： 最小化， 还原/最大化， 退出。

（2）菜单栏。位于标题栏的下方，在菜单栏中总共有 9 个菜单项，几乎包括了 Word 中所有操作的命令。单击菜单可以打开该菜单，用户可以根据需要选择操作命令。每个菜单项的左边（字母）表示可以按"Alt+字母键"直接打开该菜单。

（3）工具栏。位于菜单栏的下方，工具栏中包含了一些常用功能的快捷图标，分为常用工具栏、格式工具栏、绘图工具栏等，通过工具栏进行操作可以大大提高文档处理的速度。当把鼠标移到某个图标时，会出现该图标功能的中文提示。单击图标可以完成相应的功能。如果要显示当前隐藏的工具栏，只要在工具栏上任意位置单击鼠标右键，从下拉菜单中选择即可。

（4）标尺。位于工具栏的下方，分为水平标尺和垂直标尺。使用标尺可以显示和设置各种对象的精确位置。

（5）工作区。文档编辑的区域，显示当前正在编辑的文档的内容。在该区域可以对文档进行创建、编辑、修改和查看等操作，又称文档窗口。

（6）状态栏。位于窗口的最下方，显示了当前文档的一些状态信息，如当前页的状态（当前页所在的页数、节数、页数/总页数），插入点的状态，光标所在的位置及使用的语言状态等。

（7）任务窗格。主窗口右侧的一个新窗口，就是任务窗格，它将最主要和最常用的功能展现给用户，并且简化了实现这些功能的操作步骤，使 Word 的操作更简单快捷。Word 提供了新建文档、剪贴板、搜索、插入剪贴画、样式和格式、显示格式、邮件合并、翻译 8 种任务窗格。

4. Word 的视图模式

视图就是文档窗口的显示方式，Word 提供了 4 种文档显示模式：Web 版式视图、页面视图、大纲视图、阅读版式，在主窗口的左下方提供了相应的视图切换按钮。每一种模式都有各自的显示和使用特点，用户可以根据自己的喜好进行选择。值得注意的是，文档视图模式的改变不会对文档的内容产生任何影响，并且在某一种视图中对文档内容的修改会自动反映在其他视图中。

5. 退出 Word 2003

退出 Word 2003 有多种方法：
（1）采用菜单命令退出，选择"文件"→"退出"命令；
（2）单击窗口左上角 Word 图标，在下拉菜单中选择"关闭"命令；
（3）双击窗口左上角 Word 2003 中文版图标；
（5）采用快捷键，按下 Alt＋F5 组合键；
（5）单击窗口右上角的按钮■。

5.1.2　Word 文档的基本操作

1. 新建文档

启动 Word 之后，系统自动建立一个新文档，文档名称为"文档 1.doc"。在 Word 2003 中创建新文档的方法有多种：
（1）单击工具栏上的"新建空白文档"按钮■；
（2）使用"文件"菜单的"新建"命令建立；
（3）启动 Word 之后，使用快捷键 Ctrl+N 键；。
（4）单击"开始"按钮，选择"新建 Office 文档"命令。

2. 打开文档

打开文档的方法有多种：
（1）单击工具栏上的"打开"按钮■；
（2）使用"文件"菜单的"打开"命令；
（3）启动 Word 之后，使用快捷键"Ctrl+O"；
（4）使用"开始"菜单中的"打开 Office 文档"命令。
无论采用哪种方式，都会出现如图 5-2 所示的对话框，需要指明文档所在的位置、文件名和文件的类型。
（5）使用"文件"菜单中的历史记录打开文档：打开"文件"菜单，下面一栏显示了最近打开过的文档，单击其中的任何一项，便可打开相应的文档。
可以设置"文件"菜单中的历史记录显示的文档数目，操作步骤如下：
① 打开"工具"菜单，单击"选项"命令；
② 在弹出的"选项"对话框中，单击"常规"选项卡，选择"列出最近使用文件 个"选项，输入框中输入文件的数目；而清除这个复选框则可以让 Word 不再记忆曾经打开的文件。如图 5-3 所示。

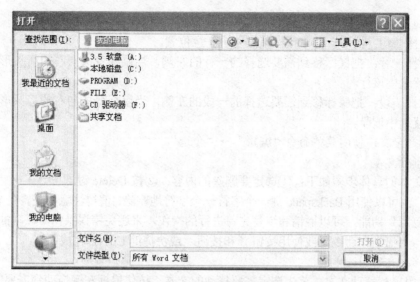

图 5-2　"打开文档"对话框

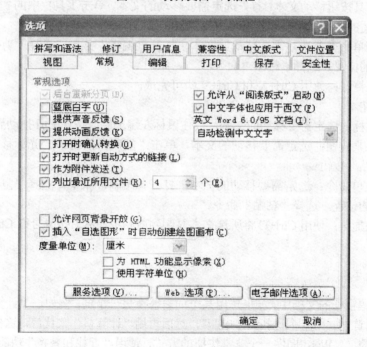

图 5-3　"常规"对话框

3. 文档的编辑

建立文档之后，用户可以输入相关的文档内容（要想输入中文，必须切换到中文输入状态）。并对文档的内容进行各种编辑操作，如选择文本，插入、删除、移动、复制文本等。

（1）选择文本

文本是文字、符号、特殊字符和图形等内容的总称。对文本做操作之前，必须要选定需要操作的文本，文本选择方式有多种。

① 选择指定的文本：按住鼠标左键拖动鼠标直到到达指定的位置，这种方法可以选择

任意大小的文本。

②　选择一句：按 Ctrl 键，鼠标单击句中任意位置。

③　选择一行：把鼠标移到需要选择的一行的左侧，当鼠标变成向右的箭头形状时，单击鼠标，就选中该行。

④　选择一段：把鼠标移到需要选择的一段的左侧，当鼠标变成向右的箭头形状时，双击鼠标，就选中该段。

⑤　选择全文：使用菜单命令"编辑"→"全选"。

（2）删除文本

删除文本的具体步骤如下：①选定要删除的内容；②按 Delete 键即可。

同样，也可以使用 Backspace 键一个字符一个字符地删除。值得注意的是，在 Word 2003 中提供"复原"功能，可以撤销和恢复先前进行的操作，来避免错误操作。该功能可以使用"编辑"→"撤销"命令，或使用按钮 　和按钮 　或快捷键 Ctrl+Z 完成。

（3）移动文本

①　使用鼠标移动文本：首先选定需要移动的文本，按住鼠标左键拖动到需要的位置。

②　使用工具按钮移动文本：首先选定需要移动的文本，单击工具栏中的"剪切"按钮 　，光标移动到合适的位置，单击"粘贴"按钮 　。

③　使用菜单命令：选定需要移动的文本，打开"编辑"菜单，选择"剪切"命令，光标移动到合适的位置，选择"粘贴"命令。

④　使用快捷键：使用 Ctrl+X 和 Ctrl+V 即可完成。

（4）复制文本

①　使用鼠标：选定需要移动的文本，按住鼠标左键的同时按住 Ctrl 拖动到需要的位置。

②　使用工具按钮：选定需要移动的文本，单击"复制"按钮 　，光标移动到合适的位置，单击"粘贴"按钮 　。

③　使用菜单命令：选定需要移动的文本，打开"编辑"菜单，选择"复制"命令，光标移动到合适的位置，选择"粘贴"命令。

④　使用快捷键：使用 Ctrl+C 将所选文本复制到剪贴板，然后按复合键 Ctrl+V 粘贴到目标位置。

4．查找和替换

在一个篇幅很长的文档中，如果想用某个词去替换另一个词，例如，"计算机"代替"电脑"，用户必须首先一个一个地找到"电脑"，然后再用"计算机"来代替，这样做，既麻烦，又有可能造成遗漏。Word 提供一个非常快捷的方式，使用"查找和替换"功能来完成，具体步骤如下：

（1）打开"编辑"菜单，选择"替换…"命令；

（2）弹出"查找和替换"对话框，输入要查找的内容，例如，在"查找内容"框中输入输入"电脑"；在"替换为"框中输入"计算机"；

（3）单击"替换"按钮，只替换当前光标处的文字，然后再继续查找下一个位置；单击"查找下一处"，不替换当前内容，继续找下一个位置；单击"全部替换"会把文档中所有出现"电脑"的地方用"计算机"替换，如图 5-4 所示。

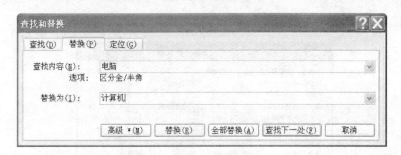

图 5-4　"查找和替换"对话框

5．插入特殊符号

Word 文档的内容除了中、英文字符，数字和标点符号之外，通常还有一些键盘上没有的特殊符号，例如数字序号ⅰ、ⅱ，①、②等，单位符号＄、￥等，特殊符号●、★等，数学符号×、÷等。如何键入这些符号呢？方法如下：

（1）将光标移到需要插入特殊符号的地方；

（2）打开"插入"菜单，选择"特殊符号"命令；

（3）弹出图 5-5 所示的"插入特殊符号"对话框，根据需要进行选择。

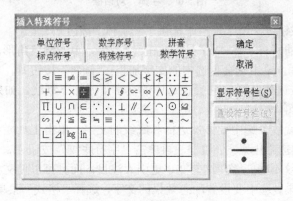

图 5-5　"特殊符号"对话框

（4）单击"确定"按钮即可。

5.1.3　Word 文档中格式设置

Word 中提供了丰富的字符格式设置和段落格式设置方式，各种设置方式的使用使文档更加醒目、更加具有吸引力。

1．字符格式设置

（1）常用文字格式设置。文字的格式可以说就是文字的外观，文字的字体、字号和字形是最常用的文字格式。常用的设置方法有两种。

① 使用菜单命令：选中要设置格式的文字，打开"格式"菜单，选择"字体"命令，弹出"字体"对话框，单击"字体"选项卡，对文字的字体、字号、字形进行选择；其中字体表示字的体形，Word 中提供了几十种字体；字号表示字符的大小；字形表示字符的形状。

如图 5-6 所示。

图 5-6 "字体"对话框

②　使用工具栏按钮：常用工具栏中提供了"字体"按钮 宋体 ▼，其中单击倒三角形，显示出其他的所有字体；"字号"按钮 五号 ▼，单击倒三角形，显示出其他的所有字号；"加粗"按钮 **B**，单击它会使选中的文字加粗；"倾斜"按钮 *I*，单击它会使选中的文字倾斜；"下划线"按钮 U，单击它会在选中的文字下添加下划线。如果取消这些设置，只要单击相应的按钮即可。

（2）添加边框和底纹。选中要添加边框和底纹的文字，单击工具栏上的"字符边框"按钮 A，选中的文字周围就出现一个边框，再单击"字符底纹"按钮 A，选中文字添加底纹。给文字添加边框和底纹不但能够使这些文字更引人注目，而且可以使文档更美观。

（3）设置动态效果。选中要设置动态效果的文字，选择"格式"菜单中的"字体"命令，打开"字体"对话框，单击"文字效果"选项卡，根据需要在"动态效果"列表中进行选择，单击"确定"按钮即可。

（4）西文字体的中文格式。选中要设置的西文，选择"格式"菜单中的"字体"命令，打开"字体"对话框，在西文字体中设置西文的格式。需要说明的是，这里的字体设置是把中文字体和西文字体分开的，而不是像工具栏把中西文一起设置。解决的方法是：单击"中文字体"下拉列表框，选择"黑体"，单击"西文字体"下拉列表框，选择"使用中文字体"，这样西文字体也可以使用黑体了。

（5）字符特殊效果。在数学公式中常要用到上、下标，在报纸、书刊的排版中常用到空心字、阴影字等具有特殊效果的字符，在 Word 中设置方法如下：选中要设置的字符，选择"格式"菜单中的"字体"命令，打开"字体"对话框，选择"效果"中的相应选项即可，如图 5-6 所示。

（6）字符间距的设置。字符间距指字符之间的距离。合理设置字符间距，可以增强文档的视觉效果。具体设置方法如下：选择"格式"菜单中的"字体"命令，单击"字符间距"选项卡，弹出"字符间距"设置对话框，可以根据需要输入合适的间距值。如图 5-7 所示。

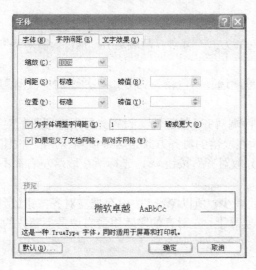

图 5-7　"字符间距"选项卡

2. 段落的格式

Word 中的段落是指两个回车符之间一段连续的文字。段落的格式设置包括段落间距、段落行距、对齐方式、段落缩进等。

（1）段落间距设置

段落间距指段落之间的距离，具体设置步骤如下：

① 光标定位在要设置的段落中；

② 打开"格式"菜单，选择"段落"命令，出现"段落"对话框，如图 5-8 所示，在"间距"选择区中，单击"段后"设置框中向上的箭头，把间距设置为"0 磅"，单击"确定"按钮，该段落和后面的段落之间的距离便拉开了。

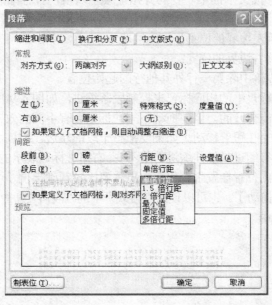

图 5-8　段落对齐方式和行距设置

（2）对齐方式设置

Word 中常用的段落对齐方式有 4 种：两端对齐、居中、右对齐和分散对齐。设置段落对齐通常有两种方法：

① 使用"格式"菜单，选择"段落"命令，在弹出的"段落"对话框中，设置对齐方式，如图 5-8 所示；

② 使用工具按钮，"两端对齐"按钮，设置光标所在段落的对齐方式是两端对齐；"居中"按钮，设置光标所在段落的对齐方式是居中；"右对齐"按钮，设置光标所在段落的对齐方式是右对齐；"分散对齐"按钮，光标所在段落左右都不留空，靠两边对齐，自动调整字符间距。

Word 中左对齐用得比较少，所以 Word 中没有把左对齐按钮放到工具栏上，通常都是用两端对齐来代替左对齐。实际上，左对齐的段落里最右边是不整齐的，会有一些不规则的空，而两端对齐的段落则没有这个问题。

（3）段落行距设置

行距就是行和行之间的距离，Word 提供了多种设置行距的方法。具体方法如下：

① 使用"格式"菜单：选中要设置的文字，打开"格式"菜单，选择"段落"命令，在弹出的对话框中选择"行距"下拉列表框中的下拉箭头，选择"1.5 倍行距"，单击"确定"按钮，如图 5-8 所示，就可以改变所选文档的行间距离，还可设置"行距"为某一个"固定值"来精确控制行距的大小；

② 使用工具按钮完成相应设置。

（4）段落缩进设置

为了使文章中段落之间的层次更加分明，错落有致，需要设置段落缩进效果。段落缩进就是指段落两边离页边的距离。Word 提供了首行缩进、左缩进、右缩进和悬挂缩进 4 种形式，水平标尺上有这些缩进所对应的标记。

① 首行缩进就是一段文字的第一行的开始位置空两格，首行缩进标记控制的是段落的第一行开始的位置；

② 左缩进控制段落左边界的位置；

③ 右缩进控制段落右边界的位置；

④ 悬挂缩进控制段落中除第一行外其他行的起始位置。

用户可以通过拖动标尺中的相应标记来控制段落缩进，如图 5-9 所示。标尺中左缩进和悬挂缩进两个标记是不能分开的，但是拖动不同的标记会有不同的效果；拖动左缩进标记，可以看到首行缩进标记也在跟着移动。如果要把整个段的左边往右挪，直接拖左缩进标记，而且可以保持段落的首行缩进或悬挂缩进的量不变。右缩进标记表示的是段落右边界的位置，拖动该标记，段落右边的位置会发生变化。如果需要比较精确定位，可以按住 Alt 键后再拖动标记，就可以平滑地拖动了。也可以使用"格式"中的"段落"命令完成段落缩进的设置。

图 5-9 缩进标记

（5）段落的边框和底纹

为了强调某个段落，可以给段落加边框和底纹。方法如下。

加边框：光标定位到要设置的段落中；打开"格式"菜单，选择"边框和底纹"命令；打开如图 5-10 所示的"边框和底纹"对话框。选择"边框"选项卡，对边框的特点及其线型、颜色、宽度及应用的文字等进行设置，单击"确定"按钮即可。

加底纹：在图 5-10 所示的对话框，单击"底纹"选项卡，将填充颜色选择为"灰色-30%"，把"应用于"选择为"段落"，单击"确定"按钮，段落的底纹就设置好了。

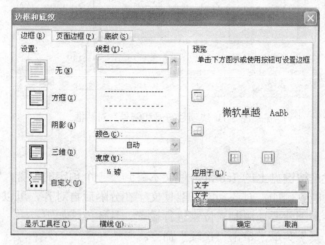

图 5-10　"边框和底纹"对话框

3．项目符号和编号

为了使文章的层次更加清晰、有条理，可读性更强，可以使用项目符号和编号对文档中并列项目进行组织。

（1）自动编号。自动识别输入：当输入"1."或"一、"，然后输入文本信息，按 Enter 键，下一行自动出现符号"2."或"二、"；系统认为输入的是编号，自动调用编号功能，使用方便、快捷。如果不想要这个编号，按 Backspace 键，编号就消失。

（2）项目符号。Word 的编号功能很强大，可以轻松地设置多种格式的编号及多级编号等。一般在一些列举条件的地方会采用项目符号来进行。选中段落，单击"格式"工具栏上的"项目符号"按钮，就加上了项目符号。和去掉自动编号的方法一样，把光标定位到项目符号的后面，按 Backspace 键。另外，还有一种做法：把光标定位到要去掉的项目符号的段落中，单击"格式"工具栏上的"项目符号"按钮，也可以去掉项目符号。

● 改变项目符号的样式。打开"格式"菜单，选择"项目符号和编号"命令，弹出"项目符号和编号"对话框，如图 5-11 所示，选择"项目符号"选项卡，根据需要选择一个项目符号，单击"确定"按钮，就可以给选定的段落设置一个自选的项目符号。

● 自定义项目符号。用户可以根据自己的喜好定义项目符号，方法如下：

① 打开"项目符号和编号"对话框，选择一个项目符号的样式；

② 单击"自定义"按钮，弹出"自定义项目符号列表"对话框；

③ 在"项目符号字符"中选择一种符号字符，从"字体"列表中选择一种喜欢的字体，单击"确定"按钮，就可以把刚才选中的符号作为项目符号。

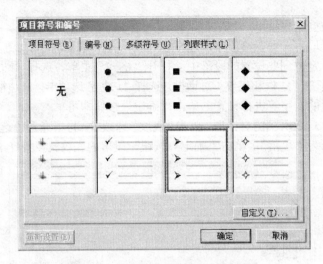

图 5-11 "项目符号和编号"对话框

4. 制表位

所谓制表位就是按键盘上的 Tab 键，使文本跳到下一个预定的位置，它提供了文字对齐功能和文字缩进功能。例如，对齐功能。要使文字在分隔后再对齐，可以使用空格，但这样往往没有办法对齐，因此要使用制表位来进行设置。具体方法如下：

（1）打开"工具"菜单，单击"选项"命令；

（2）弹出"选项"对话框，在"视图"选项卡中的"格式标记"选择区中，选中"制表符"的复选框，单击"确定"按钮，如图 5-12 所示。

通常是在不想使用表格，但又想得到合适的对齐方式的列表中使用制表位。

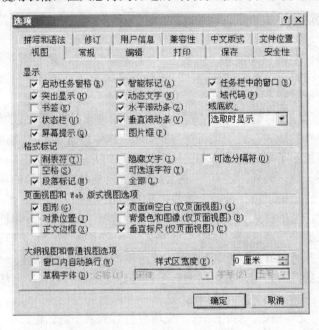

图 5-12 "选项"对话框

5.1.4　Word 文档中的对象处理

Word 中除了提供强大的文字处理功能外，还提供了强大的对象处理功能。这些对象包括图形、图表、剪贴画、文本框、艺术字等，可以表达更多的信息，使文档内容更丰富多彩，增加文档的吸引力。

1．插入图片

（1）插入剪贴画。具体步骤如下：

① 光标移到插入剪贴画的位置；

② 单击"插入"→"图片"→"剪贴画"命令；

③ 在窗口右侧的任务窗格"搜索文字"中，输入所需剪贴画的类型，搜索出的剪贴画出现在列表中，单击所需剪贴画即可。如图 5-13 所示。

图 5-13　插入剪贴画

同样，插入剪贴画也可以使用"插入剪贴画"按钮 实现。

（2）插入外部图形文件

Word 中提供了将其他图形处理软件处理好的图形导入文档的功能。这些图形文件可以在本地磁盘上、网络驱动器上，还可以在 Internet 上。插入的方法类似于剪贴画的插入，选择"插入"→"图片"→"来自文件"命令，在插入的过程中，需要指出图形文件的存放地点及其图形存放的格式。

图片插入之后，其周围有一些黑色的小正方形——尺寸句柄，鼠标移到上面，鼠标就变成了双箭头的形状，按下左键拖动鼠标，可以改变图片的大小。还可以双击图片，弹出"设置图片格式"对话框，对图片的大小、颜色、版式等进行设置，如图 5-14 所示。

插入的图片如何跟文字混合排列呢？需要使用图片的版式设置功能。Word 提供了图片的

5 种环绕方式的版式设置：嵌入型、紧密型、四周型、浮于文字上方和衬于文字下方。具体方法：单击"设置图片格式"对话框中"版式"选项卡即可，如图 5-14 所示。

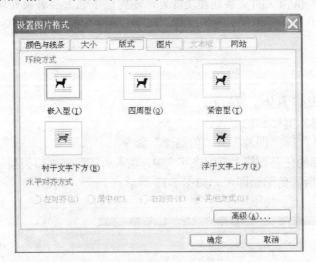

图 5-14　"设置图片格式"对话框

对于插入的图片和剪贴画，可以调整它的对比度、亮度等参数，方法如下：选中插入的剪贴画，单击"图像"工具栏上的"图像控制"按钮，从弹出的菜单中选择"水印"，然后单击"增加对比度"按钮或者单击"减小亮度"按钮调节图片亮度。

（3）插入自选图形

Word 中提供了绘图功能，如图 5-15 所示，用户使用它可以随心所欲绘制出各种复杂的图形。具体步骤如下：单击绘图工具栏中的"自选图形"按钮，在弹出的菜单中选择需要的图形，按下鼠标左键拖动到合适的大小。

图 5-15　绘图工具栏

同样，使用直线按钮🖉，可以绘制各种直线；使用箭头按钮🖉，可以绘制各种箭头；使用矩形按钮🖉，可以绘制各种方形；使用椭圆按钮🖉，可以绘制椭圆形。使用相关工具绘制出图形后，双击该图形，弹出"设置自选图形格式"对话框，对图形进行颜色、大小、版式等的设置。

① 图形组合：使用各种图形按钮可以绘制出形态多样的图，但该图由若干个图形对象组成，如果在编辑中需要移动图，必须一个一个地移动这些图形对象，非常麻烦，为此必须将这些图形组合成一个图形对象。方法如下：

● 在绘图工具栏中，选择"选择对象"按钮🖉；
● 按住鼠标左键，拖动鼠标，选择需要组合的图形对象；
● 单击"绘图" 绘图(D)▾ 按钮，选择"组合"命令，将这些图形对象组合成一个图形对象。现在移动它们，移动的是整个图形。

② 取消图形组合：用户还可以根据需要取消图形组合，方法是：单击"绘图"按钮，选择"取消组合"命令，便可以将图形组合取消。

③ 图形上加文字：将当前的组合先去掉，单击要加入文字的地方，单击鼠标右键，从弹出的菜单中选择"添加文字"命令，输入文字即可。

④ 图形的阴影：单击"绘图"工具栏上的"阴影"按钮 ，从弹出的面板中选择阴影样式，文档中的图形就有了阴影。如果要去掉阴影，单击"阴影"按钮，选择"无阴影"。

⑤ 三维效果设置：单击"绘图"工具栏上的"三维效果样式"按钮 ，从弹出的面板中选择三维样式，文档中的平面图形就变成了立体图形。

⑥ 图片的旋转：选中图形，单击"绘图"工具栏中的"自由旋转"按钮，文档中的图形发生变化，把鼠标放到这些绿色的圆点上，按下左键，鼠标变成旋转标记，此时拖动鼠标，对图形进行旋转。也可以这样做：选中图形，单击"绘图"工具栏上的"绘图"按钮，打开"旋转和翻转"子菜单。

（4）插入艺术字

艺术字的运用，使文档更加生动、活泼。设置的步骤如下：

① 单击"绘图"工具栏上的"插入艺术字"按钮 ；或单击"插入"→"图片"→"艺术字"命令；

② 打开"艺术字库"对话框，选择合适的一种样式，单击"确定"按钮，如图 5-16 所示；

③ 在弹出的"编辑"艺术字"文字"对话框，输入相应的文字即可。

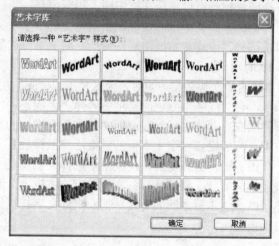

图 5-16　"插入艺术字"对话框

（5）插入图表

图表的使用主要是为了直观的表示一些统计数字，使数据更具有说服力。方法如下：光标移到插入图表的位置，打开"插入"→"图片"→"图表"命令，在文档中插入了一个图表，图 5-17 所示。

① 插入图表标题：单击选中图表，单击"图表"菜单，选择"图表选项"命令，在"图表选项"对话框中的"图表标题"输入框中输入标题，单击"确定"按钮，图表中就增加一个标题。如图 5-18 所示。

② 设置图表格式：双击图表区域的空白处，打开"图表区格式"对话框，详细地设置图表的格式。

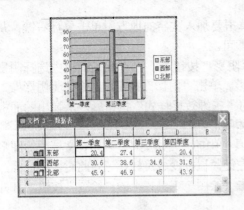

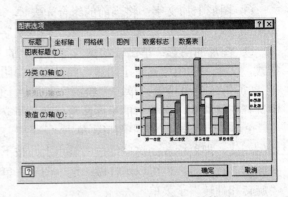

图 5-17　插入图表　　　　　　　　图 5-18　"图表选项"对话框

2. 插入文本框

文本框是一种图形对象，文本框中的内容是一个整体。利用它可以将文字、图形、图片等对象放置在页面的任何位置，并可以调整大小。文本框的排列方式有两种：横排和竖排。具体操作步骤如下：

（1）单击"插入"→"文本框"→"横排"命令或从工具栏中选择"文本框"按钮；

（2）按住鼠标左键拖动鼠标画框，然后在框中输入相应信息；

（3）选中文本框，将鼠标移到文本框的边框，当鼠标变成十字箭头形状时，单击鼠标右键，在弹出的快捷菜单中选择"设置文本框格式"命令，对文本框的颜色与线条、大小、版式等进行设置，如图 5-19 所示。

值得一提的是，文本框有一个黑边框，如何去掉这个黑边框呢？用户可以选择图 5-19 中的"颜色与线条"选项卡，在"线条"颜色的选项中选择"无线条颜色"即可。

如何实现文字在图片的左右两边出现？在文档中建立两个横排的文本框，将图片插入，把图片和文本框排好位置，然后设置一个文本框的链接：将鼠标放到文本框的边上，当鼠标变成十字箭头形状时，单击右键，在弹出的快捷菜单中选择"创建文本框链接"命令，如图 5-20 所示，鼠标就变成了酒杯形状，将酒杯移到右边的空文本框上，酒杯就变成了倾倒的样子，单击左键，就创建了两个文本框之间的链接。把原来的文字拷贝进来，可以看到原来的文字就在文本框之间自动衔接了。

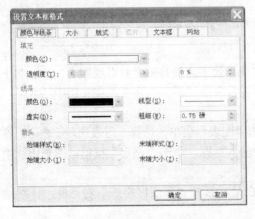
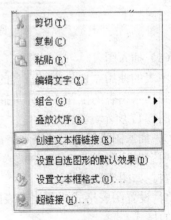

图 5-19　"设置文本框格式"对话框　　　　　图 5-20　创建文本框链接

3．插入公式

如何输入数学中复杂的公式？具体步骤如下：

（1）打开"插入"菜单，单击"对象"命令；

（2）在"对象类型"列表中选择"Microsoft 公式 3.0"，单击"确定"按钮，如图 5-21 所示；

（3）弹出"公式"对话框，如图 5-22 所示，罗列了多种数学符号，单击某个符号，该符号出现在编辑框中。

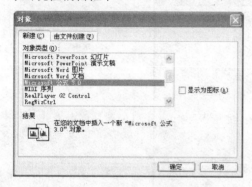

图 5-21　"对象"对话框

图 5-22　"公式"对话框

5.1.5　Word 文档中表格的制作

由于表格简单、明了、直观的特点，在处理数据中深受大家的喜欢，在日常生活中，可以看到各式各样的表格。表格功能是大多数字处理软件中的主要功能，Word 2003 在处理表格上显示出了强大的功能。用户可以使用多种方法创建表格，绘制各种表格及对表格进行各种编辑。

1．插入表格

创建表格，Word 2003 提供了自动制表和手工制表两种方式。

（1）自动制表。具体步骤如下：

① 光标移到插入表格的位置；

② 单击"表格"→"插入"→"表格"命令，或使用"表格和边框"工具栏中的"插入表格"按钮；

③ 打开"插入表格"对话框，设置要插入表格的列、行，单击"确定"按钮，所需规格的表格就插入到文档中，如图 5-23 所示。

Word 2003 允许在表格中插入另外的一个表格：把光标定位在表格的单元格中，插入的表格就显示在了单元格中，或者在单元格中单击右键，选择"插入表格"命令，也可以在单元格中插入一个表格。

（2）手工制表。自动制表通常绘制出的表格较为规整，绘制不规整的表格通常使用手工制表，其具体操作步骤如下：插入一个 3×5 的表格，单击"常用"工具栏上的"表格和边框"按钮，或使用"表格"菜单中"绘制表格"命令；鼠标的形状变成了一支笔，使用这支笔可以随心所欲地画出各种表格。在这个单元格的左上角按下左键，拖动鼠标到单元格的右下角，松开左键，就在单元格中加上了一条斜线。用这支笔可以在表格中添加横线和竖线来拆分单元格，如图 5-24 所示。

绘制斜线表头：Word 2003 的一个新功能，打开"表格"菜单，单击"绘制斜线表头"命令，弹出"插入绘制斜线表头"对话框，如图 5-25 所示，在"表头样式"列表框中选择所需样式，在行标题、数据标题、列标题中输入相应信息，单击"确定"按钮，就可以在表格中插入一个较为复杂的表头。

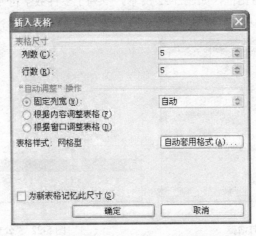

图 5-23　"插入表格"对话框

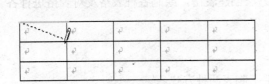

图 5-24　绘制表格

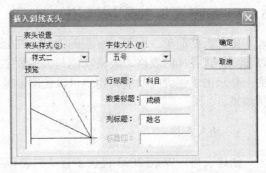

图 5-25　"插入斜线表头"对话框

2. 表格的编辑操作

（1）单元格的选取。就像文章是由文字组成的一样，表格也是由一个或多个单元格组成的。所以单元格就像文档中的文字一样，要对它操作，必须先选取它。方法有多种：

① 把光标移到要选择的单元格里，单击"表格"→"选择"命令，可选取行、列、单元格或者整个表格。

② 把光标放到单元格的左下角，鼠标变成一个黑色的箭头，按左键可选定一个单元格，拖动可选定多个。

③ 像选中一行文字一样，在左边文档的选定区中单击，可选中表格的一行单元格。

④ 把光标移到某一列的上边框，等光标变成向下的箭头时单击鼠标即可选取一列。

⑤ 把光标移到表格上，等表格的左上方出现了一个移到标记时，在这个标记上单击鼠标即可选取整个表格。

（2）单元格的合并。选中需要合并的单元格，单击"表格"→"合并单元格"命令，选中的单元格就合并成一个单元格。

（3）拆分单元格。选取单元格，单击"表格"→"拆分单元格"命令，弹出"拆分单元格"对话框，如图 5-26 所示，输入拆分成的行和列的数目，单击"确定"按钮即可。

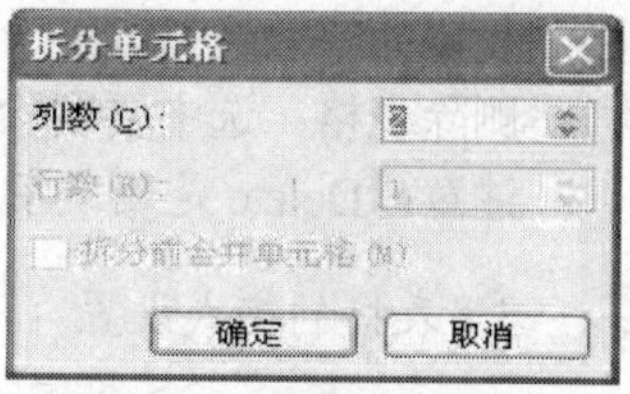

图 5-26　拆分单元格

也可以在单元格中单击鼠标右键，在打开的快捷菜单中选择"拆分单元格"，或者单击"表格和边框"工具栏上的"拆分单元格"按钮█。

（4）插入行、列、单元格

把光标定位到一个单元格中，单击"表格"菜单栏中"插入"命令，选择选项中"行"、"列"或者"单元格"，就会插入相应的行、列、单元格。

把光标移动到表格最后一行的最右边的回车符前，按回车键，就可以在表格的最后面插入一行单元格。

把光标移动到表格下面的段落标记前，单击工具栏上的"插入行"按钮，Word 会弹出一个对话框，选择要插入的行数，单击"确定"，行单元格就插入进来。

（5）调整表格的大小

表格大小的调整有多种方法。

① 把鼠标放在表格右下角的一个小正方形上，鼠标就变成了一个拖动标记，按下左键，拖动鼠标，可以改变整个表格的大小，拖动的同时表格中的单元格的大小也在自动地调整。

② 把鼠标放到表格的框线上，鼠标变成一个两边有箭头的双线标记，按下左键拖动鼠标，就可以改变当前框线的位置，同时也改变单元格的大小，按住 Alt 键，还可以平滑地拖动框线。

③ 选中要改变大小的单元格，用鼠标拖动它的框线，改变的只是拖动的框线的位置。

④ 改变一个单元格的大小：所有的框线在标尺上都有一个对应的标记，拖动这个标记，改变的只是选中的单元格的大小。

Word 还提供了表格自动调整功能，在表格中单击右键，在弹出的菜单中选择"自动调整"命令，根据需要选择合适的调整方式，如图 5-27 所示。

（6）单元格对齐方式

为了使表格更加规整、美观，Word 提供了将单元格中文字的对齐方式，具体操作如下：选中单元格，按鼠标右键，从弹出的菜单中选择"单元格对齐方式"命令即可，如图 5-28 所示。

图 5-27　"自动调整"命令

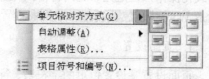

图 5-28　"单元格对齐方式"命令

3. 表格的复制和删除

复制表格：与文字的复制一样，表格可以全部或者部分的复制，方法是：先选中要复制的单元格，单击"复制"按钮█，把光标定位到要复制表格的地方，单击"粘贴"按钮█，刚才复制的单元格形成了一个独立的表。

删除表格：选中要删除的表格或者单元格，按 Backspace 键。

注意：Delete 是删文字，Backspace 是删表格的单元格。

4. 表格的格式设置

表格的格式与段落的设置很相似，有对齐、底纹和边框修饰等。

（1）表格对齐方式：选中整个表格，单击"格式"工具栏上的"居中"按钮▤、"两端对齐"按钮▤、"右对齐"按钮▤，可调整表格在页面中的位置。

（2）表格边框修饰：如果需要把表格周围的框线变粗，单击"表格和边框"工具栏上的"粗细"下拉列表框，选择合式的线条，然后单击"框线"按钮的下拉箭头，单击"外部框线"按钮，可以在表格的周围放上一条所选线条的边框。

（3）表格自动套用格式：为了简化制表过程，Word 提供了表格自动套用格式的功能。单击"表格"→"自动套用格式"命令，打开"表格自动套用格式"对话框，选择需要的格式，单击"确定"按钮，表格的格式设置好了。基本上常用的格式都可以从这里找到，如图 5-29 所示。

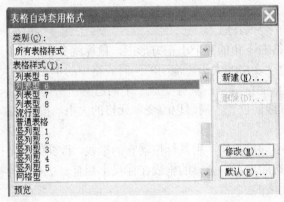

图 5-29 "表格自动套用格式"对话框

5.1.6 文档的排版

文本信息录入之后，为了使文档更加美观、可读性更强，对文档中的字符和段落做各种格式化操作，但是光靠这两种格式化操作是不够的，还需要对整个文档的格式进行设置，这就是 Word 中的常用功能——页面设置。

1. 页面设置

页面设置是设置每页的字符数、行数、页边距和使用的纸张类型等。具体设置方法如下：

（1）单击菜单命令"文件"→"页面设置"；

（2）打开"页面设置"对话框，如图 5-30 所示，单击"纸张"选项卡，从"纸张大小"下拉列表框的列表中选择纸张的大小；

（3）单击"页边距"选项卡，输入上下左右 4 个方向离页边界的距离；

（4）单击"文档网格"选项卡，可以设置每页的行数及每行的字符数等信息；单击"确定"按钮即可。

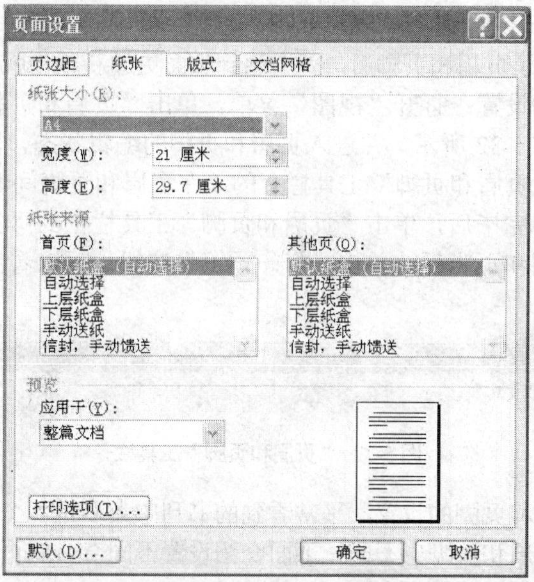

图 5-30　"页面设置"对话框

2. 分页符

在处理表格和标题时，希望把标题放在页首处或是将表格完整地放在一页上，使用回车符，加几个空行可以实现，但是在调整前面的内容时，如果行数发生变化，原来的排版就会改变，需要再把整个文档调整一次，非常麻烦。要解决这个问题，只要在分页的地方插入一个分页符就可以了。

在 Word 中输入文本时，Word 会按照页面设置中的参数使文字填满一行时自动换行，填满一页后自动分页，叫做自动分页，而分页符则可以使文档从插入分页符的位置强制分页。

若要把两段分开在两页显示，把光标定位到第一段的后面，打开"插入"菜单，单击"分隔符"命令，弹出"分隔符"对话框，图 5-31 所示，选择"分页符"，单击"确定"按钮，就插入了一个分页符，这两段就会分在两页显示。

默认的情况下分页符是不显示的，单击"常用"工具栏上的"显示/隐藏编辑标记"按钮 ，在插入分页符的地方就出现分页

图 5-31　"分隔符"对话框

符标记，用鼠标单击该行，光标就定位到了分页符的前面，按 Delete 键，分页符就被删除了。

　　注意：插入分页符有一个很方便的快捷键：Ctrl+回车。分页符插入以后会自动占据一行，可以很方便地找到。

3. 换行符

换行符主要是在想换行但又不想分段的地方使用。

换行符的插入：打开"插入"菜单，单击"分隔符"命令，从弹出的"分隔符"对话框中选择"换行符"，单击"确定"按钮，这样就在光标所在的地方插入了换行符。

4. 页眉和页脚

页眉和页脚通常出现在文档的顶部和底部，在其中可以插入页码、文件名或章节名称等内容。当一篇文档创建了页眉和页脚后，就会感到版面更加新颖，版式更具风格。

（1）页眉和页脚的设置：打开"视图"菜单，单击"页眉和页脚"命令，弹出"页眉和页脚"工具栏，如图 5-32 所示，并进入页眉和页脚的编辑状态，默认状态是编辑页眉，输入相应内容，单击"页眉和页脚"工具栏上的"在页眉和页脚间切换"按钮，切换到页脚的编辑状态，编辑完毕后，单击"页眉和页脚"工具栏上的"关闭"按钮回到文档的编辑状态，设置好页眉和页脚后，单击"打印预览"按钮，可以看到设置的页眉和页脚就出现在文档中。

图 5-32 "页眉和页脚"工具栏

以上是简单的页眉和页脚的设置，平常看到的书刊中大多是各个章节的页眉和页脚都不相同，而且奇偶页的页眉和页脚也不同。下面介绍设置不同奇、偶页页眉的方法。

（2）设置不同奇、偶页页眉的方法

① 打开"视图"菜单，单击"页眉和页脚"命令，进入页眉和页脚的编辑状态；

② 单击"页眉和页脚"工具栏上的"页面设置"按钮，打开"页面设置"对话框，选中对话框中的"奇偶页不同"前的复选框；

③ 单击"确定"按钮，返回到页眉和页脚编辑状态，但页眉区上的文字变成了"奇数页页眉"；

④ 输入奇数页页眉的内容，使用"在页眉和页脚间切换"按钮，切换到奇数页页脚编辑状态，输入相关信息。

⑤ 单击"页眉和页脚"工具栏上的"显示下一项"按钮，页眉区上的文字显示"偶数页页眉"；

⑥ 输入偶数页页眉和页脚信息即可。

5. 页码

在处理文档时，经常要给文档添加页码。Word 提供了自动添加页码的功能。打开"插入"菜单，选择"页码"命令，弹出如图 5-33 所示的"页码"对话框，对页码的位置、对齐方式及格式进行选择。

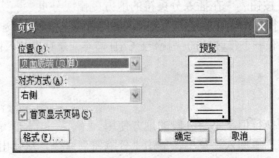

图 5-33 "页码"对话框

6. 文档网格

通常编辑的文档没有办法使上下的文字对齐，这是因为使用的两端对齐方式，同时又设置了标点压缩等段落格式的原因，而这些都是 Word 的默认设置，如果要实现精确的对齐，可以用文档网格来做。

（1）先把 Word 的度量单位设置为字符单位：单击"工具"菜单，选择"选项"命令，在"选项"对话框中单击"常规"选项卡，选中"使用字符单位"前的复选框，单击"确定"按钮，如图 5-34 所示。

（2）单击"文件"菜单，选择"页面设置"命令，在"页面设置"对话框中单击"文档网格"选项卡，选择"文字对齐字符网格"，注意这里是每行 25 个字符，每页 30 行，单击"绘图网格"按钮，打开"绘图网格"对话框，如图 5-35 所示，对网格设置、网格起点、在屏幕上显示网格线等进行设置，然后单击"确定"按钮回到"页面设置"对话框，单击"确定"按钮完成设置。

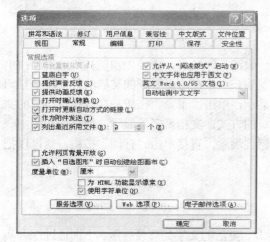

图 5-34 "选项"对话框

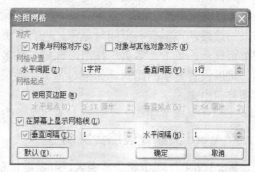

图 5-35 "绘制网格"对话框

7. 分栏

各种报刊杂志的内容通常都是在水平方向上分为几栏，文字是按栏排列，文档内容分布在不同的栏中。这种效果就是使用 Word 中的分栏功能来完成的，具体实现方法如下：

（1）选定要分栏的文字；

（2）选择"格式"菜单中的"分栏"命令；

（3）弹出"分栏"对话框，如图 5-36 所示；

（4）根据需要输入栏目数，同时还可以对栏的高度、宽度、版式进行设置；如果需要栏宽相等，可以选择"栏宽相等"复选框；如果在每栏间加入分隔线，选择"分隔线"复选框。

（5）单击"确定"即可。

8. 打印预览和打印

安装、设置好打印机后，可以对文档进行打印，方法如下：

（1）单击"文件"菜单，选择"打印"命令；

（2）在"打印"对话框中可以对打印的范围、打印的份数等进行设置，如图 5-37 所示；如果只打印一部分页码，可以在"页面范围"选择区中填入要打印的页码，每两个页码之间加一个半角的逗号，连续的页码之间加一个半角的连字符就可以了；也可以选择打印当前页，或者打印选定的内容。

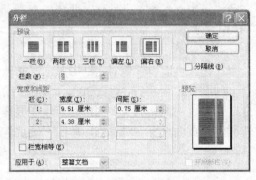

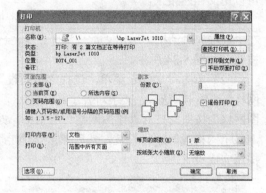

图 5-36 "分栏"对话框　　　　　　　　　　图 5-37 "打印"对话框

（3）设置好后，单击"确定"按钮即可。一般在打印之前，需要先预览打印的内容：单击"打印预览"按钮 ，将窗口转换到打印预览窗口中，在这里看到的文档的效果就是打印出来的效果，预览有多页同时显示，也有单页显示，单击"单页"按钮，在预览窗口中的文档单页显示，单击"多页"按钮，选择一种多页的方式，文档就多页显示；同页面视图中一样，可以设置显示的比例。如果对预览的效果感到满意，直接单击"打印"按钮，就可以把文档打印出来。

5.1.7　Word 文稿处理综合实例

Word 文字处理功能非常强大，可以进行专业、灵活的文字处理及排版。下面通过综合实例《学习报》的制作（如图 5-38 所示），巩固以下知识点：巧妙利用表格功能进行版面布局；设置各种字体效果；插入图片、文本框、公式；设置字体与边框底纹效果、段落格式等。《学习报》制作的基本步骤如下。

（1）启动 Word，进行页面设置。首先启动 Word 2003→选择"文件"→"页面设置"→"纸张"选项卡，在这里面进行设置纸张的大小。

（2）利用表格设置布局（如表 5-1 所示）。

表 5-1　《学习报》布局表格

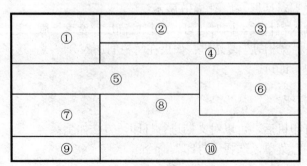

巧调妙语

面对强者，成功的大门永远不会关闭。

———信息管理专业 马 丁

学习报
XUE XI BAO

第 396 期
信计 043 班
总编辑 宇鸿
主 编 赵文

湖南工业大学学习报社编辑部主办
★国内统一刊号 CN14-0708/(F)代号 21-89 2008 年 3 月 20 日

那一时刻

我长大了

个人档案：王佳燕，女，热爱 Java 程序设计，愿和所有爱好编程的同学共同进步。

喜爱 Java 是因为从网上看到关于 Java 这个名字的来历的趣闻：1995 年初，Sun 公司推出了新一代面向对象的程序设计语言，有一天，几位 Java 成员组的会员正在讨论给这个新的语言取什么名字，当时他们正在咖啡馆喝着 Java（爪哇）咖啡，有一个人灵机一动说就叫 Java 怎样，这个提议得到了其他人的赞同，Java 这个名字就这样传开了。Java 编程是不是有一番悠然自得之意呀？

导航
太 阳

太阳像一个醉汉，
整天喝得醉醺醺的。
到了傍晚，
就投向西山他妈的怀抱，
睡懒觉去了。

精彩片段

电脑小常识

电脑开机无显示，首先我们要检查的就是 BIOS。主板的 BIOS 中储存着重要的硬件数据，同时 BIOS 也是主板中比较脆弱的部分，极易受到破坏，一旦受损就会导致系统无法运行，出现此类故障一般是因为主板 BIOS 被 CIH 病毒破坏造成（当然也不排除主板本身故障导致系统无法运行）。

求导与微分法则

功： $W = F \cdot s$

水压力： $F = p \cdot A$

引力： $F = k \dfrac{m_1 m_2}{r^2}$，$k$ 为引力系数

函数的平均值： $\overline{y} = \dfrac{1}{b-a} \int_a^b f(x)\,dx$

均方根： $\sqrt{\dfrac{1}{b-a} \int_a^b f^2(t)\,dt}$

新闻

成长篇

2008 年 4 月，赛杰（SUNJOB）计算机培训中心首届学员就业捷报：月薪达 1500 元。说明有丰富实践技能的信息人才广受社会欢迎。

◎本报特约编辑 唐受权

投稿须知

本年度的"新闻综合"版有较大的变化，作文版块已划分为"作家名片"、"精彩片段"等栏目。

➤ 所有作文类稿件一律配上照片，个人档案。

➤ 来稿一律写清详细地址、联系电话。

➤ 来稿请寄：湖南工业大学学习报社编辑部

图 5-38 《学习报》样稿图

①　画表格，有两种方法：用线条直接画出来；用插入表格的形式插入，然后在对表格进行修改，使其达到效果。

②　此处表格的功能是布局，因此要隐藏表格线，全选表格，右击菜单，选"边框和底纹"，在弹出的对话框中单击"无"按钮。

（3）输入内容，在做好布局之后就可以在相关表格内输入相关内容。

①　表 5-1 中①处理：插入艺术字"巧词妙语"，然后输入内容，将它的背景颜色变成灰色。选中文字，设置行间距为 25 磅。方法："格式" → "边框与底纹格式" → "段落" → "行距" → "固定值"。

②　表 5-1 中②处理：输入"学习报"及输入拼音"XUE XI BAO"，为了改变该字体的大小和样式，选择"学习报"，然后再选择"华文彩云"及"40"号字体。

在字母下面添加波浪线：工具栏选择字母→ <u>U</u> ▾ 的下箭头→选择波浪线就可。

③　表 5-1 中③处理：输入内容，然后就可以对内容进行操作。选中"大学"两个字，然后再单击 ⯑，就可以对实现效果。选中好表格③，单击"格式"→"边框和底纹" →"边框"，调整要显示出来的边框线条。

④　现在我们来给 5-1 中①④的表格添加底纹颜色。选中两表格→单击右键→边框和底纹→底纹，然后就是根据自己的需要选择颜色。

⑤　表 5-1 中⑤处理：在开始部位添加一个文本框（插入→文本框）调整文本框大小，再单击"插入" → "图片"就可以把想要插入的图片插入到文本框中，再在图片上添加两个文本框（横、竖），在文本框中添加文字。在⑤表格其他地方中添加文字信息。

⑥　表 5-1 中⑥处理：单击○，调整图形的形状和大小，双击图形调整线条的形式，再在图形之中插入艺术字就可以实现效果。

⑦　表 5-1 中⑦处理：在表格开始的部位添加一个文本框（"插入" → "文本框"）→双击文本框（选择你要显示出来的文本框的线条）→ "插入" → "图片" → "艺术字"，再在文本框的右下角添加艺术字，然后在表格的其他地方添加文字信息。

⑧　表 5-1 中⑧处理：选择正确的位置添加一个文本框，然后再在文本框中添加图片，调整好大小和位置，在其他地方输入信息。

⑨　表格⑨处理：选择表格的开始位置输入两个文本框（横、竖），调整好位置输入信息，再在其他的地方输入正确的文字信息。

⑩　表 5-1 中⑩处理：表头插入艺术字，调整大小，再在下面输入文字，设置表格的底纹。

⑪　进行其他格式设置，制作完成《学习报》。

5.2　电子表格与 Excel 2003 中文版

5.2.1　Excel　2003 中文版简介

Excel 是美国微软公司开发的 Office 组件中的电子表格软件，它具有强大的电子表格处理功能。

Excel 2003 中文版在 Excel 2000 中文版的基础上新增和改进了许多功能。例如打开和保存方式的改进、增添 Microsoft 脚本编辑器和安全保障功能、更强大的 Web 功能：用户可以快速简洁的创建网络文档，并使用网络文件夹管理网上的文档；可通过创建和运行网络查询从因特网上获得的数据；可定制个人主页，进行文件管理和链接；在网页上使用交互式数据透视表和功能，并可方便地在网页上对图形和对象进行操作。

1. 启动 Excel 2003 中文版

启动 Excel 2003 中文版有多种方法：
（1）在桌面上，单击"开始"→"程序"→"Microsoft Excel"命令；
（2）在桌面上，双击 Excel 2003 中文版的快捷图标；
（3）在"Windows 资源管理器"中，双击表格文件的图标（*.xls），启动 Excel，并可以编辑该表格文件；
（4）在桌面上，单击"开始"菜单中的"新建 Office 文档"命令，在弹出的对话框中双击"空工作簿"，启动 Excel 2003 中文版。

2. Excel 2003 中文版用户界面

启动 Excel 2003 后，出现在屏幕上的便是用户界面。要想熟练使用 Excel 2003，必须首先了解用户界面的组成部分及功能。值得注意的是，Excel 2003 的界面类似于 Word 2003 的界面，有着类似的标题栏、菜单栏和工具栏等。图 5-39 是一个典型 Excel 2003 用户界面，它由以下几个部分组成。

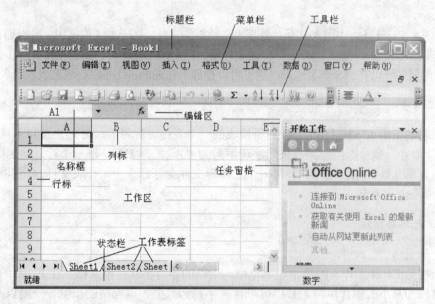

图 5-39　典型的 Excel 2003 用户界面

（1）标题栏。位于窗口的最上端，显示了应用软件名称"Microsoft Excel"。
（2）菜单栏。Excel 2003 最为丰富的命令集合，位于标题栏的下方，在菜单栏中总共有9 个菜单项，几乎包括了 Excel 中所有操作的命令。
（3）工具栏。是最常用菜单命令的图形化表示形式，是常用的工具集。单击一个工具按钮则对应一个操作。
（4）编辑栏。用来显示激活单元格中的数据和公式。

（5）名称框。位于编辑栏左端的下拉列表，用于指示当前选定的单元格、图表项和绘图对象。

（6）工作区。用以记录数据的区域，是主要的工作区域，占屏幕区域最大。

（7）状态栏。位于窗口底部的信息栏，提供有关选定命令或操作进程的信息。状态栏右侧显示 Numlock 等键盘的状态。

（8）工作表选项卡。用于显示工作表的名称，单击工作表选项卡将激活相应工作表。

（9）行标和列标。标识单元格的行、列位置信息。

3. 退出 Excel 2003

退出 Excel 是用户每次使用 Excel 的最后一个操作，它有多种方法：

（1）采用菜单命令，单击"文件"→"退出"命令。

（2）在 Excel 2003 中文版窗口左上角单击 Excel 图标，然后在下拉菜单中单击"关闭"命令。

（3）采用快捷键，按下 Alt＋F5 组合键。

（4）采用快捷键按钮，单击 Excel 2003 中文版窗口右上角的 ⊠。

5.2.2　Excel 的基本概念和工作簿的基本操作

1. 工作簿

工作簿是 Excel 环境中用来储存并处理工作数据的文件。在一本工作簿中，可以拥有多张具有不同类型的工作表。Excel 的存储单位是工作簿。当启动 Excel 时，就自动打开了工作簿，一个工作簿内最多可以有 255 个工作表，除了可以存放工作表外，还可以存放宏表、图表等。

2. 工作表

工作表是指由 65536 行和 256 列所构成的一个表格。行号的编号是由上自下从"1"到"65536"编号；列号则由左到右采用字母编号为"A"…"IV"。每一个行、列坐标所指定的位置称为单元格。在默认情况下，每一个工作簿文件会打开 3 个工作表文件，分别以 Sheet1、Sheet2、Sheet3 来命名。

3. 单元格与区域

（1）单元格

单元格是 Excel 工作表的最小组成单位。白色的小方格就是单元格。在 Excel 的操作中，以单元格作为最小的操作单位，其中可以存放字符和数据。单元格的长度、宽度以及单元格中字符串的大小和类型都是可变的，Excel 本身对单元格内容没有任何限制。

Excel 中每一个单元格都有固定的地址，用以标识其在工作表中的位置，包括单元格所位于的列号和行号。在默认状态下，Excel 列号用字母表示，行号用数字表示，地址 B7 表示第 7 行 B 列的单元格。

当用鼠标单击单元格时，该单元格地址显示在"名称框"内，内容显示在"编辑栏"内，这时可对单元格进行一些相关操作，如输入内容等。注意，单元格的内容既可以在单元格中输入，也可以在编辑栏中输入。

（2）区域

区域是选定的单元格的集合。选定单元格区域有以下几种方法。

① 一片连续区域：先用鼠标单击要选定的一角的单元格，然后拖动鼠标。这时屏幕上会出现一片高亮显示的区域，松开左键，此区域即被选定。

② 几片不相连区域或单元格：只需在键盘上按住 Ctrl 键，再按照上面的方法进行选定即可。

③ 同时选中一行或一列：单击列区号的字母时，选中该列；单击行区号时，选中该行。在行区号和列区号的交界处（左上角）是"全选中单元格"按钮，单击它可选中整张工作表。

④ 选中整张表：单击工作表的左上角"选定整个工作表"按钮，即可选定整个工作表。

4. 单元格和区域的命名

为了在以后操作中便于对区域的引用、定位以及使其内部的公式更容易理解等，还需要为它引入一个具有代表性的名字。

（1）使用菜单命名

① 选定要进行命名的单元格或区域。

② 单击"插入"→"名称"→"定义"命令，弹出"定义名称"对话框，如图 5-40 所示。也可通过 Ctrl＋F3 组合键来打开此对话框。

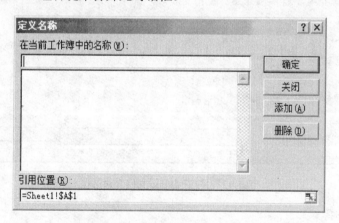

图 5-40　"定义名称"对话框

③ 单击"引用位置"文本框右端的"数据范围"按钮 ，此时标题栏中的"定义名称"变为"定义名称-引用位置"，且对话框变小，如图 5-41 所示。可在文本框中确认或重新选择需要命名的单元格或区域，选定区域的引用直接显示在文本框上，然后单击"数据范围"按钮，又回到"定义名称"对话框。

图 5-41　"定义名称-引用位置"对话框

④ 激活"在当前工作簿中的名称"文本框，在其中输入单元格或区域的新名称，单击"确定"按钮。

（2）使用"名称框"命名

① 在工作表中选中要命名的单元格区域。

② 单击"名称框"并在其中键入名称，按 Enter 键完成命名操作。

5. 新建和打开工作簿

启动 Excel 2003 后，系统自动建立一个默认文件名为"Book1"新的工作簿。建立和打开工作簿的方法有多种：

（1）打开"文件"菜单，选择"新建"命令建立或使用新建按钮📄；

（2）在"新建工作簿"任务窗格中，选择"新建"选项卡中的"空白工作簿"或"根据现有工作簿"选项建立。

（3）使用"开始"菜单中的"打开 Office 文档"命令，在"文件类型"中选择*.xls，如图 5-42 所示。

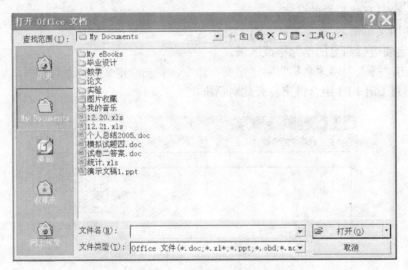

图 5-42 "打开 Office 文档"对话框

6. 保存工作簿

建立工作簿之后，要将工作簿中的内容保存到磁盘中。注意在工作中要注意随时保存工作的成果，以免信息丢失。方法如下。

（1）保存新建的工作簿：打开"文件"菜单，选择"保存"命令或单击工具栏"保存"按钮🖫，在弹出的"另存为"对话框中指明保存的位置、文件名和保存类型等信息。

（2）保存已建的工作簿：打开"文件"菜单，选择"保存"命令或单击工具栏"保存"按钮🖫，直接保存该文件，不再出现"另存为"对话框；但有时希望把当前的工作做一个备份，或者不想改动当前的文件，要把所做的修改保存在另外的文件中，这时就要用到"另存为"选项：打开"文件"菜单，选择"另存为"命令。弹出"另存为"对话框，指明另存的位置及相关信息。

7. 多个工作簿之间切换

打开"窗口"菜单，显示了当前同时打开的文件簿列表，如图 5-43 所示，可以同时在几个打开的工作簿之间切换。

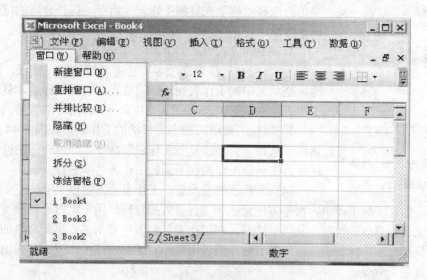

图 5-43　文件簿列表

　　菜单中列出了当前打开的所有工作簿的名称，而且当前在编辑的工作簿前有一个对勾，单击其他的工作簿名称，该工作簿就成为当前编辑的工作簿。

　　注意：可以用鼠标任意的拖动，改变它们的位置，这样在同时使用多个工作簿时就可以方便地选择要编辑的工作簿，切换起来也很容易。

　　8. 关闭工作簿

　　标题栏上"关闭"按钮的作用是退出 Excel。如果同时打开两个工作簿，单击"关闭"按钮会同时将这两个工作簿都关闭。如果要关闭的只是当前编辑的一个，可以单击菜单栏上的"关闭窗口"按钮，工作簿就被关闭。

5.2.3　Excel 工作表的基本操作和格式编排

　　1. 在工作簿中使用工作表

　　（1）插入工作表。在默认情况下，每一个工作簿文件会打开 3 个工作表文件，分别以"Sheet1"、"Sheet2"、"Sheet3"命名；但是在实际应用中，常常会超过 3 个工作表，这时必须增加工作表的数目。方法如下：打开"插入"菜单，选择"工作表"命令，就插入了一个"Sheet5"的工作表，并且该表成为当前活动的工作表。

　　（2）删除工作表。打开"编辑"菜单，选择"删除工作表"命令或者鼠标右键单击选中的工作表，从弹出的菜单中选择"删除"命令即可。

　　（3）移动或复制工作表

　　如何调整工作簿中工作表的次序呢？移动工作表的方法如下：

　　① 首先在工作表选项卡中选定要移动的工作表，然后沿着选项卡行拖动选中的工作表到达新的位置，松开鼠标键即可。在拖动过程中，出现一个黑色的三角形，它指示了工作表要被插入的位置。

图 5-44 "移动或复制工作表"
话框

② 鼠标右键单击选定要移动的工作表，弹出图 5-44 所示的菜单，选择"移动或复制工作表"命令，选择合适的位置即可。这种方法可使工作表在不同的工作簿之间进行移动。

复制工作表的方法如下。

① 首先在工作表选项卡中选定要移动的工作表，按住 Ctrl 键，拖动选中的工作表到达新的位置，松开鼠标键，复制了一个工作表，并且工作表的后面附上了一个带括号的编号。

② 鼠标右键单击选定要移动的工作表，在图 5-44 所示的对话框，选择"移动或复制工作表"命令，选择合适的位置即可。这种方法可使工作表在不同的工作簿之间进行复制。

（4）工作表的重命名。工作表通常都以"Sheet1"、"Sheet2"等来命名。但在实际工作中，很不方便记忆和进行有效的管理。用户可以通过改变这些工作表的名字来进行有效的管理。具体做法是，在工作表选项卡中双击需要重新命名的工作表，该工作表反黑显示，此时输入合适的名称；或者用鼠标右键单击该工作表，从弹出的菜单中选择"重命名"命令。

（5）工作表的隐藏。为了减少屏幕上的窗口和工作表数量，并且有助于防止对隐藏工作表做不必要的修改。用户可以将含有重要数据的工作表和暂时不使用的工作表隐藏起来。具体做法是，单击"格式"→"工作表"→"隐藏"命令即可。

（6）工作表的保护。为了确保工作表中重要的内容不被修改，可以对工作表设置保护措施，单击"工具"→"保护"→"保护工作表"即可。同样用户也可以对工作簿进行保护。

2．工作表的编辑

（1）编辑单元格

在 Excel 中，大部分的操作都是围绕单元格来展开的。对单元格数据的编辑操作包括：修改、清除、移动、复制。若编辑操作有误，可选用撤消和恢复功能，给予校正。

① 修改单元格数据
- 选定要修改的单元格，单元格中的数据便出现在"编辑栏"中。
- 单击"编辑栏"，在其中对数据进行修改，然后单击键盘上的回车键或"编辑栏"左侧的 ✓ 按钮，完成修改；或直接在单元格中对数据进行修改。

② 清除单元格数据
- 选定需要清除的单元格或区域。
- 单击"编辑"菜单中的"清除"菜单命令，或按 Delete 键。
- 根据要清除的内容，选择相应的子菜单中的命令。

③ 移动单元格数据
- 选中要移动的单元格。
- 把鼠标移动到选区的边上，鼠标变成左上箭头形状，按下左键拖动，出现一个虚框，表示移动的单元格到达的位置。
- 在合适的位置松开左键，单元格就移动过来。

如果单元格要移动的距离比较长，这样拖动就很不方便，这种情况可以使用"剪切"功能：选中要移动的内容，单击工具栏上的"剪切"按钮 ✄，剪切的部分被虚线包围，选中要移动到的单元格，单击工具栏上的"粘贴"按钮，单元格的内容就移动过来。

④ 复制单元格数据

选中要复制内容的单元格，单击工具栏上的"复制"按钮 📑，然后选中要复制到的目标的单元格，单击工具栏上的"粘贴"按钮 📋 即可。

⑤ 撤消和恢复

如果对上次的操作情况不满意，可以单击工具栏上的"撤消"按钮 ↰，把操作撤消。如果你又不想撤消了，还可以马上恢复：单击工具栏上的"恢复"按钮 ↱。

注意：恢复一定要紧跟在撤消操作的后面，否则"恢复"就失效了；单击工具栏上的"撤消"按钮的下拉箭头，列出了可以撤消的全部操作。不过需要注意，撤消和恢复操作是有次数限制的。

（2）编辑工作表

① 选定工作表。通常用户只能对当前活动的工作表进行编辑，所以用户在对工作表进行编辑时，必须先激活该工作表，即选定工作表。

● 选定单个工作表：选定单个工作表，只要在工作表选项卡上单击工作表的名字即可。

● 选定多个工作表：按住 Ctrl 键，在工作表选项卡上用鼠标单击需要选择的工作表。当想取消多个选择时，只需在任一个选中的工作表上单击鼠标右键，从弹出的菜单中选择"取消成组工作表"命令即可。

② 插入。可以插入行、列、单元格，对工作表的结构进行调整。

● 插入行：右键单击左边的行标，选中一行，从打开的菜单中选择"插入"命令，在选中的行前面插入一个行，或者使用"插入"菜单中的"行"命令。

● 插入列：和插入行的方法差不多，选中一列，从右键菜单中选择"插入"命令，在当前列的前面插入一列；或使用"插入"菜单中的"列"命令。

● 插入一个单元格：右键单击一个单元格，从打开的菜单中选择"插入"命令，在弹出"插入"对话框中选择"活动单元格下移"，单击"确定"按钮，在当前位置插入一个单元格，而原来的数据都向下移动了一行。或使用"插入"菜单中的"单元格"命令。

③ 删除。选中需要删除的行、列或单元格，单击鼠标右键，从菜单中选择"删除"命令即可。

④ 多张工作表中输入相同的内容。如何在几个工作表中同一位置填入同一数据？可以选中一张工作表，然后按住 Ctrl 键，单击窗口左下角的 Sheet1，Sheet2…直接选择需要输入相同内容的多个工作表，接着在其中的任意一个工作表中输入这些相同的数据，此时这些数据会自动出现在选中的其他工作表之中。输入完毕之后，再次按下 Ctrl 键，然后使用鼠标左键单击所选择的多个工作表，解除这些工作表的联系，否则在一张表单中输入的其他数据会接着出现在选中的其他工作表内。

⑤ 不连续单元格填充同一数据。选中一个单元格，按住 Ctrl 键，用鼠标单击其他单元格，将这些单元格全部选中。在编辑区中输入数据，然后按住 Ctrl 键，同时按回车键，在所有选中的单元格中都会出现该数据。

⑥ 在单元格中显示公式。工作表中的数据多数是由公式生成的，如何知道每个单元格中的公式形式，以便编辑修改呢？具体步骤如下。

● 单击"工具"菜单，选取"选项"命令。

● 单击"选项"对话框中"视图"选项卡，设置"窗口选项"栏下的"公式"项有效，单击"确定"按钮即可。

● 如果想恢复公式计算结果的显示,就再设置"窗口选项"栏下的"公式"项失效即可。

⑦ 利用 Ctrl+*选取文本。如果一个工作表中有很多数据表格时,可以通过选定表格中某个单元格,然后按下 Ctrl+*键可选定整个表格。Ctrl+*选定的区域为:根据选定单元格向四周辐射所涉及到的所有数据单元格的最大区域。这样可以方便准确地选取数据表格,并能有效避免使用拖动鼠标方法选取较大单元格区域时屏幕的乱滚现象。

⑧ 快速清除单元格的内容。如果要删除单元格中的内容和它的格式、批注,就不能简单地应用选定该单元格,然后按 Delete 键的方法。要彻底清除单元格,可用以下方法:选定想要清除的单元格或单元格范围,单击"编辑"菜单中"清除"项中的"全部"命令,这些单元格就恢复了本来面目。

3. 格式编排

(1) 设置单元格格式

设置单元格格式包括单元格的字体、文本的对齐方式、数字的类型以及单元格的边框、图案及保护等。

① 设置单元格的字体

● 选定要进行格式设置的文本;单击"格式"菜单中的"单元格"命令,弹出"单元格格式"对话框,然后选择对话框中的"字体"选项卡,此时可以对各项进行设置。

● 利用"格式"工具栏,如图 5-45 所示,对单元格的字体进行格式设置。

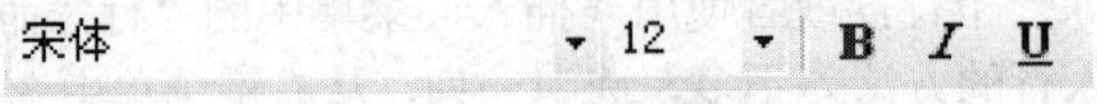

图 5-45 "格式"工具栏

② 设置单元格边框

● 选定单元格数据。

● 单击"格式"菜单中的"单元格"命令,弹出"单元格格式"对话框,选择对话框中的"边框"选项卡;或者利用"格式"工具栏上最左边的边框按钮 ▦ ▾ 。

③ 设置文本的对齐方式

● 选定要对齐的单元格。

● 单击"格式"菜单中的"单元格"命令,弹出"单元格格式"对话框,选择对话框中的"对齐"选项卡。或者利用"格式"工具栏上常用文本对齐方式的快捷按钮 ▤▤▤▤▥ 。

④ 设置数字类型

工作表通常处理数字信息,Excel 能够处理多种数字类型,用户可以根据需要进行选择。

单击"格式"菜单中的"单元格"命令,弹出"单元格格式"对话框,选择对话框中的"数字"选项卡,如图 5-46 所示。

注意:在默认情况下,Excel 中数字输入后自动向右靠齐,可以使用"格式"工具栏上常用文本对齐方式的快捷按钮 ▤▤▤▤▥ 对其进行设置。此外,Excel 还提供了几个数字格式按钮可以对数字格式进行设置。

● "货币样式"按钮 ▦ :选中的数字前面增加货币符号,并且数字后增加两位小数。

- "百分比样式"按钮 ％：选中的数字后面增加％符号。
- "千位分隔样式"按钮 , ：选中的数字中增加千分位。
- "增加小数位数"按钮 ：选中的数字增加小数的位数。
- "减少小数位数"按钮 ：选中的数字减少小数的位数。

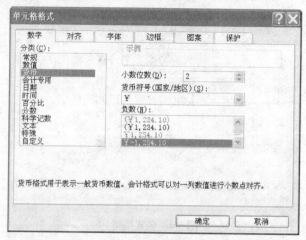

图 5-46　"单元格格式"对话框

（2）设置行高和列宽

通常工作表中行高和列宽都是相等的，如果单元格的宽度太小，输入的文字超过了默认的宽度时，单元格中的内容就会溢出到右边的单元格。此时，需要对单元格的列宽进行调整一般来说，单元格的行宽会随着字体的大小自动调整。用户也可以根据需要进行设置。

调整列宽和行宽的方法如下：单击"格式"→"列"→"列宽"命令，在图 5-47 所示的对话框中，输入所需的列宽值。单击"格式"→"行"→"行高"命令，在图 5-47 所示的对话框中，输入所需的行宽值。或者将鼠标移到要改变列宽的列编号的格线上，当鼠标变成十字箭头时，拖动鼠标到合适的位置即可。

图 5-47　"列宽"和"行高"对话框

5.2.4　Excel 工作表中的计算操作

公式是电子表格的核心，如果不需要公式，用字处理软件就可以处理电子表格。Excel 提供了丰富的环境来创建复杂的公式。用少量的数学运算符和数学规则，工作表就变成了强大的计算器。

1. 创建公式

Excel 提供的运算远不止简单的加、减、乘、除，它还可以对正文和数字进行计算，也可以建立复杂的统计、财经和工程公式。

如何创建公式呢？举一个简单的例子，计算公式为 y=6x+5，x 从 1 变化到 6 时，y 的值：先在第一列中输入数 1 到 6，然后在 B1 单元格中输入"=6*A1+5"，再将其填充到下面的单元格中即可，如图 5-48 所示。

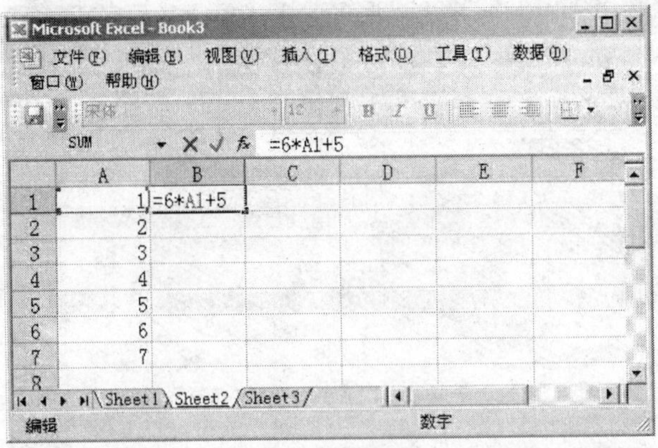

图 5-48 公式编辑

注意：Excel 中所有的公式都是以等号开头的，等号告诉系统后面的字符串是公式，而不是普通字符。Excel 公式中可以包括 0、1、2 等 10 个数字和 +、- 等运算符，系统会利用它们的数字正文值完成数学运算。此外，公式中还可以包括五种数字格式字符："$"，","，"（"，"）"，"%"。但在使用时，必须用双引号括起来。

2. 编辑公式

公式和一般的数据一样可以进行编辑，编辑方式同编辑普通的数据一样，可以进行拷贝和粘贴。先选中一个含有公式的单元格，然后单击工具栏"复制"按钮，再选中要复制到的单元格，单击工具栏"粘贴"按钮，该公式就复制到下面的单元格中了，可以发现其作用和上节填充出来的效果是相同的。

其他的操作如移动、删除等也同一般的数据是相同的，只是要注意在有单元格引用的地方，无论使用什么方式在单元格中填入公式，都存在一个相对、绝对、混合引用的问题。

3. 相对引用、绝对引用和混合引用

相对引用是指向相对于公式所在单元格相应位置的单元格，例如，"本单元格上的两行单元格"。绝对引用是指向表中固定位置的单元格，例如，"位于 A 列，2 行的单元格"，混合引用包含一个相对引用和一个绝对引用，例如，"位于 A 列，上两行的单元格"。

相对引用单元格 A1：=A1；

绝对引用单元格 A1：=$A$1

混合引用单元格 A1：=$A1，"$" 在字母前，含义是列位置是绝对的，行位置是相对的；

=A$1，"$" 在数字前，含义是行位置是绝对的，列位置是相对的。

4. 引用其他工作表中的单元格

在某个工作表中可以引用其他工作表中的单元格，方式是：其他工作表的名称 + "!" +

单元格。例如，Sheet3！A5，表示引用的是 Sheet3 工作表中的 A5 单元格。

5. 函数的使用

函数是对单个值或多个值进行操作，并且返回单值或多值的已经定义好的公式。在 Excel 中函数是由函数名和括号内的参数组成的。Excel 提供了几百个函数，熟练掌握每个函数是很困难的，用户可以使用"插入"菜单的"函数"命令，进行所需函数的选择。如图 5-49 所示，在工具栏中还有一个自动求和按钮Σ ▼，里面包含了除求和外，还有其他 4 个常用的函数。

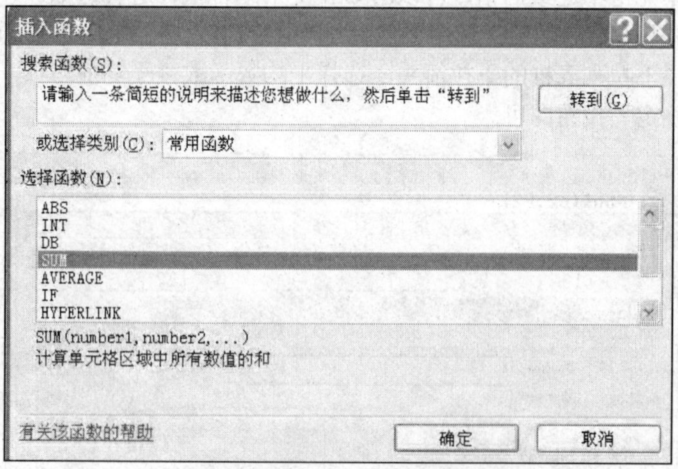

图 5-49　"函数"对话框

如何使用函数来进行计算呢？Excel 中最常用的函数功能就是求和，以求和功能为例进行说明。图 5-50 是一张"学生成绩表"，需要把表中每位学生的总分进行汇总，方法如下。

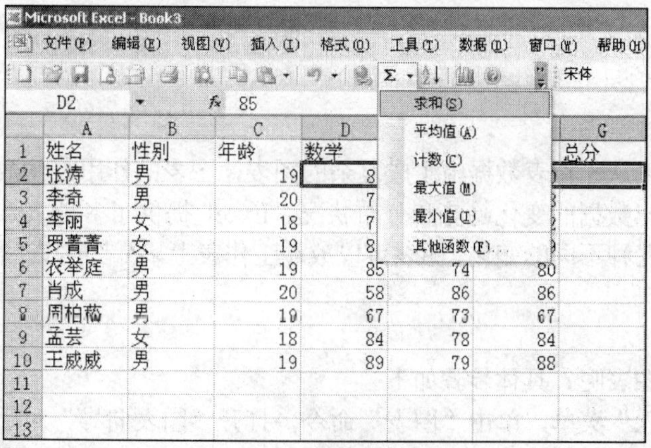

图 5-50　自动求和功能

选中单元格和右边的"总分"单元格，然后单击工具栏上的"自动求和"按钮，选择其中的"求和"选项，在"总分"栏中就出现了左边这些单元格的数字的和，如图 5-50 所示。

自动求和功能可以自动对行或列中数据求和，对行中数据的求和同对列中数据的求和方法基本一致。但是如果要加和的单元格并不在同一个行或者列上，这时自动求和功能就没有办法了。例如，要求出"外语和计算机的总分"，就需要用 Excel 提供的函数功能来实现。

（1）单击要填入分数和的单元格；

（2）打开"插入"菜单，选择"函数"命令；

（3）在弹出的"函数"对话框中，选择 SUM 函数；

（4）弹出如图 5-51 所示的对话框，在 Number1 中输入数值相加的单元格或单击 Number1 输入框的拾取按钮，从工作表中选择要将数值相加的单元格。

（5）单击"确定"按钮即可。

如果要求和单元格不连续的话，可以用 Ctrl 键来配合鼠标进行选取。

Excel 中有求平均数的函数：选中要放置平均数的单元格，单击"自动求和"按钮，单击左边的函数选择下拉列表框的下拉箭头，选择平均数函数"平均值"项，然后选择取值的单元格，单击"确定"按钮即可。

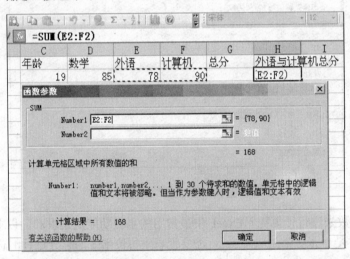

图 5-51   求和函数

5.2.5   图表操作

使用 Excel 可以从工作表数据中生成复杂的图表，图表的作用是使数据更加清楚，更加直观，更容易反映出数据的变化趋势和分布状况。Excel 提供了多种二维和三维图表类型，而且每种类型都有几种不同的变化。图表可以放在工作表上，或者放在工作簿的图表表格上。

1. 建立图表

如何建立一个图表呢？具体步骤如下。

（1）打开"插入"菜单，单击"图表"命令，打开"图表向导"对话框。

（2）选择图表的类型，从"图表类型"列表中选择"饼图"，从"子图表类型"列表中选择默认的第一个，单击"下一步"按钮。

（3）出现如图 5-52 所示的对话框，对话框为饼图选择一个数据区域：单击"数据区域"输入框中的拾取按钮，对话框缩成了一个横条，选中所需要建立图表的数值，然后单击"图表向导"对话框中的返回按钮，回到原来的"图表向导"对话框，可以从预览框中看到设置的饼图的大体样子；单击"下一步"按钮。

（4）设置图表的各项标题，图 5-53 所示，饼图没有 X、Y 轴，只能设置它的标题，设置好标题之后，单击"下一步"按钮。

（5）选择生成的图表放置的位置，选择"作为其中的对象插入"，单击"完成"按钮；饼图就生成了。

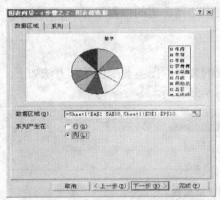
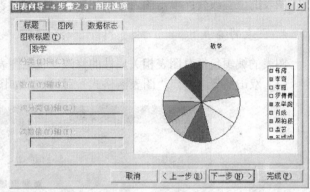

图 5-52　"图表向导"对话框　　　　图 5-53　标题的设置

2. 图表的修改

经常可以看到一种饼图，有一部分同其他的部分分离，这种图的做法是：单击圆饼，在饼的周围会出现一些句柄，单击其中的某一色块，句柄就到该色块的周围，向外拖动此色块，就可以把这个色块拖动出来；同样的方法可以把其他各个部分分离出来，如图 5-54 所示。

把饼图合起来的方法是：先单击图表的空白区域，取消对圆饼的选取，再单击任意一个圆饼的色块，选中整个圆饼，按下左键向里拖动鼠标，可以把这个圆饼合并到一起。

经常可以见到这样的饼图，把占总量比较少的部分单独拿出来做一个小饼以便看清楚，做这种图的方法：打开"图表"菜单，单击"图表类型"命令，打开"图表类型"对话框，单击"标准类型"选项卡，从"子图表类型"列表中选择"复合饼图"，单击"确定"按钮，图表就生成了。如果图中各个部分的位置不太符合要求，调整一下：首先把图的大小调整一下，然后把右边小饼图中的份额较大的拖动到左边，同时把左边份额小的拖到右边，饼图就完成了，如图 5-54 所示。

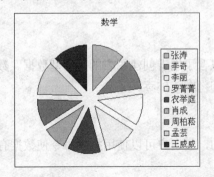
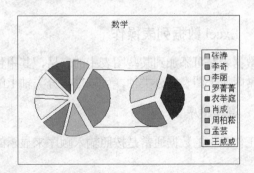

图 5-54　图饼的分离图与复合

3. 图表的大小和位置

图表的大小和位置是可以调整的，使工作表的数据和图表清晰的显示出来。

图表的大小改变：单击图表，图表周围出现 8 个黑色的控制点，表示图表被选中，把鼠标移到这些控制点处，当鼠标变成双箭头时，可以拖动鼠标到合适的位置，该图表的大小就改变了。

图表的位置改变：单击图表，按住鼠标左键将图表拖动到合适的位置即可。

4. 图表的编辑

图表的编辑包括对图表相关属性的修改，包括图表的文字、图案和颜色等。方法如下。

（1）双击图表，弹出"图表区格式"对话框，如图 5-55 所示。

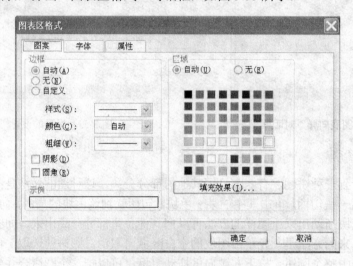

图 5-55 "图表区格式"对话框

（2）选择"图案"选项卡，在"边框"选项中，可以设置图表边框的线条和颜色，是否设置阴影、边框拐角处是否为圆角等。

（3）选择"字体"选项卡，对图表中的字体进行设置。

（4）选择"属性"选项卡，对图表位置进行设置。

（5）单击"确定"按钮即可。

5.2.6　Excel 数据列表操作

数据表是可添加到某些图表中的表格，其中包含了用于创建图表的数字型数据。数据表格通常附属于图表的分类轴，可以替代分类轴上的刻度线标志。

1. 数据排序

工作表中的数据通常是按照输入顺序来显示的，但用户可以使用排序命令使数据有序排列。

（1）根据某一数据列的内容按升序对行数据排序。首先在待排序数据列中单击任一单元格，然后单击工具栏"升序排序"按钮。

（2）根据某一数据列的内容按降序对行数据排序。首先在待排序的数据列中单击任一单元格，然后单击工具栏"降序排序"按钮 。

（3）根据两列或更多列中的内容对行进行排序。首先在需要排序的数据清单中，单击任一单元格，然后在"数据"菜单中，单击"排序"命令，最后在"主要关键字"和"次要关键字"下拉列表框中，选择需要排序的列。

例1 如图 5-56 所示是一张学生成绩表，按数学成绩从低到高排列。

（1）单击数学这一列中的任意单元格。

（2）单击工具栏"升序排序"按钮 即可。

例2 按数学成绩从低到高，外语成绩从高到低排列，如图 5-57、5-58 所示。

（1）在成绩表数据区域单击任意单元格。

（2）单击"数据"菜单，选择"排序"命令，弹出"排序"对话框，如图 5-59 所示。

（3）在"主要关键字"下拉列表框中选择"数学"，选择"升序"；在"次要关键字"下拉列表框中选择"外语"，选择"降序"。

（4）单击"确定"按钮即可。

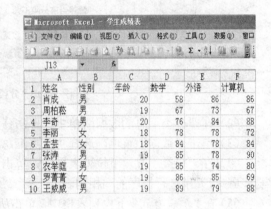

图 5-56 学生成绩表　　　　　　图 5-57 数学升序排列

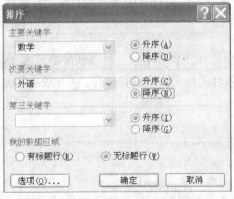

图 5-58 数学升序、外语降序综合排列

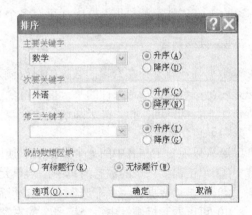

图 5-59 "排序"对话框

2. 数据清单中插入分类汇总

对数据清单上的数据进行分析的一种方法是分类汇总。分类汇总是 Excel 一个重要的功

能。例如，学生成绩表是一个包含有数百条学生成绩记录的数据清单：其列分别标记有数学、外语和计算机成绩。可以使用分类汇总，自动产生按数学、外语和计算机的小计和总计。也可以对这几组数据进行汇总。

（1）先选定汇总列，对数据清单进行排序。例如，包含姓名、性别、年龄、数学、外语、计算机的数据清单中，如图 5-60 所示，汇总每位学生三科的平均分，使用姓名列对数据清单排序。

图 5-60 "分类汇总"对话框

（2）在要分类汇总的数据清单中，单击任一单元格。

（3）单击"数据"菜单，选择"分类汇总"命令。

（4）在"分类字段"下拉列表框中，单击需要用来分类汇总的数据列。选定的数据列应与步骤（1）中进行排序的列相同。

（5）在"汇总方式"下拉列表框中，单击所需的用于计算分类汇总的函数，如"平均值"，如图 5-60 所示。

（6）在"选定汇总项"框中（可有多个），选定需要汇总计算的数值列对应的复选框。

3. 数据筛选

数据筛选就是指在众多的数据中挑选满足给定条件的数据子集。筛选功能可以使 Excel 只显示出符合设定筛选条件的某一值或符合一组条件的行，而隐藏其他行。在 Excel 2003 中提供了"自动筛选"和"高级筛选"命令。

（1）自动筛选

一次只能对工作表中的一个数据清单使用筛选命令。

① 单击需要筛选的数据清单中任一单元格。

② 单击"数据"→"筛选"→"自动筛选"命令，如图 5-61 所示。

③ 可以看到标题行中每个字段名的右端有一个筛选箭头 ▾。如果希望只显示某一列的值为特定值的数据行，可单击该列标题右端的筛选箭头 ▾，然后选择需要显示的项目。

④ 如果要使用同一列中的两个数值筛选数据清单，则使用比较运算符而不是简单的"等于"符号，单击数据列上端的下拉箭头，再单击"自定义"命令，出现"自定义自动筛选方式"对话框，如图 5-62 所示。

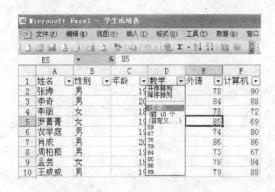

图 5-61　自动筛选

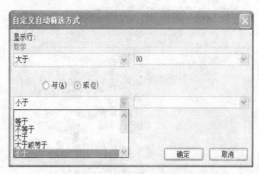

图 5-62　"自定义自动筛选方式"对话框

当对一列数据进行筛选后，能对其他数据列进行双重筛选的值，只能是那些在首次筛选后的数据清单中显示的值。使用"自动筛选"命令，对一列数据最多可以应用两个条件。如果要对一列数据应用三个或更多条件，使用计算后的值作为条件，或者将筛选后的记录复制到另一位置，再进行筛选，也可以使用高级筛选命令。

（2）高级筛选

高级筛选条件可以包括一列中的多个条件、多列中的多个条件和作为公式结果生成的条件。

① 在适当的空白单元格中输入筛选所需的条件，例如"数学>80"等。

② 单击工作表中的任一单元格。单击"数据"→"筛选"→"高级筛选"命令，出现如图 5-63 所示的对话框。

③ 在"方式"框中选择筛选结果的显示位置。在"列表区域"框中，指定数据区域。在"条件区域"框中，指定条件区域。在"复制到"框中，指定结果的存放位置。

④ 单击"确定"按钮，就可得到筛选结果。

图 5-63　"高级筛选"对话框

例如，用高级筛选选出"数学大于 80"、"外语大于 80"和"计算机大于 80"的学生。图 5-63 中在条件区域中输入所用的条件，并且选择的方式是"将筛选结果复制到其他位置"，位置是\$A\$15:\$F\$22。

注意：

① 多个条件输入时排列的位置不同，也决定了条件之间的关系是"且"还是"或"的关系。例如，图 5-64 表示的条件是："语文<60 且 数学<60"（也即两科都不及格），而图 5-65 表示的条件是："语文<60 或 数学<60"（也即两科中有一科不及格）

语文	数学	
<60	<60	

图 5-64　筛选条件 1

语文	
<60	
	数学
	<60

图 5-65　筛选条件 2

② 用作条件的公式必须使用相对引用来引用列标，或者引用第一个记录的对应字段。公式中的所有其他引用都必须是绝对引用，并且公式计算的结果为 TRUE 或 FALSE 。

高级筛选的结果，如图 5-66 所示。

	A	B	C	D	E	F
1	姓名	性别	年龄	数学	外语	计算机
2	张涛	男	19	85	78	90
3	李奇	男	20	76	84	88
4	李丽	女	18	78	78	72
5	罗菁菁	女	19	86	85	69
6	农举庭	男	19	85	74	80
7	肖成	男	20	58	86	86
8	周柏菘	男	19	67	73	67
9	孟芸	女	18	84	78	84
10	王威威	男	19	89	95	88
11		数学	外语	计算机		
12		>80	>80	>80		
13						
14	姓名	性别	年龄	数学	外语	计算机
15	王威威	男	19	89	95	88

图 5-66　高级筛选的结果

5.2.7　打印

1. 打印预览

在打印工作表之前首先要预览一下，这样可以防止打印出来的工作表不符合要求。方法是：单击工具栏"打印预览"按钮 ，可以切换到"打印预览"窗口。前面也曾经介绍过该功能，其作用是了解打印出来的效果。用户看到的是整个页面的效果，单击"缩放"按钮 缩放(Z) ，可以把显示的图形放大，再单击该按钮，就返回到整个页面的视图形式。单击"打印"按钮可以将工作表打印出来，单击"关闭"按钮则回到编辑状态。

2. 页面设置

打开"文件"菜单，选择"页面设置"命令，弹出"页面设置"对话框，如图 5-67 所示。可以通过在 4 个选项卡里进行设置来完成页面的设置。

设置页眉和页脚：打开"页面设置"对话框，单击"页眉/页脚"选项卡，如图 5-68 所示，单击"页眉"下拉列表框中的下拉箭头，选择页眉的形式，给工作表设置好一个页眉，从预览框中可以看到页眉的效果。

3. 设置打印区域

在计算数据时经常会用到一些辅助的单元格，但是没必要把它们打印出来，此时可以设置一个打印区域，只打印有用的那一部分数据。

（1）选择要打印的部分，单击"文件"→"打印区域"→"设置打印区域"命令，在打印时就只能打印这些单元格，单击"打印预览"按钮，可以看到打印出来的只有刚才选择的区域。

（2）单击"关闭"按钮回到普通视图，单击"文件"→"打印区域"→"取消打印区域"命令，可以将设置的打印区域取消。

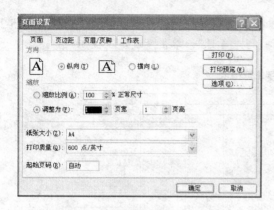

图 5-67 "页面设置"对话框

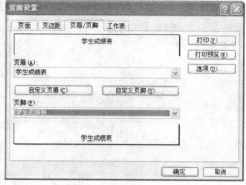

图 5-68 "页眉/页脚"设置

4. 打印选项

单击"文件"菜单，选择"打印"命令，弹出"打印"对话框。可以设置一次打印几份工作表：在对话框中的"份数"栏的"打印份数"输入框中输入"3"，单击"确定"按钮，可以连续打印出三份工作表。还可以设置其他的一些选项，比如，设置打印开始和结束的页码：在"范围"一栏中选择"页"项，在后面填上开始和结束的页码；设置打印时是打印选定的工作表还是整个工作簿或者是选定的区域。

5.2.8　Excel 数据处理综合实例

Excel 办公软件在信息化社会的今天发挥着重要的作用，在行政部门、企事业单位均有着广泛的应用。Excel 办公软件主要应用于需要大量计算的表格，甚而作为一个简单而高效的辅助人们进行统计分析的工具，或者当作简单的数据库管理系统来用。例如，在商业领域中从事销售管理工作，如果企业没有更强大的管理信息系统，那么从库存数量，到发货、开票、回款、结算、月底出报表，还有发货时的资信考核，都可以靠 excel 表来完成。本节为了说明 Excel 的应用，特别用一个在学校学生成绩管理方面的简单的实例来进行说明。

高校某班主任老师欲对班级学生成绩进行统计分析，关注学生成绩分布，想了解学生各科目的考试情况，及格或不及格的人数，进行成绩排序排名次。这些应用通过 Excel 可以很轻松地完成。学生班长了解了班主任老师的要求后，用 Excel 辅助班主任老师完成了这些工作，把做好的 Excel 文件压缩打包发送到班主任老师的邮箱。下面介绍学生班长利用 Excel 进行这些工作的主要步骤。

1. 输入数据

启动 Excel，录入如表 5-2 所示的数据。
注意：
（1）录入数据时要注意学号的输入法，要求学号是以 0 开始的，要是按着平常的数字输入那是肯定不可以的，在这个时候就得采取其他的方式

步骤：选中要输入的单元格→再输入' 符号→输入以 0 开头的数字。
（2）在这里输入的出生日期是以"xx—xx—xx"形式输入的，要是要求以"xx 年 xx 月 xx 日"的形式输入，只需要通过下面的方法就可以实现，而在输入时不需要变化。

步骤：选中你要输入的单元格区域→单击右键→选择【设置单元格格式】，出现如表 5-2 所示的窗口，选择【日期】，再选择"*2001 年 3 月 14 日"，单击"确定"按钮。

表 5-2　学生成绩表

第一学期成绩							
序号	班级	姓名	语文	数学	外语	出生日期	E-mail
1	国际贸易200801	卢俊义	89	98	87	1989-9-8	mml@126.com
2	国际贸易200801	公孙胜	98	89	78	1988-5-6	kke@126.com
3	国际贸易200801	林 冲	88	68	85	1989-6-5	Yyy@sina.com
4	国际贸易200801	呼延灼	87	89	86	1990-9-7	UUU@yahoo.com
5	电子商务200801	柴 进	82	78	86	1990-12-6	TTT@126.com
6	电子商务200801	朱 仝	75	68	75	1990-5-9	TY12@126.com
7	电子商务200801	武 松	86	78	77	1988-5-6	rr48@yahoo.com
8	电子商务200801	张 清	78	79	71	1987-6-12	54yu@sina.com
9	电子商务200801	徐 宁	76	88	62	1987-11-5	48uyt@126.com

2. 修改数据

（1）单元格方式修改数据

假设林冲的分数输入有误，他的语文成绩应该是在 90 分，需进行修改。双击林冲语文分数的单元格，等鼠标变成了竖线就可以在键盘上删除他的 88 分，再输入 90 分。

（2）查找与替换方式修改数据

任务：将"外语"改为"英语"。

步骤："编辑"→"替换"→"查找内容"输入"外语"→"替换内容"为"英语"→单击"全部替换"按钮，修改完后的数据如表 5-3 所示。

表 5-3　修改数据后的学生成绩表

第一学期成绩								
序号	班级	姓名	语文	数学	英语	总分	出生日期	E-mail
1	国际贸易200801	卢俊义	89	98	87	274	1989-9-8	mml@126.com
2	国际贸易200801	公孙胜	98	89	78	265	1988-5-6	kke@126.com
3	国际贸易200801	林 冲	90	68	85	243	1989-6-5	Yyy@sina.com
4	国际贸易200801	呼延灼	87	89	86	262	1990-9-7	UUU@yahoo.com
5	电子商务200801	柴 进	82	78	86	246	1990-12-6	TTT@126.com
6	电子商务200801	朱 仝	75	68	75	218	1990-5-9	TY12@126.com
7	电子商务200801	武 松	86	78	77	241	1988-5-6	rr48@yahoo.com
8	电子商务200801	张 清	78	79	71	228	1987-6-12	54yu@sina.com
9	电子商务200801	徐 宁	76	88	62	226	1987-11-5	48uyt@126.com

3. 插入、复制、删除、清除

（1）插入行、列。如表 5-4 所示，如果要在"姓名"之前插入"学号"这一列，就先选中"姓名"列，将鼠标箭头放在字母 C 上，单击鼠标右键，选择"插入"，这个时候出现了空白的一列，现在就可以输入学生的学号了。同理，可以插入一行。

表 5-4　插入了学号列的学生成绩表

第一学期成绩									
序号	班级	学号	姓名	语文	数学	英语	总分	出生日期	E-mail
1	国际贸易200801	8311102(	卢俊义	89	98	87	274	1989-9-8	mml@126.com
2	国际贸易200801	8311102(	公孙胜	98	89	78	265	1988-5-6	Yyy@sina.com
3	国际贸易200801	8311102(	林 冲	90	68	85	243	1989-6-5	Yyy@sina.com
4	国际贸易200801	8311102(	呼延灼	87	89	86	262	1990-9-7	UUU@yahoo.com
5	电子商务200801	8311102(	柴 进	82	78	86	246	1990-12-6	TTT@126.com
6	电子商务200801	8311102(	朱 仝	75	68	75	218	1990-5-9	TY12@126.com
7	电子商务200801	8311102(	武 松	86	78	77	241	1988-5-6	rr48@yahoo.com
8	电子商务200801	8311102(	张 清	78	79	71	228	1987-6-12	54yu@sina.com
9	电子商务200801	8311102(	徐 宁	76	88	62	226	1987-11-5	48uyt@126.com

（2）复制。双击单元格选中单元格中的数据，在其他的单元格中单击右键，选择粘贴，即可将数据复制到该单元格之中。

（3）删除、清除。在这个表格中，要是觉得没有必要要"学号"这一列，想要删除它，同我们选中它的时候一样，再选择"删除"就可以了。"清除"也是一样的方法。

4. 格式化工作表

（1）调整行高和列高

若要对"学号"列加宽，就将指针指向 C 列和 D 列列号之间，鼠标指针变为左右方向箭头，这个时候将箭头向右拖动就可以了（根据自己的实际情况调整列宽）。同理，可以调整行宽。效果如表 5-5 所示。

表 5-5　调整学号列宽后的学生成绩表

| 第一学期成绩 | | | | | | | | | |
序号	班级	学号	姓名	语文	数学	英语	总分	出生日期	E-mail
1	国际贸易200801	0881110201	卢俊义	89	98	87	274	1989-9-8	mml@126.com
2	国际贸易200801	0881110202	公孙胜	98	89	78	265	1988-5-6	kke@126.com
3	国际贸易200801	0881110203	林 冲	90	68	85	243	1989-6-5	Yvy@sina.com
4	国际贸易200801	0881110204	呼延灼	87	89	86	262	1990-9-7	UUU@yahoo.com
5	电子商务200801	0881110205	柴 进	82	78	86	246	1990-12-6	TTT@126.com
6	电子商务200801	0881110206	朱 仝	75	68	75	218	1990-5-9	TY12@126.com
7	电子商务200801	0881110207	武 松	86	78	77	241	1988-5-6	rr48@yahoo.com
8	电子商务200801	0881110208	张 清	78	79	71	228	1987-6-12	54yu@sina.com
9	电子商务200801	0881110209	徐 宁	76	88	62	226	1987-11-5	48uvt@126.com

通过菜单进行准确调整的步骤：选定 C 列→选择"格式"→"列"→"列宽"命令→在"列宽"对话框中输入列宽值"xx"→"确定"按钮。同理，可调整行高。

（2）设置其他格式

任务一：将数学成绩以保留一位小数方式显示，如"99"显示为"99.0"。

步骤：选中数学成绩→"格式"→"单元格"→在对话框中选择"数字"选项卡→在"分类"框中选择"数值"→在"小数位数"框中输入数字"1"→单击"确定"按钮，表格再显示数字的时候就变成了有一位小数的数字了。效果如表 5-6 所示。

表 5-6　数学成绩设为一位小数后的学生成绩表

| 第一学期成绩 | | | | | | | | | |
序号	班级	学号	姓名	语文	数学	英语	总分	出生日期	E-mail
1	国际贸易200801	0881110201	卢俊义	89	98.0	87	274	1989-9-8	mml@126.com
2	国际贸易200801	0881110202	公孙胜	98	89.0	78	265	1988-5-6	kke@126.com
3	国际贸易200801	0881110203	林 冲	90	68.0	85	243	1989-6-5	Yvy@sina.com
4	国际贸易200801	0881110204	呼延灼	87	89.0	86	262	1990-9-7	UUU@yahoo.com
5	电子商务200801	0881110205	柴 进	82	78.0	86	246	1990-12-6	TTT@126.com
6	电子商务200801	0881110206	朱 仝	75	68.0	75	218	1990-5-9	TY12@126.com
7	电子商务200801	0881110207	武 松	86	78.0	77	241	1988-5-6	rr48@yahoo.com
8	电子商务200801	0881110208	张 清	78	79.0	71	228	1987-6-12	54yu@sina.com
9	电子商务200801	0881110209	徐 宁	76	88.0	62	226	1987-11-5	48uvt@126.com

任务二：改变序号列中数字的显示方式，要求用中文大写数字来显示序号。

步骤：选择 A 列→"格式"→"单元格"→选择"数字"选项卡→在"分类"框中选择"特殊"，在"类型"框中选择"中文大写数字"→单击"确定"按钮，效果如表 5-7 所示。

表 5-7　改变序列显示方式后的学生成绩表

A 第一学期成绩 序号	B 班级	C 学号	D 姓名	E 语文	F 数学	G 英语	H 总分	I 出生日期	J E-mail
壹	国际贸易200801	0881110201	卢俊义	89	98.0	87	274	1989-9-8	mml@126.com
贰	国际贸易200801	0881110202	公孙胜	98	89.0	78	265	1988-5-6	kke@126.com
叁	国际贸易200801	0881110203	林冲	90	68.0	85	243	1989-6-5	Yyy@sina.com
肆	国际贸易200801	0881110204	呼延灼	87	89.0	86	262	1990-9-7	UUU@yahoo.com
伍	电子商务200801	0881110205	柴进	82	78.0	86	246	1990-12-6	TTT@126.com
陆	电子商务200801	0881110206	朱仝	75	68.0	75	218	1990-5-9	TY12@126.com
柒	电子商务200801	0881110207	武松	86	78.0	77	241	1988-5-6	rr48@yahoo.com
捌	电子商务200801	0881110208	张清	78	79.0	71	228	1987-6-12	54yu@sina.com
玖	电子商务200801	0881110209	徐宁	76	88.0	62	226	1987-11-5	48uyt@126.com

任务三：设置字体。选中 A1 单元格，使用格式工具栏将其设置为"隶书"、加粗并倾斜。

任务四：设置对齐方式，选择"序号"列，单击═按钮，使该列数据横向右对齐。

任务五：添加表格线和底纹，给表格外部、内部添加黑色粗线。

步骤：选中表格中除第一行以外的其余内容→"格式"→"单元格"→在"颜色"框中选中黑色→在"样式"框中选中粗线→单击"外边框"按钮→单击"内部"按钮→"确定"。

任务六：给标题行加底纹

步骤：选中标题行→选择"格式"→"单元格"命令→选中"图案"选项卡，在"图案"框中选择图案并指定颜色→单击"确定"按钮，效果如表 5-8 所示。

表 5-8　标题行添辑了底纹的学生成绩表

第一学期成绩 序号	班级	姓名	语文	数学	外语	出生日期	E-mail
1	国际贸易200801	卢俊义	89	98	87	1989-9-8	mml@126.com
2	国际贸易200801	公孙胜	98	89	78	1988-5-6	kke@126.com
3	国际贸易200801	林冲	88	68	85	1989-6-5	Yyy@sina.com
4	国际贸易200801	呼延灼	87	89	86	1990-9-7	UUU@yahoo.com
5	电子商务200801	柴进	82	78	86	1990-12-6	TTT@126.com
6	电子商务200801	朱仝	75	78	75	1990-5-9	TY12@126.com
7	电子商务200801	武松	86	78	77	1988-5-6	rr48@yahoo.com
8	电子商务200801	张清	78	79	71	1987-6-12	54vu@sina.com
9	电子商务200801	徐宁	76	88	62	1987-11-5	48uyt@126.com

注意：在这里得提醒大家，在将文字字体改变之后单元格就有可能不会将文字全部显示出来，这个时候就要将上面的知识融入进来，调整单元格的宽度或者调整行高。

5. 统计总分

（1）用自动求和∑按钮进行求和

选中某一行的数字，再单击∑即可求出该行数字的和，选中某一列的数字，再单击∑即可求出该列数字的和，部分数据求和的成绩表如表 5-9 所示。

表 5-9　部分数据求总分后的学生成绩表

第一学期成绩 序号	班级	姓名	语文	数学	外语	总分	出生日期	E-mail
1	国际贸易200801	卢俊义	89	98	87	274	1989-9-8	mml@126.com
2	国际贸易200801	公孙胜	98	89	78	265	1988-5-6	kke@126.com
3	国际贸易200801	林冲	88	68	85	241	1989-6-5	Yyy@sina.com
4	国际贸易200801	呼延灼	87	89	86	262	1990-9-7	UUU@yahoo.com
5	电子商务200801	柴进	82	78	86		1990-12-6	TTT@126.com
6	电子商务200801	朱仝	75	68	75		1990-5-9	TY12@126.com
7	电子商务200801	武松	86	78	77		1988-5-6	rr48@yahoo.com
8	电子商务200801	张清	78	79	71		1987-6-12	54yu@sina.com
9	电子商务200801	徐宁	76	88	62		1987-11-5	48uyt@126.com
			759	735	707			

（2）用公式进行计算

选中 G4 单元格，再在 f_x 文本框中输入执行的公式。比如求该行数字的和就要输入"=D3+E3+F3"，再单击 ✓ 就可以在所单击的单元格中写入数据，要是取消该操作就点 ✗ 。

6. 统计平均分、最高分、最低分

通过调用函数来求出某一位同学的总分、平均分，最大值、最小值等。

（1）求总分。选中 G3 单元格，再单击 f_x，在对话框中选中"SUM"，再单击"确定"按钮，再在 Number1 的文本框中输入"D3：F3"，单击"确定"按钮就可。

（2）求平均分。选中 H3 单元格，再单击 f_x，在对话框中选中"AVERAGE"，再单击"确定"按钮，再在 Number1 的文本框中输入"D3：F3"，单击"确定"按钮即可求出一个同学的平均分。

（3）求某一科目的最大值。选中 D12 单元格，再单击 f_x，在对话框中选中"MAX"，再单击"确定"按钮，再在 Number1 的文本框中输入"D3：D11"，单击"确定"按钮即可。同理，可求得最小值。语文成绩求平均与求最大值后的成绩表如表 5-10 所示。

表 5-10　语文成绩求平均与求最大值后的成绩表

第一学期成绩								
序号	班级	姓名	语文	数学	外语	总分	出生日期	E-mail
1	国际贸易200801	卢俊义	89	98	87	274	1989-9-8	mml@126.com
2	国际贸易200801	公孙胜	98	89	78	265	1988-5-6	kke@sina.com
3	国际贸易200801	林 冲	88	68	85	241	1989-6-5	Yyy@sina.com
4	国际贸易200801	呼延灼	87	89	86	262	1990-9-7	UUU@yahoo.com
5	电子商务200801	柴 进	82	78	86		1990-12-6	TTT@126.com
6	电子商务200801	朱 仝	75	68	75		1990-5-9	TY12@126.com
7	电子商务200801	武 松	86	78	77		1988-5-6	rr48@yahoo.com
8	电子商务200801	张 清	78	79	71		1987-6-12	54vu@sina.com
9	电子商务200801	徐 宁	76	88	62		1987-11-5	48uyt@126.com
			759	735	707			
			84.33333 98	81.66667	78.55556			

（4）判断函数

可以利用判断函数评定"优"、"一般"等等级。选中 I3 单元格，再单击 f_x，在对话框中选择"IF"再单击"确定"按钮，在"函数参数"对话框的"Logical_test"框中输入需要判断的条件，如"D3 >=85"；在"函数参数"对话框的"Value_if_true"框中输入条件为真时的取值"优秀"；在"函数参数"对话框的"Value_if_false"框中输入条件为真时的取值"一般"，再单击"确定"按钮，如图 5-69 所示。

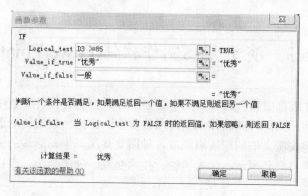

图 5-69　"函数参数"对话框

7. 排名次

（1）快速工具按钮排序。选中某一单元格，单击⭭就可以对数据进行排序（升序）。

（2）使用菜单排序。选择"数据"→"排序"。

8. 按班级分别计算各门课程的平均分

将工作表中的数据按班级进行排序。选择"数据"→"分类汇总"命令，出现"分类汇总"对话框→在"分类字段"框中选择"班级"→在"汇总方式"框中选择"求和"→在"选定汇总项"框中依次选择"语文"，"数学"，"英语"→选中"汇总结果显示在数据下方"→单击"确定"按钮。

9. 查看不及格学生的情况

任务：显示班级为"电子商务200801"的有关数据。

步骤：选中标题行→选择"数据"→"筛选"→"自动筛选"，在这行的单元格的右下方出现了三角箭头→单击"班级"单元格中三角箭头，出现下拉框，在框内选择"电子商务200801"，即可只显示"电子商务200801"班的信息。同理，可以按该方法进行比较复杂的数据筛选，如表5-11所示。

表5-11 筛选出电子商务班学生的成绩表

第一学期成绩 序号	班级	姓名	语文	数学	外语	总分	出生日期	E-mail
1	国际贸易20080▼	卢俊义	89 ▼	98 ▼	87 ▼	274 ▼	1989-9-▼	mml@126.com
5	电子商务200801	柴 进	82	78	86		1990-12-6	TTT@126.com
6	电子商务200801	朱 仝	75	68	75		1990-5-9	TY12@126.com
7	电子商务200801	武 松	86	78	77		1988-5-6	rr48@yahoo.com
8	电子商务200801	张 清	78	79	71		1987-6-12	54yu@sina.com
9	电子商务200801	徐 宁	76	88	62		1987-11-5	48uyt@126.com

10. 做出统计图表，以利于直观地对比分析，从而做出决策

（1）选中要用图表表示的数据。

（2）单击图标📊→在对话框中选择"柱形图"→单击"下一步"按钮→"系列"→在"名称"文本框中依次输入"语文"，"数学"，"英语"，"总分"→再单击"下一步"按钮→"显示数据表"→单击"下一步"按钮→单击"完成"按钮完成操作。

5.3 演示文稿制作软件 PowerPoint

PowerPoint 中文版是微软公司开发的中文 Office 系列套装软件家族中的重要成员之一，是一个用于制作和演示幻灯片的软件。它可以将文字、数据、表格、图形、图像及声音等各种"原材料"轻松地按照人们的想法组织成各种图文并茂，生动活泼的演示文稿，广泛用于教师授课、专家报告、产品展示、学术讨论、技术交流、公司介绍、广告宣传等场合。

5.3.1 PowerPoint 概述

1. PowerPoint 2003 的基本功能

PowerPoint 是将人们的想法制作成演示文稿,传递信息,促进人们之间交流的有力工具。所谓"演示文稿",就是"幻灯片"的组合,是人们在阐述观点和计划、介绍自身、组织和产品时向大家展示的一系列演示材料。演示文稿是一个文件,文件后缀名系统默认为".ppt",它由若干个页面组成,每个页面又称为"幻灯片"。

PowerPoint 2003 是 PowerPoint 2000 的升级版本,它承接了 PowerPoint 2000 版本的传统功能,并且增加和改进了一些功能,如更新的播放器、改进的多媒体播放功能、智能标记支持、文档工作区、新增任务窗格等,使得 PowerPoint 的操作更加简单、方便,功能更加强大。

2. 操作界面介绍

在使用 PowerPoint 2003 前,必须先启动 PowerPoint 2003。单击 Windows 任务栏"开始"→"程序"→"Microsoft Office"→"Microsoft PowerPoint 2003",出现如图 5-70 所示的主界面。值得一提的是,PowerPoint 2003 的界面与 Office 2003 家族中其他产品的界面是类似的,有着相同的菜单、工具栏、对话框之类的对话环境。

(1)标题栏。标题栏位于演示文稿的最上端,它显示了应用软件名称和当前演示文稿的名称。如果未存盘或未命名,系统默认文件名称为"演示文稿 1"。标题栏是应用程序控制菜单图标,右边有 3 个按钮, ▬最小化, ▢还原/最大化, ✕退出。

(2)菜单栏。菜单栏最左边▨按钮是当前演示文稿的控制菜单图标。在菜单栏总共有 9 个菜单项。这 9 个菜单项完成演示文稿的创建、编辑,幻灯片的制作、编辑、美化、放映等功能。单击菜单可以打开该菜单。每个菜单项的左边(字母)表示可以按"Alt+字母键"直接打开该菜单。按最右边按钮✕关闭幻灯片区。

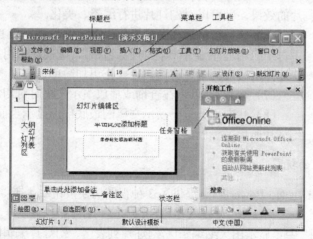

图 5-70 PowerPoint 2003 的工作界面

(3)工具栏。菜单栏下面是工具栏。工具栏是菜单项中具有代表性功能的快捷方式。分为常用工具栏、格式工具栏、绘图工具栏,它们的存在大大提高制作幻灯片的速度。当把鼠标移到某个图标时,会出现该图标功能的中文提示。

注意：工具栏的选项很多，相当一部分都隐藏起来，读者可以根据自己的喜好选择显示的工具栏，具体方法如下。

① 单击菜单"工具"→"自定义"，打开"自定义"对话框，如图 5-71 所示，选择需要显示出来的工具栏。

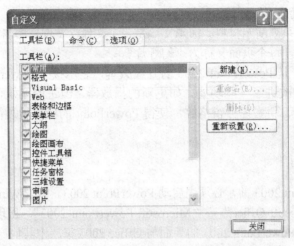

图 5-71 "自定义"对话框

② 按鼠标右键单击任何一个工具栏的图标，也可以进行选择。

（4）大纲编辑区/幻灯片列表区。该区域位于工具栏下面左侧，有两个选择项卡。单击"大纲"进入大纲编辑区，可以显示或输入幻灯片的内容；单击"幻灯片"进入幻灯片列表区，将罗列出所有的幻灯片缩略图，可对幻灯片进行编辑。单击某张幻灯片，在幻灯片编辑区会将幻灯片放大。

图 5-72 任务窗格

（5）幻灯片编辑区。该区域位于工具栏下面右侧。显示当前幻灯片的效果，并可以对幻灯片进行编辑、美化。

（6）任务窗格。任务窗格位于窗口的右侧，在 PowerPoint 2003 中每个应用程序都有一个"任务窗格"，它能根据用户所选择的功能，快速弹出相应的菜单选项，使操作更加简单、快捷，如图 5-72 所示。

（7）备注区。可以在查询或播放演示文稿时对幻灯片作附加说明。

（8）状态栏。位于演示文稿的最底部，显示当前幻灯片的位置和幻灯片所用的模板信息。

3. PowerPoint 的视图

在绘图工具栏的上面，PowerPoint 提供了 3 种视图切换按钮▱、▱、▱，可以快速切换到不同的视图。

（1）"普通视图"▱：显示出大纲编辑区/幻灯片列表区、幻灯片编辑区和备注区的内容，用户可在相应的区域进行信息的编辑。

（2）"幻灯片浏览视图"▱：显示出所有幻灯片的缩略图，并可以对各幻灯片的位置进行调整、添加动画效果和设置幻灯片的放映时间。

（3）"幻灯片放映视图"▱：进行幻灯片放映，窗口以最大化方式显示每张幻灯片的内容和效果。

　　每种视图都有自己的显示特色和操作方式,用户可根据自己的喜好选择。值得注意的是,在某一种视图中对演示文稿的修改会自动反映在其他视图中。

5.3.2　PowerPoint 演示文稿的基本操作

　　熟悉了演示文稿的工作界面之后,可以通过 PowerPoint 所提供的功能创建、制作演示文稿和对演示文稿进行其他各种操作。在介绍之前,首先感受 一 下用 PowerPoint 制作的演示文稿的实例,如图 5-73 所示。

图 5-73　PowerPoint 创建的幻灯片

1. 新建演示文稿

　　启动 PowerPoint 2003 之后,系统将自动建立一个默认文件名为“演示文稿 1”的空演示文稿文件。在右侧任务窗格有一个“新建演示文稿”的任务栏,有 4 种选择新建文稿的方式。

　　(1)新建空演示文稿。从任务窗格“新建空演示文稿”中,选择“空演示文稿”,或在常用工具栏上单击 ,出现“应用幻灯片版式”的所有版式,选择幻灯片的文字和内容组织结构。当选定某项之后,该版式自动生成的幻灯片便会出现在幻灯片编辑区中,其效果如图 5-74 所示。

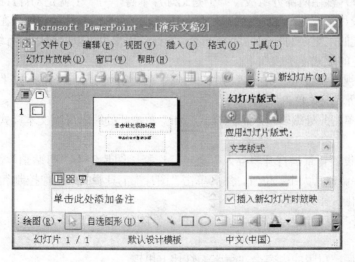

图 5-74　新建空演示文稿

（2）根据设计模板新建演示文稿。选择"根据设计模板"，任务栏中会出现"设计模板"、"配色方案"、"动画方案" 3 个选项，可以在已经具有设计概念、字体和颜色方案的幻灯片模板的基础上创建其他的演示文稿。

（3）根据内容提示向导新建演示文稿。选择"根据内容提示向导"，出现一个"内容提示向导"对话框，在对话框左边的提示框中显示了 5 个步骤，"开始"，"演示文稿类型"，"演示文稿样式"，"演示文稿选项"和"完成"。用户可以根据 PowerPoint 所给出的提示，按步骤建立演示文稿，如图 5-75 所示。

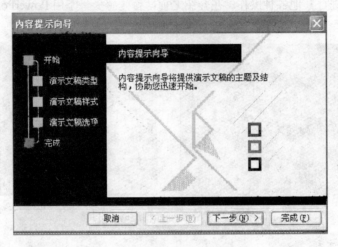

图 5-75 "内容提示向导"对话框

（4）根据现有演示文稿新建演示文稿。单击"根据现有演示文稿"，出现"根据现有演示文稿新建"的对话框，从中选择已经存在的演示文稿的设计模板，进行运用。

2. 模板的设计

（1）母版的设计

每一张幻灯片都由两部分组成，一个是幻灯片本身，另一个就是幻灯片的母版，它们就像两张透明的胶片叠放在一起，上面是幻灯片本身，下面是幻灯片的母版。在编辑幻灯片时，母版一般是固定的，更换的是幻灯片的内容。同样，用户也可以对母版进行编辑，设计具有自己风格和特色的版式，步骤如下。

① 打开"视图"菜单，选择"母版"，单击所需修改的母版类型，如"幻灯片母版"，弹出如图 5-76 所示的菜单。

② 单击"单击此处编辑母版标题样式"和"单击此处编辑母版文本样式"，对母版进行修改、设置。

③ 对母版设置背景，打开"插入"菜单，选择"图片"→"剪贴画"命令，选择合适的图片，插入并调整其大小、位置，然后单击"图片"工具栏的"图像控制"按钮，选择"水印"，使图片淡化，作为背景。

注意：除了可以修改幻灯片母版外，还可以修改讲义母版、备注母版，方法类似于修改幻灯片母版。

④ 修改之后，母版的内容会在每张幻灯片上出现。

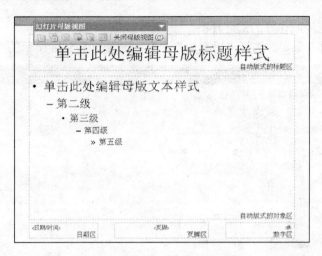

图 5-76　幻灯片母版的设计

（2）应用设计模板的使用

所谓模板，是以一种特殊格式保存的演示文稿，在选取一种模板之后，幻灯片的背景图形、配色方案、幻灯片中文字和图片的布局等都已经确定。在 PowerPoint 中自带了很多种风格不同的模板，用户可以根据需要和喜好进行选择。在任务窗格"新建空演示文稿"中选择"根据设计模板新建演示文稿"，出现如图 5-77 所示的界面。

在本节中，为了说明制作过程，使用了完全空白的幻灯片，从头设计，选用了"新建空演示文稿"方法创建幻灯片。这些版式主要是规划了幻灯片中文字、图片等元素的布局，没有添加背景及其颜色。

注意：利用幻灯片母版和应用设计模板改变的是所有幻灯片的背景，如果要改变个别幻灯片的背景，可以直接修改该幻灯片。

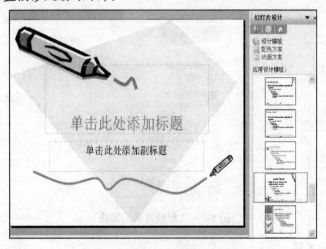

图 5-77　应用设计模板的使用

（3）模板的设计

PowerPoint 2003 提供了丰富多彩的模板，同时，也可以将自己设计的幻灯片的版式作为模板使用。那么如何来创建新模板呢？具体步骤如下：

① 选择一个已经制作好的幻灯片；

② 单击"文件"菜单，选择"另存为"命令，出现如图 5-78 所示的"另存为"对话框；

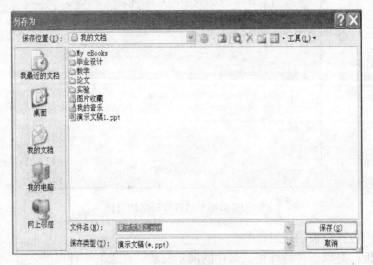

图 5-78 "另存为"对话框

③ 在"保存类型"中选择"演示文稿设计模板（*.pot）"即可。

3. 配色方案的选择和设计

用户可以根据自己的喜好对所选择的对象进行颜色的设计。PowerPoint 2003 有两种配色方案：标准配色方案和自定义配色方案。在任务窗格"幻灯片设计"中，选择"配色方案"进行标准配色方案的选择；在"编辑配色方案"中进行配色方案的设计。如图 5-79 所示。

图 5-79 "配色方案"窗格

4. 保存新演示文稿

演示文稿的保存方式有 3 种：

（1）单击"文件"菜单，选择"保存"；

（2）单击"保存"按钮![save icon]；

（3）按快捷键 Ctrl+S。

无论选择哪种方式，当演示文稿第一次保存时，会显示"保存"对话框。需要指定文件名、文件夹、磁盘等信息。演示文稿文件后缀名默认为.ppt 。当演示文稿第一次保存之后，再次存盘时，无需指定相关信息。对已有的演示文稿更换名字、格式或换一个存储位置时，可以选择菜单"文件"→"另存为"命令。

5.3.3 PowerPoint 的幻灯片基本编辑操作

演示文稿是由一张或多张幻灯片组成的。演示文稿建立之后的首要问题是对幻灯片进行各种操作，如输入文本、编辑文本、格式化文本，幻灯片的复制、移动、删除等。

1. 输入和编辑文本

PowerPoint 2003 中提供了多种简单便捷的方式把文字添加到幻灯片中。

（1）在占位符中输入文本

在创建演示文稿之后，选定一张幻灯片，便会出现如图 5-80 所示的幻灯片版式，幻灯片窗口上有两个带有虚线的边框，称为"占位符"。单击任何一个占位符，都可以进入编辑状态，用户可根据需要输入相应的文字。具体步骤如下：

① 单击"单击此处添加标题"虚框，输入"演示文稿的建立"作为该张幻灯片的标题。

② 单击"单击此处添加副标题"虚框，输入"1、新建空演示文稿　2、根据设计模板新建演示文稿　3、根据内容提示向导新建演示文稿　4、根据现有演示文稿新建演示文稿"。

③ 输入完成后，单击幻灯片的空白区域即可。

（2）在大纲区/幻灯片列表区输入文本

① 在普通视图新建演示文稿。

② 在大纲区/幻灯片列表区选择"大纲"按钮，如图 5-81 所示。

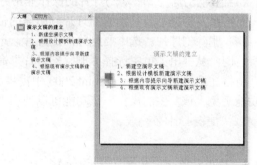

图 5-80　在占位符中输入文本　　　　图 5-81　在大纲区/幻灯片列表区输入文本

③ 单击空白区，可以进行文本的输入。输入"演示文稿的建立"。

④ 按 Ctrl+Enter 键，光标下移一行，并缩格显示，此时输入下一级文本内容。

⑤ 按 Enter 键，建立一张新的幻灯片。

（3）在文本框中输入文本

当需要在文本占位符以外的地方输入文本内容时，用户可以利用文本框进行文本的输入。

① 在"绘图工具栏"中，选择"文本框"按钮或"竖排文本框"按钮。单击"插入"菜单，选择"文本框"。

② 在需要添加文本的位置，单击鼠标左键，出现文本虚线编辑框，在框内任何位置单

击鼠标左键，可以输入文字。

③ 输入完成后，单击幻灯片的空白区域即可。

无论采用哪种文本输入方式，输入文本内容之后，都可以对文本中的字体、字号、文字颜色等进行设置、对文本的内容进行移动、删除、复制等编辑和对文本进行格式化操作。设置、编辑和格式化的方法，类似 Word 中文本操作方法，其中菜单方式、工具按钮方式、快捷键方式都可以在 PowerPoint 2003 中使用。

2. 幻灯片的基本编辑操作

演示文稿制作完成之后，可以对幻灯片进行复制、删除、移动等操作。

（1）插入新幻灯片。插入新幻灯片方法有以下两种。

① 在插入新幻灯片的位置，单击"插入"菜单，选择"新幻灯片"，便在当前幻灯片的后面插入新幻灯片。

② 在插入新幻灯片的位置，按快捷键 Ctrl+M。

（2）复制幻灯片。复制幻灯片的方法有以下 3 种。

① 选中要复制的幻灯片，单击鼠标右键，在弹出菜单中选择"复制"或者打开"编辑"菜单，单击"复制"命令即可将幻灯片的内容复制到剪贴板中。选中要复制幻灯片的地方，单击右键，在弹出菜单中选择"粘贴"或者打开"编辑"菜单，单击"粘贴"命令即可复制出完全一样的幻灯片。

② 选中要复制的幻灯片，打开"插入"菜单，单击"幻灯片副本"，便会在该幻灯片后建立一张完全一样的幻灯片。

③ 在"大纲区"，选中要复制的幻灯片，按住鼠标左键，同时按住 Ctrl 键，将鼠标拖动到需要复制的地方即可。

（3）移动幻灯片。移动幻灯片的操作非常方便，在"普通视图"或在"幻灯片浏览视图"中，只需用鼠标拖动要移动的幻灯片到所需的位置即可。

（4）删除幻灯片。选中要删除的幻灯片，单击"编辑"中的"删除幻灯片"命令或单击鼠标右键，从弹出菜单中选择"删除幻灯片"命令。

值得注意的是，在 PowerPoint 2003 中提供"后悔的"功能——撤消和恢复操作，可使用该功能避免不该发生的操作。该功能可以使用"编辑"→"撤消"命令，或使用按钮 和按钮 或快捷键 Ctrl+Z 完成。

5.3.4　PowerPoint 演示文稿的美化

要想制作一个具有较强表现力、生动有趣的幻灯片，光靠文字信息是不够的，因此 PowerPoint 丰富了加工"原材料"的形式，在幻灯片中可以插入文字、图形、图表和图像、声音等对象，来增加视觉效果，提高观众的注意力，给观众传递更多的信息。

1. 插入图片对象

为了制作出图文并茂的幻灯片，在演示文稿中可以插入剪贴画、艺术字、图形、照片等图片。

（1）插入剪贴画

① 单击工具栏中的"新建"按钮 ，建立一张新幻灯片。

② 在"应用幻灯片版式"中，用户可根据需要选择合适的版式。如选择"标题、内容与文本"版式，如图 5-82 所示。

图 5-82　插入剪贴画

③ 单击"插入剪贴画"图标，弹出"选择图片"对话框，在"搜索文字"中输入所需要的剪贴画类型信息，在图片区中会显示出该类剪贴画的缩略图。如图 5-83 所示。

④ 选中一个图片，单击"确定"按钮，剪贴画便插入了。如图 5-84 所示。

图 5-83　"选择图片"对话框

图 5-84　插入剪贴画

⑤ 适当地调整图片的大小和位置，双击图片，弹出"设置图片格式"对话框，如图 5-85 所示，可以根据需要对图片的多种属性进行设置。或利用自动弹出的"图片工具栏"对图片的属性进行设置。

上面介绍的是在有图片占位符的情况下，剪贴画的插入。那么在没有图片占位符的情况下，剪贴画如何插入？具体操作步骤如下。

① 单击工具栏中"新建"按钮，建立一张新幻灯片。

② 打开"插入"菜单，选择"图片"，单击"剪贴画"命令。如图 5-86 所示。

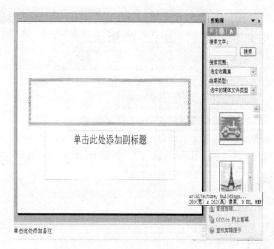

图 5-85　"设置图片格式"对话框　　　　　　　图 5-86　插入剪贴画

③ 在窗口右边，"搜索文字"框中输入所需剪贴画的类型信息，在下面会出现该类型剪贴画的缩略图，双击选中的图片。该图片便会出现在光标处。

④ 双击图片，可以对图片进行各种属性设置，如颜色、尺寸、位置等。

（2）插入外部图形文件

PowerPoint 中提供了将其他图形处理软件处理好的图形导入幻灯片的功能。这些图形文件可以在本地磁盘上、网络驱动器上，还可以在 Internet 上。插入的方法类似于剪贴画的插入，选择"插入"→"图片"→"来自文件"命令，在插入的过程中，需要指出图形文件的存放地点及其图形存放的格式。

2. 插入图表对象

幻灯片的内容若只是纯文本是非常单调枯燥的，在幻灯片中加入图表不仅可以使幻灯片生动活泼，还可以使幻灯片的内容更加直观，更加有说服力。所谓图表就是将大量的数据用直观的图形表示出来。

（1）如何插入图表？在占位符中插入图表的具体操作如下。

① 单击工具栏中"新建"按钮，建立一张新幻灯片。

② 在"应用幻灯片版式"中，用户可根据需要选择合适的图表版式。如选择"标题、文本与图表"版式。

③ 双击"添加图表"按钮，如图 5-87 所示。

④ 单击数据表上的单元格，键入新的信息可以对数据表的内容重新进行编辑。

值得注意的是，也可以将 Excel 中的图表导入到 PowerPoint 中，方法如下。

① 打开"插入"菜单，单击"图表"。

② 打开"编辑"菜单，单击"导入文件"，弹出"导入文件"对话框，在"查找范围"中指出导入 Excel 文件的位置。

③ 双击要导入的文件，弹出"导入数据选项"对话框。如图 5-88 所示。

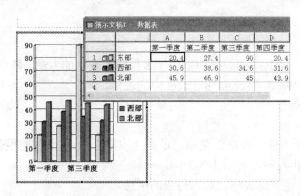

图 5-87　添加图表　　　　　　　　　　图 5-88　导入数据类型选项

④ 从中选择要导入的工作表,同时可以选择导入工作表的区域是整张工作表,若是部分工作表,可以在"选择区域"中输入 **A1:D5**。

⑤ 单击"确定"按钮完成导入。

同样,在没有占位符的情况下也可以插入图表。在幻灯片中单击插入图表的位置,打开"插入"菜单,单击"图表"命令。其他操作步骤同上。

(2)图表类型的编辑

图表的区域、类型、形状、字体是可以进行编辑和修饰的。以图表的类型修饰为例,具体步骤如下。

①选中插入的图表。

②打开"图表"菜单,单击"图表类型"命令。弹出"图表类型"对话框,如图 5-89 所示。

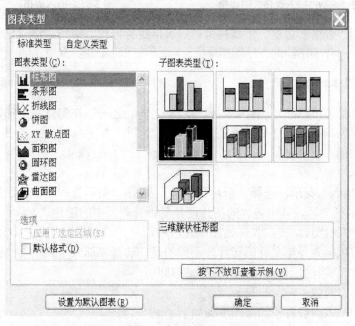

图 5-89　"图表类型"对话框图

③ 根据需要选择类型,单击"确定"按钮完成设置。

3. 插入表格

表格也是幻灯片中的重要元素之一。在 PowerPoint 中提供了多种插入表格的方法，既可以在 PowerPoint 直接插入，又可以插入 Word、Access 和 Excel 中的表格。

（1）使用"插入表格"命令制作表格

① 新建一张幻灯片。

② 光标移到需要插入表格处，打开"插入表格"菜单，单击"表格"命令，弹出"插入表格"对话框，输入建立表格的行数和列数，如图 5-90 所示。

③ 单击"确定"按钮，窗口中出现建立的表格，输入相应的信息。

（2）使用"插入表格"按钮制作表格

① 新建一张幻灯片。

② 光标移到需要插入表格处，单击工具中的"插入表格"按钮□，弹出如图 5-91 所示的对话框，移动鼠标，选中的单元格成蓝色，在窗口的底部出现"m×n 表格"字样，m 表示行数，n 表示列数，选中之后，单击鼠标左键即可。

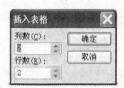

图 5-90　"插入表格"对话框

图 5-91　插入表格

此外，利用"表格和边框"工具栏可以对表格进行修改、修饰、格式化等操作，并且可以利用该工具栏进行手工绘图。

4. 插入多媒体对象

PowerPoint 除了可以插入图片、图表等对象之外，还可以在幻灯片中插入图像、影片和声音等多媒体对象，增加幻灯片的感染力。

在幻灯片中插入影片对象的操作步骤如下。

（1）插入影片对象

① 打开"插入"菜单，选择"影片和声音"，单击"剪辑管理器中的影片"命令，出现如图 5-92 所示的任务框，其中包含的图片便是剪辑管理器中的影片。

② 单击选中的影片，便在光标处插入该影片。

此外，还可以插入外部文件的影片，不同的是，选择"插入"菜单→"影片和声音"→"文件中的影片"，再给出外部文件的位置信息即可。

（2）插入声音对象

在幻灯片中插入声音对象的操作步骤如下。

① 打开"插入"菜单，选择"影片和声音"，单击"剪辑管理器中的声音"命令，出现如图 5-92 所示的任务框，其中包含的便是剪辑管理器中的声音文件。

② 单击选中的声音文件，系统会弹出"是否自动播放声音"的对话框，根据需要进行

选择。

③　在幻灯片上会出现一个声音图标，可以拖动图标，也可对图表进行大小调整。

图 5-92　剪辑管理器中的影片和声音

此外，还可以插入外部文件的声音，不同的是，选择"插入"菜单→"影片和声音"→"文件中的声音"，再给出外部文件的位置信息即可。

（3）插入 CD 音乐

在幻灯片中也可以插入 CD 音乐，操作步骤如下。

①　打开"插入"菜单，选择"影片和声音"，单击"播放 CD 乐曲"命令，弹出"插入 CD 乐曲"对话框。

②　根据提示输入相关信息即可。

③　单击"确定"按钮，此时在幻灯片窗口中会出现一个 CD 图标。

（4）录制旁白

除了使用系统和外部文件中的声音外，还可以自己录制旁白，但是需要增加一些硬件，如声卡、话筒和扬声器等。录制声音使用"插入"→"影片和声音"→"录制声音"命令。

5.3.5　基本放映技术

前面介绍了演示文稿的制作，包括演示文稿文件的基本操作、幻灯片的基本操作和对演示文稿进行美化等内容，但要想真正体现 PowerPoint 的特点，在于演示文稿的动态效果。本小节将介绍幻灯片的放映技术、设置幻灯片的动画效果和设置幻灯片的切换方式和切换效果技术。

1. 幻灯片的放映技术

（1）播放幻灯片

制作完幻灯片后，可以不进行任何参数的设置，便可以直接使用投影仪在会议室或大厅中放映幻灯片，启动幻灯片的放映方式有以下几种。

① 单击演示文稿窗口左下角的"幻灯片放映"按钮 ![]。
② 打开"视图"菜单，单击"幻灯片放映"命令。
③ 打开"幻灯片放映"菜单，单击"观看放映"命令。

注意：放映结束之后，单击鼠标右键，从弹出的菜单中选择"结束放映"命令，返回编辑状态，或者移动鼠标，选择"结束放映"按钮。

（2）设置放映方式

用户可以根据演示文稿的特点、用途和观众的需要，以多种方式放映幻灯片，控制放映过程。具体操作步骤如下。

① 打开"幻灯片放映"，单击"设置放映方式"命令，弹出"设置放映方式"对话框。如图 5-93 所示。

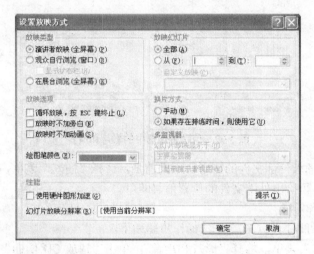

图 5-93 "设置放映方式"对话框

② "放映类型"的选择。
- Ⅰ、演讲者放映：是系统默认选项。放映是在全屏幕上进行的，鼠标会出现在屏幕上。放映过程中可以实时控制。
- 观众自行浏览：不能利用鼠标进行实时控制放映，只能自动或者利用滚动条放映。也可以利用键盘"PageUp"和"PageDown"键进行控制。
- 在展台浏览（全屏幕）：可以自动运行演示文稿。结束放映只能使用 Esc 键。

PowerPoint 在"幻灯片放映"菜单中，提供了"自定义放映"功能，可以有选择地进行幻灯片的放映，而且可以重新安排幻灯片的放映顺序。

2. 设置幻灯片的动画效果

设置动画效果就是在放映某一张幻灯片时，幻灯片中的各个对象按照某种规律，以动画的效果出现，使演示文稿具有动态效果，更加生动有趣。

（1）设置动画方案
① 选中需要添加动画效果的幻灯片。
② 打开"格式"菜单，单击"幻灯片设计"命令，在窗口右侧出现的任务栏中，单击"动画方案"命令，显示"动画方案的列表"任务栏。

③ 选择合适的动画效果，进行动画设置。

④ 放映幻灯片时，可以看到动画效果。

（2）自定义动画

① 选中需要添加动画效果的幻灯片。

② 打开"幻灯片放映"菜单，单击"自定义动画"命令，在任务窗格中出现"自定义动画"。

③ 选择需要添加动画效果的文本，打开"添加效果"的菜单，如图 5-94 所示，进行进入、强调、退出和动作路径动画效果的设置。同时还可以对动画效果属性进行设置。在对话框下部列出了已经设定动画效果的信息，可以利用 ⬆ 和 ⬇ 重新排序。

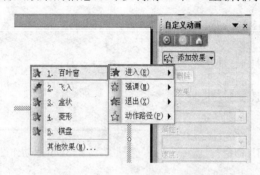

图 5-94　自定义动画任务栏

3. 设置幻灯片的切换

简单的幻灯片的放映中幻灯片是一张接着一张按顺序进行播放的，显得单调乏味。PowerPoint 提供的幻灯片的切换就是在幻灯片切换之间加入特殊效果，具体步骤如下。

① 选择需要设置效果的一个或多个幻灯片（在"幻灯片列表区"，单击鼠标选中某一幻灯片，然后按住 Ctrl 键，单击鼠标选择其他的幻灯片，这样可以选择多个幻灯片）。

② 打开"幻灯片放映"菜单，单击"幻灯片切换"命令，在任务窗口右侧出现"幻灯片切换"。

③ 选择合适的切换效果。同时，还可以对切换效果的属性进行设置。

4. 创建交互式演示文稿

幻灯片播放时是一张接着下一张按顺序播放，为了使观众能够灵活的观看幻灯片，能够随时看到指定的内容（如看完第 2 张幻灯片之后，看第 5 张幻灯片），PowerPoint 的动作设置、超级链接和动作按钮功能可以创建交互式演示文稿。下面以创建动作按钮为例，介绍创建交互式演示文稿的方法和在不同的幻灯片之间实现灵活跳转的方法。

（1）打开"幻灯片放映"菜单，单击"动作按钮"命令，如图 5-95 所示。

（2）从弹出的菜单中选择合适的按钮样式，在幻灯片适当的位置单击鼠标，同时拖动鼠标，可以对按钮的大小及位置进行设置。单击鼠标之后，弹出"动作设置"对话框，"动作"指的是当按下按钮时所发生的后续操作，如图 5-96 所示。

（3）设置"单击鼠标"选项卡，在"超链接到"中选择链接到哪张幻灯片（即按该按钮之后，可跳转到指定的幻灯片）。如果选择 URL，必须给出完整的 IP 地址。若选择"运行程序"按钮，必须给出相应程序的位置信息（即按该按钮之后，会运行相应的程序）；若选择"播放声音",必须指定相应的声音类型。

（4）选择"鼠标移动"选项卡，为按钮指定当鼠标移动时发生的动作。

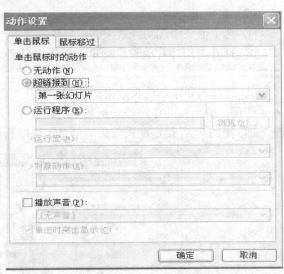

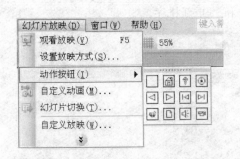

图 5-95 选择"作按钮"命令   **图 5-96 "动作设置"对话框**

5. 演示文稿的打印和打包

（1）演示文稿的打印

演示文稿制作完成之后，可以通过屏幕或者投影仪放映输出。同样演示文稿可以进行打印，方法如下。

① 打开"文件"菜单，单击"打印"命令，弹出"打印"对话框。

② 在"打印机名称"中输入打印机的类型；在"打印范围"中，选择打印全部或部分幻灯片；在"打印内容"中选择打印内容，若选择"讲义"时，每页讲义打印幻灯片数目为6张，最多为9张。

③ 单击"确定"按钮，即可打印。

注意：打印前一般要使用【文件】菜单中【页面设置】命令对页面进行设置。

（2）演示文稿的打包

在很多场合，需要携带演示文稿到其他机器上使用，PowerPoint 为此提供了"打包"功能将演示文稿及其相关的声音、图形、图像文件等捆绑在一起，成为一个包，在其他机器上只要运行相关的.exe 文件即可。

5.3.6 PowerPoint 演示文稿综合实例

虚构应用场景：工大赛杰信息科技有限公司是一个处于萌芽时期的公司，为了争取投资，公司需要做一个 PPT 展示自己的商业计划，本实例讲解利用内容提示向导制作一个企业应用的 PPT。

（1）选择菜单"文件"→"新建"命令，在右边的新建演示文稿的窗体内单击" 🖼 根据内容提示向导"，弹出内容提示向导面板，如图 5-97 所示，单击"下一步"按钮。

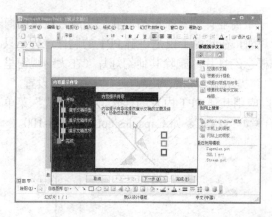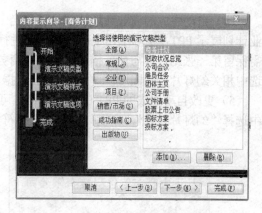

图 5-97　步骤 1 的对话框

（2）在"内容提示向导"中的"选择将使用的演示文稿类型"中单击"企业"按钮，在右边窗口中选择"商务计划"，再单击"下一步"按钮，然后弹出输出类型选择窗口，默认为"屏幕演示文稿"，单击"下一步"，弹出"内容提示向导—[商务计划]"面板，见图 5-98。

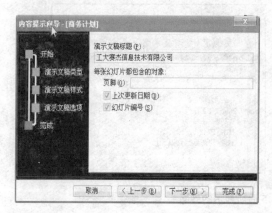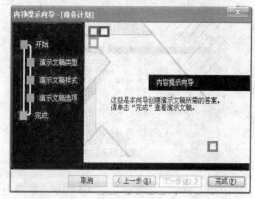

图 5-98　步骤 2 的对话框

（3）在"内容提示向导—[商务计划]"面板中单击"下一步"按钮，弹出提示完成的面板，单击"完成"按钮，自动生成企业商务计划模板的 PPT，如图 5-99 所示。

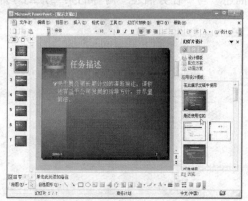

图 5-99　步骤 3 所显示的界面

（4）自动生成的商业计划演示文稿相当于一个商业计划专家可指导我们完成专业级的商业计划展示 PPT，实际工作中可根据需要进行裁剪，在此由于仅是讲解 PPT 的制作过程，只需保留第一张幻灯片与任务描述、机遇、商务概念幻灯片，删除其他幻灯片（在大纲视窗里选中相关幻灯片删除即可）。在相应页面根据内容提示输入相应内容，进行字体格式设置。

（5）更改自动生成的 PPT 的设计风格，可以应用其他 PPT 内置的样式。在"格式"菜单中选择"幻灯片设计"，在设计窗格中选择符合爱好的样式，如 Capsules.pot，见图 5-100。

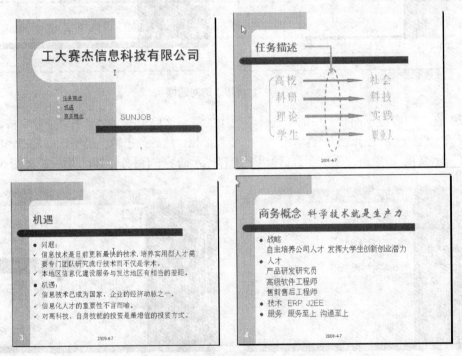

图 5-100　步骤 4、5 后所显示的界面

（6）设置超链接。选择文字"任务描述"，单击"插入"菜单，在弹出的下拉框中单击"超链接"，弹出"插入超链接"对话框，在"链接到"下单击"本文档中的位置"；在"请选择文档中的位置"的"幻灯片标题"下面选"任务描述"，这样就完成了第一张幻灯片中文字"任务描述"与"任务描述"内容的第二张幻灯片的链接关系的建立，如图 5-101 所示。

图 5-101　步骤 6 的对话框

（7）设置动画效果

① 幻灯片放映下拉菜单中选自定义动画，如图 5-102 所示。

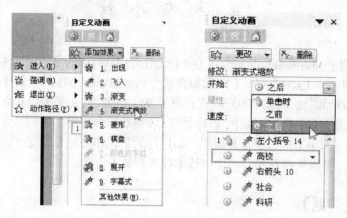

图 5-102　步骤 7 的对话框

② 在右边弹出的自定义动画窗格里单击"添加效果"，再选"进入"，再选"渐变式缩放"或在"其他效果"里选择自己喜爱的动画效果。按希望出现的先后顺序依次设置其他文字或线条元素，同样的方法设置"出现"动画。

③ 在自定义动画窗格中，调整动画的开始方式及速度等设置。首先设置动画的开始，然后在下拉框中把"单击时"改为"之后"，这样各元素的动画会自动展示出来。

（8）设置切换效果

在幻灯片或大纲视图中选中最后一张幻灯片，菜单上选幻灯片放映，在弹出菜单中选幻灯片切换，会在右边弹出幻灯片切换窗格。在其中选"阶梯状向右上展开"，单击下方的"应用于所有的幻灯片"按钮，这样每张幻灯片在播放时均有切换效果，如图 5-103 所示。

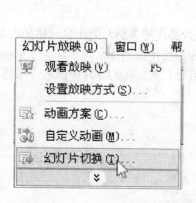

图 5-103　步骤 8 的对话框

5.4 本章小结

　　本章主要介绍了 Microsoft Office 2003 办公自动化应用软件中的字处理软件——Word 2003、电子表格处理软件——Excel 2003、幻灯片制作软件 PowerPoint 2003 的基本技术和基本操作。

　　在本章中，我们围绕 Word 2003 展开介绍了 Word 强大的文字编辑和文字排版功能，围绕 Excel 2003 介绍了 Excel 表格制作、表格处理、表格数据分析等功能，围绕 PowerPoint 2003 介绍了 PowerPoint 演示文稿的制作和编辑、幻灯片的制作和美化及幻灯片的放映等功能。通过对本章的学习，可以掌握办公自动化的基本技术和基本方法。

【思考题与习题】

一、填空题

1．Word 2003 的窗口主要包括_____、_____、_____和_____等几部分。

2．按住_____快捷键的同时，使用鼠标逐次单击可以选择多个图形对象。

3．Word 2003 提供了普通视图、_____、_____、_____和_____ 5 种视图。

4．Word 2003 启动后就自动打开一个名为_____的文档。

5．若将 Word 文档的文件属性设置为只读，则对文档的更改_____在同一个文件中。

6．D5 单元格中有公式"＝A5+$B$5"，删除第三行后，D5 中的公式是_____。

7．在 Excel 工作表的单元格中输入公式时，应先输入_____号。

8．如果某行或某列是一些有规律的数据，可以使用_____功能来完成。

9．PowerPoint 2003 有_____、_____和_____视图方式。

二、简答题

1．如何启动和关闭 Word 2003？

2．如何在 Word 2003 中新建文档？如何设置字体格式、设置字号和设置字形？

3．在 Word 2003 设计的表格中，对某列进行求和，如果在该列中某行的内容是空白的，能否进行求和操作？若不能，如何处理？

4．当把多个图形对象组合成一个图形之后，可以对其中的一个对象进行编辑吗？若不能，如何操作？

5．什么是单元格引用？单元格引用中包含哪几种类型？简述单元格插入和删除的过程？

6．演示文稿的创建有几种方式？它们各自的特点是什么？

7．简述如何设置幻灯片中对象的动画效果？如何在幻灯片中插入多媒体效果？

第 6 章　多媒体技术及其应用

【学习目标】
1. 掌握媒体、多媒体、多媒体技术、多媒体计算机的基本知识。
2. 熟悉计算机的多媒体基本功能。
3. 掌握图像处理基础知识，了解图像文件格式和常见的图像处理软件。
4. 掌握视频处理基础知识，了解视频文件格式和常见的视频处理软件。
5. 了解图像、声音、视频等多媒体信息的应用基础。

6.1　多媒体技术概述

6.1.1　媒体及媒体的分类

1. 媒体的概念

媒体原有两重含义，一是指存储信息的实体，如磁盘、光盘、磁带、半导体存储器、通信网络等，中文常译作媒质；二是指传递信息的载体，如数字、文字、声音、图形、图像、动画、影视节目等，中文译作媒介。一般来说，所谓媒体（Medium）是指承载信息的载体，即信息传播、交流、转换的载体，如书本、报纸、电视、广告、杂志、磁盘、光盘、磁带、信息编码及相关设备等，图 6-1 是一些常见媒体。

图 6-1　媒体的种类

2. 媒体的分类

国际电话电报咨询委员会（Consultative Committee on International Telephone and Telegraph，CCITT）制订了媒体分类标准，将信息的表示形式、信息编码、信息转换与存储设备、信息传输网络等统一规定为媒体，并划分为以下 5 种类型。

（1）感觉媒体（Perception Medium）：直接作用于人的感官，使人能直接产生感觉。

（2）表示媒体（Representation Medium）：指各种编码，如语言编码、文本编码和图像编码等。这是为了加工、处理和传输感觉媒体而人为地研究、构造出来的一类媒体。

（3）表现媒体（Presentation Medium）：指将感觉媒体输入到计算机中或通过计算机展示感觉媒体的物理设备，即获取和还原感觉媒体的计算机输入和输出设备。

（4）存储媒体（Storage Medium）：指存储表示媒体信息的物理设备。

（5）传输媒体（Transmission Medium）：指传输表示媒体的物理介质。

这些媒体形式在多媒体领域中都是密切相关的，其中表示媒体是核心。图 6-2 反映了不同媒体与计算机信息处理过程的关系。但一般说来，如不特别强调，我们所说的媒体是指表示媒体，因为作为多媒体技术来说，研究的主要还是各种各样的媒体表示和表现技术。

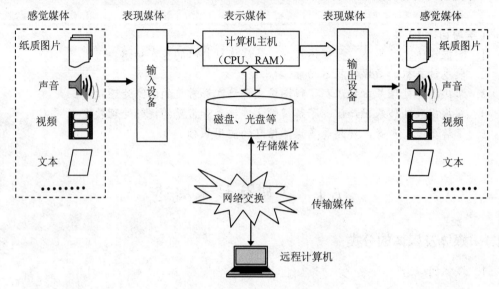

图 6-2　媒体与计算机系统

从表示媒体与时间的关系来分，不同形式的表示媒体可以被划分为两大类。

静态媒体：信息的再现与时间必然无关，如文本、图形、图像等。

连续媒体：具有隐含的时间关系，其播放速度将影响所含信息的再现，如声音、动画、视频等。连续媒体的引入给传统的计算机系统、通信系统和分布式应用系统等都提出了更高的要求。

6.1.2　媒体元素及其特征

目前，多媒体信息在计算机中的基本形式可划分为：文本、图形、图像、音频、视频和动画等，这些基本信息形式也称为多媒体信息的基本元素。

1. 文本（Text）

文本是以文字、数字和各种符号表达的信息形式，是现实生活中使用最多的信息媒体，主要用于对知识的描述。文本是计算机文字处理程序的基础，文本数据可以在文本编辑软件里制作。

文本分为非格式化文本文件和格式化文本文件。在非格式化文本文件中，只有文本信息，没有其他任何有关格式信息的文件，所以又称为纯文本文件，如".txt"文件。格式化文本文件带有各种文本排版信息等格式信息的文本文件，如段落格式、字体格式、文章的编号、分栏、边框、文字的变化（包括格式（sty1e）、字的定位（align）、字体（font）、字的大小（size）等）。

文本内容的组织方式都是按线性方式顺序组织的。

2. 图形（Graphic）

图形是指由外部轮廓线条构成的矢量图，是指用计算机绘图软件绘制的黑白或彩色的从点、线、面到三维空间以矢量坐标表示的几何形状。如直线、矩形、圆、多边形以及其他可用角度、坐标和距离来表示的几何图形。其格式是一组描述点、线、面等几何图形的大小、形状及其位置、维数的指令集合，在图形文件中只记录生成图的算法和图上的某些特征点，也称矢量图。因此，图形的产生需要计算时间。图形是人工或自动对图像进行抽象的结果。

图形的矢量化使得有可能对图中的各个部分分别进行控制（如放大、缩小、旋转、变形、扭曲、移位等）。

3. 图像（Image）

图像是由像素点阵构成的位图。这里指静止图像，图像可以从现实世界中由扫描仪、摄像机等输入设备捕获，也可以利用计算机产生数字化图像。静止的图像是一个矩阵，由一些排成行列的点组成，这些点称之为像素点（Pixel），这种图像称为位图（Bitmap）。如 1 600×1 200＝1 920 000≈200 万像素，是指横向 1 600 个点，纵向 1 200 个点的图像。

4. 音频（Audio）

音频是指在 20 Hz～20 kHz 频率范围的连续变化的声波信号，可分为语音、音乐和合成音效 3 种形式。

波形声音是最常用的 Windows 多媒体特性。波形声音设备可以通过麦克风捕捉声音，并将其转换为数值，然后把它们储存到内存或者磁盘上的波形文件中，波形文件的扩展名是.wav。这样，声音就可以播放了。语音（人的说话声）是一种特殊的媒体，也是一种波形，所以和波形声音的文件格式相同。音乐是一种符号化了的声音，乐谱可转变为符号媒体形式。

5. 视频（Video）

视频源于电视技术，它由连续的画面组成。这些画面以一定的速率连续地投射在屏幕上，使观察者具有图像连续运动的感觉。从摄像机、录像机、影碟机以及电视接收机等影像输出设备得到的连续活动图像信号是典型的视频信号。视频的数字化是指在一段时间内以一定的速度对视频信号进行捕获并加以采样后形成数字化数据的处理过程。

6. 动画（Animation）

动画是由若干幅图像进行连续播放而产生的具有运动感觉的连续画面。运动的图画，实质是一幅幅静态图像的连续播放。动画的连续播放既指时间上的连续，也指图像内容上的连续，即播放的相邻两幅图像之间内容相差不大。

计算机设计动画方法有造型动画和帧动画。帧动画是由一幅幅位图组成的连续的画面，就如电影胶片或视频画面一样要分别设计每屏幕显示的画面。造型动画是对每一个运动的物体分别进行设计，赋予每个动画一些特征，然后用这些动元构成完整的帧画面，动元的表演和行为是由制作表组成的脚本来控制。存储动画的文件格式有 FLC、MMM 等。

视频和动画的共同特点是每幅图像都是前后关联的，通常后幅图像是前幅图像的变形，每幅图像称为帧。帧以一定的速率（FPS，帧/秒）连续投射在屏幕上，就会产生连续运动的感觉。当播放速率在 24fps 以上时，人的视觉就有自然连续感。

6.1.3 多媒体、多媒体技术及产生与发展

1. 多媒体、多媒体技术

"多媒体"（multimedia），从字面上理解就是"多种媒体的综合"，相关的技术也就是"怎样进行多种媒体综合的技术"。所以与多媒体对应的一词是单媒体（Monomedia），从字面上看，多媒体就是由单媒体复合而成。多媒体技术概括起来说，就是一种能够对多种媒体信息进行综合处理的技术。略为全面一点，多媒体技术可以定义为：以数字化为基础，能够对多种媒体信息进行采集、编码、存储、传输、处理和表现，综合处理多种媒体信息并使之建立起有机的逻辑联系，集成为一个系统并能具有良好交互性的技术。

多媒体与传统的传媒有以下三点不同。

（1）传统传媒基本是模拟信号，而多媒体信息都是数字化的。

（2）传统传媒只能让人们被动地接受信息，而多媒体可以让人们主动与信息媒体交互。

（3）传统传媒一般是单一形式，而多媒体是两种以上不同媒体信息的有机集成。

所以，多媒体是由多种媒体融合而成的信息综合表现形式，是多种媒体的综合、处理和利用的结果。具体表现在：多种媒体表现、多种感官作用、多种设备支持、多学科交叉、多领域应用。

多媒体的实质是将不同表现形式的媒体信息数字化并集成，通过逻辑链接形成有机整体，同时实现交互控制。

多媒体系统是一种趋于人性化的多维信息处理系统，它以计算机系统为核心，利用多媒体技术，实现多媒体信息（包括文本、声音、图形图像、视频、动画等）的采集、数据压缩编码、实时处理、存储、传输、解压缩、还原输出等综合处理功能，并提供友好的人机交互方式。

一个多媒体系统应具备以下特点：界面友好，更加人性化；视听触觉全方位感受，效果好；人机交互，随心所欲；信息组织完善；模拟真实环境，激发创造性思维。

2. 多媒体技术的基本特性

多媒体所涉及的技术极广，其主要特性如下。

（1）信息载体多样性。信息载体的多样性是多媒体的主要特征之一，也是多媒体研究需要解决的关键问题。信息载体的多样化是相对计算机而言的，指的就是信息媒体的多样化。把计算机所能处理的信息空间范围扩展和放大，而不再局限于数值、文本或特殊对待的图形和图像，这是计算机变得更加人类化所必须的条件。人类对于信息的接收和产生主要在 5 个感觉空间内：视觉、听觉、触觉、嗅觉和味觉，其中前 3 种占了 95% 的信息量。借助于这些多感觉形式的信息交流，人类对于信息的处理可以说是得心应手。

然而计算机以及与之相类似的设备都远远没有达到人类的水平，在信息交互方面与人的感官空间就相差更远。多媒体就是要把机器处理的信息多维化，通过信息的捕获、处理与展现，使之交互过程中具有更加广阔和更加自由的空间，满足人类感官空间全方位的多媒体信息需求。

（2）交互性。多媒体的第二个关键特性是易于人和计算机的交互（如输入文字、模拟训练、进入环境角色）

交互可以增加对信息的注意力和理解力，延长信息保留的时间。

所谓交互就是通过各种媒体信息，使参与的各方（不论是发送方还是接收方）都可以进行编辑、控制和传递。当交互性引入时，"活动"本身作为一种媒体便介入到了数据转变为信息、信息转变为知识的过程之中。如在计算机辅助教学、模拟训练、虚拟现实等方面都取得了巨大的成功。媒体信息的简单检索与显示，是多媒体的初级交互应用；通过交互特性使用户介入到信息的活动过程中，才达到了交互应用的中级水平；当用户完全进入到一个与信息环境一体化的虚拟信息空间自由遨游时，这才是交互应用的高级阶段，这就是虚拟现实（Virtual Reality），但这还有待于虚拟现实或临境技术的进一步研究和发展。

（3）集成性。多媒体技术是多种媒体的有机集成，它集文字、文本、图形、图像、视频、语音等多种媒体信息于一体。集成性包括：实现了信息处理的集成性、多媒体信息媒体的集成、处理这些媒体的设备与设施的集成。

（4）协同性。每一种媒体都有其自身规律，各种媒体之间必须有机地配合才能协调一致。多种媒体之间的协调以及时间、空间的协调是多媒体的关键技术之一。

（5）实时性。所谓实时就是在人的感官系统允许的情况下，进行多媒体交互，就好像面对面（Face to Face）一样，图像和声音都是连续的。实时多媒体分布系统是把计算机的交互性、通信的分布性和电视的真实性有机地结合在一起。

3. 多媒体技术的产生

多媒体技术的概念起源于 20 世纪 80 年代初，它是在计算机技术、通信网络技术、大众传播技术等现代信息技术不断进步的条件下，由多学科不断融合、相互促进而产生出来的。

计算机中信息的表达最初只能用二进制的 0、1 来表示，随后计算机开始处理文字、图形、图像、语音、音乐，直至发展到能处理影像视频信息，这个过程就计算机的多媒体化的过程。在大众传播及娱乐界，从印刷技术开始了电子化、数字化的过程，逐步发展广播、电影、电视、录像、有线电视直至交互式光盘系统，高清晰度电视（HDTV），并且逐渐地开始具有交互能力。通信网络技术的发展，从邮政、电报电话，一直到计算机网络，一方面不断地扩展了信息传递的范围和质量，另一方面又不断支持和促进了计算机信息处理和通信、大众信息传播的发展。因此，多媒体直接起源计算机工业、家用电器工业和通信工业各个领域的发展和融合。

4. 多媒体的发展

1984 年，美国 Apple 公司推出被认为是代表多媒体技术兴起的 Macintosh 系列机。1985 年，美国 Commodore 公司的 Amiga 计算机问世，成为多媒体技术先驱产品之。1986 年 3 月，飞利浦和索尼两家公司宣布发明了交互式光盘系统（CD-I），这是集文字、图像和声音于一体的多媒体系统。1987 年，美国 RCA 公司展示了交互式数式影像系统（DVI），这是以 PC 技术为基础，用标准光盘来存储和检索活动影像、静止图像、声音和其他数据。后来，英特尔公司接受了这项技术转让，1989 年宣布把 DVI 开发为大众化商品。

进入 20 世纪 90 年代，为使多媒体建立适应发展的标准，飞利浦、索尼和微软等 14 家组成了多媒体市场协会，并公布了微机上的多媒体标准 MPC Level-I。MPC 标准的出现，使全世界的电脑制造商和软件发行商有了共同的遵循标准，带动了多媒体市场的发展。1993 年、1995 年多媒体市场协会又公布了 MPC Level-II 和 MPC Level-III 标准。

6.2　多媒体计算机的基本组成

什么是多媒体计算机（Multimedia Personal Computer，MPC）？简单地说，MPC 是具有多媒体功能的个人计算机。早期在 PC 上增加声音卡和光盘驱动器称为 MPC，随着多媒体技术的发展，不断赋予 MPC 新的内容。

MPC 源于 1990 年微软公司联合一些主要的 PC 厂商和多媒体产品开发商组成的 MPC 联盟（Multimedia PC MarketingCouncil），目的是要建立计算机系统硬件的最低功能标准，利用微软的 Windows 为操作系统，以 PC 现有的广大市场，作为推动多媒体的基础，MPC 特指符合 MPC 联盟标准的多媒体个人计算机。MPC 联盟规定多媒体计算机包括 5 个基本的部件：个人计算机（PC）、只读光盘驱动器（CD-ROM）、声卡、Windows 操作系统、一组音箱或耳机。

到目前为止，多媒体计算机系统已不是单一的技术，而是多种信息技术的集成，是把多种技术综合应用到一个计算机系统中，实现信息输入、信息处理、信息输出等多种功能。

一个完整的多媒体计算机系统由多媒体计算机硬件和多媒体计算机软件两部分组成。

6.2.1　多媒体计算机的硬件系统

多媒体计算机的硬件及其接口种类繁多，并日新月异地涌现出新的产品，如图 6-3 所示为多媒体硬件设备。

多媒体硬件系统除了常规的硬件如主机、软盘驱动器、硬盘驱动器、显示器、网卡之外，还要有音频信息处理硬件、视频信息处理硬件、光盘驱动器等部分以及 I/O 设备。

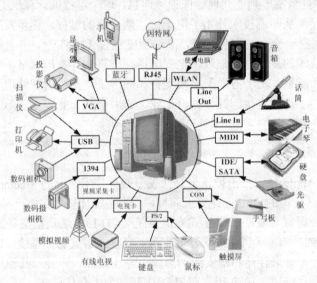

图 6-3　多媒体计算机硬件设备及接口

1. 音频卡（SoundCard）

处理音频信号的 PC 插卡是音频卡（AudioCard），又称声音卡（见图 6-4），声音卡处理的音频媒体有数字化声音（Wave）、合成音乐（MIDI）、CD 音频。

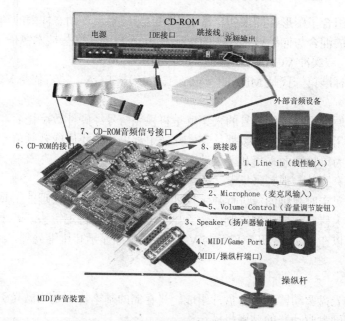

图 6-4　音频卡及外接设备

声卡用于处理音频信息时，把话筒、录音机、电子乐器等输入的声音信息进行模数转换（A/D）、压缩等处理，也可以把经过计算机处理的数字化的声音信号通过还原（解压缩）、数模转换（D/A）后用音箱播放出来，或者用录音设备记录下来。

音频卡的主要功能是音频的录制与播放、编辑与合成、MIDI 接口、文——语转换、CD-ROM 接口、游戏接口和支持全双工功能等。

2. 视频接口

视频卡（Video Card）用来支持视频信号（如电视）的输入与输出。在多媒体应用系统中，视频以其直观生动等特点得到广泛的应用。视频采集、显示播放是通过视频卡、播放软件和显示设备来实现的（见图 6-5）。

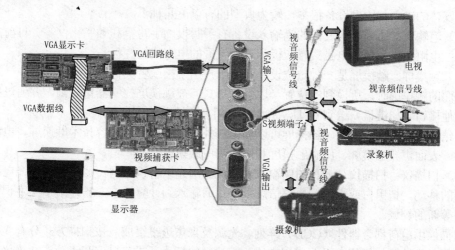

图 6-5　视频卡及外接设备

视频图像显示组合了图形、图像和全运动视频的应用要求有动态伸缩的功能，这是由单监视器体系结构中的混合与伸缩技术解决的。对于 VGA 屏幕，这些技术包括 VGA 混合、可伸缩的 VGA 混合、双缓冲 VGA 混合/伸缩 3 个方面。

视频显示技术标准第一代是 MDA 和 CGA，第二代是 EGA，第三代是 VGA，第四代是 XGA。

视频卡的工作原理是：视频信号的采集就是将视频信号经硬件数字化后，再将数字化数据加以存储。在使用时，将数字化数据从存储介质中读出，并还原成视频信号加以输出。视频信号的采集可分为单幅画面采集和多幅动态连续采集。

常见的视频卡有 3 种：视频采集卡、视频播放卡和电视转换卡。

视频卡是一种对实时视频图像进行数字化、冻结、存储和输出处理的工具。视频卡的功能还包括图像的放大修整、按比例绘制、像素显示调整、捕捉特定镜头、若干视频源图像叠合等，此外，还可以在 VGA 上开窗口并与 VGA 信号叠加显示和压缩处理。

3. 光存储设备

光存储系统由光盘驱动器和光盘盘片组成。光存储的基本特点是用激光引导测距系统的精密光学结构取代硬盘驱动器的精密机械结构。

常用的光存储系统有只读型、一次写型和可重写型 3 大类。只读型光盘中的内容在光盘生成时就已经决定，而且不可改变，用户只能从只读型光盘中读取信息，而不能往盘上写信息；一次写光存储系统可一次写入；任意多次读出；可重写光盘像硬盘一样可任意读写数据。

光存储系统的技术指标包括尺寸、容量、平均存取时间、数据传输率、接口标准和格式标准等。

目前应用的光存储系统主要有：CD-ROM 只读型光存储系统、CD-R 和 CD-RW 可读写型光存储系统、磁光（MO）存储系统、相变（PD）光存储系统、DVD 光存储系统和光盘库系统等。可读写光驱又称刻录机，用于读取或存储大容量的多媒体信息。

4. 多媒体 I/O 设备

多媒体的输入与输出设备很多，较为典型的有以下几种。

（1）笔输入：比较有代表性的笔输入设备有手写板、手写笔和数字化仪等。目前有 3 种手写板：电阻式压力板、电磁式感应板和近期发展的电容式触控板。

（2）触摸屏：触摸屏是一种定位设备。当用户用手指或者其他设备触摸安装在计算机显示器前面的触摸屏时，所摸到的位置（以坐标形式）被触摸屏控制器检测到，并通过串行口或者其他接口（如键盘）送到 CPU，从而确定用户所输入的信息。

从结构特性与技术来说，触摸屏可以分为红外技术触摸屏、电容技术触摸屏、电阻技术触摸屏、表面声波触摸屏、压感触摸屏和电磁感应触摸屏。

（3）扫描仪：扫描仪是一种图像输入设备，利用光电转换原理，通过扫描仪光电的移动或原稿的移动，把黑白或彩色的原稿信息数字化后输入到计算机中，它还用于文字识别、图像识别等新的领域。

扫描仪由电荷耦合器件（CCD）阵列、光源及聚焦透镜组成。按扫描方式分有 4 类通用的扫描仪：手动式扫描仪、平面式扫描仪、胶片（幻灯片）式扫描仪和滚筒式扫描仪。

扫描仪的技术指标包括扫描精度、分辨率、鲜锐度、阶调、灰阶、扫描速度和光电转换精度等。

（4）数码相机：数码相机不用胶片，而使用 CCD 阵列，把来自 CCD 阵列的电压信号送到模数转换器后，变换成图像的像素值。

数码相机的关键部件是 CCD。数码相机的工作过程是先在 CCD 上进行成像，然后"读出"在 CCD 单元中的电荷，进行模数转换后存储。

（5）虚拟现实的三维交互工具：虚拟现实 I/O 工具，主要包括跟踪探测设备、手数字化设备和立体显示设备等。

虚拟现实系统的关键技术之一是跟踪技术（Tracking），即对 VR 用户（主要是头部）的位置和方向进行实时的、精确的测量。跟踪探测设备可以分为跟踪器和跟踪球，其中跟踪器又可以分为机械式跟踪器、电磁式跟踪器和超声式跟踪器。

手数字化设备主要包括数字手套等；立体视觉设备主要包括头盔显示器和立体眼镜等（见图 6-6）。

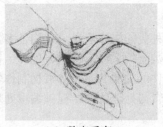  

（a）数字手套   （b）头盔显示器   （c）立体眼镜

图 6-6　虚拟现实技术中采用的设备

（6）输入输出接口

SCSI（Small Computer System Interface，小型计算机系统接口），是当今世界上最流行的用于小型机、工作站和微机的输入输出设备标准接口。

USB：需要主机硬件、操作系统和外设 3 个方面的支持才能工作。USB 规范中将 USB 分为 5 个部分：控制器、控制器驱动程序、USB 芯片驱动程序、USB 设备以及针对不同 USB 设备的客户驱动程序。

此外还有连接 CD-ROM、DVD 的 IDE 接口，连接扫描仪、打印机、U 盘、摄像头的 USB 接口，连接键盘、鼠标的 PS/2 接口，连接触摸屏、手写输入器的 COM 接口，连接网络的 RJ-45 接口，连接手机的蓝牙接口等。

6.2.2　多媒体计算机的软件系统

由于多媒体涉及到种类繁多的各种硬件，要处理形形色色差异巨大的各种多媒体数据，因此，如何将这些硬件有机地组织到一起，使用户能够方便地使用多媒体数据，是多媒体软件的主要任务。除了常见软件的一般特点外，多媒体软件常常要反映多媒体技术的特有内容，如数据压缩、各类多媒体硬件接口的驱动和集成、新型的交互方式，以及基于多媒体的各种支持软件或应用软件等。所以，一般说来，各种与多媒体有关的软件系统都可以划到多媒体的名下，但实际上许多专门的软件系统，如多媒体数据库、超媒体系统等都单独分出，多媒体软件常指那些公用的软件工具与系统。

1. 多媒体软件系统层次

多媒体软件可以划分成不同的层次或类别，这种划分是在发展过程中形成的，并没有绝对的标准。按多媒体软件功能划分为 5 个层次：驱动软件、多媒体操作系统、多媒体数据准备软件、多媒体编辑创作软件和多媒体应用软件。如图 6-7 所示。

图 6-7　多媒体软件层次图

2. 多媒体素材制作软件

媒体素材指的是文本、图像、声音、动画和视频等不同种类的媒体信息，它们是多媒体产品中的重要组成部分。准备媒体素材包括对上述各种媒体数据的采集、输入、处理、存储和输出等过程，与之相对应的软件，称为多媒体素材制作软件。主要的多媒体素材制作软件有文本编辑与录入软件、图形图像编辑与处理软件、音频编辑与处理软件、视频编辑处理软件以及动画制作与编辑软件。

（1）文本编辑与录入软件

数字和文字可以统称为文本，是符号化的媒体中应用得最多的一种，也是非多媒体的计算机中使用的主要的信息交流手段。文本数据的输入方式有直接输入、幕后载入、利用 OCR 技术和其他如语音识别、手写识别等方式。一般文本的处理的主要内容包括字的格式和段落的格式。常用的文本编辑软件包括 Microsoft Word、WPS；常用的文本录入和转换软件包括 IBM ViaVoice、汉王语音录入和手写软件、清华 OCR、尚书 OCR 等。

（2）图形图像编辑与处理软件

在制作多媒体产品时画，图形、图像资料一般都是以外部文件的形式（Import）加载输入到产品中的（如果静态图像数据量大，也可以自行建立动态库），所以可以把准备图像资料理解为准备各种数据格式（如 BMP，PCX，TIF 等）的图像文件。对图形图像数据的编辑与处理技术包括图像的采集和存储、常用的图像处理技术（如图像增强、图像恢复、图像识别、图像编码和点阵图转换为矢量图等）以及图形、图像的特技处理（如模糊、锐化、浮雕、旋转、透射、变形、水彩画和油彩画等）。

常用的图形图像编辑与处理软件包括 PaintBush、PhotoStyle、Painter、Freehand、Photoshop、CorelDraw 和 iPhoto 等。

（3）音频编辑与处理软件

声音与音乐在计算机中均为音频（Audio），是多媒体节目中使用最多的一类信息。音频主要用于节目的解说配音、背景音乐以及特殊音响效果等。音频的种类包括波形音频、MIDI 音频和数字音频。

通常音频获取途径有 3 种，分别是完全自己制作、利用现有的声音素材库和通过其他外部途径购买版权获得音频。而音频数据处理软件可分为两大类，即波形声音处理软件和 MIDI

软件。

常用的音频数据处理软件有：Creative WaveStudio、GoldWave、MIDI Orchestrator、Adobe Audition、CoolEdit 等。

（4）视频编辑与处理软件

视频由于其丰富的视觉信息，在多媒体素材中占据重要的位置。近年来，由于 CPU 运行速度不断提高，尤其是采用了 Pentium 处理器，以及多媒体硬件和软件所取得的进展，在多媒体计算机中演示数字影视节目日益盛行。与图形、图像数据准备一样视频也是以外部的文件的形式加载输入到产品中的，所以准备视频资料就是采集或准备各种数据格式（如 AVI，MPG，AVS 等）的视频音像文件。

视频主要从两个途径获得，即 CD-ROM 数字化图形、图像素材库和利用视频卡捕获视频。数字视频编辑与模拟视频编辑有许多共同点，因此也借用了大量的相关概念，包括 AlBROOL（AlB 卷）、合成视频与 S-VIDEO、视频合成、编辑决策表（Edit Decision List，EDL）、进出和时间码标记等。

常用视频格式有 3 种：AVI、M-JPEG 和 MPEG，均需用软件或特殊的硬件进行播放。具有视频编辑功能的软件有很多，其中比较著名的有：Microsoft Video for Windows、Adobe Premiere 和 Asymetrix DVP（Digital Video Producer），可根据需要加以选用。

（5）动画制作与编辑软件

动画具有形象、生动的特点，适宜模拟表现抽象的过程，易吸引人的注意力，在多媒体应用软件中对信息的呈现具有很大的作用。动画素材的准备要借助于动画创作工具，如二维动画创作工具 Animator Studio 和三维动画创作工具 3D Studio MAX 等。

动画的制作方法分为两大类：一类是由人具体地告知计算机角色运动的矢量及变化的方式，另一类是人只告知计算机角色的起始与最终状况，由计算机自动计算生成角色的运动方法。

3. 多媒体著作工具

（1）什么是多媒体著作工具

所谓多媒体著作工具是指能够集成处理和统一管理多媒体信息，使之能够根据用户的需要生成多媒体应用系统的工具软件。与多媒体著作工具相关的概念有创作环境、创作系统、创作工具和集成工具。

使用多媒体创作程序的目的就是简化多媒体的创作，使得创作者可以不必关心有关的多媒体程序的各个细节而创作多媒体的一些对象、一个系列以至整个应用程序。

（2）多媒体著作工具的标准

一般来说，多媒体著作工具应该具有下列 8 个方面的功能和特性，即编程环境；超媒体功能和流程控制功能；支持多种媒体数据输入和输出，具有描述各种媒体之间时空关系的交互手段；动画制作与演播；应用程序间的动态链接；制作片段的模块和面向对象化；界面友好、易学易用；良好的扩充性。这 8 个方面往往也是评测同类创作工具是否优劣的一种标准。

（3）多媒体创作模式

多媒体创作模式是应用程序创作中的概念模型，常见模式有 8 种，即幻灯表现模式、层次模式、书页模式、窗口模式、时基模式、网络模式、图标模式和语言模式。

（4）多媒体创作工具的类型

按多媒体创作工具分类，可以分为以图标为基础、以时间为基础、以页为基础和以传统程序设计语言为基础的多媒体创作工具。

按多媒体创作工具的创作界面分类，可以分为幻灯式、书本式、窗口式、时基式、网络式、流程图式和总谱式。

常用的多媒体创作工具包括 Micromedia Authorware、Director、ToolBook、Microsoft PowerPoint 等。

4. 多媒体应用设计

多媒体可以应用于相当多的领域，但开发一个多媒体的应用必须首先明确系统的总体目标是什么。根据总体目标，确定应用的类型，并采用合适的开发方法。

多媒体应用设计过程大致包括 4 个步骤，即应用的选题与目标分析、脚本设计编写、各种媒体信息的数据准备、创作设计，其中创作设计包括创意设计和人机界面设计。

6.3 多媒体信息处理技术基础

6.3.1 文本的基本知识

在多媒体计算机中，文字和数值都是用二进制编码表示的，文字信息和数值信息统称为文本信息，具体的文本信息与 MPC 的处理能力有关，对于具备中英文处理能力的 MPC 来说，文本信息则主要由 ASCII 码表所规定的字符集（包括字母、数字、特殊符号等）和汉字信息交换码所规定的中文字符集中的字符组合而成，习惯上把前者称为西文字符，而把后者称为中文字符。MPC 处理文字信息主要包括输入、编辑、存储、输出等。

6.3.2 数字音频信息处理

1. 声音的物理特征

声音信号通常用一种连续的波形来表示（见图 6-8）。波形的最大位移称为振幅 A，反映音量。波形中两个连续波峰（或波谷）之间的距离称为周期 T。周期的倒数 $1/T$ 即为频率 f，以赫兹（Hz）为单位。频率反映了声音的音调。

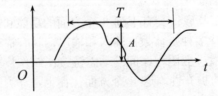

图 6-8 声波的振幅与频率

声音按频率可分为 3 类：

（1）低于 20 Hz 的声音称为次音频（或次声）；

（2）频率范围在 20 Hz～20 kHz 范围的可听声称为音频；

（3）频率高于 20 kHz 的称为超音频（或超声）。

2. 音频的相关概念

音频（Audio）是指频率在 20 Hz～20 kHz 范围内的可听声音，是多媒体信息中的一种媒体类型——听觉类媒体。

目前多媒体计算机中的音频主要有波形音频、CD 音频和 MIDI 音乐 3 种形式。

（1）波形音频。是由外部声音源通过数字化过程采集到多媒体计算机中的所有声音形式。语音是波形声音中人的说话声音，具有内在的语言学、语音学的内涵。多媒体计算机可以利用特殊的方法分析、研究、抽取语音的相关特征，实现对不同语音的分辩、识别以及通过文字合成语音波形等。

（2）CD 音频。CD-音频（CD-Audio）是存储在音乐 CD 光盘中的数字音频，可以通过 CD-ROM 驱动器读取并采集到多媒体计算机系统中，并以波形音频的相应形式存储和处理。

（3）MIDI 音乐。也称 MIDI 音频。它将音乐符号化并保存在 MIDI 文件中，并通过音乐合成器产生相应的声音波形来还原播放。

音频是时间的函数，具有很强的前后相关性，所以实时性是音频处理的基本要求。

3. 音频的数字化与编码

计算机处理音频信号之前，必须将模拟的声音信号数字化，产生数字音频。具体过程包括：采样、量化、编码。如图 6-9 所示。

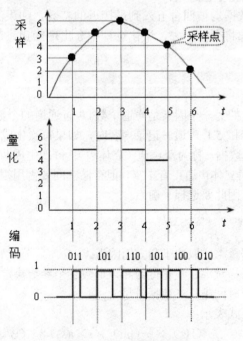

图 6-9　采样、量化和编码

数字声音波形质量的主要技术参数有采样频率、采样精度、通道数。

4. 采样与采样频率

采样是每间隔一段时间读取一次声音信号幅度，使声音信号在时间上被离散化，如图 6-9 所示。采样的主要参数是采样频率。

采样频率是指将模拟声音波形数字化时，每秒钟所抽取声波幅度样本的次数，等于波形被等分的份数，份数越多（即频率越高），质量越好。采样频率的计算单位是 kHz（（千赫兹），一般有 11.025 kHz、22.05 kHz、44.1 kHz。其计算单位是 kHz（千赫兹）。一般来讲，采样频率越高，声音失真越小，用于存储数字音频的数据量也越大。

采样频率的高低是根据声音信号本身的最高频率和奈奎斯特采样定理（Nyquist theory）决定的。奈奎斯特采样定理指出，采样频率不应低于声音信号最高频率的两倍，这样就能把离散的数字音频还原为原来的声音。

音频的频率范围大约在 20 Hz～20 kHz 之间，根据采样理论，为了保证声音不失真，采样频率应在 40 kHz 左右。

5. 量化与量化位数

量化就是把采样得到的声音信号幅度转换为数字值，使声音信号在幅度上被离散化。量化位数也叫采样精度，是每个采样点能够表示的数据范围，即每次采样信息量。采样通过模/数转换器（A/D 转化器）将每个波形垂直等分，若用 8 位 A/D 转换器，可把采样信号分为 2^8 ＝256 等份；若用 16 位 A/D 转换器，则可将其分为 2^{16}＝65536 等份。显然后者比前者音质好。所以常用的有 8 位、12 位和 16 位量化级。量化级的大小决定了声音的动态范围。量化位数越高，音质越好，数据量也越大。

量化时，每个采样数据均被四舍五入到最接近的整数，如果波形幅度超过了可用的最大值，波形的顶部和底部将会被削去，量化过程中会出现噪声，削峰会造成严重的声音失真。

6. 声道

反映音频数字化质量的另一个因素是声道个数。声音通道的个数表明声音产生的波形数，一般分单声道、立体声道和 5.1 声道。记录声音时，如果每次生成一个声波的数据，称为单声道；每次生成两个声波数据，称为双声道（立体声）；每次生成两个以上声波数据，称为多声道（环绕立体声）。采用立体声道声音丰富，但存储空间要占用很多。由于声音的保真与节约存储空间是有矛盾的，因此要选择平衡点。

7. 音频采样的数据量

数字音频的采样数据量主要取决于两方面因素。

- 音质因素：由采样频率、量化位数和声道数 3 个参数决定。
- 时间因素：采样时间越长，数据量越大。

音频的数据量可用下式表示：

$$V = fc \text{（Hz）} \times b \text{（bit）} \times s \times t(s) / 8 \quad \text{（B/s）}$$

式中，V 为数据量（B/s）；fc 为采样频率（kHz）；b 为量化位数（bit）；s 为声道数。

具体计算时，需要将单位时间的数据量 V 与采样时间 t 相乘，并注意采样频率的单位换算。

8. 数字音频的采集与编辑

（1）录音采集

采集音频之前，首先要有合适的环境和音源，还需要聘请专业创作人员、音响工程师，租用录音设备等。还要根据具体情况和用途确定适当的采样参数。

在 Windows XP 系统中，提供了录音参数的选择设置功能，其中的音质选择分为 CD 音质、电话质量、收音质量和 Default Quality 4 种，如图 6-10 所示选择采样参数。

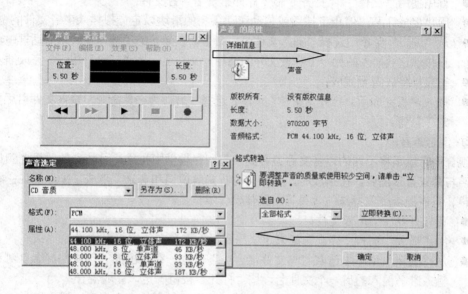

图 6-10　Windows 系统中应用录音机对声音采样

（2）声音的简单编辑

利用一些软件工具对已有数字音频进行编辑处理，不但可以实现诸如将两段声音依次连接、混合等特殊要求，还能对一段声音进行添加回音、改变频率、插入静音、交换声道等处理，给原有声音锦上添花。

一般声卡附带的应用程序都具备简单的声音编辑功能，如 Creative WaveStudio 、Cool Edit Pro、友立公司的 Audio Editor 等，Windows 附件下的“录音机”也具有简单的编辑功能。

① 删除部分声音

引用一个声音文件，但可能不是需要此声音文件的全部，仅仅只要其中部分声音，这就必须删除不必要的声音。其操作的步骤为：

● 从录音机窗口选择“文件”/“打开”命令，打开准备编辑的声音文件；

● 用“播放”键和“停止”键或拖动滚动条上的滑块来定位想要删除声音文件的位置；

● 从“编辑”菜单中选择“删除当前位置之后的内容”命令（或视需要选择“删除当前位置之前的内容”命令），在随后出现的对话框中确认是否删除；

● 删除声音的编辑工作完成后，打开“文件”菜单，选择“另存为…”命令，输入文件名后按“确定”按钮。

若需要删除的部分不在前面，也不在后面，就要采用多次删除操作，然后再用下面的“插入其他声音”操作进行重新组合。

② 插入其他声音文件

在录音的过程中，有时需要插入另一个声音文件。例如，采用 Windows 附件下的录音机进行录音时由于受时间限制，可能一段声音要分几次录而成为几个文件，需要将它们连接使用（也可以采用"将声音录制到现有声音文件"的办法完成）。在讲到老虎的吼声，需要在这一段解说中插入真正老虎的声音等，此时就需要使用插入另一个声音文件的操作。当然这些声音文件必须是自己的声音素材库中可以找到的。具体操作步骤是：

- 首先使用"文件"/"打开"命令打开第一个声音文件；
- 用"播放"和"停止"按钮或拖动滚动条上的滑块以定位拟插入声音文件的位置；
- 从"编辑"菜单中选择"插入文件…"命令，在弹出的"插入文件"对话框中输入或直接选定欲插入的另一个声音文件的路径和文件名，按"打开"按钮，完成插入；
- 重复操作，直至完成；
- 插入声音完成后，打开"文件"菜单，选择"另存为…"命令，输入文件名后按"确定"按钮。

③ 混合声音

混合声音就是将不同的声音文件混合到一起，在教学中构成一种特殊的效果。例如，将解说声与背景音乐混合，在播放时，则可同时听到解说词和音乐，形成了配乐解说；将雨声与风声、雷声混合产生特殊的效果等。具体操作步骤是：

- 首先打开一个声音文件；
- 用"播放"键和"停止"键来定位想要混入声音文件的起点位置；
- 从"编辑"菜单中选取"与文件混合…"命令，在弹出的"与文件混合"对话框中输入准备混入的另一个文件名，按"打开"按钮确定，完成混合；
- 混合声音完成后，打开"文件"菜单，选择"另存为…"命令，输入路径、文件名后按"确定"按钮。

9. 数字音频的文件格式

下面介绍几种常用的音频文件格式。

（1）WAV 格式，是微软公司开发的一种声音文件格式，也叫波形声音文件，是最早的数字音频格式，被 Windows 平台及其应用程序广泛支持。WAV 格式支持许多压缩算法，支持多种音频位数、采样频率和声道，采用 44.1 kHz 的采样频率，16 位量化位数。

（2）MIDI（Musical Instrument Digital Interface，乐器数字接口）是数字音乐/电子合成乐器的统一国际标准。它定义了计算机音乐程序、数字合成器及其他电子设备交换音乐信号的方式，规定了不同厂家的电子乐器与计算机连接的电缆和硬件及设备间数据传输的协议，可以模拟多种乐器的声音。MIDI 文件就是 MIDI 格式的文件，在 MIDI 文件中存储的是一些指令。把这些指令发送给声卡，由声卡按照指令将声音合成出来。

（3）大家都很熟悉 CD 这种音乐格式了，扩展名 CDA，其取样频率为 44.1 kHz，16 位量化位数，跟 WAV 一样，但 CD 存储采用了音轨的形式，又叫"红皮书"格式，记录的是波形流，是一种近似无损的格式。

（4）MP3 全称是 MPEG-1 Audio Layer 3，它在 1992 年合并至 MPEG 规范中。MP3 能够以高音质、低采样率对数字音频文件进行压缩。换句话说，音频文件（主要是大型文件，比如 WAV 文件）能够在音质丢失很小的情况下（人耳根本无法察觉这种音质损失）把文件压缩到更小的程度。

（5）WMA（Windows Media Audio）是微软在互联网音频、视频领域的力作。WMA 格式是以减少数据流量但保持音质的方法来达到更高的压缩率目的，其压缩率一般可以达到1∶18。

（6）MP4 采用的是美国电话电报公司（AT&T）所研发的以"知觉编码"为关键技术的a2b 音乐压缩技术，由美国网络技术公司（GMO）及 RIAA 联合公布的一种新的音乐格式。MP4 在文件中采用了保护版权的编码技术，只有特定的用户才可以播放，有效地保证了音乐版权的合法性。另外 MP4 的压缩比达到了 1∶15，体积较 MP3 更小，但音质却没有下降。不过因为只有特定的用户才能播放这种文件，因此其流传与 MP3 相比差距甚远。

（7）QuickTime 是苹果公司于 1991 年推出的一种数字流媒体，它面向视频编辑、Web 网站创建和媒体技术平台，QuickTime 支持几乎所有主流的个人计算平台，可以通过互联网提供实时的数字化信息流、工作流与文件回放功能。现有版本为 QuickTime 1.0、2.0、3.0、4.0和 5.0，在 5.0 版本中还融合了支持最高 A/V 播放质量的播放器等多项新技术。

（8）DVD Audio 是新一代的数字音频格式，与 DVD Video 尺寸以及容量相同，为音乐格式的 DVD 光碟，取样频率有"48 kHz/96 kHz/192 kHz"和"44.1 kHz/88.2 kHz/176.4 kHz"可供选择，量化位数可以为 16、20 或 24 比特，它们之间可自由地进行组合。低采样率的192kHz、176.4 kHz 虽然是 2 声道重播专用，但它最多可收录到 6 声道。而以 2 声道 192kHz/24b或 6 声道 96 kHz/24 b 收录声音，可容纳 74 分钟以上的录音，动态范围达 144 dB，整体效果出类拔萃。

（9）RealAudio 是由 Real Networks 公司推出的一种文件格式，最大的特点就是可以实时传输音频信息，尤其是在网速较慢的情况下，仍然可以较为流畅地传送数据，因此 RealAudio主要适用于网络上的在线播放。现在的 RealAudio 文件格式主要有 RA（RealAudio）、RM（RealMedia，RealAudio G2）、RMX（RealAudio Secured）3 种，这些文件的共同性在于随着网络带宽的不同而改变声音的质量，在保证大多数人听到流畅声音的前提下，令带宽较宽敞的听众获得较好的音质。

（10）VOC 文件，在 DOS 程序和游戏中常会遇到这种文件，它是随声霸卡一起产生的数字声音文件，与 WAV 文件的结构相似，可以通过一些工具软件方便地互相转换。

6.3.3　数字图形与图像处理

位图是用矩阵形式表示的一种数字图像，矩阵中的元素称为像素，每一个像素对应图像中的一个点，像素的值对应该点的灰度等级或颜色，所有像素的矩阵排列构成了整幅图像。

图形与图像是不同的概念。图形是矢量概念，最小单位是图元；图像是位图概念，最小单位是像素；图形显示图元顺序，图像显示像素顺序；图形变换无失真，图像变换有失真；图形以图元为单位修改属性、编辑，图像只能对像素或图块处理；图形是对图像的抽象，但在屏幕上两者无异。

1．图形图像处理的基本内容

矢量图形处理是计算机信息处理的一个重要分支，被称为计算机图形学，主要研究二维和三维空间图形的矢量表示、生成、处理、输出等内容。具体来说，就是利用计算机系统对点、线、面、曲面等数学模型进行存放、修改、处理（包括几何变换、曲线拟合、曲面拟合、纹理产生与着色等）和显示等操作，通过几何属性表现物体和场景。

图像处理是指对位图图像所进行的数字化处理、压缩、存储和传输等内容，具体的处理技术包括图像变换、图像增强、图像分割、图像理解、图像识别等。处理过程中，图像以位图方式存储和传输，而且需要通过适当的数据压缩方法来减少数据量，图像输出时再通过解压缩方法还原图像。

2. 图像的主要参数

图像的每个像素点都用二进制数编码，用来反映像素点的颜色和亮度。图像的主要技术参数有分辨率、像素深度、图像的数据量。

（1）分辨率。又分为屏幕分辨率、图像分辨率、打印分辨率、扫描分辨率。

① 屏幕分辨率：沿着屏幕的长和宽排列像素的多少，即计算机显示器屏幕显示图像的最大显示区，单位是 PPI（Pixel Per Inch）。

图 6-11 是同一图像分辨率分别是 240×180、180×135、120×90 时的不同画面对比情况。

图 6-11　不同显示分辨率的对比

② 图像分辨率：指的是一幅具体作品的品质高低，通常都用像素点（Pixel）多少来加以区分，单位是 PPI。在图片内容相同的情况下，像素点越多、品质就越高，但相应的记录信息量（文件长度）也呈正比增加。

③ 打印分辨率：也是很常见的一种分辨率，顾名思义，就是打印机或者冲印设备的输出分辨率，即在单位距离上所能记录的点数，单位是 DPI（Dot Per Inch）。

④ 扫描分辨率：是指每英寸扫描所得到的点，单位也是 DPI。它表示一台扫描仪输入图像的细微程度，数值越大，表示被扫描的图像转化为数字化图像越逼真，扫描仪质量也越好。

（2）像素深度。是指存储每个像素所用的位数，它也是用来度量图像的分辨率。

像素深度决定彩色图像的每个像素可能有的颜色数，或者确定灰度图像的每个像素可能有的灰度级数。图像的最大颜色数由像素深度决定，若像素深度为 2 位，则只能存储黑白 2 色，4 位为 16 色，8 位为 256 色，n 位为 2^n 色。例如，一幅彩色图像的每个像素用 R，G，B 三个分量表示，若每个分量用 8 位，那么一个像素共用 24 位表示，就说像素的深度为 24，每个像素可以是 $2^{24}=16\,777\,216$ 种颜色中的一种。在这个意义上，往往把像素深度说成是图像深度。表示一个像素的位数越多，它能表达的颜色数目就越多，而它的深度就越深。

（3）图像的数据量。数据大小与分辨率、颜色深度有关。设图像垂直方向的像素数为 H，水平像素数为 W，颜色深度为 C 位，则一幅图像所拥有的数据量大小 B 为：

$$B=H\times W\times C/8\ （字节）$$

例如，一幅未被压缩的位图图像，如果它的水平像素为 320，垂直像素为 240，颜色深度为 16 位，则该幅图像的数据量为：320×240×16/8＝153 600 字节＝150 KB。

3. 图像的数字化过程

实际上就是对连续图像 $f(x,y)$ 进行空间和颜色离散化的过程，主要经过采样、量化、压缩编码 3 个步骤。

（1）采样

将二维空间上连续的灰度或色彩信息转化为一系列有限的离散数值的过程称为采样。

具体方法是对图像在水平方向和垂直方向上等间隔地分割成矩形网状结构。所形成的矩形微小区域，称为像素点。被分割的图像若水平方向有 M 个间隔，垂直方向上有 N 个间隔，则一幅图像画面就被采样成 $M \times N$ 个像素点构成的离散像素的集合（如图 6-12 所示），$M \times N$ 表示采样图像的像素尺寸。

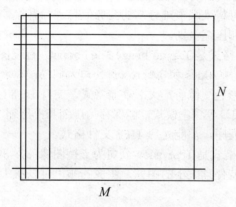

图 6-12 图像的采样

（2）量化

量化是对采样得到的灰度或者颜色样本进行离散化的过程。基本思想是将图像采样后的灰度或颜色样本值划分为有限多个区域，把落入某区域中的所有样本用同一值表示，用有限的离散数值来代替无限的连续模拟量，从而实现样本信息的离散化。

量化时所确定的离散取值个数称为量化级数，表示量化的色彩（或亮度）值所需的二进制位数，称为量化字长。一般可用 8 位、16 位、24 位或更高的量化字长来表示图像的颜色。量化字长越大，则越能真实地反映原有图像的颜色，但得到的数字图像的数据量也越大。

（3）压缩编码

数字化得到的图像数据量巨大，必须采用编码技术来压缩信息。目前，已有许多成熟的编码算法应用于静止图像的压缩，压缩比大约在 30∶1 以上。

实现图像的数字化，需要专门的数字化设备。常见的图像数字化设备有图像扫描仪和数码照相机等。图像信息数字化的关键部件是 CCD（Charge Coupled Device，电荷耦合器件）阵列。

4. 数字图像的种类与图像文件的格式

在多媒体计算机系统中，不同的压缩方式用不同的文件格式表示。不同的文件格式用特定的文件扩展名来表示，常见的图像文件格式有 BMP、PCX、GIF、JPG、TIFF、TGA、PNG、

PSD 和 MPT 等。

（1）BMP 格式。BMP 格式是一种与设备无关的图像文件格式，采用位映射存储形式，支持 RGB、索引色、灰度和位图色彩模式。利用 Windows 的画图软件可以将图像存储成 BMP 格式图像文件。该格式结构较简单，每个文件只存放一幅图像。

（2）PCX 格式。PCX 格式是为 Zsoft 公司研制开发的图像处理软件 PCPaintbrush 设计的文件格式，与特定图形显示硬件有关。PCX 文件在存储时要经过 RLE 压缩或解压缩。

（3）GIF 格式。GIF 格式是 CompuServe 公司指定的图像格式，它具有支持 64000 像素的图像、256～16 M 颜色的调色板、单个文件的多重图像、按行扫描迅速解码、有效地压缩以及与硬件无关等特性，且能将图像存储成背景透明的形式，还能将多幅图像存成一个图像文件而连续播放形成动态效果。GIF 文件在存储时都经 LZW 压缩，可以将文件的大小压缩至原来的一半。在 Internet 上，GIF 格式已成为页面图片的标准格式。

（4）JPG 格式。JPG 格式是用 JPEG 压缩标准压缩的图像文件格式，JPEG 压缩是一种高效率的有损压缩，压缩时可将人眼很难分辨的图像信息进行删除。将图像保存为 JPEG 格式时，可以指定图像的品质和压缩级别。

（5）TIFF 格式。TIFF 格式是 Tagged Image File Format（标记图像文件格式）的缩写，通常标识为*.TIF 类型。它是由 Aldus 和 Microsoft 公司为扫描仪和台式计算机出版软件开发的用来为存储黑白、灰度和彩色图像而定义的存储格式，支持 1～8 位、24 位、32 位（CMYK 模式）或 48 位（RGB 模式）等颜色模式，能保存为压缩和非压缩的格式。几乎所有的绘画、图像编辑和页面排版应用程序，都能处理 TIFF 文件格式。

（6）TGA 格式。TGA 格式是 Truevision 公司为支持图像捕捉和本公司的显卡而设计的一种图像格式。这种格式支持任意大小的图像，图像的颜色可以从 1～32 位，具有很强的颜色表达能力。

（7）PNG 格式。PNG 格式是为了适应网络传输而设计的一种图像文件格式。在大多数情况下，它的压缩比大于 GIF 图像文件格式，利用 Alpha 通道可以调节图像的透明度，可提供 16 位灰度图像和 48 位真彩色图像，它可取代 GIF 和 TIF 图像文件格式。一个图像文件只能存储一幅图像。

（8）PSD 格式。PSD 格式是 Photoshop 特有的图像文件格式，支持 Photoshop 中所有的图像类型。可以将编辑的图像文件中的所有图层和通道的信息记录下来。在编辑图像的过程中，将文件保存为 PSD 格式，可重新读取需要的信息，而且图像没有经过压缩，但会占很大的硬盘空间。

（9）MPT（或 MAC）格式。是苹果 MAC 机所使用的灰度图像格式，也称 MAC Paint 格式，文件扩展名为.MPT 或.MAC。在 PC 上制作图像时可以利用这种格式与苹果 MAC 机沟通，它的屏幕显示固定在 576×720 像素，转换文件时注意调整以免图像有所损失。

在以上的图像文件格式中，GIF、JPEG、PNG 以及 BMP 等格式最为常用。

矢量图形文件也有多种格式，常见的有：EPS、DXF、PS、HGL、WMF 格式。

5. 常见的图像处理软件

图形图像处理软件很多，常见的见表 6-1。

表 6-1 常见的图像处理软件

软件名	出品公司	功能简介
PhotoShop	Adobe	图片专家，平面处理的工业标准
Image Ready		专为网页图像制作而设计
Painter	MetaCreations	支持多种画笔，具有强大的油画、水墨画绘制功能，适合于专业美术家从事数字绘画
PhotoImpact	Ulead	集成化的图像处理和网页制作工具，整合∫ Ulead GIF Animator
PhotoStyler		功能十分齐全的图像处理软件
Photo-Paint	Corel	提供了较丰富的绘画工具
Picture Publisher	Micrografx	Web 图形功能优秀
PhotoDraw	Microsoft	微软提供的非专业用户图像处理工具
PaintShop Pro	Jasc Software	专业化的经典共享软件，提供"矢量层"，可以用来连续抓图

6.3.4 数字视频技术

1. 视频基础知识

视频（Video）是多幅静止图像（图像帧）与连续的音频信息在时间轴上同步运动的混合媒体，多帧图像随时间变化而产生运动感，因此视频也被称为运动图像。

按照视频的存储与处理方式不同，可分为模拟视频和数字视频两种。

模拟视频（Analog Video）是以连续的模拟信号方式存储、处理和传输的视频信息，所用的存储介质、处理设备以及传输网络都是模拟的。

视频信号大多是标准的彩色全电视信号，要将其输入到计算机中，不仅要有视频信号的捕捉，实现其由模拟信号向数字信号的转换，还要有压缩和快速解压缩及播放的相应软硬件处理设备配合。同时，在处理过程中免不了受到电视技术的各种影响。

电视主要有 3 大制式，即 NTSC（525/60）、PAL（625/50）和 SECAM（625/50）3 种，括号中的数字为电视显示的线行数和频率。

动态视频对于颜色空间的表示有多种情况，最常见的是 R、G、B（红、绿、蓝）三维彩色空间。此外，还有其他彩色空间表示，如 Y、U、V（Y 为亮度，U、V 为色差），H、S、I（色调、饱和度、强度）等，并且还可以通过坐标变换而相互转换。

在视频中有如下几个重要的技术参数。

（1）帧速。视频是利用快速变换帧的内容而达到运动的效果。视频根据制式的不同有 30 帧/秒（NTSC）、25 帧/秒（PAL）等。有时为了减少数据量而减慢了帧速，也可以达到满意程度，但效果略差。

（2）数据量。视频数据量相当大，经过压缩后可减少几十倍甚至更多。尽管如此，图像的数据量仍然很大，以至于计算机显示等跟不上速度，导致图像失真。此时就只有在减少数据量上下工夫，除降低帧速外，也可以缩小画面尺寸，如仅 1/4 屏或 1/16 屏，都可以大大降低数据量。不计压缩的视频数据量大小为：

$$数据量＝帧速×每幅图像的数据量$$

（3）图像质量。图像质量除了原始数据质量外，还与视频数据压缩的倍数有关。一般说来，压缩比较小时对图像质量不会有太大影响，而超过一定倍数后，将会明显看出图像质量下降。所以数据量与图像质量是一对矛盾，需要合适的折中。

2．视频数字化

视频数字化有复合数字化（Recombination Digitalization）和分量数字化（Component Digitalization）两种方法。

复合数字化是先用一个高速的模/数（A/D）转换器对全彩色电视信号进行数字化，然后在数字域中分离亮度和色度，以获得 YCbCr 分量、YUV 分量或 YIQ 分量，最后再转换成 RGB 分量。

分量数字化是先把复合视频信号中的亮度和色度分离，得到 YUV 或 YIQ 分量，然后用3 个模/数转换器对 3 个分量分别进行数字化，最后再转换成 RGB 分量。分量数字化是采用较多的一种模拟视频数字化方法。

采用分量采样的数字化方法，则基本的数字化过程包括：

（1）按分量采样方法采样，得到隔行样本点；

（2）将隔行样本点组合、转换成逐行样本点；

（3）进行样本点的量化；

（4）彩色空间的转换，即将采样得到 YUV 或 YCbCr 信号转换为 RGB 信号；

（5）对得到的数字化视频信号进行编码、压缩。

数字化后的视频经过编码、压缩后，形成不同格式和质量的数字视频，可适应不同的处理和应用要求。

3．数字视频文件格式

常用的普通视频文件格式有以下 3 种。

（1）AVI 文件：是一种音视频交叉记录的数字视频文件格式。运动图像和伴音数据是以交替的方式存储，与硬件设备无关。

（2）MOV 文件：用于保存音频和视频信息的视频文件格式，统称为 QuickTime 视频格式，可以采用压缩或非压缩两种方式。

（3）MEPG 文件——MPEG / MPG / DAT 格式：采用 MPEG 压缩算法压缩后得到的视频文件格式，具体格式后缀可以是 MPEG、MPG 或 DAT。

4．视频处理软件概述

常见的视频播放的软件有以下 5 种。

（1）Ulead Media Studio Pro。是台湾 Ulead（友立）公司开发的一套专业音视频处理软件，与 Adobe Premiere 相比，具有易学易用的特点。Ulead　Media Studio Pro 主要由 Video Editor、Audio Editor、CG Infinity、Video Paint4 大模块组成，功能涵盖了视频编辑、影片特效、2D 动画制作等，是一套完整的视频编辑套餐式软件。

（2）Ulead Video Studio。也是台湾 Ulead（友立）公司的软件产品，它比 Ulead Media Studio Pro 简单、易用，容易上手。目前流行的版本为 Ulead Video Studio 6.0 版。

（3）Ulead DVD Movie Factory。是 Ulead 公司推出的一个完整的从数字摄像机拍摄的 DV 到 DVD/VCD 的解决方案。

（4）Ulead DVD Picture Show。是友立公司最新推出的 DVD/VCD 相册制作软件。

（5）典型的视频处理软件 Premiere。Adobe Premiere 是 Adobe 公司推出的专业级视音频非线性编辑软件，广泛应用于电视节目编辑、广告制作、电影剪辑等领域。目前较为流行的是 Adobe Premiere 6.5 版。

5. 流媒体技术

流媒体是指在 Internet / Intranet 中使用流式传输技术的连续媒体，如音频、视频或其他多媒体文件。流媒体在播放前并不下载整个文件，只将开始部分内容存入内存，流式媒体的数据流随时传送随时播放，只是在开始时有一些延迟。实现流媒体的关键技术就是流式传输，具体方法有实时流式传输和顺序流式传输两种。

流媒体文件经过特殊编码，使其适合在网络上边下载边播放，而不是等到下载完整个文件才能播放。

提供流技术支持的主要有 Microsoft 公司、RealNetworks 公司和 Apple 公司，对应的流媒体文件格式分别为 ASF、RealMedia 和 MOV。

（1）ASF 流格式

ASF（Advanced Stream Format）是 Microsoft 公司定义的流格式，音频、视频、图像以及控制命令脚本等多媒体信息通过这种格式，以网络数据包的形式传输，实现多媒体信息的流式传输，它是 Windows Media 的核心。

ASF 最大优点就是体积小，适合网络传输，使用微软公司的最新媒体播放器（Microsoft Windows Media Player）可以直接播放 ASF 文件。

ASF 文件中可以带有命令代码，用户指定在到达视频或音频的某个时间后触发某个事件或操作。

（2）RealMedia 流格式

RM（Real Media）是 RealNetworks 公司开发的一种新型流式视频文件格式，内容包括视频信息和同步伴音信息，可以不同的传输速率在网上传输，使用 RealPlayer 播放器播放。

事实上，RM 流是一个体系，除了视频流（RealVideo）之外还包括 RealAudio 和 RealFlash 两类文件。其中，RealAudio 用来传输接近 CD 音质的音频数据，而 RealFlash 则是 RealNetworks 公司与 Macromedia 公司新近合作推出的一种高压缩比的动画格式。

（3）QuickTime 流格式

MOV（代表 QuickTime 格式）是 Apple 公司开发的一种流文件格式，提供通过 Internet 播放实时的数字化信息流、工作流与文件的功能。

QuickTime 为多种流行的浏览器软件提供了相应的 QuickTime Viewer 插件（Plug-in），能够在浏览器中实现多媒体数据的实时回放。QuickTime 的自动速率选择功能使用户通过调用插件播放 MOV 文件时，能够自己选择不同的连接速率下载并播放。

此外，QuickTime 还采用了一种称为 QuickTime VR 的虚拟现实技术，用户只需通过鼠标或键盘，就可以观察某一地点周围 360 度的景象，或者从空间任何角度观察某一物体。

6.4　多媒体数据压缩编码技术

数据压缩就是以最少的数码表示信源所发的信号，减少容纳给定消息集合或数据采样集合的信号空间。"信源"可以是数据、静止图像、语音、电视或其他需要存储和传输的信号；"信号空间"是指信号集合所占的空域、时域和频域空间。"最少"是指在保证信源的一定质量或者说是有效的前提下的最少。

6.4.1　多媒体数据的特点

1. 数据量巨大

传统的数据采用了编码表示，数据量并不大。如一部 50 万字的小说，保存为文本文件不到 1 000 MB。而多媒体数据量巨大，其数据压缩显得相当必要。

一幅大小为 512×512（像素）的黑白图像，每像素用 8bit 表示，其大小为：

$$512×512×8×3=629\ 145\text{bit}≈6.3\ \text{Mb}=769\ \text{KB}$$

上述彩色图像按 NTSC 制，每秒钟传送 30 帧，其每秒的数据量为：

$$6.3\text{Mb}×30\ 帧/\text{s}=189\text{Mb/s}=23.6\ \text{MB/s}$$

一个 80 GB 的硬盘可以存储的视频为：

$$80×1\ 024\ \text{MB}/23.6\ \text{MB/s}=58\ 分钟$$

双通道立体声激光唱盘（CD-A），采样频率为 44.1 kHz，采样精度为 16 位/样本，其 1 秒钟的音频数据量为 $44.1×10^3×16×2=1.41\text{Mb/s}$。5 分钟的音乐需占用空间为 420M。

因此，多媒体信息包括文本、声音、动画、图形、图像以及视频等多种媒体信息。经过数字化处理后其数据量是非常大的，如果不进行数据压缩处理，计算机系统就无法对它进行存储和交换。

2. 数据类型多

多媒体数据包括图形、图像、声音、文本和动画等多种形式，即使同属于图像一类，也还有黑白、彩色、高分辨率、低分辨率之分。

3. 数据类型间差距大

数据类型间差距大主要表现在：不同媒体的存储量差别大，不同类型的媒体由于内容和格式不同，相应的内容管理、处理方法和解释方法也不同，声音和动态影像视频的时基媒体与建立在空间数据基础上的信息组织方法有很大的不同。

4. 多媒体数据的输入和输出复杂

多媒体数据的输入方式分为两种：即多通道异步方式和多通道同步方式。多通道异步方式是目前较流行的方式，它是指在通道、时间都不相同的情况下，输入各种媒体数据并存储，最后按合成效果在不同的设备上表现出来。多通道同步方式是指同时输入媒体数据并存储，最后按合成效果在不同的设备上表现出来，由于涉及的设备较多，因此输出也较为复杂。

从上述内容可以看出，多媒体数据在计算机中的表示是一项较复杂的工作。

6.4.2　多媒体数据压缩技术

采样数据不仅仅是所代表的原始信息本身，还包含着其他一些没必要保留的（确定的、可推知的）信息，即存在着数据冗余。

数据压缩就是从采样数据中去除冗余，即保留原始信息中变化的、特征性信息，去除重复的、确定的或可推知的信息，在实现更接近实际媒体信息描述的前提下，尽可能地减少描述用的信息量。

1. 多媒体数据的冗余

多媒体信息中存在大量的数据冗余，数据压缩技术就是利用了数据的冗余性，来减少图像、声音、视频中的数据量，数据中存在以下冗余数据。

（1）空间冗余数据。规则的物体和背景都具有空间上的连贯性，这些图像数字化后就会出现 数字冗余。例如，在静态图像中有一块表面颜色均匀的区域（如白色墙壁），在这个区域中所有点的光强和色影以及饱和度都是相同的，因此数据就会存在很大的空间冗余性。该图片数字化处理后，生成的位图有大量的数据完全一样或十分接近。完全一样的数据当然可以进行压缩，十分接近的数据也可以压缩，因为图像解压缩恢复后，人眼分辨不出它与原图有什么差别，这种压缩就是对空间冗余的压缩。

（2）时间冗余数据。运动图像（如电视）和语音数据的前后有很强的相关性，经常包含了数据冗余。在播出视频图像时，时间发生了推移，但若干幅画面的同一部位并没有什么变化，发生变化的只是其中某些局部区域，这就形成了时间冗余数据。例如，电视中转播讲座类节目时，背景大部分时间是不变的。在电话中通信中，用户几秒钟的话音停顿，也会产生大量的冗余数据。

（3）视觉冗余数据。人类视觉对图像的敏感度是不均匀的。但是，在对原始图像进行数字化处理时，通常对图像的视觉敏感和不敏感部分同等对待，从而产生了视觉冗余数据。

（4）听觉冗余数据。人耳对不同频率的声音的敏感性是不同的，并不能察觉所有频率的变化，对某些频率不必特别关注，因此存在听觉冗余。

此外，还有结构冗余、知识冗余等其他冗余数据。

2. 数据的无损压缩

压缩处理一般由两个过程组成：一是编码过程，即将原始数据经过编码进行压缩；二是解码过程，即将编码后的数据还原为可以使用的数据。数据压缩可分为无损压缩和有损压缩两大类。

无损压缩利用数据的统计冗余进行压缩，解压缩后可完全恢复原始数据，而不引起任何数据失真。无损压缩的压缩率受到冗余理论的限制，一般为 2：1 到 5：1 之间。无损压缩广泛用于文本数据、程序和特殊应用的图像数据的压缩。常用的无损压缩算法有 RLE 编码、Huffman 编码、LZW 编码等。

（1）RLE（行程长度）编码。RLE 编码是将数据流中连续出现的字符用单一记号表示。例如，有一数字序列 742300000000000000000055，其中有 18 个 0，若用 Z 代表 0，则编码为：7423Z1855。又如：一数据串 AAAAAABBBBCCDDDDDDDD 可表示为 6A4B2C8D。

RLE 编码的压缩效果不太好，但由于简单直观，编码/解码速度快，因此仍然得到广泛应用。如 BMP、TIF 及 AVI 等格式文件都采用这个压缩方法。

（2）Huffman （哈夫曼）编码。Huffman 编码较为复杂，它的编码原理是，先统计数据中各字符出现的概率，再按字符出现概率的高低，分别赋予由短到长的代码，从而保证了数据文件中大部分字符是由较短的编码构成。JPEG 格式的图像文件用到了此种编码。

（3）LZW（算术）编码。LZW 编码使用字典库查找方法。它读入待压缩的数据，并与一个字典库（库开始为空）中的字符串对比，如有匹配的字符串，则输出该字符串数据在字典库中的位置索引，否则将该字符串插入到字典中。许多 DOS 下的压缩软件（如 ARJ、PKZIR、LHA）采用这种压缩方法。另外，GIF 和 TIF 格式的图像文件也是按这种方法存储的。

3. 数据的有损压缩

图像或声音的频带宽、信息丰富，人类视觉和听觉器官对频带中的某些成分不大敏感，有损压缩以牺牲这部分信息为代价，换取了较高的压缩比。有损压缩在还原图像时，与原始图像存在一定的误差，但视觉效果一般可以接受，压缩比可以从几倍到上百倍。

常用的有损压缩方法有 PCM（脉冲编码调制）、预测编码、变换编码、插值、外推、分形压缩、小波变换等。

4. 数据的混合压缩

混合压缩利用了各种单一压缩方法的长处，在压缩比、压缩效率及保真度之间取得最佳的折中。例如，JPEG 和 MPEG 标准就采用了混合编码的压缩方法，

5. JPEG 静止图像压缩标准

国际标准化组织（ISO）和国际电报电话咨询委员会（CCITT）共同成立的联合照片专家组（JPEG），于 1991 年提出了"多灰度静止图像的数字压缩编码"（简称 JPEG 标准）。这个标准适合对彩色和单色多灰度等级的图像进行压缩处理。

JPEG 标准支持很高的图像分辨率和量化精度，它包含两部分：第一部分是无损压缩，采用差分脉冲编码调制（DPCM）的预测编码；第二部分是有损压缩，采用离散余弦变换（DCT）和 Huffnan 编码，通常压缩率达到 20～40 倍。

JPEG 算法主要存储颜色变化，尤其是亮度变化，因为人眼对亮度变化要比对颜色变化更为敏感。JPEG 算法的设计思想是：恢复图像时不重建原始画面，而是生成与原始画面类似的图像，丢掉那些没有被注意到的颜色。

6. MPEG 动态图像压缩标准

MPEG（Moving Picture Experts Group，运动图像专家组），是专门制订多媒体领域内的国际标准的一个组织。该组织成立于 1988 年，由全世界大约 300 名多媒体技术专家组成。运动图像专家组（MPEG）负责开发电视图像和声音的数据编码和解码标准，这个专家组开发的标准都称为 MPEG 标准。到目前为止，已经开发和正在开发的 MPEG 标准有：MPEG-1、MPEG-2、MPEG-4、MPEG-7 等。MPEG-3 随着发展已经被 MPEG-2 所取代，而 MPEG-4 主要用于视频通信会议。MPEG 算法除了对单幅电视图像进行编码压缩外（帧内压缩），还利用图像之间的相关特性，消除电视画面之间的图像冗余，这大大提高了视频图像的压缩比，MPEG-2 压缩比可达到 60～100 倍。

MPEG-1 一般包括 MPEG-1 系统（规定电视图像数据、声音数据及其他相关数据的同步）、MPEG-1 电视图像（规定电视数据的编码和解码）、MPEG-1 声音（规定声音数据的编码和解码）、MPEG-1 一致性测试（说明如何测试比特数据流（Bitstreams）和解码器是否满足 MPEG-1 前

3 个部分（Part1，2 和 3）中所规定的要求）等几个部分。　MPEG-1 的画面分辨率很低，只有 352 像素×240 像素，1 秒钟 30 幅画面（帧频），采用逐行扫描方式。MPEG-1 广泛应用于 VCD 视频节目和 MP3 音乐节目。广泛流行的 MP3 实际上是 MPEG-1 Audio Layer 3 的缩写。

　　MPEG-2 标准不仅适用于光存储介质（DVD），也用于广播、通信和计算机领域，而且 HDTV（高清晰度电视）编码压缩也是采用 MPEG-2 标准。MPEG-2 的音频与 MPEG-1 兼容。

　　MPEG-4 是为视听（Audio-visual）数据的编码和交互播放开发算法和工具，是一个数据速率很低的多媒体通信标准。

　　MPEG-7 的目的是制定一套描述符标准，用来描述各种类型的多媒体信息及它们之间的关系，以便更快更有效地检索信息。这些媒体材料可包括静态图像、图形、3D 模型、声音、话音、电视以及在多媒体演示中它们之间的组合关系。

6.4.3　数据压缩的性能指标

　　节省图像或视频的存储容量，增加访问速度，使数字视频能在 PC 上实现，需要进行视频和图像的压缩。有 3 个关键参数评价一个压缩系统的性能指标：压缩比、压缩质量、压缩和解压的速度，另外也必须考虑每个压缩算法所需的硬件和软件。

1. 压缩比

压缩性能常常用压缩比定义，压缩比是指输入数据和输出数据比。

例：图像分辨率为 512×480，位深度为 24bit/pixel（bpp）

若输出 15 000 B，输入＝737 280 B

则压缩比＝737 280/15 000＝49

2. 压缩质量

压缩质量主要是指图像恢复效果，指经解压缩算法对压缩数据进行处理后所得到的数据与其表示的原信息的相似程度。

有损数据压缩方法是经过压缩、解压的数据与原始数据不同但是非常接近的压缩方法。有损数据压缩又称破坏型压缩，即将次要的信息数据压缩掉，牺牲一些质量来减少数据量，使压缩比提高。这种方法经常用于因特网尤其是流媒体以及电话领域。根据各种格式设计的不同，压缩与解压文件都会带来渐进的质量下降。

3. 压缩和解压速度

在许多应用中，压缩和解压可能不同时用，也可能用在不同的位置不同的系统中。所以，压缩、解压速度分别估计。静态图像中，压缩速度没有解压速度严格；动态图像中，压缩、解压速度都有要求，因为需实时地从摄像机或 VCR 中抓取动态视频。

4. 软硬件系统

有些压缩解压工作可用软件实现。设计系统时必须充分考虑到，一些压缩算法复杂，压缩解压过程长，而算法简单的则压缩效果差。

目前有些特殊硬件可用于加速压缩/解压。硬接线系统速度快，但各种选择在初始设计时已确定，一般不能更改。因此，在设计硬接线压缩/解压系统时必须先将算法标准化。

6.5　本 章 小 结

多媒体技术的内容十分丰富、应用十分广泛，媒体、多媒体、媒体的分类、多媒体的主要特性以及媒体元素及其特征，是多媒体技术的基础知识。对媒体的处理，包括媒体的采样、量化、编码、再现、压缩，构成了多媒体技术的重要内容，这些都有助于对多媒体硬件系统构成的理解，对多媒体处理的各种软件应用，可作为了解的知识。

【思考题与习题】

一、简答题

1. 什么是多媒体技术？

2. 促进多媒体技术发展的关键技术有哪些？

3. 多媒体系统有哪几部分组成？

4. 声音的数字化过程是怎样的？数字化声音质量的好坏与哪些因素有关？

5. 如何衡量一种数据压缩方法的好坏？

6. 文本数据的输入方式有哪些？它们各自的特点是什么？

7. 多媒体系统有哪几部分组成？

二、填空题

1. 文本、声音、＿＿＿＿＿、＿＿＿＿＿和＿＿＿＿＿等信息载体中的两个或多个的组合构成了多媒体。

2. 多媒体系统是指利用＿＿＿＿＿技术和＿＿＿＿＿技术来处理和控制多媒体信息的系统。

3. 多媒体技术具有＿＿＿＿＿、＿＿＿＿＿、＿＿＿＿＿等特性。

4. 2分钟PAL制、240×180分辨率、24位真彩色数字视频，其不压缩的数据量是＿＿＿。

5. 帧率为25帧/秒的制式为＿＿＿＿。

6. 媒体中的（　　　）指的是为了传送感觉媒体而人为研究出来的媒体。借助于此种媒体，便能更有效地存储感觉媒体或将感觉媒体从一个地方传送到遥远的另一个地方。

三、选择题

1. 请根据多媒体的特性判断以下哪些属于多媒体的范畴（　　　）。

(1) 交互式视频游戏　　　(2) 有声图书　　　(3) 彩色画报　　　(4) 彩色电视

A. 仅（1）　　　B.（1）、（2）　　　C.（1）、（2）、（3）　　　D. 全部

2. 下列声音文件格式中，哪些是波形文件格式（WAV、VOC、SND、AIF）？

(1) WAV　　　(2) CMF　　　(3) VOC　　　(4) MID

A.（1）+（2）　　　B.（1）+（3）　　　C.（1）+（4）　　　D.（2）+（3）

3. 下列文件格式中，哪个不是图像文件的扩展名？（　　　）

A. FLC　　　B. TIF　　　C. BMP　　　D. PIC

4. 下列哪些说法是正确的？（　　　）

(1) 图像都是由一些排成行列的点（像素）组成的，通常称位图或点阵图。

(2) 图形是用计算机绘制的画面，也称矢量图。

(3) 图像的最大优点是容易进行移动、缩放、旋转和扭曲等变换。

（4）图形文件中只记录生成图的算法和图上的某些特征点，数据量较小。

A．(1)+(2)+(3)　　　　B．(1)+(2)+(4)　　C．(1)+(2)　　　　　D．(3)+(4)

5．视频卡的种类很多，主要包括（　　）。

A．视频捕获卡　　　　B．电影卡　　　　C．电视卡　　　　　D．视频转换卡

6．下列扫描仪类型哪些是按扫描方式分类的？（　　）

A．手持式扫描仪　　　B．滚筒式扫描仪　C．透射式扫描仪　　D．胶片扫描仪

7．多媒体创作工具的超媒体功能是指（　　）。

（1）建立信息间的非线性结构　　　　　（2）能根据用户的输入产生跳转

（3）提供比多媒体更高级的媒体形式　　（4）超媒体是多媒体超文本

A．(1)+(3)+(4)　　　　B．(1)+(2)+(4)　　C．(1)+(1)+(3)　　　D．全部

8．下列文件格式中，哪个不是图像文件的扩展名？（　　）

A．FLC　　　　　　　B．TIF　　　　　C．BMP　　　　　　D．PIC

四、课外拓展题

用录音机录 30 秒钟的声音，将其分别以 CD 质量、收音质量、电话质量保存，计算各种音质文件的大小，再与保存在磁盘上的文件对比，做出分析。

第 7 章 数据库系统

【学习目标】

1. 理解什么是数据库，为什么要使用数据以及什么是数据库系统。

2. 理解数据库的重要作用，构成数据库系统的 4 个组成部分，以及作为数据库核心的数据库管理系统的主要功能。

3. 了解常用的数据库产品。

4. 了解数据库查询语言 SQL 的基本特点和作用。

5. 熟悉数据库 Access 的表的建立以及基本操作。

7.1 数 据 库

我们面临的是信息时代，产生于报纸、电视、杂志、广播、书籍以及网络中的各种信息令人目不暇接，一个极为实际的问题是：如果我们要查询某件事，最好知道到哪儿去查。数据库也许就是这个问题的答案。当今的各种管理信息系统、办公系统、计算机辅助设计与制造系统等都是以数据库技术为基础的。

7.1.1 什么是数据库

你可能还没有意识到，其实自己一直在使用数据库。每当我们从自己的电子邮件地址簿里查找名字时，就在使用数据库。如果在某个因特网搜索站点上进行搜索，也是在使用数据库。如果在工作中登录网络，也需要依靠数据库验证自己的名字和密码。即使是在自动取款机上使用 ATM 卡，也要利用数据库进行 PIN 码验证和余额检查。

数据库（Database）这个术语的用法很多，无论是专业人员还是对数据库所知甚少的非专业人员，对这个问题的回答可能都不是很正确，但就本书而言（以及从 SQL 的角度来看），数据库是一个以某种有组织的方式存储的数据集合，是保存有组织的数据的容器（通常是一个文件或一组文件）。理解数据库的一种最简单的办法是将其想象为一个文件柜，此文件柜是一个存放数据的物理位置，不管数据是什么以及如何组织。

有关数据库的一个例子就是电话号码簿。这是一个城市或地区的所有电话用户的数据记录。但把这些电话号码和关联的信息（如用户名称、地址）组成电话号码簿的，不是这些电话号码本身，而是一个机构负责的，如电信运营商。电信运营商编制这个电话号码簿并负责维护——定期更新，增加或改变用户。大家都知道的一个事实是，电话号码簿具有容易检索的功能。

与计算机数据库相比，电话号码簿的一些功能还是比较单一的。数据库是一个持久数据的结构化集合，是数据的组织和存储。数据库通常和它的管理软件连在一起，这个软件就是诸如 Oracle，SQL Sever，DB2 以及 Access 等软件系统。

⏰ 误用导致混淆

　　人们通常用数据库这个术语来代表他们使用的数据库软件。这是不正确的，它是产生许多混淆的根源。确切地说，数据库软件应称为数据库管理系统（DBMS）。数据库是通过 DBMS 创建和操纵的。数据库可以是保存在硬设备上的文件，但也可以不是。在很大程度上说，数据库究竟是文件还是别的什么东西并不重要，因为你并不直接访问数据库；你使用的是 DBMS，它为你访问数据库。

7.1.2　为什么要用数据库

　　从数据库发展的角度来看，主要是为了使数据存储的整体化。采用数据库技术管理数具有以下主要特点。

　　（1）传统的管理模式是数据分散的，数据库实现了数据的集中管理。对一个有多个部门的机构，数据的管理或者说信息的交流障碍是难以克服的。如果每个部门都拥有自己的独立数据，这些数据即使主要是为部门服务的，对整体而言也无法进行全面的信息把握。如果建立一个大型的公共数据集中管理，则能够在保证部门数据的有效使用外，在数据运用方面的有效性也是积极的，这也就是为什么数据库技术发展迅速而经久不衰的主要原因。

　　（2）使用数据库的另一个理由是保持数据的独立性。数据独立性包括逻辑独立性和物理独立性。逻辑独立性是指当整体逻辑结构改变时，不影响局部逻辑结构以及应用程序。物理独立性是当存储结构改变时，不影响数据的整体逻辑结构，从而也不会影响局部逻辑结构以及应用程序。

　　（3）数据库是计算机信息系统和应用程序的核心技术和重要基础。现在几乎所有的信息系统都是建立在数据库系统上的。使用数据库具有几个明显的优点。

　　① 数据共享性好。所有数据被多个应用使用，很容易增加新的应用。

　　② 数据冗余度小。对各种应用的数据进行全局优化，避免不必要的重复存储。

　　③ 存储容量大。一个大型企业的数据库能够容纳数以亿计的数据，传统的文件管理方法根本无法进行。

　　（4）为用户提供方便的用户接口。用户可以使用查询语言或终端命令操作数据库，也可以用程序方式（如用高级语言和数据库语言联合编制的程序）操作数据库。

　　（5）数据库系统提供了全面的数据控制功能

　　① 数据库的备份和恢复：在数据库被破坏时，可把数据库恢复到最近某个正确状态。

　　② 数据库支持事务处理，能够保证数据的完整性：保证数据库中的数据始终是正确的，如年龄小于 150 岁。

　　③ 安全性：保证数据的安全，防止非授权用户读取甚至修改、删除数据。

　　④ 数据库的并发控制：多个程序并发（同时）操作时仍能保证数据的正确性。

　　（6）数据库可以高效、高速检索数据。要在一个有数以万计的学生成绩纸质档案中找出某个人成绩单的工作量是可想而知的。但从数据库中查找可能只需要短短的几秒钟，还能够以事先设计好的格式给打印出来。使用数据库可以随意组织所需要的信息。

　　（7）数据库的信息可以重组。传统的纸质文件，计算机的文件管理，只能采用一种或者有限的几种方法进行信息管理。例如，在图书馆中管理图书，传统的方法不但费时而且效率很低。而使用数据库，可以随意按照不同的书目、主题、出版社、的作者、出版时间等进行分类，进行数据汇总。

7.1.3　什么是数据库系统

数据库系统是由计算机硬件、计算机软件（数据库管理系统、应用软件等）、数据库和用户组成的系统（如图 7-1 所示）。数据库已在前面介绍，下面再简单介绍一下软件和用户。

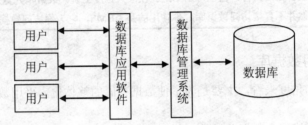

图 7-1　数据库系统示意图

（1）计算机软件包括 DBMS、操作系统、接口软件、应用开发支撑软件和数据库应用软件。DBMS 是数据库系统中最重要的专用软件。

操作系统是数据库系统的软件平台，DBMS 要在操作系统支持下才能工作，目前微型计算机上常用的有 Windows 与 Unix（Linux）等。

接口软件是操作系统与数据库管理系统、网络与数据库间进行连接的软件，否则数据库系统无法正常运行，如 ODBC、JDBC 等。

为了提高应用程序的开发效率，需要各种应用开发支撑软件，如 Delphi、PB、VB、VC、JBuilder 等。

数据库应用软件是为解决用户的具体问题而开发的使用数据库的软件，如财务管理软件、教学管理软件等。

（2）数据库系统的用户逻辑上可以分为三类（实际可以由一个人或多个人承担）。

① 应用程序员：负责编写数据库应用程序，这些程序通过向 DBMS 发出数据库操作语句请求来访问数据库。这些程序通常可以是具有批处理特征或者联机特征的应用程序，目的是允许最终用户通过联机工作站或者终端访问数据库。

② 最终用户：通过数据库系统固有的软件或由应用程序员开发的应用软件使用数据库中的数据。

③ 数据库管理员。由于数据库的共享性，数据库的规划、设计、维护和监视须由专人管理，这些人就是数据库管理员 DBA（Database Administrator）。

DBA 是三类用户中的关键人物。DBA 需要根据企业的数据情况与要求，制订数据库建设与维护的策略，并结合这些策略的执行提供技术支持，负责技术层的全面控制。

DBA 的主要工作包括以下内容。

① 数据库设计：对系统的多个应用做全面的规范、设计和集成。

② 数据库维护：对数据的安全性、完整性、并发控制及系统恢复进行实施与维护。

③ 改善系统性能和提高系统效率：随时监视数据库运行状态，不断调整内部结构，保持系统的最佳状态与最高效率。

7.2 数据库管理系统

数据库管理系统是数据库系统的核心软件,位于用户与操作系统之间,在操作系统的基础上,实现数据的管理、快速访问、完整性和安全性保护,提供独立性、共享性等功能,并给用户提供简单易用的数据库定义语言、操纵语言和查询语言,完成对数据库的一切操作。主要包括以下功能。

(1)数据定义功能:提供数据定义语言(Data Definition Language,DDL),用户通过 DDL 可以方便地定义数据库中的数据对象。

(2)数据操纵功能:提供数据操纵语言(Data Manipulation Language,DML),用户使用 DML 实现对数据库的基本操作,如查询和更新(插入,删除和修改)。

(3)数据库的建立和维护功能:包括数据库初始数据的输入和转换功能、数据库的转储和恢复功能、数据库的重组织和重构造功能、性能监视和分析功能等。

(4)数据库的运行管理:对数据库的建立和维护统一管理和控制,建立详细记述数据使用情况的各种日志,跟踪数据库使用的历史,提供保护数据的各种机制,如保密、事务、备份、故障恢复,以保证数据的一致性、完整性、安全性、可靠性和多用户对数据的并发使用。

DBMS 是一个复杂的系统软件。为了使用户不必关系数据在计算机内的具体表示方式和存储方式,DBMS 采用三层的系统结构实现数据的组织和存储管理,即外部层、概念层和内部层。数据的逻辑结构反映数据之间固有的关系,数据的物理结构反映数据之间存储位置的关系。外部层从应用的角度描述数据的逻辑结构,各种应用对应的一组数据逻辑结构组成数据库的外模式(又称为局部逻辑结构)。概念层从全局的观点和计算机的角度对各种应用的数据逻辑结构进行全局优化,形成数据的概念模式(又称为全局逻辑结构),是数据库管理员看到的数据之间的关系。内部层描述数据在数据库内部的存储结构(称为内模式)。DBMS 负责完成三种模式之间的转换,提供了数据的独立性。

为了提供数据的高度共享性,数据库中的数据是结构化的。DBMS 不仅存储用户的数据,还建立数据字典存储用户数据的结构和特征,如学生数据的结构(即每个学生的信息由哪几项数据构成)、系统中的用户以及用户的权限、各种统计信息等。数据库系统不仅考虑数据项之间的联系(如成绩与学生姓名的关系),还考虑记录之间的联系(学生与教师的关系)。

7.3 常见数据库产品

经过几十年的发展,数据库技术已经比较成熟,出现了许多成熟的数据库产品,根据所能够容纳的数据容量可以分为大型或中小型数据库,也可分为支持网络的数据库系统和只支持单用户的系统。目前常用的大型数据库软件主要有的 DB2、Oracle、SQL Server、Sybase 等,中小型用户的数据库系统有 Access、Foxpro 等。

1. Access

Access 是 Microsoft 公司的 Office 2000 的组件之一,是一种典型的基于个人计算机的 DBMS,是目前最流行的桌面数据库管理系统。Access 2003 界面清晰、操作简单,功能强大。

使用 Access 2003 无需编写程序代码，只要通过直观的可视化操作即可完成大部分数据的管理工作。我们将在 7.5 节介绍 Access 数据库。

2. Visual FoxPro

Visual FoxPro 是微软公司 Visual Studio 套件的组成部分。它既提供一个小型的数据库管理系统，又包含一个面向对象程序设计技术与传统的过程化程序设计模式相结合的数据库应用开发环境。这两者的结合为小型数据库应用系统的开发带来方便。

3. SQL Server

SQL Server 最初是由 Microsoft、Sybase 和 Ashton-Tate 三家公司联合开发的，于 1988 年推出了第一个 OS/2 版本。后来 Ashton-Tate 公司退出了 SQL Server 的开发，Microsoft 将 SQL Server 移植到 Windows NT 系统上，开发推广 SQL Server 的 Windows NT 版本，Sybase 则开发推广在 UNIX 操作系统上的 SQL Server 版本。

SQL Server 2000 是目前使用较多的一个版本，是 SQL Server 7.0 的后续版本，继承了以前各版本的优点，同时增加了许多更先进的功能，具有使用方便、软件集成度高等优点。

SQL Server 2000 提供了一整套的管理工具和实用程序。这些功能工具和程序有：企业管理器（Enterprise Manager）、查询分析器（Query Analyzer）、服务管理器（Service Manager）、客户端网络实用工具（Client Network Utility）、服务器网络实用工具（Server Network Utility）、导入和导出数据（Import and Export Data）、在 IIS 中配置 SQL XML 支持（Configure SQL XML Support in IIS）、事件探查器（Profiler）、联机丛书（Books Online）。

SQL Server 2000 除了具有 DBMS 基本特征外，还具有以下主要特点。

（1）易于安装、部署和使用：SQL Server 2000 包含一系列管理和开发工具，供用户方便地在多个站点上安装、部署、管理和使用数据库。

（2）可伸缩性和可用性：SQL Server 2000 数据库引擎可以在 Windows 系统的多种平台版本上使用，如 Windows 2000 的各个版本、Windows NT 4.0 的所有版本、Windows 98、Windows ME 等。SQL Server 2000 主要包括 4 个常见版本：企业版（Enterprise Edition）支持所有的 SQL Server 2000 特性，可作为大型 Web 站点、企业联机事务处理以及数据仓库等系统数据库服务器；标准版（Standard Edition）用于小型的工作组或部门；个人版（Personal Edition）用于单机系统或客户机；开发者版（Developer Edition）用于程序员开发应用程序。此外，SQL Server 2000 还有 Desktop Engine（桌面引擎）和 Windows CE 版，用户可以根据实际情况选择所要安装的 SQL Server 2000 版本。

（3）企业级数据库功能：SQL Server 2000 具有分布式查询、分布式事务、完善的完整性保护、复制等功能。

（4）与互联网集成：SQL Server 2000 提供完整的可扩展标记语言 XML 支持，提供 English Query 和 Microsoft 检索服务等功能，在 Web 应用程序中实现了友好的用户查询和强大的数据检索功能。

（5）支持数据仓库：SQL Server 2000 包含多个可用于生成有效地支持决策、支持处理需求的数据仓库的组件，如数据仓库框架、数据转换服务、联机分析处理支持和数据挖掘支持等。

4. Oracle

Oracle 公司成立于 1977 年，1979 年推出世界上第一个关系数据库管理系统 Oracle 系统，以后不断发展，成为目前应用最广泛的企业级关系数据库管理系统，Oracle 数据库既有运行在大型机上的版本，也有微型机上的版本，有小型的单用户系统、使用"Oracle 并行服务器"的"集簇式"大型并发系统和分布式系统。目前的新版本是 Oracle 9i。Oracle 具有功能强大、使用灵活和形式多样的特点，适合于各种任务。Oracle 具有许多优点。

（1）提供对联机事务处理到查询密集的数据仓库的高效、可靠安全的数据管理。

（2）具备并行能力的查询优化。

（3）支持分区视图。

（4）表扫描的异步预读。

（5）高性能的空间管理能力。

（6）允许在多表连接的视图上非模糊地进行插入、更新、删除操作。

（7）支持多线程客户应用程序。

（8）网络集成。

（9）先进的文件处理。

（10）先进的空间数据管理。

（11）多媒体技术的支持。

（12）面向对象技术的支持。

（13）支持并行服务器。

（14）全面的数据复制。

（15）透明的分布式查询和透明的分布式事务处理。

（16）对 Java 的支持。

Oracle 9i 数据库除了延续 Oracle 8i 强大的功能之外，还加入许多创新性的数据处理技术，其目的在于成为网络应用以及电子商务的最佳数据库平台。在数据库可用性、数据库延展性、效率表现、程序开发环境和管理的难易度等方面提供了很好的解决方案。

为了适应不断变化的应用需求的特征和功能，Oracle 还提供了技术完善的可选产品，以适应发展和应用中大部分的苛刻需求，包括高级安全功能、数据分区、在线分析服务等。随着 Oracle 的发展，现在市场上已经有各种支持 Oracle 的应用程序和开发工具，帮助应用人员和开发人员构造新的应用系统。

随着国内越来越多的 Oracle 用户的出现，熟练地掌握 Oracle 系统的应用开发已经是对每个数据库开发人员的基本要求。

5．Sybase

Sybase 是由 Sybase 公司于 20 世纪 80 年代开始研制的关系数据库管理系统。Sybase 数据库具有以下主要特点。

（1）Sybase 数据库基于"客户/服务器"体系结构，实现了网络环境下的数据管理功能。

（2）Sybase 的联机事务处理能力强大，能够处理大量的实时事务。

（3）Sybase 具有开放和分布的数据管理功能，能够实现在不同计算机、不同网络和不同数据库应用环境中为客户服务。

（4）Sybase 具有分布的数据管理功能，通过计算机网络连接多台计算机，在任何一台计算机上的用户都可以处理其他计算机上的数据。

（5）Sybase 目前开始向移动计算、电子商务、数据仓库等领域扩展。

6. DB2

DB2 是 IBM 公司数据库管理系统，也是最早的基于关系模型的数据库商业化产品。多年来，IBM 公司的数据库的研究和开发一直保持着技术上的全球领先地位。

迄今为止，IBM DB2 已形成了一个产品家庭，可运行于从小到大的各种计算机平台上，可支持 AIX（Unix）、VMS、Windows、Linux 等多种操作系统，尤其在大、中型机的数据库应用中占主流地位。

7.4*　数　据　模　型

7.4.1　数据模型的概念

解决现实世界的复杂问题必须全面了解问题。模型是对复杂问题的一种描述方法，例如，实物模型、数学模型、数据模型等。数学模型和数据模型都是抽象模型。抽象模型能更好地表示事物本质，说明事物内各元素间的关系。数据库是某个企业、组织或部门所涉及的所有数据的集合，不仅要反映数据的内容，还要反映数据之间的关系。为了合理地组织数据库需要建立数据模型。

在数据库技术中数据模型可以分为三个层次：概念模型（也称为信息模型）、逻辑模型（有时也简称为数据模型）和物理模型（也称为存储模型）。物理模型是更加计算机专业化的概念，超出本书的范围，有兴趣的读者可以阅读有关著作。

概念模型是按用户的观点建立的模型（用户定义的模型），是用户与数据库设计人员进行交流的工具。逻辑模型是按 DBMS 的观点建立的模型。DBMS 会将逻辑模型按其内部的物理模型转换为存储结构。数据库设计的主要步骤是先进行数据分析建立概念模型，再将概念模型转换为某个 DBMS 所支持的逻辑模型（例如关系模型），最后配置物理模型中的参数（设计索引和设置存储分配参数等）。概念模型主要有实体-联系模型、面向对象模型等，逻辑模型主要有关系模型、关系对象模型、层次模型和网状模型等，目前最常用的是关系模型。下面介绍实体-联系模型和关系模型。

7.4.2　实体-联系模型

实体-联系模型（Entity-Relationship Model，或 E-R 模型）以自然的方式描述现实世界，并作为向逻辑模型转换的中间模型。

1.　实体-联系模型要素

在 E-R 模型中，现实世界被表示为"实体-联系"图，图中有 3 个主要的元素类型。

（1）实体（Entity）。实体是现实世界中客观存在并可相互区别的事物。实体可以是具体的事物（如一个学生，一本书），也可以是抽象的概念或联系（如学生 A 学习课程 B）。

（2）属性（Attribute）。实体所具有的特性称为属性。一个实体是由若干个属性来刻画的。例如，学生实体可以由学号、姓名、性别、出生年月和籍贯等属性描述，（S1232，李四，男，1984-08-13，湖南）描述一个学生实体，称为实体值。学习是一个联系实体，可以由学号、课程号、成绩等属性描述，实体值（S1232，C013，92）描述学号为 S1232 的学生学习课程号为 C013 的课程，且成绩为 92 分。

（3）关键字（Key）。能唯一标识实体的属性集称为关键字。例如，学号是学生实体的关键字，姓名不是关键字。

（4）实体型（Entity Type）。实体型描述具有相同属性的一组实体的特征。用实体名及一组属性名来刻画实体型，例如，学生（学号，姓名，性别，出生年月，籍贯）是一个实体型。

（5）实体集（Entity Set）。同型实体的集合称为实体集。例如，全体学生就是一个实体。

（6）联系（Relationship）。在现实世界中，事物内部以及事物之间都有联系，这些联系在信息世界中反映为实体内部属性之间的联系和实体之间的联系。两个实体型之间的联系可以分为三类。

① 一对一联系（1：1）

如果实体集 A 中的一个实体，至多与实体集 B 中一个实体相联系，反之亦然，则称实体集 A 与实体集 B 具有一对一的关系。

例如，学校一个班级只有一个班长，而一个班长只在一个班任职，则班长与班级之间具有一对一的关系。

② 一对多联系（1：M）

如果实体集 A 中的一个实体，与实体集 B 中多个实体相联系，反之，对于实体集 B 中的一个实体，至多与实体集 A 中一个实体相联系，则称实体集 A 与实体集 B 具有一对多的联系。

例如，一个班级中有若干名学生，而每个学生只在一个班级中学习，班级与学生之间具有一对多的联系。

③ 多对多联系（M：N）

如果实体集 A 中的一个实体，与实体集 B 中多个实体相联系，反之，如果实体集 B 中的一个实体，与实体集 A 中多个实体相联系，则称它们具有多对多的联系。

例如，一门课程同时有若干个学生选修，而一个学生可以同时选修多门课程，课程与学生之间具有多对多联系。

2. 实体-联系图

实体-联系图（Entity-Relationship graphic，E-R 图）用来描述实体集、属性和联系。在 E-R 图中有下面 4 个基本成分。

（1）矩形框，表示实体类型，框内标注实体名。

（2）菱形框，表示实体间的联系类型，框内标注联系名。

（3）椭圆形框，表示实体类型或联系类型的属性，框内标注属性名。如果属性是主键或主键的一部分，该属性名下面划一条横线。有些资料不用椭圆形框，直接将属性标注在矩形框的下半部。

（4）无向边，连接联系类型（菱形框）与其涉及的实体型（矩形框），用来表示它们之间的联系，并标注联系的种类（1：1、1：N 或 M：N）。

3. 实体-联系模型简例

下面通过简化的教学管理说明 E-R 图的设计步骤。

（1）先确立实体类型，本问题有两个实体类型：学生实体集和课程实体集。

（2）确立联系类型。由分析可知，一个学生可以学习多门课程，一门课程有许多学生学习。"学生"和"课程"之间是多对多联系（M∶N联系），定义为联系类型为"学习"。

（3）把实体类型和联系类型组合成 E-R 图，如图 7-2 所示。

（4）确定实体类型和联系类型的属性。

① 实体类型的属性。学生实体集：学号，姓名，性别，出生年月，籍贯。课程实体集：课程号，课程名，学时。

② 联系类型的属性。学生学习一门课之后将产生成绩信息，所以，联系"学习"具有自己的属性"成绩"。请注意，某些联系也具有属性，"学习"的属性"成绩"，既不是学生实体的属性，也不是"课程"实体的属性，是发生了某学生选学了某门课程时产生的属性，因而是联系的属性。如图 7-3 所示。

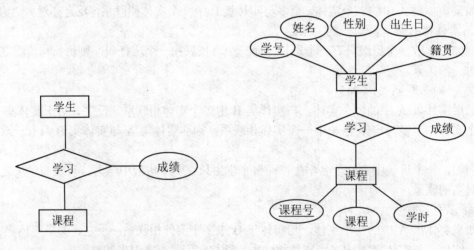

图 7-2　省略了属性的教学管理 E-R　　　　　　图 7-3　教学管理 E-R 图

（5）确定实体类型的关键字

本例中，"学号"是学生实体的关键字，"课程号"是课程实体的关键字，我们在 E-R 图中于主键的属性下面画一条横线。

联系也可以发生在多于两个实体类型之间。例如，教学管理系统可以抽象为图 7-4 所示的三元联系的 E-R 模型（严格地说，该模型更符合实际情况，鉴于初学者的理解，仍采用图 7-3 的模型）。

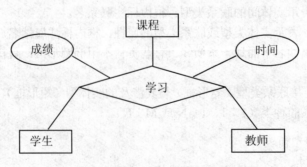

图 7-4　　3 个类型之间的联系

E-R 模型有两个明显的优点：一是接近人的思维，容易理解；二是与计算机无关，用户容易接受。因此，E-R 模型已成为数据库应用系统的概念设计的一个工具。关于 E-R 模型更详细的内容，请有兴趣的读者参见有关资料。

7.4.3 关系模型

关系模型是数据库目前最常用的一种逻辑模型。IBM 公司的 E.F.Codd 把集合论的关系、一阶数理逻辑等知识引入到逻辑模型中，在 20 世纪 70 年代发表的一系列论文奠定了关系数据库的理论基础，从而创建了关系模型。关系模型以二维表的直观形式把数据提供给用户，便于用户理解和使用。20 世纪 80 年代以后开发的数据库管理系统几乎都支持关系模型，逐渐替代层次模型数据库、网状模型数据库，成为主流数据库系统。

1. 关系

关系模型以人们所熟悉的二维表的形式组织数据，二维表在关系模型中称为关系（Relation）。表 7-1 就是一个关系的例子，关系名是"学生"，表中的每一行对应一个实体，每一列对应实体集的一个属性。

表 7-1　学生关系

学号	姓名	性别	出生年月	籍贯
0540820101	安利	男	1982-06-02	湖南安仁
0540820102	王伟	男	1982-09-22	河北
0540820102	李佳佳	女	1983-02-03	湖南
0540820104	王之光	男	1982-11-05	海南
0540820105	肖雅	女	1983-01-29	湖南炎陵
0540820106	周兰兰	女	1982-02-03	天津

2. 关系模式

关系模式是对关系的结构的描述。简单地说，关系的属性名集合构成这个关系的模式。表 7-1 中的学生关系的模式为：学生（学号，姓名，性别，出生年月，籍贯）。严格地说，关系模式还包括各属性的值域与数据长度等内容。

3. 关系模型

一个数据库的所有关系模式的集合构成了关系数据库的关系模型（Relational Model）。例如，上节介绍的简化的教学管理概念模型可以转换成下面的关系模型。

学生关系：（学号，姓名，性别，出生年月，籍贯）

课程关系：（课程号，课程名，学时）

学习关系：（学生与课程的 N∶M 联系）：（学号，课程号，成绩）

小结一下关系模型的重要特点，这些特点使它成为目前数据库系统的主流模型。

（1）关系模型由一组关系组成。一个关系对应于二维表，关系模式描述关系的结构。

（2）与层次模型和网状模型相比，关系模型中二维表的概念简单明了，无论是实体集还是联系，无论是被查询数据还是查询结果都用二维表表示，结构清晰，用户易懂、易用、易维护、易扩充，适应性强。

（3）关系模型可以方便地描述各种类型的联系，而层次模型和网状模型描述 N∶M 联系十分困难。

（4）关系模型是数学化的模型，以集合论和数理逻辑等理论作为其坚实的理论基础使之严密细致，具有完备的关系运算，可以在不预先规划的情况下查找到数据库中的任一个数据项。这部分内容的原理超出本书的要求，有兴趣的读者可以参考有关资料。

7.5　关系数据库系统 Access

采用关系模型的数据库管理系统称为关系数据库管理系统（Relational DBMS），相应的数据库系统称为关系数据库系统。上节介绍关系模型的基本概念是关系数据库的主要概念。本节介绍关系数据库的基本术语和几种常用的关系数据库管理系统。

7.5.1　关系数据库的有关术语

（1）表：关系模型中的关系。

（2）记录：表中的一行，即关系模型中的元组。

（3）字段：表中的一列，即关系模型中的属性。每个字段都有一个字段名。

（4）值域：每个字段的取值范围。例如，"性别"的值域是{男、女}。

（5）关键字

① 表中可以唯一确定一条记录的一个或一组字段称为超关键字。

② 不含多余字段的超关键字称为候选关键字。一个表可能有多个候选关键字。

③ 为了维护数据的完整性，用户要指定一个候选关键字为主关键字，简称主键。

例如，在学生表中学号可以作为主键。在学习关系中，学号不是关键字，而字段组（学号、课程号）可以作为主键。

④ 如果关系 R1 的一组字段 S 是关系 R2 的主键，但不是 R1 的主键，则称 S 是 R1 的外键（Foreign Key）。其中，R1 称为依赖关系，R2 称为被依赖关系。

例如，学号是学生表的主键，是学习表的外键。

（6）数据库实例

表中的全部记录称为关系的内容，也称为关系实例（Instance），有时简称为关系。记录的个数称为关系的基数。一个数据库中所有关系实例称为数据库实例。数据库模型不随时间变化，数据库实例随时间变化。

7.5.2　Access 2003 数据库概述

Access 2003（以下简称 Access）是运行在 Windows 环境之上、以桌面应用为主的数据库管理系统，是 MicroSoft 公司 Office 套装办公自动化软件的重要组件之一，功能强大，操作方便，是目前在微型计算机上使用最多的桌面数据库，非专业人员不需要具有的专业的程序设计能力，也同样可以利用 Access 设计和操作的数据库系统。

1. Access 主要特点

Access 具有以下一些特点。

（1）提供了许多便捷的可视化操作工具（如表生成器、查询设计器、窗体设计器、报表设计器等）和向导（如数据库向导、表向导、查询向导、窗体向导、报表向导等），用户能快捷地构造一个简单的信息管理系统。

（2）作为 Office 软件的重要组件之一，能够与 Word、Excel 等办公软件进行数据交换与共享，构成一个集文字处理、图表生成和数据管理于一体的功能强人的办公自动化处理系统。

（3）提供了大量的函数，如数字函数、财务函数、日期和时间函数等，让用户在窗体、查询中创建复杂的计算表达式。

（4）提供了许多宏操作，用户只需按照一定的顺序组织这些宏操作，就可以在不编写任何程序的情况下，实现工作的自动化。

（5）提供了 Visual Basic for Application （VBA ）的程序设计语言，执行复杂或专业的操作，让数据库开发人员构造比较高级的信息管理系统。

（6）进一步增强了与 Web 的集成，以便更加方便地共享跨越各种平台和不同用户级别的数据。

2. Access 数据库的组成

Access 数据库主要由表、查询、窗体、报表、Web 页、宏、模块等对象组成，主要作用如表 7-2 所示，使用好 Access 就是熟练掌握这些对象的设计和使用。表、查询、窗体和报表等对象保存在数据库文件（扩展名为.MDB）中，而 Web 页单独保存在 HTML 文件中。

表 7-2　Access 常用对象

表	保存数据库中的数据，是数据库的核心
查询	从某些数据表中根据指定的要求抽取特定的信息
窗体	控制数据库中数据的输入和输出格式
报表	将表或查询的结果以表格方式显示或打印出来
Web 页	查看和操作来自 Internet 的数据，或把数据库中的数据向 Internet 上发布
宏	实现特定功能的操作指令的集合
模块	用 Visual Basic for Application 编写的函数

3. Access 的表达式

与其他数据库管理系统一样，Access 为数据处理提供了丰富的运算符和内部函数，用户可以非常方便地构造各种类型的表达式，实现许多复杂处理。

（1）常用运算符。Access 的运算符分为 4 类：算术运算符、字符串运算符、关系运算符、逻辑运算符。表 7-3 列出了常用的运算符。

表 7-3　常用的运算符

类　型	运　算　符	说　明
算术运算符	+，—，*，^，（乘方），\（整除），MOD（取余数）	如 7/3 结果是 2，7 MOD3 结果是 1
关系运算符	<，<=，<>，>，>=，between ，Like	Between 0 and 100 Like Th%
逻辑运算符	NOT ，AND ，OR	非，与，或
字符串运算符	&（连接两个字符串）	如"AB"&"78"的结果是"AB78"

（2）内部函数。Access 提供了大量的内部函数，供用户在设计时使用，如 Date（）、year（）、cos（）、sin（）等。详细内容请参阅有关帮助信息。

（3）表达式。在 Access 中，表达式由变量（包括字段变量和内存变量）、常量、运算符、函数和圆括号按一定的规则组成。在表达式中，字符型数据用""或''括起来，日期型数据用"#"括起来，如"abcd"和"x"为字符型，#01/11/1960#为日期型。

表达式运算后有一个结果，运算结果的类型由数据和运算符共同确定。

表达式主要应用在以下 3 个方面：查询的 SQL 视图、查询的设计视图、字段的有效性规则。例如，在设计"学习表"时，可以为"成绩"字段的有效性规则输入一个表达式： between 0 and 100，则"成绩"字段只能接受 0～100 之间的分数。

（4）表达式生成器。Access 提供表达式生成器用于帮助用户创建表达式，用户可以在其中查找和选择函数、运算符等元素，自动生成表达式。在可应用表达式的地方（例如在表的设计视图的字段【有效性规则】的文本框处）单击鼠标右键，在快捷菜单中选择【生成器】命令，打开表达式生成器。

7.6 Access 2003 数据库的应用实例

7.6.1 Access 的启动

Access 的启动方法与 Word 等其他 Windows 程序类似。例如，单击桌面上的 Access 图标、在开始菜单中选择 Access 程序等。在启动 Access 时，系统显示如图 7-5 所示的初始对话框。

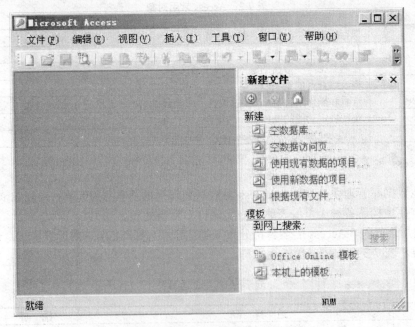

图 7-5 Access 启动的初始对话框

在 Windows 的资源管理器、文件夹等窗口中，双击 Access 数据库文件，也可以启动 Access，并且同时打开这个数据库。

7.6.2　数据库的创建

在使用 Access 创建数据库的表、查询、窗体和其他对象之前，首先要创建一个数据库。

Access 提供了两种创建数据库的方法。一种是先创建一个空数据库，然后再添加表及其他对象，这是最灵活的方法。另一种方法是使用"数据库向导"，按照提示的步骤创建数据库。这种方法可以利用 Access 提供的常用类型数据库的基本模式创建一个常用数据库，简化了表的创建。本节学习如何创建一个空的数据库和在数据库中创建表。使用"数据库向导"创建数据库的方法读者在上机时按向导提示可以方便地完成。

在图 7-5 所示的 Access 初始对话框中，选中"新建文件"区域中的"空数据库"选项，然后单击"确定"按钮，打开"文件新建数据库"对话框，如图 7-6 所示。

在图 7-6 中"文件名"文本框内为新数据库命名，如"学生管理"，并指定其存放的位置，然后单击"创建"按钮，一个空数据库就创建好了，显示如图 7-7 所示。

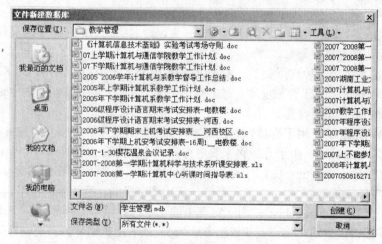

图 7-6　"文件新建数据库"对话框

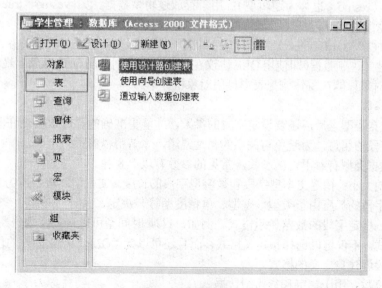

图 7-7　数据库窗口

7.6.3 表的设计、创建和操作

表是关系数据库的基础。创建数据库以后，创建数据库的查询、窗体或报表等其他对象之前，必须先设计和创建数据表，这样才有数据源。

Access 为表的操作提供了两种界面，称为设计视图和数据表视图。设计视图主要用于创建、编辑和查看表的结构（即关系模式），数据表视图主要用于编辑和查看表中的数据（即关系实例）。

1. 表的设计

前面已经介绍了关系数据库有关的概念。表的结构由一组字段组成，表的设计就是按照 Access 的规则定义字段（字段名、字段的数据类型、字段的参数）、主键和索引等。

（1）定义字段

① 命名字段名

字段名由 1~64 个字符组成，不能以空格开头，命名字段名的字符集与文件名相同。

② 确定字段的数据类型

每个字段必须确定一种数据类型。Access 共有 10 种数据类型，常用的有 8 种。

- 文本型（text）：用于存放文本，最多存储 255 个字符。由数字组成的电话号码等不需要计算的数据也应设置为文本型。
- 备注型（memo）：用于存放较长的文本，如说明性文字，最多可存放 6.4 万个字符。
- 数字型（number）：用于存放将来要进行算术计算的数值数据。
- 日期/时间型（date/time）：用于存放日期和时间。日期/时间型字段的宽度为 8 个字节。
- 货币型（currency）：用于存放货币值。货币型字段的宽度为 8 个字节。
- 自动编号型（autonumber）：用于对表中的记录进行编号。当添加新记录时，自动编号型字段的值自动产生，或者依次自动加 1，或者随机编号。自动编号型字段的宽度为 4 位。
- 是/否（yes/no，也称为逻辑型）：用于存放逻辑型数据。如 yes/no、true/false、on/off 等，宽度为 1bit。
- OLE 对象（OLE object）：用于链接或嵌入 Word 文档、Excel 电子表格、图像、声音或其他二进制数据（即使用 OLE 协议在其他程序中创建的 OLE 对象），最多可达 1GB。OLE 对象只能在窗体或报表中使用对象框显示。

③ 字段参数

确定了数据类型之后，还要设定字段的参数，才能更准确的存储数据。许多资料将字段的参数称为字段的属性，为避免与关系的属性混淆，本节用"参数"一词。

不同的数据类型有着不同的参数，常见的参数有以下 8 种。

- 字段的大小：指定文本型字段和数值型字段的长度。文本型字段长度为 0~255B，数值型字段的长度由子类型（整型、单精度型等）决定。
- 格式：指定字段的数据显示格式。例如，日期/时间型可以选择常规日期等 7 种预定义格式。不仅可以选择预定义格式，而且还可以为"OLE"对象以外的任何数据类型的字段创建自定义的格式。
- 小数位数：用于数字和货币型数据。
- 标题：用于在窗体和报表中取代字段名称。

● 默认值：添加新记录时，自动加入到字段中的值。
● 有效性规则：字段的有效性规则用于指定字段的输入值应该满足的要求。
● 有效性文本：当数据不符合有效性规则时所显示的信息。
● 索引：用来确定某字段是否作为索引。

索引就如同一本书前面的目录一样，可以提高查找和排列记录的速度。一般按经常作为查找或排序关键字的字段设置索引，Access 允许用户创建基于单个字段或多个字段的索引。

使用多字段索引排序记录时，Access 首先按照索引的第一个字段进行排序，如果多个记录的第一个字段的值相同，再按索引中的第二个字段进行排序，以次类推。

Access 支持二种索引：允许重复的索引，该字段有重复值时，对每一个值都建立索引项。不重复的索引：该字段有重复值时，只对第一个值建立索引项。

④ 字段说明

"字段说明"可以帮助用户和其他的程序设计人员了解该字段的用途。在数据表视图中输入数据时，光标所在字段的说明会显示在状态栏上。

（2）设置主键

主键用于数据完整性保护和建立表之间的联系。虽然 Access 语法不要求必须定义主关键字，我们还是应该尽量定义主关键字。一个表只有定义了主关键字，才能实现实体完整性，才能与数据库中的其他表建立联系。设置方法在下面章节中详细说明。

2．表的创建

Access 提供 3 种创建表的基本方法：使用向导创建表、使用设计器创建表、通过输入数据创建表（即用数据表视图创建表）。本小节主要介绍"使用设计器创建表"的方法。

（1）使用设计视图创建表

下面以建立学生表为例，说明用设计视图创建表的方法和过程。

假设数据库已经建立，学生表的结构已设计好，如表 7-3 所示。

表 7-3　学生表的结构

字 段 名 称	字 段 类 型	字 段 宽 度
学号	Text	10 字节
姓名	Text	8 字节
性别	Text	2 字节
出生年月	Date/time	8 字节
籍贯	Text	20 字节

在数据库窗口，选择表页，选择"使用设计器创建表"，进入图 7-8 所示的"表的设计视图"。

① 单击"字段名称"栏目，输入要创建字段的名称。给字段命名时要选择那些具有与实体逻辑意义相一致的名字，如学号、姓名等。可以用中文命名，也可以用英文命名。

② 在"数据类型"下拉框中选择字段的数据类型。

③ 在"设计视图"窗口的下半部分列出的是选中字段的参数，可以设置两种参数。一种是"常规"参数，另一种是"查阅"参数。"常规"参数随字段的数据类型不同而不同，例如，文本型字段可以设置字段大小、格式和默认值等。数字型字段可以指定"长整型"、"单精度

型"（实数）等类型，还可以指定标题、默认值和小数位数等参数。"查阅"参数主要是指定编辑该字段时的控件类型，例如文本字段可以选择"文本框"、"列表框"或"组合框"等。

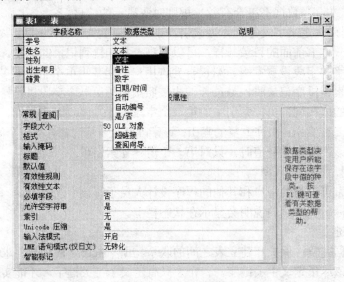

图 7-8 表的设计视图

④ 在"说明"编辑框中，用户可以对字段进行必要的说明。

⑤ 定义主关键字。在本例中定义学号为主关键字。单击行选定器（一行最左边的方格）选择主键字段所在的行，如选中"学号"，在 Access 程序窗口的"编辑"菜单中选中"主键"，或单击"表设计"工具栏中的"主键"按钮，选中的字段"学号"就被设置为主关键字。

如果关键字包含多个字段，要先按下 Ctrl 键，然后依次单击这些字段所在行的行选定按钮，最后执行设置主关键字命令。

⑥ 逐个添加字段，直到创建好整个表为止。

⑦ 创建索引。如果当前表已定义了主键，Access 通常将表中的主键自动创建为索引。

创建单字段索引的一种方法：在设计视图中打开表，选定需要设置索引的字段，单击"索引"参数文本框，选择有重复的索引或无重复的索引。这种方法创建的索引的索引名与字段名相同。

"索引"对话框可以创建和编辑单字段索引和多字段索引。在设计视图中打开表，单击数据库窗口"视图"菜单的"索引"命令，或单击工具栏中的"索引"按钮，如图 7-9 所示。

图 7-9 "索引"对话框

如果要创建单字段索引，在"字段名称"栏选择所需的字段，输入索引名称，选择排序次序，指定是否"主索引"、"唯一索引"、"忽略 Nulls"。如果三项都选择"否"，则表示不创建索引。"唯一索引"就是无重复索引。

如果要创建多字段索引，例如，二字段索引，在"索引名称"列中输入索引名称，在"字段名称"列中选择两个字段；在"排序次序"列中，分别选择"升序"或"降序"选项。

"索引"对话框可以查看和编辑表已有的索引。如果要删除某个索引，可以在"索引"对话框中单击行选定器选择索引，然后按 Delete 键删除选择的索引行。

⑧ 保存表，输入表名，如"学生"。至此，学生表建立完成。

3. 表中数据的输入和编辑

在数据库窗口的"表"页双击要修改的表，进入表的数据表视图，如图 7-10 所示，可以直接在表中添加、更新或删除数据。

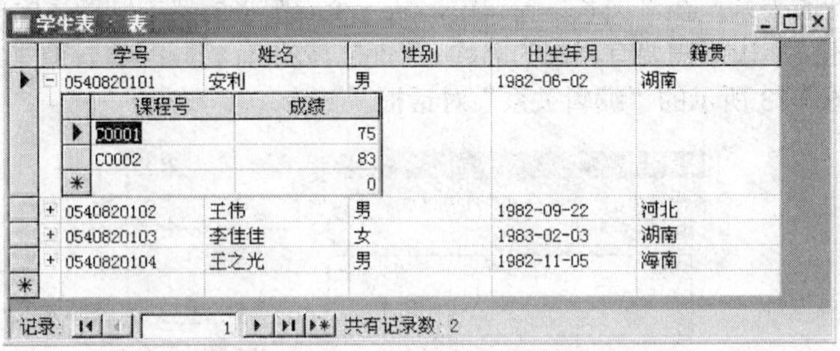

图 7-10　数据表视图

将鼠标移到需要修改的数据项上，可以进行数据的修改。按 Esc 键将取消当前记录的最后一次数据的修改。退出一行的编辑时，系统自动进行实体完整性检验，如果违反完整性约束（如主关键字不唯一），则给出输入数据不符合完整性的提示。若要编辑没有显示在窗口中的记录，可以使用窗口底部的记录定位框选择某个记录。从左边第一个按钮开始，各按钮的作用依次为指定"第一个"、"上一个"、"下一个"、"最后一个"、"表尾的一个新记录"为当前记录。在记录定位框中间的文本框中可以填写待选择的记录的记录号，回车后该记录为当前记录，显示在窗口中。

若要加入新记录，可以在最下面的空行输入数据，并且会自动再增加一个空行。

删除记录的方法是选中待删记录的行，按 Del 键，回答删除提示"是"。

4. 定义表之间的关系

在创建和修改表之间的关系之前，必须关闭所有要定义关系的表。创建表间关系的具体步骤如下。

（1）打开数据库，进入数据库窗口为当前窗口。

（2）单击 Access 窗口的工具栏中的"关系"按钮或"工具"菜单下的"关系"菜单项。显示如图 7-11 所示的"关系"窗口。图中两条连线表示这个数据库已建立了两个关系。

单击右键打开"显示表"对话框，如图 7-12 所示。如果数据库没有建立任何关系，打开"关系"窗口将同时打开"显示表"对话框。

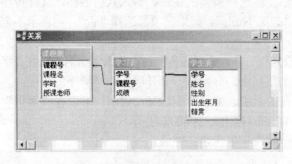
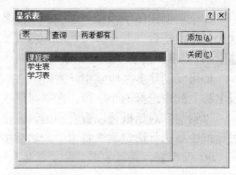

图 7-11　"关系"窗口　　　　　　　　图 7-12　"显示表"对话框

（3）选择待创建的关系相关联的两个表或视图，单击"添加"按钮，再关闭"显示表"对话框。若两个表有相同的字段（名字和数据类型相同），Access 自动为其创建了关系。

（4）建立新的关系。在"关系"窗口中，从一个表中将所要关联的字段拖到另一个表的相关字段上。相关字段不需要有相同的名称，但它们必须有相同的数据类型。松开鼠标左键后，会出现如图 7-13 所示的"编辑关系"对话框。

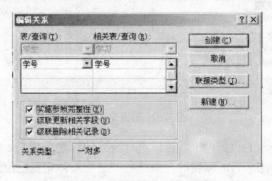

图 7-13　"编辑关系"对话框

图中"表查询"及"相关表/查询"列表框列出了关系的主表名称以及关联字段。要替换关联字段，可以在字段单元格的下拉列表中选择所需的字段名。

（5）如果希望系统自动实施两个表之间的引用完整性，则选中"实施参照完整性"复选框，然后可以选择如下完整性要求。

● "级联更新相关字段"：当主表的主关键字值更改时，自动更新相关表中的对应数值。
● "级联删除相关记录"：当在删除主表中的某项记录时，自动删除相关表中的有关信息。

（6）单击"创建"按钮，完成创建。单击"文件"菜单的"保存"命令保存创建的结果。

创建表之间新的关系的另一种方法：在关系窗口双击左键，出现"编辑关系"窗口，单击"新建"按钮，输入相关联的两个表和两个字段。

5. 数据库的修改

修改数据库模式，包括添加表（就是前面介绍的创建表）、删除表和修改表的结构。

（1）删除表

在数据库窗口的表页，选定要删除的基本表，按 Del 键，在"是否删除表…"的提示中回答"是"。

（2）修改表的结构

创建表后，如果其结构不合理，可以插入、删除、移动字段，可以修改字段名、字段类型和字段的参数；还可以重新设置主关键字。修改方法是：在数据库窗口的表页，选定要修改的基本表，单击"设计"按钮，进入表的设计视图，开始修改表结构。

删除字段，单击字段名左边的方格（称为"行选定器"），按 Del 键，在"是否删除…"的提示中回答"是"。

移动字段，鼠标指向行选定器，按住鼠标左键上下移动到适当的位置，松开鼠标。

插入字段、修改字段、更改索引、删除索引等方法与用设计视图创建表类似，限于篇幅，本章不再介绍。

修改表结构要注意以下几点。

① 表是数据库的核心，它的修改将会影响到整个数据库。所以在修改表的结构之前，应仔细地进行分析，尤其是修改已定义了实体之间联系的数据库。

② 要养成建立设计文档的好习惯，详细记录数据库的设计结构，以备日后恢复数据库的结构时使用。

③ 正在使用的表不能修改，要修改必须先将此表关闭。

④ 修改字段名不会影响到字段中所存放的数据，但是会影响到一些相关的对象。如果查询、窗体等对象使用了这个字段，那么这些对象也要做相应的修改。

⑤ 表中相互关联的字段是无法修改的。如果需要修改，必须先将关联去掉。修改时，原来相互关联的字段都要同时修改，修改之后，再重新关联。

为了确保数据安全，修改之前要做好数据备份，以备修改出错后恢复使用。

7.6.4　Access 数据库查询的应用实例

1. 查询的基本概念

查询是 Access 系统的一个特定术语，而不仅仅是查找检索。用户在数据库应用中，经常需要反复进行同一个较复杂的数据处理，例如，选择和查看所有课程都及格的同学的姓名。可以将处理要求设计为一个查询对象，存储在数据库系统中，以便需要时方便调用。

查询的数据源可以是基本表，也可以是其他查询，还可以是多个表或查询。查询的结果是一个虚拟的表，也就是说是一个不存储的表。查询对象被执行时，系统从有关数据源（一组表或其他查询）中按查询指定的要求提取和处理数据，将结果生成一个临时的二维表。查询的结果可以作为其他查询、窗体、页或报表的数据源。

2. 查询的类型

Access 支持多种查询，用户首先需要了解它们的功能特点和应用范围，会正确地选用正确的查询类型。Access 主要有以下几种查询。

（1）选择查询。这是最常用的一种查询类型。例如，创建一个查询显示数学课及格的记录。

（2）交叉表查询。交叉表查询按某个字段的值或某些字段组合值进行统计（总计、计数、求平均值等），例如，可以统计"来自各省市的不同性别的学生人数"的查询。

（3）参数查询。执行参数查询时将显示一个对话框，提示用户输入查询的参数，作为查询的条件，系统根据该条件求出查询结果。例如，查找 1983 年出生的学生的参数查询，先提示"起始日期"（设用户输入为"1983-01-01"）和"截止日期"（设用户输入为"1983-12-31"），然后 Access 检索出生在这两个日期之间的所有记录。

参数查询可以很方便的作为窗体、报表以及数据访问页的数据源。

（4）操作查询。操作查询的主要功能是批量地追加记录、删除记录或者修改记录。例如，可以使用一个操作查询将学生学习表的物理"成绩"提高 5%。Access 提供了 4 种类型的操作查询。

① 追加查询。向已有表中添加数据。

② 删除查询。删除满足查询指定的某些准则的记录。

③ 更新查询。修改已有表中所有满足由查询指定的某些准则的记录。

④ 生成表查询 从已有表中提取数据创建一个新的基本表。

3. 查询对象的三种界面

Access 为查询提供了三种界面，称为三种视图：设计视图、数据表视图和 SQL 视图。

设计视图是用于创建和编辑查询的窗口，包含了创建查询所需要的各个组件。用户只需在各个组件中设置一定的内容，就可以创建或修改一个查询。

数据表视图以二维表的形式显示执行查询后得到的临时表，用户也可以编辑字段，添加、删除或查找数据。

SQL 语言是关系数据库查询语言的国际标准。用户在设计视图中创建查询时，Access 会生成相应的 SQL 语句。SQL 视图是用于查看实现查询的 SQL 语句的窗口。用户也可以在查询的 SQL 视图中直接输入 SQL 语句来创建一个查询，如联合查询（多表查询）、传递查询（直接向网络上的数据库服务器发送 SQL 语句）或数据定义查询（可以创建或修改表及其索引）。当用户打开查询的数据表视图后，可以单击"视图"菜单中的"SQL 视图"命令来查看它的 SQL 视图。

4. 查询的创建

创建查询首先要进入数据库窗口的"查询"页。如图 7-14 所示。

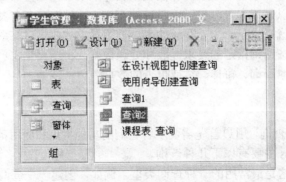

图 7-14 数据库窗口的查询页

Access 中有两种创建查询基本方法，即"使用向导创建查询"和"在设计视图中创建查询"。前者可以创建比较简单的查询，一般可用于选择查询、交叉表查询等。后者可以创建各种复杂的查询，除了可用于选择查询、交叉表查询，还可用于参数查询和各种操作查询等。查询对象一般需要经过多次调试和修改，以满足问题的要求。查询对象的修改也在设计视图窗口完成。

（1）使用向导创建查询

首先简单介绍"使用向导创建查询"。

① 在数据库窗口的"查询"页的右框，双击"使用向导创建查询"选项（或者单击"新建"按钮，在"新建查询"对话框选择"简单查询向导"，单击"确定"按钮），显示"简单查询向导"对话框 1。

② 在向导对话框 1 中，选择被查询的表，在"可用字段"栏选中需要的字段，如姓名、性别和出生年月。选择"明细"查询或 "汇总"，然后单击"下一步"按钮，显示对话框 2。

③ 在对话框 2 输入查询的名称，选定下一步操作（"打开查询查看信息"或者"修改查询设计"），最后单击"完成"按钮。这样就创建了一个查询。

如果查询的数据处理涉及两个以上表，要事先创建表之间的联系。

（2）使用设计视图创建和修改查询

使用向导创建查询，不能设置查询条件（如在学习表中检索所有学生考试不及格的记录），也不能修改已创建的查询。在设计视图中可以创建复杂的查询，可以修改已创建的查询。

查询的设计视图（又称为查询设计器），由表/查询显示窗口（数据源显示窗口）和示例查询设计窗口两部分组成，示例查询设计子窗口用来设置查询字段和查询准则。拖动窗口分隔条可以调整查询设计窗口中子窗口的大小。如图 7-15 所示。

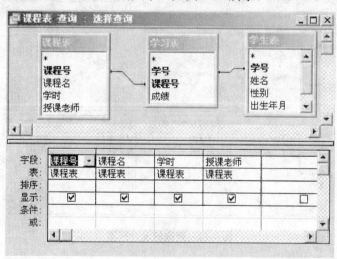

图 7-15　查询的设计视图窗口

进入查询设计视图有三种方法。

① 创建新的查询：在"数据库"窗口选择查询页，双击"在设计视图中创建查询"选项，进入设计视图窗口，显示"显示表"对话框，供用户选择数据源，如图 7-16 所示。

② 创建新的查询：在"数据库"窗口选择查询页，单击"新建"按钮，选择"设计视图"，单击"确定"按钮，进入设计视图窗口，显示如图 7-16 所示。

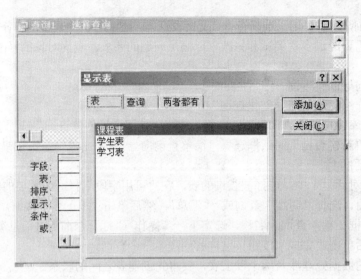

图 7-16　显示表对话框

③ 修改已有的查询：在"数据库"窗口查询页，选中要修改的查询，单击"设计"按钮。显示图 7-15 中的窗口，但不会自动打开"显示表"对话框。单击鼠标右键弹出菜单，如图 7-17 所示，打开"显示表"。

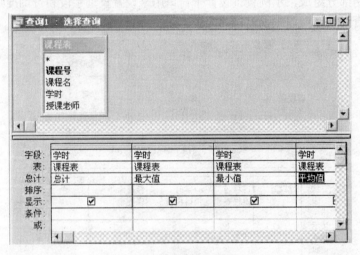

图 7-17　查询的设计视图

现在创建一个查询，显示开设课程的门数、课程的最少课时、最多课时和平均课时。

① 采用上述方法之一，进入查询设计视图

② 从"显示表"对话框中选择"课程"表，添加到设计视图。

③ 输入或选择需要查询的字段。

③选择工具栏上的"总计"命令（或选择 Access 窗口"视图"菜单的"总计"命令），设计视图上将出现名称为"总计"的一行，分别在 4 个字段下选择""总计、"最大值"、"最小值"和"平均值"。如图 7-17 所示。

④ 关闭窗口，输入查询名称保存查询。执行结果如图 7-18 所示。

用查询的设计视图创建和修改查询，还可以设置查询条件。例如，在学习表中检索所有学生考试不及格的记录，设置查询条件如图 7-19 所示，成绩字段的"条件"为"<60"。执行结果如图 7-20 所示。

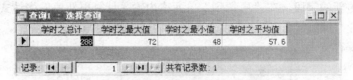

图 7-18　查询的执行结果

图 7-19　查询的设计视图

图 7-20　查询的执行结果

（3）"生成表查询"的设计

生成表查询将查询结果作为一个基本表存储在数据库中。下面创建一个生成表查询。

① 进入查询的"设计视图"。

② 从"显示表"对话框中选择数据源，添加到设计视图。

③ 输入或选择需要查询的字段。

④ 单击"查询"菜单的"生成表查询"命令，或在快捷菜单的查询类型中选择"生成表查询"，出现如图 7-21 所示的"生成表"对话框。

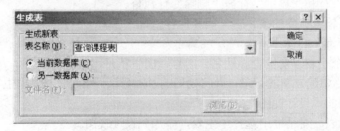

图 7-21　"生成表"对话框

在"表名称"文本框中输入所要创建的表名，选择或输入新生成的表放入的数据库。

（4）"更新查询"的设计

例如，设计一个查询，将课程号=C0002 的成绩提高 10%，具体步骤如下。

① 创建一个查询，数据源为学习表的课程号字段和成绩字段。

② 进入这个查询的设计视图。

③ 单击 Access 窗口的"查询"菜单中的"更新查询"命令，此时，"示例查询设计子窗口"中的"排序"行和"显示"行被替代为"更新到"行，如图 7-22 所示。

④ 选择被更新的字段，在"更新到"单元格内输入计算更新值的表达式：[成绩*1.1]。

⑤ 选择字段"课程号"，在"条件"单元格内输入"C0002"。

⑥ 关闭和保存查询。

图 7-22　更新查询设计视图

（5）"删除查询"的设计

"删除查询"的设计步骤简述如下所示。

① 进入查询的"设计视图"。

② 从"显示表"对话框中选择表或视图，添加到设计视图。

③ 输入或选择删除查询所基于的字段。

④ 单击"查询"菜单中的"删除查询"命令，此时，设计视图下部的"示例查询设计窗口"中的"排序"行和"显示"行被"删除"行代替。

⑤ 在准则栏输入删除的条件，关闭和保存查询。

（6）"添加查询"的设计

设已新建一个空表"女生表（姓名、学号、出生年月、体检表号）"，为学生表中的所有女生在"女生表"中建立新的记录，并将她们的"姓名"、"学号"和"出生年月"拷贝过去。

① 进入查询的"设计视图"。

② 从"显示表"对话框中选择学生表，添加到设计视图。；

③ 单击"查询"菜单中的 "追加查询"命令，出现如图 7-23 所示的"追加"对话框。选择或输入追加到的数据库，在"表名称"文本框中选择或输入追加到的表名（如女生），按"确定"按钮。此时，"示例查询设计子窗口"中的"显示"行被"追加到"行代替。

④ 在示例查询设计子窗口中的"性别"字段的准则栏输入"女"，在需要拷贝的"姓名"、"学号"和"出生年月"字段的"追加到"栏中填入目标表的对应字段名。

⑤ 关闭和保存查询。

图 7-23　"追加查询"对话框

5．浏览查询的执行结果

浏览查询的执行结果有以下 3 种方法。

（1）在数据库窗口的查询页上双击查询列表中的查询。

（2）在数据库窗口的查询页上的查询列表中单击选中查询，然后单击数据库窗口的"打开"按钮。

（3）设计查询时，单击工具栏上的"运行"按钮或菜单栏上的"查询"栏的"运行"菜单项，可以直接浏览查询的执行结果。

在查询的数据表视图中，用户还可以编辑字段，添加、删除或查找数据。

6．删除查询

在数据库窗口的查询页，选定要删除的查询，按 Del 键，在"是否删除查询…"的提示中回答"是"。

7.6.5　Access 数据库窗体的应用

1．窗体的基本概念

窗体是 Access 的一种重要的对象。在窗体上可以放置各种控件（列表框、对话框等），来显示和编辑数据库的数据、接收用户的输入或选择，为使用者提供 windows 程序界面，使操作变得更直观。还可以使用控件显示应用系统的响应（提示、出错信息、警告等），执行相应的操作和控制应用的流程（在窗体上设置命令按钮或其他控件调用相应的对象以执行某种操作）。设计时，还可以在窗体上加入说明性的文本、线条、矩形框等图形元素，使得窗体比较美观。窗体的大部分内容来自它的数据源，窗体的数据源可以是多个基本表或查询。表、查询和窗体的数据表视图都可以查看和编辑数据库的数据，它们主要区别如表 7-4 所示。

表 7-4　表、查询和窗体的主要区别

	基 本 表	查　　询	窗　　体
内　容	单表	多表和其他查询	多表和查询
显示格式	不可调	不灵活	灵活
控　件	不可用	不可用	可用

2. 窗体的类型

在 Access 数据库中，根据窗体的功能及显示方式的不同，可将窗体分为纵栏式窗体、表格式窗体、数据表窗体以及数据透视表和数据透视图窗体等，这里简单介绍几种。

（1）纵栏式窗体。纵栏式窗体只能显示一条记录，每行显示一个字段的名称和值，如图 7-24 所示，字段较多时窗体产生两个垂直的列（每行显示两个字段的名和值），用户使用窗体的滚动条可以显示全部字段。用户可以通过窗体底部的浏览按钮，选择浏览所需的记录。

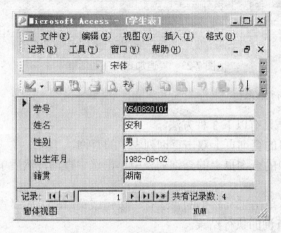

图 7-24 纵栏式窗体

（2）表格式窗体。与纵栏式窗体不同的是，表格式窗体可以同时显示多条记录，每个记录的所有字段显示在一行上，字段的名称显示在每一列的顶端。表格式窗体示例如图 7-25 所示。

学号	姓名	性别	出生年月	籍贯
0540820101	安利	男	1982-06-02	湖南
0540820102	王伟	男	1982-09-22	河北
0540820103	李佳佳	女	1983-02-03	湖南
0540820104	王之光	男	1982-11-05	海南

记录: 1 共有记录数: 4

图 7-25 表格式窗体

（3）数据表窗体。数据表窗体显示数据记录的形式和表的数据表视图类似。与表格式窗体不同的是，在数据表窗体中，用户可以根据需要调整字段的宽度，而且用户可以隐藏不需要的列或对数据进行排列等操作。数据表窗体通常作为另一个窗体的子窗体。数据表窗体如图 7-26 所示。

学号	姓名	性别	出生年月	籍贯
0540820101	安利	男	1982-06-02	湖南
0540820102	王伟	男	1982-09-22	河北
0540820103	李佳佳	女	1983-02-03	湖南
0540820104	王之光	男	1982-11-05	海南

记录: 1 共有记录数: 4

图 7-26 数据表窗体

（4）父/子窗体。窗体中的窗体称为子窗体，包含子窗体的窗体称为主窗体。主窗体和子窗体可以同时显示两个或多个相关表中的数据。父/子窗体常用于一对多联系的数据。图 7-27 是在学生窗体中有一个子窗体，显示当前学生所学课程的课程号和成绩。

图 7-27　父/子窗体

3. 创建窗体

Access 有多种创建窗体的方式：自动创建、使用向导创建和使用设计视图创建。图 7-27 是数据库窗口的窗体页，图中右侧的列表框中显示出窗体的两种主要创建方法和用户已经创建好的窗体名称。

一种经常使用的方法是先用自动创建或向导创建窗体，再用设计视图修改窗体。下面我们以两个实例说明在 Access 中创建窗体的方法和步骤。

单击图 7-28 中的"新建"按钮，显示新建窗体对话框，如图 7-29 所示。

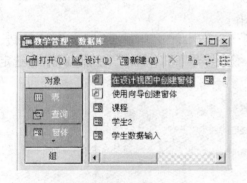

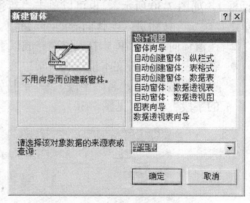

图 7-28　【数据库】窗口窗体页　　　　　　　图 7-29　新建窗体对话框

右边的列表框显示 3 类 7 种创建方法，其中 3 种自动创建、3 种使用向导创建和 1 种使用设计视图创建方法。左边文本框显示所选择方法的简单说明。用户选择了创建方法和窗体的数据源后，就开始创建窗体。

（1）自动创建窗体

自动创建窗体，又称为快速创建窗体，这种方法适用于临时使用的窗体。图 7-24～7-26 的窗口都是自动创建的。主要步骤如下。

① 在数据库窗口的窗体页，单击"新建"按钮，在"新建窗体"窗口中（见图 7-29）选择一种自动创建方式（纵栏式、表格式、数据表）。

② 单击图 7-29 中的"请选择该对象数据的来源表或查询"列表右侧的向下箭头，从中

选择作为数据源的表或查询。

③ 单击图 7-29 中的"确定"按钮，屏幕上显示出所创建的窗体。

④ 退出新建的窗体或单击工具栏中的"保存"按钮，出现"另存为"对话框，输入窗体的名称，然后单击"确定"按钮。

自动创建的窗体的格式采用最近用于窗体的"自动格式"。如果以前没有用向导创建过窗体或没有使用过格式菜单上的"自动套用格式"命令，Access 将使用标准格式。

自动创建窗体的操作比较简单，请读者上机练习，本书不再举例。创建窗体示需注意以下内容。

① 必须在"请选择该对象数据的来源表或查询"文本框的下拉式列表框中选取一个数据对象，否则系统无法自动生成窗体。

② 自动创建的窗体只有一个数据源。

③ 只能自动创建纵栏式、表格式 、数据表窗体。

④ 自动创建的窗体没有选行和选列的能力。

⑤ 自动创建窗体不允许用户进行其他设置。

（2）使用向导创建窗体

窗体向导允许用户进行其他设置，允许窗体的数据源是多个基本表或查询。现在以创建图 7-27 所示的父/子窗体为例（设学生表和学习表已经通过学号建立了关系），介绍使用窗体向导创建窗体的主要步骤过程。

① 在图 7-28 所示的数据库窗口的窗体页中双击"使用向导创建窗体"，进入窗体向导的对话框 1，如图 7-30 所示。 也可以单击"新建"按钮，在新建窗体窗口中选择"窗体向导"后单击"确定"按钮进入窗体向导的对话框 1。

② 在窗体向导对话框 1 中，依次完成以下操作。

● 在"表/或查询"文本框选择"学生表"，在"可用字段"栏中依次选择"学号"字段、">"按钮、"姓名"字段、">"按钮，使"学号"和"姓名"字段出现在"选定的字段"栏中（见图 7-30）。

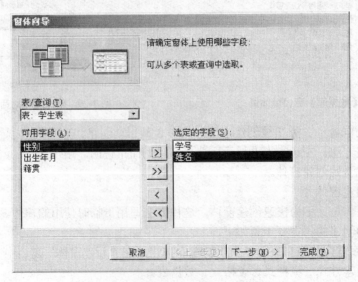

图 7-30   创建窗体向导的对话框 1

- 在"表/或查询"文本框选择课程表，在"可用字段"栏中依次选择"课程号"字段、"＞"按钮、"成绩"字段、"＞"按钮，使"课程号"和"成绩"字段出现在"选定的字段"栏中。

③ 单击"下一步"按钮，一直到最后一步，按"完成"按钮。或直接按"完成"按钮，显示窗体如图 7-27 所示。

4. 删除窗体

在数据库窗口的窗体页，选定要删除的窗体，按 Del 键，在"是否永久性删除窗体"的提示中回答"是"。

7.7　本章小结

本章介绍了数据库系统的基本概念、Access 数据库的应用方法。

数据管理是计算机信息系统的重要任务，数据库管理系统是计算机数据管理的最主要的软件。数据库是在数据库管理系统管理下的、一个单位或组织的所有数据的集合。数据库管理系统采用具有外模式、概念模式和内部模式的三层体系结构，实现高度的数据共享性和应用程序与数据的独立性，提供功能强大和快速的数据查询和处理功能，还提供了数据库备份和恢复、数据完整性、数据安全性等多种数据控制服务功能，并且为用户提供方便的接口。数据库管理系统已成为计算机应用中最重要的软件之一，在人类生活的各个领域的应用越来越广泛，是计算机应用的重要技术。

在数据库技术中数据模型可以分为三类：概念模型，逻辑模型和物理模型。概念模型是按用户的观点建立的模型，是用户与数据库设计人员进行交流的工具。逻辑模型是按 DBMS 的观点建立的模型。

关系模型是数据库目前最常用的一种逻辑模型，它以人们所熟悉的二维表的形式组织数据，二维表称为关系。关系模式是对关系结构的描述。关系可以表示实体集，也可以表示实体集之间的联系。

Access 是目前在微型计算机 windows 环境之上使用最多的关系数据库管理系统，本章实例介绍 Access 的应用方法，包括三种主要对象：表、查询和窗体的使用。通过学习 Access 加深对关系数据库的了解。

数据库设计过程包括需求分析、概念结构设计、逻辑结构设计、数据库物理设计和数据库实施等主要步骤。

【课外在线检索】

有关数据库方面的知识，DBMS Magazine 杂志是专门为数据库管理系统出版的行业期刊，可以访问它的 Web 主页，http://www.dbmsmag.com。

在 http://www.databases.about.com/网站上有很多关于数据库方面的知识介绍。包括各种环境下的数据库产品介绍。这个网站上还有关于数据库标准、数据库管理、数据库安全、数据库设计、数据挖掘，以及认证方面的内容。

【思考题与习题】

一、思考题

1. 什么是数据库？什么是数据库管理系统？数据库系统由哪些部分组成？
2. 数据库管理系统具有什么功能？
3. 计算机数据管理经历了哪几个阶段？各个阶段的特点是什么？
4. 概念模型和逻辑模型的作用和区别是什么？
5. 在数据库发展过程中，出现过几种数据模型？目前常用的是哪几种？
6. 如何理解数据库系统的数据独立性？
7. 关系模型有什么特点？
8. 什么是关系数据库的概念？
9. 什么是超关键字、候选关键字、主关键字和外部关键字？
10. 你了解哪种常见的关系数据库？它有什么特点？
11. Access 中数据库由哪些对象组成？
12. Access 中创建表间关系的具体步骤是怎样的？
13. Access 主要有哪几种查询？查询可以实现哪些功能？
14. Access 为查询的操作提供了哪三种界面？分别有什么作用？
15. Access 主要有哪几种窗体？它们分别有什么特点？

二、简答题

1. 请简要说明数据库系统的特点。
2. 请简述 Access 2003 中查询的作用和类型
3. 请简述 Access 2003 中窗体的作用和类型。
4. 使用 Access 提供创建表的基本方法创建教材中提到的教学数据库。
5. 创建一个查询，检索和显示学习数学课程的所有学生的姓名、学号和成绩。
6. 创建"学生"表的纵栏式窗体，表格式窗体，数据表窗体。
7. 设计一个输入学生表数据的窗体，用列表框提供选择输入学生"性别"的功能。

第8章　网络技术基础

【学习目标】

【学习目标】
1. 了解计算机网络技术相关的概念。
2. 了解计算机网络的发展史以及网络发展新技术。
3. 了解 Internet 相关知识及常见的 Internet 信息服务。
4. 掌握网页制作的基本知识。

8.1　计算机网络概述

8.1.1　计算机网络的定义

计算机网络是一门正在迅速发展的技术，很难对其下一个准确的定义。从计算机网络主要依托的技术来说，它是计算机技术与通信技术相结合的产物。所以有人把计算机网络定义为"自主计算机的互联集合"，这个定义强调了关于计算机网络最基本的特点，即自主和互联。自主计算机排除了网络系统中计算机的主从关系的可能性，如果一台计算机可以强制地启动、停止或控制另一台计算机，这样的计算机就不是自主的，也就不能称之为计算机网络。两台计算机如果能够互相交换信息即称为互联，计算机之间是由传输介质连接在一起的，这些传输介质可以是铜导线、光纤、红外线、微波和通信卫星等。

计算机网络是由传输介质连接在一起的一系列设备（网络节点）组成。一个节点可以是一台计算机、打印机或是任何能够发送或接收由网络上其他节点产生数据的设备。设备之间的链路常被称为通信信道。这些设备通过连接实现资源的共享。

简单地说，计算机网络就是通过电缆、电话线或无线通信将两台以上的计算机互连起来的集合。通常认为，计算机网络就是把地理位置上分散在各地的具有独立运算功能的计算机，通过通信链路连接起来，并按照一定的协议实现互相通信、资源共享的系统。

计算机网络的发展经历了面向终端的单级计算机网络、计算机网络对计算机网络和开放式标准化计算机网络三个阶段。面向终端的单级计算机网络又称联机系统，是指多台终端通过通信线路与一台主机相连，以共享主机的资源和数据处理能力。计算机网络对计算机网络即多台主机通过通信线路互连。标准化计算机网络是指，计算机网络具有统一的网络体系结构，遵循统一的标准化协议。

8.1.2　计算机网络的功能

计算机网络之所以得到了越来越广泛的应用，是因为计算机网络具有强大的功能。具体来说，计算机网络的主要功能可以分成以下几个方面。

1. 数据通信

数据通信是计算机网络最基本的功能之一。所谓数据通信即计算机与终端、计算机与计算机之间数据的传送和发布,在计算机网络中不仅可以传送文字,还可以传送声音、图像、视频等多媒体信息。通过计算机网络可以实现文件传输、网页浏览、网络电话、视频会议、电子邮件等众多的应用。

2. 资源共享

"资源"是指计算机网络中所有的软件、硬件和数据资源,"共享"是指网络中的指定用户能够部分或全部地使用这些资源。对于独立的计算机而言,无论硬件还是软件方面,性能总是有限的,如果使用网络把多台计算机连接起来,那么可用的"资源"将会大大增加。随着计算机网络覆盖范围的逐渐扩大,信息交流越来越不受地理位置、时间等因素的限制,使用户对资源的使用更方便、更快捷,大大提高了资源的利用率和信息的处理能力。

资源共享主要包括硬件、软件、数据库等资源的共享。如果一个单位通过其内部网络,则可以共享硬件设备(如绘图仪、大型存储设备、打印机、扫描仪等),减少重复投资,节约经费。此外,用户还可通过网络共享各种系统软件和应用软件,通过网络可以对分散在各地的数据进行查询、分析和处理等。

3. 远程传输

计算机应用的发展,已经从科学计算到数据处理,从单机到网络。分布在很远位置的用户可以互相传输数据信息,互相交流,协同工作。

4. 集中管理

计算机网络技术的发展和应用,已使现代的办公手段、经营管理等发生了变化。目前,已经有了许多 MIS 系统、OA 系统等,通过这些系统可以实现日常工作的集中管理,提高工作效率,增加经济效益。

5. 分布式处理

在计算机网络中,网络用户可以通过一定的算法,将大型的综合性问题进行任务分解,分解后的子任务分别交给网络上不同的计算机去完成,实现分布式处理,从而充分利用网络资源,扩大计算机的处理能力,增强实用性。通过多台计算机联合使用构成高性能的计算机体系解决复杂问题,这种协同工作、并行处理的方式要比单独购置高性能大型计算机便宜得多。

6. 提高计算机的可靠性

在某些行业(如军事、银行、航空、铁路等)的计算机应用中,如果出现硬件故障、软件故障或数据丢失是极其危险的。通过计算机网络能够实现互为备份,保证系统在出现故障后仍能继续运行,从而提高系统的可靠性。此外,当网络中的某台计算机的任务过重时,通过网络可以将新的任务交给网络中空闲的计算机去处理,实现负载均衡,提高计算机的使用效率。

总之,计算机网络可以提供众多便利的功能。

8.2 计算机网络基础知识

8.2.1 数据通信基础知识

通信系统是由硬件、软件和传输线路组成，数据通信是一个以一定规律传送和接收数据的过程。

1. 相关概念

（1）数据：数据是客观事物的符号表示。对计算机而言，数据是指所有能输入到计算机中并被计算机处理的符号的总称。很多不能被计算机直接处理的数据通过编码转换可以被计算机处理。

（2）信息：信息是数据的内容和含义，是数据的解释。数据是独立的，信息是结构化的数据，是有语义结构的数据。信息是由数据加工而成的。

（3）信号：信号是数据的编码表示。在数据通信中，信号一般泛指电信号。

（4）传输：指传播和处理信号的数据通信。

2. 信号的类型与转换

计算机设备处理的信号是数字信号，而电话线传输的信号属于模拟信号。在数字信号和模拟信号之间需要进行转换。

调制解调器（或 ADSL）可将数字信号转变为模拟信号（调制），同时也可将模拟信号转变为数字信号（解调）。

3. 数据传输速率

数据在通信线路上的传输速率可以从数据信号速率、数据传输速率和调制速率几个方面来衡量。

数据信号速率是指每秒内所传送的二进制有效位数，用比特 / 秒（bps）来表示，计算机网络中的数据传输速率一般指的是数据信号速率。

数据传输速率是指网络中节点之间单位时间内传输的数据量，一般用字节 / 秒（bps）来表示。数据传输速率反映了数据通信系统以及各种通信设备的总体性能。

调制速率反映了线路中每秒内状态变化的最大次数，用波特率（baud）来表示。

4. 带宽

带宽是通信系统的一个重要参数，带宽是由传输介质及有关设备和电路的特性决定的。在网络中，一般都使用带宽来描述其传输容量。在通信线路上传输模拟信号时，将通信线路允许通过的信号频带范围称为线路的带宽；传输数字信号时，带宽就等同于数字信道所能传输的最高数据率（比特率）。带宽的单位是比特 / 秒（bps），即通信线路上每秒钟所能传输的比特数。例如，以太网的带宽为 100 Mbps，意味着在这个线路上每秒钟能传输 100 Mb 数据。目前以太网的带宽有 100 Mbps、1000 Mbps、10 Gbps 等几种类型。

5. 数据传输技术

两台设备之间用传输介质建立了物理的传输通道（也称信道），利用传输通道传送信号必须要解决信号的传输方向。

数据通信方式分并行通信和串行通信两种。并行通信是指发送端同时把多位数据传输到接收端，传输的数据不需转换即可直接使用，其传输速率较高；串行通信通过一根通信线路将发送端的数据逐位按顺序传输到接收端，传输速率不高。

数据传输中可以采用多路复用技术来提高传输介质的使用效率，多路复用技术有频分多路复用、时分多路复用、统计时分多路复用、波分多路复用等。

6. 数据交换技术

计算机网络采用的数据交换技术分为三种，分别是线路交换、报文交换和分组交换。

线路交换技术是指通过网络中的节点在两个站之间建立一条专用的通信线路的电话系统，这种线路交换系统，在两个站之间有一个实际的物理连接，这种连接是节点之间的连接序列。在传输任何数据之间都必须建立点到点的线路。

报文交换技术这种交换方式不需要在两个站点之间建立一条专用通路，它是以报文为信息交换的一个单位进行发送，将接受报文的目的地址附加在报文上，每个节点接受到报文后，先暂存起来，根据目的地址和可用的通信线路，决定向下面哪一个节点发送数据出去，这样一站一站地传下去直到目的地。

分组交换技术是吸收线路交换和报文交换的特点而形成的一种方法，分组是一个固定长度的数据单（1000 b 至几千 bit），作为数据传输的基本单元，长的报文被分为几个固定长度的单元（分组）。

8.2.2 网络的分类

根据不同的分类标准，可以将计算机网络分为不同的类型。

1. 按照网络覆盖的地理范围来分

按照网络覆盖的地理范围来分，通常将计算机网络分为局域网（Local Area Network，LAN）、城域网（Metropolitan Area Network，MAN）、广域网（Wide Area Network，WAN）。

局域网通常限定在一个较小的区域之内，例如一幢大楼或一个建筑群，对 LAN 来说，一幢楼内传输媒介可选双绞线、同轴电缆，建筑群之间可选用光纤。

城域网覆盖的地理范围比局域网大，可遍及整个城市，有时又称都市网。WAN 主干通信线路一般选用光纤作为信息传输媒介，以满足 WAN 高速率、远距离传输的要求。

广域网覆盖的地理范围通常为几十到几千公里，可以跨越不同的城市甚至不同的国家，也称为远程网。Internet 可以看作世界上最大的广域网。

2. 按照网络传输媒体来分

按照网络传输媒体来分，可以将计算机网络分为有线网和无线网。所谓传输媒体是指信息传输的媒介，即信息传输的载体。

（1）有线网。有线网的传输媒体通常有双绞线、同轴电缆和光纤三种。

双绞线网是局域网中最常见的传输媒体，它价格便宜，安装方便，但易受干扰，数据传输率较低，传输距离较短。同轴电缆也是常见的一种传输媒体，它比较经济，安装方便，数据传输率和抗干扰能力一般，传输距离较短。光纤通常作为主干通信网的传输媒体，它传输距离长，数据传输率高，抗干扰能力强，不会受到电子监听设备的监听，是安全高效的传输介质。但光纤成本较高，且需专业安装人员和专业安装设备才能安装。

（2）无线网。无线网用电磁波作为载体来传输数据，目前无线网联网费用相对优先网而言较高，目前还不太普及。但因为其联网方式灵活方便，网络节点可以自由移动，是一种很有前途的联网方式。

在大型网络中一般同时采用多种传输媒体。

3．其他分类

按照网络的拓扑结构来分，可以将计算机网络划分为总线型网、星型网、环型网、树型网、不规则型网等。

按照网络的使用范围来分，可以将计算机网络分为公用网和专用网。公用网也称公众网，面向社会公众提供服务。如中国教育科研网，中国公用分组交换网等。专用网是某个单位为内部业务需要而建造的网络，专为本部门提供服务，如军事指挥网，气象监测网等。

按照信息传输使用的频带来分，计算机网络可以分为基带网（Baseband Network）和宽带网（Broadband Network）。基带传输的特点是：信道中传输的是数字信号，而且整个通道均被一路数字信号所占用。宽带传输的特点是：信道中传输的是模拟信号，信道可以通过频分多路复用的方式被多路信号共享。

按网络的交换方式可以分为电路交换网、报文交换网、分组交换网。

电路交换最早出现在电话系统中，早期的计算机网络也是采用这种方式来传输数据的。用户在开始传输数据之前，先要申请一条从发送端到接收端的物理通路，只有在这一物理通路建立好以后，双方才能进行通信，在通信过程中通信双方独占这一物理通路。

报文交换是一种数字化通信方式。当通信开始时，从信息发送端发出的报文被首先存储在中间节点的缓存中，中间节点根据报文的目的地址选择合适的路径转发报文，直到报文被转发到接收端。

分组交换也采用与报文交换类似的传输方式，但它不是以不定长的报文作传输的基本单位，而是将一个长的报文划分为许多个定长的报文分组，以分组作为传输的基本单位。这样不仅大大简化了对计算机存储器的管理，而且也加速了信息在网络中的传播速度。由于分组交换优于电路交换和报文交换，具有独特的优点，因此，它已成为计算机网络中数据传输的主要方式。

此外，按通信方式可以将网络分为点对点传输网络、广播式传输网络；按服务方式可以分为客户机/服务器网络、对等网等。

8.2.3　网络的拓扑结构

计算机网络的拓扑结构是指网络中的节点和通信链路连接后得到的几何形状。而节点是指连接到网络中的一个设备（如计算机、交换机等）。

（1）总线型网络：在总线型网络中，所有网络节点都连接在一条公共的通信线路上，这条公共的通信线路即为"总线"，其结构如图 8-1 所示。在总线型网络中，各个网络节点地位平等，公用总线上的信息从发送信息的节点开始向两端扩散，在总线上以广播方式发送，但只有与该信息携带的目标地址相符的节点才能真正接收这一信息。

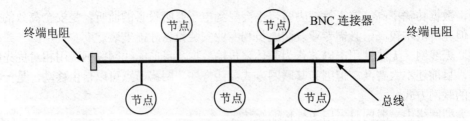

图 8-1 总线型拓扑结构

总线型结构具有如下优点：结构简单，扩充容易。当需要增加节点时，只需通过一个 BNC 连接器接入总线即可。另外，使用共享总线，线路成本低，信道利用率高。

总线型结构的缺点：系统实时性较差，延时不确定。由于所有用户均通过一条公共的总线，同一时刻只能有一个用户发送数据，其他用户必须获得发送权后才能发送数据；节点的个数有限制，节点个数太多会导致每个节点能够使用的有效带宽减少，并导致通信碰撞的产生，通信效率下降；对总线性能要求高，一旦总线出现故障，网络将无法正常工作。

（2）星型网络：在网络中有一个中心节点，此点称为网络的集线器（HUB），网络中的其他节点都通过一条单独的通信线路与中心节点相连，中心节点控制全网的通信，任何两个节点之间通信都要通过中心节点，因此该类网络又称之为集中式网络。星型网络的结构如图 8-2 所示。

星型结构的优点：结构简单，配置方便，便于集中控制；易于维护、安全可靠，单个结点发生故障只影响一个站点，不会影响全网，故障诊断和隔离比较容易。

星型结构的缺点：成本较高，因每个节点都要和中央节点直接连接，需要耗费大量的电缆，也增加了网络安装的工作量；中央节点的负荷较重，容易成为系统瓶颈；中央节点一旦损坏，整个系统便不能正常工作。

（3）环型网络：网络中的各个节点通过通信链路首尾相接形成一个闭合环路。数据在闭合环路上单向或双向传送。环型网络的结构如图 8-3 所示。

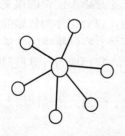
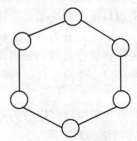

图 8-2 星型拓扑结构   图 8-3 环型拓扑结构

环型结构的优点：结构简单，传输迟延确定；信息沿环路传送，控制简单；所有节点共享环路，电缆长度短，成本较低。

环型结构的缺点：当环中节点过多时，会影响信息的传输速率，使网络响应时间延长；环路是封闭的，不便于扩充；此外，网络中任何一个节点的损坏都可能导致整个系统不能正常工作，可靠性低。

（4）树型网络：树形网络是一种层次结构的网络，最顶层是根节点，每个节点的下一层可以有多个子点，但每个节点只能有一个父点，整个网络看起来像一颗倒挂的树。树型网络结构如图 8-4 所示。

　　树型网络的优点：结构简单，成本较低；网络中节点扩展方便。

　　树型网络的缺点：网络中各节点对根节点的依赖性较强，如果根节点失效，会导致整个网络瘫痪。

　　（5）不规则型网络：在网络中节点的连接是任意的，没有任何规律。其结构如图 8-5 所示。

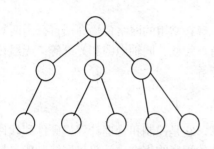

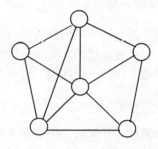

图 8-4　树型拓扑结构　　　　　　　　图 8-5　不规则型拓扑结构

　　以上介绍的是计算机网络拓扑的几种基本类型，在实际应用中也存在着由几种基本拓扑结构组成的混合拓扑结构。网络拓扑会因为网络设备、技术和成本的改变而有所变化。网络拓扑结构的选择要考虑诸多因素：网络既要易于安装，又要易于扩展，要具有较高的可靠性，要易于维护等。

8.2.4　计算机网络的组成

　　由于应用范围、应用目的不同，计算机网络的规模、结构和所采用的网络技术不尽相同。但总的来说，计算机网络由网络硬件和网络软件两部分组成。硬件是计算机网络的基础，主要包括计算机系统（主机、终端）、网络连接设备、传输介质和通信设备等。网络硬件的组合形式决定了计算机网络的类型。网络软件是实现网络功能不可缺少的软件环境，包括操作系统、软件协议等。

1.　计算机系统

　　计算机网络是为了连接计算机而问世的。计算机主要完成数据处理任务，为网络中的其他计算机提供共享资源。

　　网络中的计算机氛围服务器和网络工作站两类。

　　传统定义中的服务器也称为主机（Host），它是指网络系统的中心计算机（主计算机），可以是大型机、中型机、小型机、工作站或者微型机。这里所说的工作站（Workstation）是一种高档的微型计算机，通常配有高分辨率的大屏幕显示器及容量很大的内存储器和外部存储器，并且具有较强的信息处理功能和高性能的图形、图像处理功能。

　　网络工作站也称为网络终端（Terminal），它是通过网络接口卡连接到网络上的计算机，是用户访问网络的接口，包括显示器和键盘，其主要作用实现信息的输入输出——向服务器发送请求，从网络上接受传送给用户的数据。

2.　网络连接设备

　　网络连接设备主要用于互联计算机并完成计算机之间的数据通信，它负责控制数据的发送、接收或转发，包括信号转换、格式变换、传输路径选择、差错检测与恢复、通信管理与控制等。常用的网络传输设备有网络接口卡（NIC）、交换机（Switch）、网关（Gateway）、网桥（Bridge）、路由器（Router）等。此外，为了实现通信，网络中还经常使用其他一些类型的连接设备，例如，调制解调器（Modem）、ADSL、多路复用器（MUX）等。

3. 传输介质

传输介质是网络中信息传输的物理通道。现在常用的网络传输介质可分为两类：一类是有线的，一类是无线的。有线传输介质主要有双绞线、同轴电缆和光纤等；无线传输介质主要有红外线、微波、无线电、激光和卫星信道等。

4. 网络操作系统

操作系统是计算机系统最基本的系统软件，它是控制和管理计算机硬件和软件资源、合理地组织计算机操作流程、方便用户使用系统的程序的集合。计算机网络一般包括服务器、工作站、打印机、网桥、路由器、网关、共享软件、共享数据等多种设备和资源，对这些资源进行管理不是网络操作系统的任务。将所有进入网络的计算机硬件、软件等作为一个整体，在整个网络范围内实现各种资源的统一调度和管理，并为网络中的每一个用户提供统一的、透明的使用网络资源的手段，这样程序的集合就是网络操作系统。

目前，用得最广泛的网络操作系统主要有 Windows 系统、NetWare 系统、Linux 系统和 Unix 系统。

网络操作系统的功能主要包括设备共享、多用户文件管理、名字服务、控制网络安全、容错、多协议支持、用户界面、网络管理、网络互联、电子邮件服务、应用软件支持等。

5. 网络协议

计算机网络由许多互连的节点组成，互连的目的是要在节点之间实现数据通信和资源共享。网络中的各个节点之间要做到有条不紊地进行通信，就必须有一套通信管理机制使通信双方能够正确地发送和接收信息，并理解对方所传输的信息的含义。为此，必须就网络中的信息编码方法，数据分组格式，通信控制方式等制订一套统一的规则和约定。

为实现网络通信而制订的规则、约定或标准，就称为网络协议（Protocol）。

8.2.5　局域网技术

1. 局域网技术的发展

1972 年，美国加州大学研制了 Newhall 环网，又称 DCS 分布式计算机系统（Distributed Computer System）；1974 年，英国剑桥大学研制成剑桥环网（Cambridge Ring）；1975 年，美国 Xerox 公司研制成第一个总线型网络——以太网（Ethernet）。到了 20 世纪 80 年代，各种新型局域网技术相继推出，并且随着微型计算机的普及，局域网技术得到了迅速发展，在各行各业得到广泛应用。

计算机局域网（LAN）可以说是最小的网络单位。与广域网 WAN 相比，局域网技术之所以广受欢迎，是因为局域网成本低、建网快，而且应用广、使用方便，适合一个单位或部门组建小范围网络，可用于本单位或本部门的信息传递、资源共享，也可以满足单位内部管理信息系统建设的需要。

2. 局域网的分类

目前在局域网中常见的有以太网（Ethernet）、FDDI（光纤分布式数据接口）、异步传输模式网（ATM）、无线局域网（WLAN）等几类。

（1）以太网（EtherNet）。以太网是指符合 IEEE 802.3 标准的网络，它最早由 Xerox 公司提出，并于 1980 年由 Xerox、DEC 和 Intel 三家公司联合开发。以太网是目前应用最广的局域网，包括标准以太网（10 Mbps）、快速以太网（100 Mbps）、千兆以太网（1000 Mbps）和 10 Gbps 以太网。它们都符合 IEEE 802.3 系列标准规范。

（2）FDDI 网（Fiber Distributed Data Interface）。FDDI 的英文全称为"Fiber Distributed Data Interface"，中文名为"光纤分布式数据接口"。它是 20 世纪 80 年代中期发展起来一项局域网技术，它提供的高速数据通信能力要高于当时的以太网（10 Mbps）和令牌网（4 Mbps 或 16 Mbps）的能力。主要缺点是价格高，并且只支持光缆和 5 类电缆，所以使用环境受到限制，升级困难。

（3）ATM 网。ATM 的英文全称为"Asynchronous，Transfer Mode"，中文名为"异步传输模式"。是一种较新型的单元交换技术，它使用 53 字节固定长度的单元进行交换。没有共享介质或包传递带来的延时，非常适合音频和视频数据的传输。

（4）无线局域网（Wirress Local Area Network，WLAN）。无线局域网是目前较为热门的一种局域网。无线局域网与传统的局域网主要不同之处就是传输介质不同，它摆脱了有形传输介质的束缚，所以这种局域网的最大特点就是自由，只要在网络的覆盖范围内，可以在任何一个地方与服务器及其他工作站连接，而不需要铺设电缆。

3. 局域网的特点

局域网主要有以下几个特点。

（1）网络覆盖的地理范围小，通常分布在一座办公大楼或集中的建筑群内，涉及的范围一般只有几公里。

（2）通信速率高，目前局域网传输速率至少在 10Mbps 以上，一般为 100Mbps~1000Mbps，目前最高已达 10 Gbps。

（3）传输质量好，误码率低，通常低于 10^{-8}。

（4）多采用广播式通信。

（5）易于安装，配置和维护简单，造价低。

（6）可采用多种传输媒体，如双绞线，同轴电缆，光纤等。

4. 局域网硬件系统

组建局域网常用的硬件主要有以下几种。

（1）服务器。服务器通常是网络的核心（局域网也可以没有服务器，如对等网），它为整个局域网提供服务，所以服务器一般采用配置较高且品牌较好的计算机，以保证稳定可靠。如果资金允许，在比较重要的应用场合，最好采用专用的服务器，如图 8-6 所示。

（2）工作站。工作站实际上就是一台普通的 PC，任何微机都可以

图 8-6　服务器示意图

作为网络工作站，工作站连入网络后可以和网络通信，享受网络中服务器和其他工作站提供的服务。

（3）集线器。集线器又称 HUB，其外观如图 8-7 所示，它的主要功能是对接收到的信号进行再生整形放大，以扩大网络的传输距离，同时把所有节点集中在以它为中心的节点上。它工作于 OSI 参考模型第二层，即"数据链路层"。

集线器一般有一个 BNC 接口、一个 AUI 接口，用来连接同轴电缆，另有 4～48 个 RJ-45 接口，用来连接双绞线。

（4）交换机。局域网中使用的小型交换机外观和集线器类似，它与一般集线器的不同之处是，集线器将数据转发到所有的集线器端口，而交换机可将用户收到的数据包根据目的地址转发到特定的端口，这样可以帮助降低整个网络的数据传输量，提高效率。

（5）网卡。网卡也称网络适配器，如图 8-8 所示。网卡给计算机提供与通信网络相连的接口，计算机要连接到网络，就需要安装一块网卡。如果有必要，一台电脑也可以同时安装两块或多块网卡。

图 8-7　集线器示意图　　　　　　图 8-8　网卡示意图

每一块网卡都有一个唯一的编号，此编号称为 MAC（Media Access Control）地址，MAC 地址被记录在网卡的 ROM 中。网络中的计算机或其他设备借助 MAC 地址完成通信和信息交换。

网卡的类型较多，按网卡的总线接口类型来分，一般可分为 ISA 网卡、PCI 网卡、USB 接口网卡以及笔记本电脑使用的 PCMCIA 网卡。但 ISA 接口的网卡已基本淘汰。按网卡的带宽来分，主要有 10 Mbps 网卡、10 Mbps /100 Mbps 自适应网卡、1000 Mbps 以太网卡等三种，10 Mbps 网卡也已基本不用。按网卡提供的网络接口来分，主要有 RJ-45 接口、BNC 接口和 AUI 接口等。有的网卡提供了两种或多种类型的接口，如有的网卡同时提供 RJ-45 和 BNC 接口。此外还有无线接口的网卡等。

（6）其他硬件。除了上述硬件外，组成局域网所需的硬件还有，传输媒体 UPS 电源、网络连接配件（如 BNC 接头、T 形接头、RJ-45 接头、终端电阻）等，如图 8-9 所示。

　　BNC 接口　　　　　　　T 型接口　　　　　　　终端电阻　　　　　　　RJ-45 接头头

图 8-9　网络连接配件

局域网使用的传输媒体主要有双绞线、同轴电缆、光纤等，在局域网中使用的这三种传输媒体的外观如图 8-10 所示，其中使用最普遍的是双绞线，在没有中继的情况下，双绞线的最大传输距离一般不能超过 100 m。

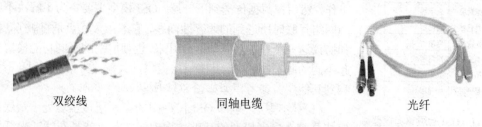

双绞线　　　　　　　　　同轴电缆　　　　　　　　　光纤

图 8-10　局域网中使用的传输媒体

5. 局域网软件

这里局域网软件主要是指局域使用的网络操作系统。局域网使用的网络操作系统有多种，如 Microsoft 公司的 Windows NT、Windows 2000、Windows 2003，Novell 公司的 Netware 网，3COM 公司的 3PLUS OPEN，IBM 公司的 LAN Manager，以及 Unix 和 Linux 等，目前应用最广的是 Windows，其次是 Linux。

8.3　Internet 概　述

8.3.1　Internet 技术及其组成

Internet 的中文名称是国际互联网或因特网，它由本地区和国际区域内的计算机网络组成，它们连接在一起用来交换数据和分布处理任务。

国际互联网可以用交通网络来理解，城市中各个单位和家庭，作为城市生活的基本元素，从事各自的工作；在 Internet 中的众多计算机，完成不同的功能。城市中的街道组成自己的交通系统，是整个城市进行交流的通路；Internet 中的局域网就像城市的交通系统，是计算机之间进行信息交流的通路。城市之间通过公路、铁路、航空、水路连接起来组成全球城际问的交通系统，实现跨越城市范围的交流；Internet 把世界上不同的局域网连接在一起，组成一个巨大的信息网络。

不同国家的交通规则不同，交通工具也各有差异，所以人们相互交往就要遵守统一的规则。Internet 是全球开放的、由众多计算机网络互联而成的，要实现信息的互联，也要有共同遵守的规则以及实现连接的物理设备和连接线路。从硬件角度来说，Internet 是建立在一组公共协议上的路由器和线路的物理集合，从软件上来说，是一组可共享的资源集。Internet 包括基于 TCP / IP 协议的网间网、使用和开发这些网络的用户，以及可以从网络上获得的资源集。

8.3.2*　Internet 的体系结构

1. OSI 网络体系结构

OSI（Open System Interconnect，开放式系统互联）是由国际标准组织（国际标准化组织）制订的模型。这个模型把网络通信的工作分为七层，分别是物理层，数据链路层，网络层，传输层，会话层，表示层和应用层。第一～四层被认为是低层，这些层与数据移动密切相关。第

第七层	应用层
第六层	表示层
第五层	会话层
第四层	传输层
第三层	网络层
第二层	数据链路层
第一层	物理层

图 8-11　OSI 七层参考模型

五～七层是高层，包含应用程序级的数据。每一层负责一项具体的工作，然后把数据传送到下一层。OSI 模型主要是为了解决不同类型网络互联时所遇到的兼容性问题，它的最大优点是将服务、接口和协议这三个概念明确地区分开来，也使网络的不同功能模块分担起不同的职责，并且当其中一层提供的某解决方案更新时，不会影响到其他层。参考模型如图 8-11 所示。

（1）物理层。也即 OSI 模型中的第一层，虽然处于最底层，但却是整个参考模型的基础。物理层实际上就是布线、光纤、网卡和其他用来把两台或多台网络通信设备连接在一起的设备。物理层定义了通信网络之间物理链路的电气或机械特性，以及激活、维护和关闭这条链路的各项操作。物理层为设备之间的数据通信提供传输媒体及互联设备，为数据传输提供可靠的环境。物理层特征参数包括电压、比特率、最大传输距离、物理连接介质等。

（2）数据链路层。数据链路层的特征参数包括物理地址、网络拓扑结构、错误警告机制、所传数据帧的排序等。数据链路可以粗略地理解为数据通道，实际的物理链路是不可靠的，在其上传输的数据难免受到各种不可靠因素的影响而产生差错，为了弥补物理层上的不足，为上层提供无差错的数据传输，要能对数据进行检错和纠错，这就是数据链路层的功能，它通过一定的手段（比如将数据分成更小长度的帧，以数据帧为单位进行传输）将有差错的物理链路转化成没有错误的数据链路。

（3）网络层。在计算机网络中进行通信的两个计算机之间可能会经过很多个数据链路，也可能还要经过很多通信子网。网络层的任务就是选择合适的网间路由和交换节点，确保数据及时传送。网络层将数据链路层提供的帧组成数据包，包中封装有网络层包头，其中含有逻辑地址信息、源站点和目的站点地址的网络地址。

如果谈论一个 IP 地址，那么是在处理第三层的问题，这是"数据包"问题，而不是第二层的"帧"。IP 是第三层问题的一部分，此外还有一些路由协议和地址解析协议（ARP）。有关路由的一切事情都在第三层处理。地址解析和路由是第三层的重要目的。

（4）处理信息的传输层。第四层的数据单元也称作数据包（Packets）。但是，当谈论 TCP 等具体的协议时又有特殊的叫法，TCP 的数据单元称为段（Segments），而 UDP 协议的数据单元称为"数据报（Datagrams）"。这个层负责获取全部信息，因此，它必须跟踪数据单元碎片、乱序到达的数据包和其他在传输过程中可能发生的危险。第四层提供端对端的通信管理。

传输层的服务一般要经历传输连接建立阶段、数据传送阶段、传输连接释放阶段这 3 个阶段才算完成一个完整的服务过程，而在数据传送阶段分为一般数据传送和加速数据传送两种。传输层的功能主要包括流控、多路技术、虚电路管理和纠错及恢复等。

（5）会话层。这一层也可以称为会晤层或对话层，在会话层及以上的高层次中，数据传送的单位不再另外命名，统称为报文。会话层不参与具体的传输，它提供包括访问验证和会话管理在内的建立和维护应用之间通信的机制，如服务器验证用户登录便是由会话层完成的。

（6）表示层。这一层主要解决用户信息的语法表示问题。它将欲交换的数据从适合于某一用户的抽象语法，转换为适合于 OSI 系统内部使用的传送语法，即提供格式化的表示和转换数据服务。数据的压缩和解压缩，加密和解密等工作都由表示层负责。

（7）应用层。第七层也称作"应用层"，它是 OSI 的最高层，也是唯一面向用户的层，它向用户应用程序提供服务，这些服务按其向应用程序提供的特件分成组，并称为服务元素。

应用层确定进程之间通信的性质以满足用户需要以及提供网络与用户应用软件之间的接口服务，如果程序需要一种具体格式的数据，可以创建一些希望能够把数据发送到目的地的格式，并且创建一个第七层协议。SMTP、DNS 和 FTP 都是第七层协议。

2. TCP/IP 整体构架

虽然 OSI 体系结构成为全球范围内的标准，但由于种种原因 OSI 并没有在实际中应用。1982 年诞生了另外一种体系结构，这种体系结构被广泛使用，成为事实上的工业标准，这就是 TCP/IP 体系结构。

TCP/IP 协议并不完全符合 OSI 的七层参考模型，它采用了 4 层的层级结构，每一层都呼叫它的下一层所提供的网络来完成自己的需求。

（1）应用层：应用程序间沟通的层，如简单电子邮件传输（SMTP）、文件传输协议（FTP）、网络远程访问协议（Telnet）等。

（2）传输层：在此层中，它提供了节点间的数据传送服务，如传输控制协议（TCP）、用户数据报协议（UDP）等，TCP 和 UDP 给数据包加入传输数据并把它传输到下一层中，这一层负责传送数据，并且确定数据已被送达并接收。

（3）互连网络层：负责提供基本的数据封包传送功能，让每一块数据包都能够到达目的主机（但不检查是否被正确接收），如网际协议（IP）。

（4）网络接口层：对实际的网络媒体的管理，定义如何使用实际网络（如 Ethernet、Serial Line 等）来传送数据。

3. Internet 的通信协议

在目前的 Internet 时代，也许大家听得最多，用得最多还是 TCP/IP 协议，在很大程度上，似乎它就是协议的代名字，甚至有人认为，只要装上 TCP/IP 协议就一定能实现成功连网，其实不然，针对不同的网络类型，必须安装不同的网络通信协议。

目前常见的通信协议主要有：NetBEUI、IPX/SPX、NWLink、TCP/IP，在这几种协议中用得最多、最为复杂的当然还是 TCP/IP 协议，最为简单的是 NetBEUI 协议，不需要任何设置即可成功配置。

（1）NetBEUI 协议

NetBEUI（NetBIOS Extend User Interface，用户扩展接口）协议是由 IBM 公司于 1985 年开发的，它是一种体积小、效率高、速度快的通信协议，同时也是微软最为喜爱的一种协议。NetBEUI 主要适用于早期的微软操作系统，如 DOS、LAN Manager、Windows3.x 和 Windows for Workgroup，但微软在当今流行的 Windows 9X 和 Windows NT 中仍把它视为固有默认协议，而且在有的操作系统中连网还是必不可少的，如在用 WIN9X 和 WINME 组网进入 NT 网络时一定不能仅用 TCP/IP 协议，还必需加上"NetBEUI"协议，否则就无法实现网络连通。

因为 NetBEUI 出现的比较早，也就有它的局限性，NetBEUI 是专门为几台到几百台机器所组成的单段网络而设计的，它不具有跨网段工作的能力，也就是说它不具有"路由"功能。

（2）IPX/SPX 协议

IPX/SPX（Internetwork Packet Exchange/Sequences Packet Exchange，网际包交换/顺序包交换）协议是 NOVELL 公司为了适应网络的发展而开发的通信协议，它的体积比较大，但在复杂环境下有很强的适应性，同时也具有"路由"功能，能实现多网段间的跨段通信。

　　IPX/SPX 的工作方式较简单，不需要任何配置，它可通过"网络地址"来识别自己的身份。在整个协议中 IPX 是 NetWare 最底层的协议，它只负责数据在网络中的移动，并不保证数据传输是否成功，而 SPX 在协议中负责对整个传输的数据进行无差错处理。在 Windows 2000/ XP 中提供了两个 IPX/SPX 的兼容协议：NWLink IPX/SPX 兼容协议、NWLink NetBIOS，两者统称为 NWLink 通信协议，它继承了 IPX/SPX 协议的优点，更适应了微软的操作系统和网络环境，当需要利用 Windows 系统进入 NetWare 服务器时，NWLink 通信协议是最好的选择。

　　（3）TCP/IP 协议

　　TCP/IP（Transmission Control Protocol /Internet Protocol，传输控制协议/网际协议）协议是微软公司为了适应不断发展的网络，实现自己主流操作系统与其他系统间不同网络的互联而收购开发的，它是目前最常用的一种协议（包括 Internet），也可算是网络通信协议的一种通信标准协议，同时它也是最复杂、最为庞大的一种协议。TCP/IP 协议最早用于 UNIX 系统中，现在是 Internet 的基础协议。

　　TCP/IP 通信协议具有很灵活性，支持任意规模的网络，几乎可连接所有的服务器和工作站，正是因为它的灵活性同时也带来了它的复杂性，它需要针对不同网络进行不同设置，且每个节点至少需要一个"IP 地址"、一个"子网掩码"、一个"默认网关"和一个"主机名"。但是在局域网中微软为了简化 TCP/IP 协议的设置，在 Windows 2000/XP 中配置了一个动态主机配置协议（DHCP），它可客户端自动分配一个 IP 地址，避免了出错。

　　TCP/IP 通信协议当然也有"路由"功能，它的地址是分级的，不同于 IPX/SPX 协议，这样系统就很容易找到网上的用户，IPX/SPX 协议用的是一种广播协议，它经常会出现广播包堵塞，无法获得最佳网络带宽。但特别要注意的一点就是，在用 Windows 9X 和 Windows ME 组网进入 Windows 2000/XP 网络时一定不能仅用 TCP/IP 协议，还必需加上"NetBEUI"协议，否则就无法实现网络连通。

8.3.3　Internet 的工作方式

1. 通信方式

　　Internet 采用分组交换技术作为通信方式，这种通信方式是把数据分割成一定大小的数据包进行传输的。为了便于不同的局域网之间进行通信，Internet 在网络之间通过路由器将不同的网络进行连接。路由器的作用就像邮政系统的邮件分拣局，把来自不同地点的信件分别按其目的地的地址发向下一个分拣局。每个邮件分拣局只需知道哪一条邮政线路可以用来完成信件传输任务，而且距离目的地路径最短就可以了。

2. Internet 中的地址

　　（1）MAC 地址

　　① MAC 地址的概念

　　每个网卡都有一个固有的 MAC 地址，也称为物理地址，而且这一地址在整个因特网上是唯一的，所以网卡的 MAC 地址相当于网卡在网络中的身份证号。MAC 地址在计算机中用一个 48 位的二进制数来表示，即一个 MAC 地址长度为 6 个字节，通常以 8 位为一组分成 6 组，每一组用一个 2 位的 16 进制数来表示，组与组之间用"-"隔开。如 00-E0-4C-60-87-6C 就是一个 MAC 地址。

② MAC 地址的应用

在网络通信时，底层物理传输是通过物理地址来识别主机的，所以 MAC 地址是网络节点的底层身份标识，是网络中传输数据时真正赖以识别发出数据的主机和接收数据的主机的地址。

MAC 地址在网络管理中也经常用到，如网络中心可以通过 MAC 地址与 IP 地址绑定防止有人盗用别人的 IP 地址。对于某些三层设备还可以提供交换机端口/IP 地址/MAC 地址三者的绑定，以防止修改 MAC 地址的 IP 盗用。一般绑定 MAC 地址都是在交换机和路由器上配置的，只有网管人员才能做到，对于一般用户来说，只要了解绑定的作用即可。

③ MAC 地址的查看方法

可以这样获取网卡的 MAC 地址：在 Windows 2000/XP 中，依次单击"开始"→"运行"→输入"CMD"→回车，进入 MS DOS 状态（命令提示符状态），然后在 MS DOS 状态下输入"IPconfig /all"，即可看到 MAC 地址，如图 8-12 所示。

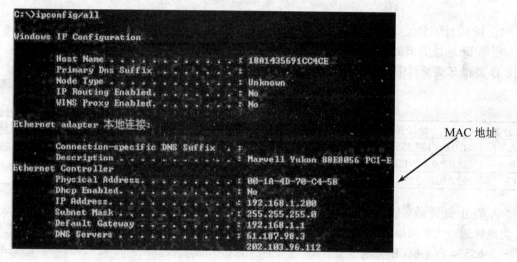

MAC 地址

图 8-12　网卡 MAC 地址的检测

（2）IP 地址

① IP 地址的概念

IP 地址是用来唯一标识某一个网络接口的 32 位二进制数（在 IPv6 中为 128 位），与 MAC 地址不同，它是一个网络层地址。

通过 Internet 发送数据包时，数据包中包含有源主机的 IP 地址和目标主机的 IP 地址，在 Internet 转发数据包的过程中，正是根据源节点、目标节点 IP 地址知道数据包来自何方，发往何处。所以，一个 IP 地址不能同时分配给两个不同的网络节点，即因特网节点的 IP 地址在整个因特网中不能重复，否则，将引起通信混乱。这一点就像一个电话号码不能同时分配给两部不同的电话一样。

但是，一个网络节点可以有多个 IP 地址。如网络中的某一台主机安装了两块网卡，则该主机的每块网卡都可以有一个不同的 IP 地址。另外，某些网络接入设备（如路由器）的每一个网络接口都有一个不同的 IP 地址。

应当指出，当一个网络不直接与因特网相连时，只要保证在本地子网中地址不重复，可以自由分配由国际因特网地址分配委员会（Internet Assigned Numbers Authority，IANA）保留的私有 IP 地址。例如，可以在某一个部门的内部网络中自由使用 192.168.0.1～192.168.0.254

之间的 IP 地址。

IP 地址可以分成网络号和主机号两部分，其中网络号用来区分位于不同地理位置的网络，而主机号则用来区分位于同一网络中的不同网络节点，如图 8-13 所示。

IP 地址用二进制书写很不方便，故 32 位 IP 地址以 8 位为一组分成 4 组，每一组用一个十进制数表示，组与组之间用小数点隔开，如 IP 地址 11001010，11000101，01000000，00000010，可以表示为 202.197.64.2。

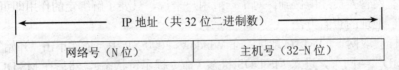

图 8-13　IP 地址的结构

② IP 地址的分类

根据 IP 地址的前面几位二进制数的不同可以将 IP 地址分成 5 大类：即 A 类、B 类、C 类、D 类和 E 类，其中 A、B、C 三类是最为常用的 IP 地址，详细情况见表 8-1。

表 8-1　IP 地址范围及网络号和主机号长度

分类	地址范围	最高位数字	网络号长度	主机号长度	能容纳的最多主机数目
A	0.0.0.0～127.255.255.255	0	8 位	24 位	$2^{24}-2=16777214$
B	128.0.0.0～191.255.255.255	10	16 位	16 位	$2^{14}-2=16382$
C	192.0.0.0～223.255.255.255	110	24 位	8 位	$2^8-2=254$

A 类 IP 地址最多能有 $2^7-2=126$ 个网络，每个网络最多能有 $2^{24}-2=16777214$ 台主机，A 类地址适合大型网络使用；B 类 IP 地址最多能有 $2^{14}-2=16382$ 个网络，每个网络最多能有 $2^{16}-2=65534$ 台主机，B 类地址适合中型网络使用；C 类地址最多能有 $2^{21}-2=2097150$ 个网络，C 类地址适合小型网络使用。

D 类地址的最高位为"1110"，剩下的 28 位为组播地址，每个组播地址实际上代表一组特定的主机。组播地址只能作为 IP 数据包的目的地址，表示该数据包要发送给一组接收者，而不能把它分配给某台具体的主机，网络组播地址可用于组播应用，如视频会议、新闻讨论组等。E 类地址的最高位为"11110"，这类地址保留未用。

除了上面介绍的 IP 地址外，还有一些特殊的 IP 地址，如表 8-2 所示。

表 8-2　特殊的 IP 地址

网络号	主机号	含　义
0	主机号	在本网络中的某个主机
全 1	全 1	在本网络上进行广播
网络号	全 0	表示一个网络
网络号	全 1	对网络号标明的网络中所有主机进行广播
127	任何数	用作本地软件回送测试

③ 子网掩码

子网掩码也是一个 32 位的模式，它的作用是识别子网和判别主机属于哪一个网络。当主机之间通信时，通过子网掩码与 IP 地址的逻辑与运算，可分离出网络地址，达到上述目的。

设置子网掩码的规则是：凡 IP 地址中表示网络地址部分的那些位，在子网掩码对应位上置 1，表示主机地址部分的那些位设置为 0。

例如，中国教育科研网的地址 210.43.248.243，属于 C 类，其网络地址共 3 字节，故它默认的子网掩码是 255.255.255.0。显然，A 类网络地址共有 1 个字节，故默认的子网掩码应是 255.0.0.0，B 类网络地址共有 2 字节，故默认的子网掩码是 255.255.0.0。

在 Windows 的网络属性对话框中可对局域网上的主机设置子网掩码，通常情况下指定静态 IP 地址的主机需要设置子网掩码。

一般拨号上网的计算机采用动态 IP 地址。作为供他人访问的计算机需指定静态 IP 地址。在局域网内的计算机通常也分配静态 IP 地址，便于网络管理。

④ IP 地址的查看

在 Windows 2000/XP 中，依次单击"开始"→"运行"→输入"CMD"→回车，进入 MS DOS 状态（命令提示符状态），然后在 MS DOS 状态下输入 ipconfig，即可看到 IP 地址的设置情况，如图 8-14 所示。

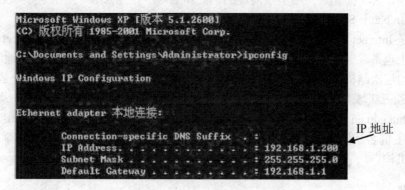

图 8-14　查看网卡的 IP 地址

3．IPv6 地址及其表示方法

（1）IPv6 地址及其种类

当前广为使用的 IP 协议称为 IPv4，而 IPv6 是下一代因特网中使用的 IP 地址，它由 128 位二进制数组成。IPv6 地址可分为单播地址、组播地址、选播地址三大类。

① 单播地址（Unicast Address）：IPv6 单播地址是分配给单个网络接口的 IP 地址。发给单播地址的数据包将被网络最终转发到由该地址标识的网络接口上。

② 组播地址（Multicast Address）：IPv6 中组播地址的作用与 IPv4 中的组播地址的作用类似，是分配给多个网络接口的 IP 地址，适用于 one-to-one-of-many 的通信场合，接收方为多个网络接口。发给组播地址的数据包将被网络转发到该地址标识的所有网络接口上。此外，IPv6 协议中不再定义广播地址，其功能可由组播地址来替代。

③ 选播地址（Anycast Address）：也是分配给多个网络接口的 IP 地址，但与组播地址不同的是，发给选播地址的数据包将被网络转发到该地址标识的、距发送数据包的源节点最近的一个网络接口上。所以选播地址适用于 one-to-one-of-many 的通信场合，接收方是一组网络接口中的任意一个。

（2）IPv6 地址的表示方法

IPv6 的地址有基本表示、简略表示、混合表示等三种表示形式。

① 基本表示形式：128 位 IPv6 地址以 16 位为一组分成 8 组，每一组用 4 位 16 进制数表示，组与组之间用"："隔开。如 FACB:BA66:0:0:0:0:9621:A8BC。

② 简略表示形式：与基本表示形式类似，但若连续有几组（16 位为一组）地址为全"0"，则这几组地址用符号"::"表示。如上面提到的 IP 地址用简略表示形式可表示为 FACB:BA66::9621:A8BC。再如 IP 地址 0:0:0:0:0:0:0:1，用简略表示形式可以表示为::1。

③ 混合表示形式：128 位 IPv6 地址的高 96 位用 IPv6 的基本表示形式或简略表示形式表示，而低 32 位则用 IPv4 的形式表示。例如，0:0:0:0:0:0:166.18.16.2 或::166.18.16.2。

8.3.4　域名服务系统

1. 域名的概念

虽然 TCP/IP 协议用 IP 地址可以定位和连接网络节点，但由于 IP 地址是一串抽象的、容易记错的数字，为了简化对网络节点地址的记忆和书写，在 Internet 上引进了域名服务系统 DNS（Domain Name System）。

域名就是 Internet 上主机的名字，一般用英文字母和数字来表示，如 www.cctv.com。域名在因特网上也是唯一的，不允许出现重复，且每个主机的域名与其获得的 IP 地址相对应。

域名采用层次结构，每一层构成一个子域名，子域名之间用圆点隔开，其一般形式为：

四级域名.三级域名.二级域名.顶级域名　　（注：域名可能多于也可能少于 4 级）

如 mail.hut.edu.cn 就是一个域名，它包含 4 个子域名"mail"、"hut"、"edu"、"cn"，其中 mail 是主机名，表示这一主机是一台邮件服务器，"hut"表示"湖南工业大学"，"edu"表示"教育机构"，"cn"为顶级域名，表示"中国"。再如 www.163.com，www.mit.edu 都是 Internet 域名。

顶级域名通常按机构和区域划分，按机构划分的顶级域名见表 8-3。

表 8-3　按机构划分的顶级域名

com（商业机构）	firm（企业和公司）
net（网络服务机构）	store（商业企业）
gov（政府机构）	web（与 WEB 相关实体）
mil（军事机构）	arts（文化娱乐实体）
org（非盈利组织）	rec（休闲娱乐业实体）
edu（教育部门）	info（信息服务实体）
int（国际机构）	nom（个人活动）

我国在 cn 顶级域名下的二级域名按两种方式划分，即类别域名和地理域名。

类别域名有 6 个，依照申请机构的性质依次分为：ac——科研机构；com——商业企业；edu——教育机构；gov——政府部门；net——网络服务；org——非盈利性组织。地理域名按照我国的各个行政区来划分，如湖南的地理域名为 HN。

2. 域名的分配

在 DNS 中，国际顶级域名由国际网络信息中心 NIC 来定义和分配。中国互联网信息中心 CNNIC 负责中国顶级域名的管理。在我国，申请国内二级域名需向 CNNIC（中国互联网信息中心）提交申请，其域名形式是在域名的最后用 ".cn" 来表示中国。也可以通过本地的网络管理机构进行申请，还可以在网上通过代理机构在线申请域名。

3. 域名解析

域名解析就是主机域名到对应的 IP 地址的转换过程，域名解析工作由 DNS 服务器来完成。

在浏览器的地址栏键入某个主机的域名后，这个信息将被转发到提供此域名解析的服务器上，再将此域名解析为相应的 IP 地址。

域名解析的过程是：当一台机器 a 向域名服务器 A 发出域名解析请求时，如果 A 可以解析，则将解析结果发给 a，否则 A 将向其上级域名服务器 B 发出解析请求，如果 B 能解析，则将解析结果发给 a，如果 B 也无法解析，则将请求发给再上一级域名服务器 C，直到找到解析结果为止。

8.4　Internet 信息服务

8.4.1　Internet 信息服务概述

计算机网络的主要作用就是资源共享，资源共享方式的不同也就代表着不同网络信息服务方式。传统的 Internet 服务有电子邮件、文件传输、远程登录等。20 世纪 90 年代之后兴起了以超文本方式组织多媒体信息的万维网（WWW）信息服务，并迅速成为网络上的一个主要应用。

随着多媒体技术的兴起，网络多媒体也逐渐成为一个应用热点，利用该服务人们可以在网上聊天、看电影、听音乐等。

8.4.2　WWW 及其工作方式

WWW 是 World Wide Web（环球信息网）的缩写，也可以简称为 Web，中文名字为"万维网"。WWW 创建者伯纳斯•李，在他 1991 年 8 月 6 日创建的第一个网址中解释了万维网的工作原理等内容，他也因此被《时代》杂志评价为 20 世纪最重要的 100 位人物之一。

WWW 是一张附着在 Internet 上的覆盖全球的信息"蜘蛛网"，镶嵌着无数以超文本形式存在的信息，其中有璀璨的明珠，当然也有腐臭的垃圾。WWW 是当前 Internet 上最受欢迎、最为流行、最新的信息检索服务系统，它把 Internet 上现有资源统统连接起来，使用户能在 Internet 上已经建立了 WWW 服务器的所有站点提供超文本媒体资源文档，这是因为，WWW 能把各种类型的信息（静止图像、文本声音和音像）无缝的集成起来。WWW 不仅提供了图形界面的快速信息查找，还可以通过同样的图形界面（GUI）与 Internet 的其他服务器对接。

1. WWW 的起源

自 20 世纪 40 年代以来人们就梦想能拥有一个世界性的信息库，在这个数据库中数据不仅能被全球的人们存取，而且应该能轻松地链接其他地方的信息，以便用户可以方便快捷地获得重要的信息，它引发了第五次信息革命。

1945 年 8 月份 Vannevar Bush 在 Atlantic Monthly 杂志上发表了一篇题为"正如我们所想到的"的文章，从那时起，关于文档信息的电子化链接的念头就一直萦绕在计算机工作者、信息科学家们的脑海中。

正是 Bush 把此种想法与电子技术联系在了一起，Bush 关于如何组织和使用信息的基本思想即为今天我们所看到的 WWW 和超文本的雏形。

超文本（Hypertext）这个术语是 Ted Nelson 于 1965 年首创的，它通常是指不局限于线性方式的文本。也就是说，超文本文档的部分甚至全部也许都是线性的，但也可能都是非线性的。超文本通过链接或引用其他文本的方式突破了线性方式的局限性。超文本是超媒体的一个子集，超媒体是指这样一种媒体（文本、图片、声音、视频录像等），它与其他媒体以非线性方式链接而成。

2. HTML 的产生和 WWW 的发行

1989 年 3 月，在欧洲粒子物理研究所，即 CERN，Tim Berners-Lee 提出一项计划，目的是使科学家们能很容易地翻阅同行们的文章。此项计划的后期目标是使科学家们能在服务器上创建新的文档。为了支持此计划，Tim 创建了一种新的语言来传输和呈现超文本文档。这种语言就是超文本标注语言（Hyper text Markup Language，HTML），它是标准通用标注语言（Standard Generalized Markup Language，SGML）的一个子集。SGML 早已被证明是开放式的语言。

用于操纵 HTML 和其他 WWW 文档的协议称为超文本传输协议（Hypertext Transfer Protocol，HTTP）。遵照 Internet 的习惯，几乎所有协议的名称都以 TP 结尾。而相应的服务器则称为超文本传输协议守护进程（HyperText Transfer Protocol Daemon，HTTPD）。

3. WWW 的工作方式

WWW 是一种客户机/服务器技术，其服务器称为 WWW 服务器（或 Web 服务器），客户机称为浏览器（Brower）。WWW 服务器和浏览器之间通过 HTTP 协议传递信息，信息以 HTML 格式编写，浏览器把 HTML 信息显示在用户屏幕上。

Web 服务器的任务是接收和响应客户端（浏览器）发来的服务请求。Web 服务器收到浏览器发来的服务请求后，通过分析和认证，确定是合法请求后，找到（或生成）要传送的文件，然后将其回送给发出请求的 Web 浏览器。常用的服务器软件有：Netscape 的 Web 服务器，微软的 Internet Information Server（IIS），Apache Web 服务器等。

浏览器通过 Internet 与服务器进行通信，浏览器生成并向 Web 服务器发出服务请求，并且负责将服务器返回的结果呈现给用户。常用的浏览器有：微软的 Interent Explorer（IE）、Netscape 的 Navigator 等。

4. 统一资源定位符

HTTP 使用了统一资源定位器（Uniform Resource Locator，URL）这一概念，简单地说，URL 就是文档在环球信息网上的"地址"。URL 用于标识 Ineternet 或者与 Internet 相连的主机上的任何可用的数据对象。

在 URL 概念背后有一个基本思想，即提供一定信息条件下，应能在 Internet 上的任何一台机器上访问任何可用的公共数据。这些一定的信息由以下的 URL 基本部分组成。

URL 通常包括三个部分，其一般格式为：<协议>://<主机>/<路径>

第一部分是协议（又称为服务方式，或访问方式），如 http，ftp 等。

第二部分是主机，即存放该资源的主机 IP 地址（有时还包括端口号），实际上一般用域名表示。

第三部分是资源在该主机的具体路径，即目录和文件名。

第一部分和第二部分之间用符号"://"隔开，第二部分和第三部分用符号"/"隔开，第三部分有时可以省略。

例如，想要访问南京理工大学的 Web 站点，其 URL 为：http://www.njust.edu.cn，即省略了端口号以及第三部分的"/"。

再如，http://www.hut.edu.cn/cn/index.asp 这一 URL 中，指出访问协议是 http，主机为 www.hut.edu.cn，路径为/cn/index.asp（cn 文件夹下的 index.asp 文件），http 协议默认的端口号是 80，通常可以省略。

用户使用 URL 不仅能访问 Web 页面和 FTP 站点，而且还能够通过 URL 使用其他 Internet 应用程序，如 Telnet、News、E-Mail 等，而且用户在使用这些应用程序时，只需使用 Web 浏览器即可。

8.4.3　浏览器

1．浏览器概述

浏览器是一个在计算机上阅读网页的应用程序，用于显示服务器或档案系统内的文件，并让用户与这些文件互动的一种软件。用户只要在客户端计算机上用鼠标或键盘通过浏览器向服务器发送请求，WWW 服务器即按照超链接提供的线索，为用户寻找有关信息，并将结果返回到客户端的浏览器显示给用户。

浏览器用来显示在万维网或局域网络等内的文字、影像及其他资讯。这些文字或影像，可以是连接其他网址的超链接，用户可迅速及轻易地浏览各种资讯。网页一般是 HTML 的格式。个人电脑上常见的网页浏览器包括微软的 Internet Explorer、Opera、Mozilla 的 Firefox、Maxthon、MagicMaster（M2）等。浏览器是最经常使用到的客户端程序。

网页浏览器主要通过 HTTP 协议与网页服务器交互并获取网页，这些网页由 URL 指定，文件格式通常为 HTML，并由 MIME 在 HTTP 协议中指明。一个网页中可以包括多个文档，每个文档都是分别从服务器获取的。大部分的浏览器本身支持除了 HTML 之外的广泛格式，例如 JPEG、PNG、GIF 等图像格式，并且能够扩展支持众多的插件（plug-ins）。另外，许多浏览器还支持其他的 URL 类型及其相应的协议，如 FTP、Gopher、HTTPS（HTTP 协议的加密版本）。HTTP 内容类型和 URL 协议规范允许网页设计者在网页中嵌入图像、动画、视频、声音、流媒体等。

2．Internet Explorer 的使用

由微软公司开发的 Internet Explorer（IE）是目前使用最广的一种 WWW 浏览器，是访问 Internet 的重要工具。IE 集成在 Windows 操作系统中，目前其最高版本为 8.0。

双击桌面上的"Internet Explorer"图标即可打开 IE 浏览器，IE 的用户界面如图 8-15 所示。用户界面可以分成标题行、菜单行、工具栏、地址栏、状态行、网页显示区等部分。

（1）浏览网页。在 IE 的地址栏输入某一网站的 URL 即可以访问该网站，例如，在地址栏输入 http://www.hut.edu.cn，即可以打开湖南工业大学的首页，如图 8-15 所示。再如，在地址栏输入 http://www.sina.com.cn，即可以打开新浪网网站的首页。

图 8-15　IE 的用户界面

（2）网页的收藏。经常使用的网页和较重要的网页的 URL 可以添加到收藏夹中，下次要访问这些网址时，只要从收藏夹中单击对应的链接即可，从而加快操作速度。

具体操作方法是：单击"收藏"菜单中的"添加到收藏夹"命令，或者在当前正在访问的网页上按鼠标右键，将打开一个弹出式菜单，单击菜单中的"添加到收藏夹"命令，可以将该网页的 URL 保存在收藏夹中，如图 8-16 所示。

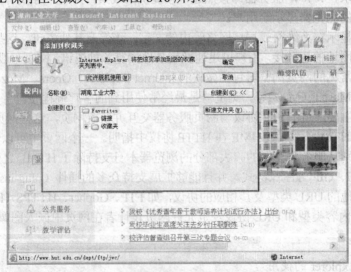

图 8-16　网页的收藏

（3）网页及图片的下载

如果希望保存当前浏览的网页的全部内容，可以选择"文件"→"另存为"菜单命令，然后选择保存路径，即可将网页内容保存到本机的指定路径下（但网页中的 FLASH 动画等特殊对象不能用这种方法下载）。

如果希望将网页中的图片对象下载到本地，可以在该图片上按鼠标右键，在随后打开的弹出式菜单中单击"图片另存为"命令，然后再选择保存路径即可。

如果希望下载网页中某一超链接指向的对象（如文件，网页等），则可以在该超链接上按鼠标右键，在随后打开的弹出式菜单中单击"目标另存为"命令，然后再选择保存路径即可。

为了加快下载速度，可以下载并安装专用的下载软件，如网际快车（FlashGet），迅雷，QQ 超级旋风等。

（4）"工具"菜单的"Internet 选项"

"Internet 选项"的功能是设置 IE 的主要属性，它的界面由"常规"、"安全"、"隐私"、"内容"、"连接"、"程序"、"高级"等 7 个选项卡组成。

① "常规"选项卡主要进行 IE 的常规设置。在"主页"栏的"地址"文本框处，可以设置打开浏览器时默认的 URL 地址。如图 8-17 所示，输入地址 http://www.hut.edu.cn，那么每当打开一个 IE 时，则首先去访问湖南工业大学网站 http://www.hut.edu.cn。

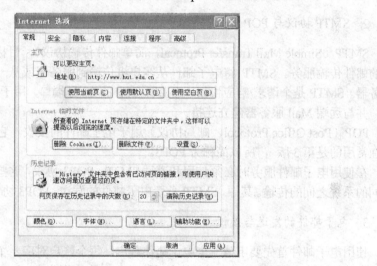

图 8-17　Internet 选项

② "安全"选项卡主要是对 IE 访问网络时可能出现的安全性问题进行宏观上的设置，为不同的 WEB 内容设置不同的安全级别。

③ "连接"选项卡的主要功能是设置打开 IE 时通过何种方式访问 Internet。如拨号上网，通过局域网上网等。

④ "程序"选项卡的主要功能是指定用每个 Internet 服务的程序。如 HTML 编辑器采用 Frontpage2003，电子邮件采用 Outlook Express 等。

⑤ "高级"选项卡的主要功能是对 IE 详细的设置，一般情况下不要进行任何设置，选择默认设置即可。

8.4.4　电子邮件

电子邮件即通常所说的 E-mail（Electronic Mail），与传统邮件相比，电子邮件简单、方便、快速、费用低，可以通过网络在几秒钟内将邮件发送到世界上任何地方，并且通过电子邮件可以传递文字、图像、声音等各种信息，是一种高效的、现代化的交流方式，因此电子邮件成为 Internet 中应用最广、最受欢迎的服务之一。

1. 电子邮件系统的结构

电子邮件服务也是一种客户机/服务器系统，客户端软件用于处理信件，如信件写作、编辑、读取管理等。这种客户端软件称为用户代理（User Agent，UA），常用的电子邮件客户端软件有 Outlook Express、Foxmail 等。服务器软件用来发送、接收或存储、转发电子邮件，它将邮件从发送端传送到接收端。服务器软件称为报文传输代理（Message Transfer Agent，MTA），常用的邮件服务器软件有 Exchang Server、Lotus Domino，Foxmail Server 等。

MTA 一般运行在专用的邮件服务器上，MTA 为每个用户开设一个电子邮箱以保存到来的邮件报文。MTA 接收到 UA 提交给它的发送邮件请求后，首先根据 E-mail 地址与接收客户邮箱所在的 MTA 建立 TCP 连接，然后将邮件传送给接收方的 MTA。MTA 在接收到邮件后，将接收到的邮件存放在用户的电子邮箱中，等待用户使用 UA 来阅读。

2. SMTP 协议与 POP 协议

SMTP（Simple Mail Transfer Protocal，简单邮件传输协议），目标是向用户提供高效、可靠的邮件传输服务。SMTP 将电子邮件从客户机传输到服务器或从一个服务器传输到另一个服务器。SMTP 是个请求/响应协议，它监听 TCP 的 25 号端口，用于接收用户的 Mail 发送请求，并与远端 Mail 服务器建立连接。

POP（Post Office Protocol，邮局协议）用于电子邮件的接收，它使用 TCP 的 110 端口，现在常用的是第 3 版 ，所以简称为 POP3。

在使用电子邮件服务时必须使用和遵循 SMTP、POP3 协议，这些协议确保了电子邮件在不同的系统之间的传输。其中，SMTP 负责电子邮件的发送，POP3 协议负责电子邮件的接收。

3. 电子邮件的发送与接收

使用电子邮件首先要申请一个电子邮件账户，每个账户对应一个电子邮件地址。电子邮件地址的格式为：username@host，其中，username 称为用户名，host 称为主机名，即邮件服务器的主机名。"@"的读音同"at"，意为"位于"，例如，在电子邮件地址 jxpg@mail.hut.edu.cn 中，用户名为 "jxpg"，邮件服务器为 "mail.hut.edu.cn"。

许多网站提供免费的电子邮件服务，如网易邮箱（http://mail.163.com）、新浪邮箱（http://mail.sina.com.cn）、雅虎邮箱（http://mail.yahoo.com.cn）、QQ 邮箱（http://mail.qq.com）等，登录这些网站的首页即可以在线申请免费电子邮件账户。

用户发送与接收电子邮件一般通过专用的邮件客户端程序（即前面所说的 UA），国内应用较广的邮件客户端程序有微软的 Outlook Express，腾讯公司的 Foxmail（国产）等。许多网站的电子邮件服务器也可以直接通过 IE 浏览器访问。

通过 OutLook Express 等收发电子邮件时，一般要设置 "发送服务器地址（SMTP）" 和 "接收服务器地址（POP3）"，如网易的 163 电子邮箱这两个服务器地址分别为：

发送服务器（SMTP）：　　　smtp.163.com

接收服务器（POP3）：　　　pop3.163.com

服务器地址一般在邮箱的主页面列出或者在帮助中指出。

4. 通过 Web 收发电子邮件

随着互联网技术的发展，在 Web 页面上收发电子邮件越来越方便，下面以网易 126 邮箱为例来讲解通过 Web 收发电子邮件。

通过网易 126 邮箱（http://www.126.com）申请账户 hut07，即 E-mail 地址为 hut07@126.com。在浏览器地址栏输入 http://www.126.com，进入 126 邮箱主界面，输入账户和申请时设定的密码，如图 8-18 所示。

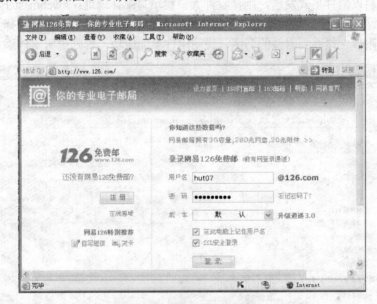

图 8-18　网易 126 邮箱登录界面

单击"登录"进入邮箱，如图 8-19 所示。

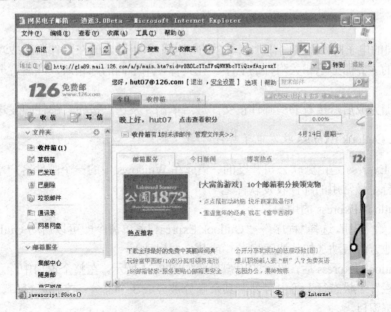

图 8-19　网易 126 邮箱主界面

（1）邮件接收

在图 8-19 的界面上，选择"收件箱"，然后在邮件列表中，单击邮件标题，即可查看到邮件内容。

（2）邮件发送

在图 8-19 的界面上，单击"写信"，进入邮件发送界面，如图 8-20 所示，输入收件人地址、邮件标题等信息。例如，要给 webmaster@hut.edu.cn 发送一封有关网络的安全电子邮件，同时将有关资料以附件形式发送，则在收件人一栏填写邮件地址： webmaster@hut.edu.cn，主题栏填写"网络安全"，然后单击"添加附件"，找到需要添加的附件，选择"打开"按钮即可。如果在附件一栏看到附件的名字，说明附件添加成功，否则说明附件添加失败。

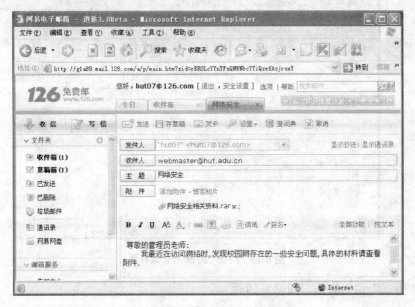

图 8-20 网易 126 邮箱邮件发送界面

对于不同的电子邮件系统，添加附件的方法也不尽相同。但在附件添加成功之后，都会在邮件发送的主界面显示相关附件的名字。在具体使用不同的邮箱时，应注意分析操作方法的不同。

附件添加完成后，接着书写邮件正文。最后单击"发送"按钮。邮件即发送成功。

5．通过 Outlook Express 收发电子邮件

Outlook Express 是由微软公司开发的、集成在 Windows 中的一个邮件客户端软件，也是 Windows 平台上最常用的邮件收发软件之一。

（1）Outlook Express 的用户界面

单击"开始"按钮，选择"程序"→"Outlook Express"菜单命令即可以启动 Outlook Express，也可以用其他方法启动（如从快速启动栏或从桌面启动）。

启动 Outlook Express 后，显示的用户界面如图 8-21 所示，在整个窗口中除了显示"标题行"，"工具栏"，"状态行"等内容外，其余部分被分成 3 个部分：文件夹窗口、邮件列表窗口、邮件预览窗口。

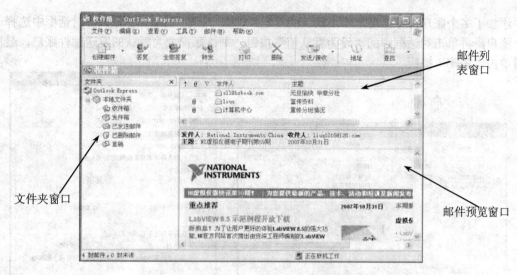

图 8-21　Outlook Express 的用户界面

在邮件列表窗口中单击某个邮件列表项后，即可以在这一窗口预览该邮件的内容。而在邮件列表窗口中双击某个邮件列表项，则可以在一个新窗口中打开和查看该邮件的全部内容。

（2）在 Outlook Express 中添加邮件账户

要通过 Outlook Express 来收发邮件，首先要将已申请到的邮件账户（如通过 www.126.com 申请的 126 邮箱账户）的有关信息添加到 Outlook Express 中。添加的方法和步骤如下。

① 启动 Outlook Express 后，单击"工具"菜单，从中选择"账户"菜单命令，打开"Internet 账户"对话框，如图 8-22 所示。

② 在"Internet 账户"对话框中，单击"添加"按钮，再从弹出的菜单中选择"邮件"命令，打开"您的姓名"对话框，然后按要求输入用户姓名（将出现在发出邮件的"发件人"字段），然后单击"下一步"按钮。

③ 在新弹出的"Internet 电子邮件"对话框中选择"我想使用一个已有的电子邮件地址"选项，再输入已经申请到的电子邮件地址（如 username@126.com），然后单击"下一步"按钮，弹出"电子邮件服务器名"对话框，在该对话框中输入"邮件接收（POP3）服务器"和"邮件发送服务器"的网址（如 pop3.126.com 和 smtp.126.com），然后再单击"下一步"按钮，打开"Internet Mail 登录"对话框。

④ 在"Internet Mail 登录"对话框中输入用户名（必须是邮件地址"@"符号前面的那个 username），密码可以暂不输入，再单击"下一步"按钮，然后在弹出的新对话框中单击"完成"按钮，则邮件账户添加完成，重新返回如图 8-22 所示的"Internet 账户"对话框。在这一对话框中即可以看到新添加的邮件账户（注意：一般显示为接收服务器的名字，而不是显示为邮件地址）。

⑤ 因邮件从服务器下载到本机后，Outlook Express 默认删除该邮件在远程邮件服务器上的副本，如果用户希望邮件下载到本地后，该邮件仍然在服务器上存放一个副本，则要作进一步的设置。在如图 8-22 所示的"Internet 账户"对话框中，单击新添加的邮件账户，再单击这一对话框中的"属性"按钮，

打开账户的"属性"对话框，如图 8-23 所示。在这一对话框中选择"在服务器上保留邮件副本"选项，再单击"确定"按钮，回到"Internet 账户"对话框。如果在 Outlook Express

中添加了多个账户，可以设定一个默认的发送邮件账户，在"Internet 账户"对话框中选择一个账户，再单击对话框中的"设为默认值"按钮，则该账户成为默认的发送邮件账户，最后再单击"关闭"按钮。

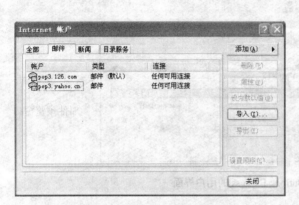 

图 8-22 "Internet 账户"对话框　　　　图 8-23 邮件账户属性对话框

6. 邮件的发送与接收

（1）发送邮件。启动 Outlook Express 后，从工具条单击"创建邮件"按钮，将打开新邮件对话框，如图 8-24 所示，在该对话框中，将邮件接收人的地址填写在"收件人"框中（"发件人"地址由系统自动填写为默认的邮件地址），在"主题"框中填写邮件主题，选择"插入"菜单中的"插入文件附件"，将需要发送的附件添加到邮件中来，然后在对话框下面的编辑框中编辑电子邮件正文，编辑完成后单击工具栏上的"发送"按钮，即可发送邮件。

（2）接收邮件。启动 Outlook Express 后，从工具栏单击"发送/接收"按钮旁边的小箭头，再从随后弹出的下拉菜单中选择要接收邮件的那个账户（如果在 Outlook Express 只添加了一个账户，则直接从工具栏单击"发送/接收"按钮即可），打开邮件"登录"对话框，如图 8-25 所示。在对话框中输入密码，再单击"确定"按钮，即可登录邮件服务器，将收到的新邮件下载到本机的"收件箱"中。

 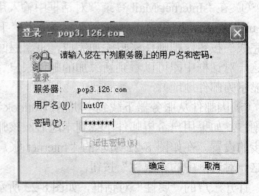

图 8-24 新邮件对话框　　　　图 8-25 邮件登录对话框

除了 Outlook Express 外,国内的腾讯公司的 Foxmail 也是一个很不错的邮件客户端软件,该软件有些功能甚至比 Outlook Express 更强、更方便,Foxmail 的最新版本可以到 Foxmail 的主页(http://www.foxmail.com.cn)免费下载。具体的设置方法可查阅各邮箱的帮助。

8.4.5 FTP

1. FTP 服务的主要功能

FTP 服务是 TCP/IP 网络中的文件传输应用。用户通过 FTP 服务可以将文件从一台计算机传送到网络上的另一台计算机。只要两台计算机都连入 Internet 并且都支持 FTP 协议,它们之间就可以进行文件传送。此外,FTP 程序还支持创建目录、删除目录,以及删除文件等简单的文件操作。

2. FTP 服务的分类

FTP 服务程序按操作方式可以分成两种:命令方式和图形方式。命令方式一般在 DOS 环境下使用,而图形方式在 Windows 环境下使用。

提到 FTP 服务,我们最直接的反应就是"下载"。下载(Download)是 FTP 服务提供的一种形式,表现为从 FTP 服务器上将文件复制到本地计算机的过程。许多 IT 公司都提供了 FTP 下载服务,如各公司自己生产的设备(如 CD_ROM、显示卡、网卡)的驱动程序,一般放在自己公司的 FTP 服务器上供用户下载。FTP 提供最多的是下载服务,以至于成为下载的代名词。实际上 FTP 服务还可以提供上传(Upload)服务的,只不过上传服务一般只提供给注册用户。

3. FTP 的打开方法

(1)命令行方式

这种方式主要在 DOS 界面下使用,用户在命令窗口输入"FTP FTP 服务器的 IP 地址或主机名",然后根据要求输入用户名或密码。如果使用匿名方式登录,则用户名为 anonymous,密码为用户电子邮件地址,验证成功之后即可登录到 FTP,如图 8-26 所示。

图 8-26 使用命令方式登录 FTP 服务器

(2)使用浏览器访问 FTP 服务器

使用浏览器不仅可以浏览 Web 页,还可以访问 FTP 服务器。只需要在浏览器的地址栏中输入"FTP://FTP 服务器的 IP 地址或主机名"。若服务器允许匿名登录,则直接可看到 FTP 上的资源。若 FTP 服务器不允许匿名登录,则单击文件菜单中的"登录",然后输入用户名和密码,如图 8-27 所示。

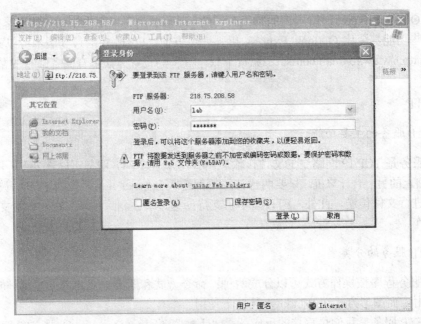

图 8-27　使用浏览器登录 FTP 服务器

Windows 下的 FTP 软件功能较强，可以支持带目录的文件上传和下载。在 Windows 中除了可以通过浏览器来访问 FTP 服务器外，还可以使用专用的 FTP 软件来加快访问速度，如 CuteFTP，FlashFXP 等等。

8.4.6　搜索引擎

当前 Internet 已经成为举世公认的最庞大的信息库、知识库。Internet 上有着成千上万的 Web 站点，这些 Web 站点构成一个海量信息库。遨游在 Internet 里的用户可以尽情享受网上信息带来的好处。同时也面临一个重要问题，即 Internet 太庞大了，怎样才能找到自己需要的信息呢?搜索引擎（Search Engine）是解决这一问题的主要工具，顾名思义，搜索引擎的主要功能是搜索信息。用户在使用 Internet 的过程中越来越离不开搜索引擎，可以说搜索引擎是 Internet 上搜索信息资源的发动机，是用户访问 Internet 的得力工具。当前，流行的搜索引擎主要有 Google、Yahoo、百度等。下面以 Google 为例，简要说明搜索特定网页的方法。

Google 是功能最强的搜索引擎之一，它是由美国斯坦福大学博士生 Larry Page 和 Sergey Brin 于 1998 年 9 月开发的。Google 检索网页数量达 80 亿以上；支持多达 132 种语言，包括简体中文和繁体中文；Google 网站只提供搜索引擎功能，没有其他冗余的信息等，使得 Google 成为目前最受网络用户欢迎的搜索引擎。

打开 IE 后，在 IE 的"地址栏"输入 http://www.google.com，即可打开 Google 网站的首页，如图 8-28 所示。下面将通过一个简单的例子说明如何通过 Google 搜索特定的网页。

假设用户希望访问"湖南工业大学计算机中心"这个网站，但不知网址。这时用户可以通过 IE 浏览器打开 Google 网站的首页，再在首页的"搜索框"中输入"湖南工业大学"和"计算机中心"这两个搜索关键词（中间用空格分开），如图 8-28 所示。

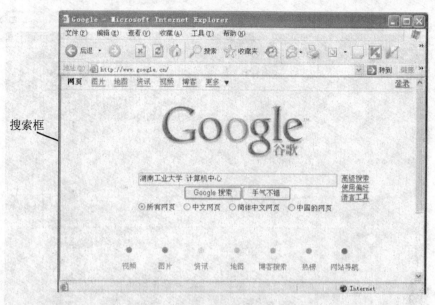

图 8-28 Google 首页的用户界面

输入搜索关键词以后，再单击"Google 搜索"按钮。之后 Google 将在搜索结果页显示所有含有"湖南工业大学"和"计算机中心"这两个关键词的网页的超级链接，从这些超级链接中就可以找到我们需要的网址。

有时输入搜索关键词后搜索到的相关网页太多，为了缩小搜索范围，找到更准确的搜索结果，最简单的办法是增加相关的搜索关键词的个数。在 Google 首页中单击"高级搜索"，在随后打开的网页中单击"搜索建议"可以查阅更多与 Google 有关的搜索技巧。

8.4.7 BBS

1. BBS 概述

电子公告牌（Bulletin Board System，BBS）是 Internet 上的一个电子信息服务系统，提供 BBS 服务的站点称为 BBS 网站。

登录 BBS 网站后，根据它所提供的菜单，用户就可以使用信息浏览、信息发布、邮件收发、发表意见、解答问题、文件传送等服务。BBS 与 WWW 是信息服务中的两个分支，BBS 的应用比 WWW 早，由于它早期完全采用基于字符的界面，因此逐渐被 WWW、新闻组等其他信息服务形式所代替。

在 BBS 中，各个用户之间的交流打破了时间和空间的限制，是获取知识，交流思想的理想园地，国内许多高校的网站提供了 BBS 服务，如清华大学的水木清华（bbs.tsinghua.edu.cn）北京大学的北大未名（bbs.pku.edu.cn）、上海交通大学的饮水思源（bbs.sjtu.edu.cn）等，都是很不错的 BBS 站点。

2. BBS 的使用

早期的 BBS 需要用户使用特定软件或命令（Telnet）才能使用，一般都是基于字符界面的，如图 8-29 所示。

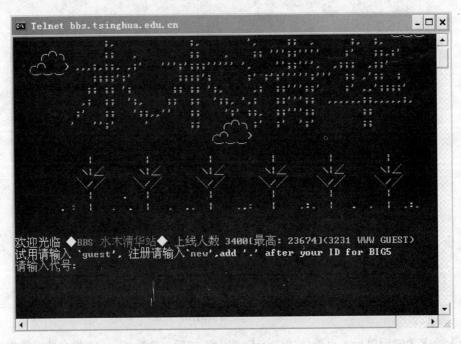

图 8-29　字符界面下的 BBS

随着网络技术的发展，现在可以通过浏览器访问 BBS，例如，在浏览器地址栏中输入 http://bbs.tsinghua.edu.cn 可以访问清华大学的 BBS，如图 8-30 所示。

不管是那种方式下的 BBS，它们的基本功能类似。如果想要在 BBS 发表意见，也就是平常所说的"帖子"，则事先进行注册，当身份确认后即可进入 BBS。

图 8-30　通过浏览器访问 BBS

8.4.8　博客

1. 什么叫博客?

"博客"来自于英文的 Weblog/Blog,也可称为"网络日志"、"日志"等,它是在开放源代码构建平台上的个人信息中心。

简单地说,博客就是一个网站,可以源源不断地往里填充内容。新内容显示在网页上方,以便访问者能够阅读到最新内容,然后他们可以发表评论、进行链接或发电子邮件;也可以什么都不做。

由于博客并不是纯粹的技术创新,而是一种逐渐演变的网络应用,它本身就是综合了多种原有的网络表现方式。博客天然的草根性,也决定了我们很难来认定一个正宗的博客先祖,也无法正式认定谁是"博客之父"。到了现在,想来也没有人敢于戴上这顶帽子。

自 1999 年推出 Blogger 以来,博客已经改变了网络的格局,它影响了政治,撼动了新闻出版业,更让大量用户能够发表自己的观点并与其他人交流。

2. 博客与 BBS 的区别

(1)从适用的范围来看。BBS 是由很多人聚在一起的聊天室(很像英语角),是一个自由交流的公众场所;而群组型 Blog 则是一批为了共同目标或愿景聚在一起(很像研讨会)研究和探讨问题的场所,个人 Blog 则是个人的网络日记本,随着知识与思想的积淀,Blog 变成了自己快捷易用的知识管理系统。

(2)从网络文化的角度来看。BBS 是一个开放的、自由的空间,面向的是一个较松散的群组,是服务于公众的,它是为了解决人们缺乏自由发表言论的机会而创设的;而 Blog 则是一个私有性较强的平台,面向的是个人和较小的、具有共同目标的群组,是服务于个人和小团体的。随着网络的普及,人们的言论自由权得到较大的改善,而此时凸显个人才能、张扬个性、服务于特定对象的需求更日益突出,Blog 应运而生。正因为 BBS 与 Blog 的创设理念各不相同,因此拥有各自的生存空间和服务对象,并不存在谁取代谁的问题。

(3)从文章的组织形式来看。BBS 采用帖子固顶和根据发帖的时间顺序来组织帖子(文章),并采用主题方式对帖子(文章)进行分类,但这种分类用户是不能随意更改的,只有版主以上级别才具有这个权限,虽然具有主题分类的方式,但实际上这种分类对于用户来说是随意的,用户有时并不按这种分类来发帖。而 Blog 则以日历、归档、按主题分类的方式来组织文章(帖子)的,并且 Blog 的使用者可以自行对文章(帖子)分类,或者将属于私人的信息隐藏起来不对外公布。

(4)从交流方式上来看:BBS 允许用户回复,但必须注册(通过设置也可以不需要注册),用户在某个 BBS 参加讨论后,过一段时间,就很难再找回曾经发过的帖了(文章);而 Blog 不用注册就可以回复,同时,无论是在自己的 Blog 写过的东西还是参与其他 Blog 的讨论,通过一种叫 TrackBack 的技术(TrackBack 可以让使用者把评论写到自己 Blog 网站上,然后向刊载原始文章的 Blog 服务器发送该网页的 URL 及标题、部分正文、网站名称等信息,通过这种方式参加其他 Blog 的讨论),可以把发言保留在自己的 Blog 中,同时通过原始文章可以找到网络上所有关于该文章的讨论,这些发言用户可以方便地查找和任意地处置。

(5)从内容显现上来看。BBS 的开放性和自由性使得用户在发表帖子时有时可以不假思索,随意性强,必然会造成无关信息较多。Blog 的内容是经过使用者的思考和精心筛选组织起来的，通过网志的互联，用户是在别人精选的基础上对网络资源进行再次筛选，这就保证了资源的有效性与可靠性。

（6）从信息的检索和共享上来看。BBS 组织帖子（文章）是杂乱的，因为用户在发帖子时的随意性，造成了在帖子（文章）很多时，检索的结果往往是给用户呈现一大堆无用的或是重复的信息；此外，在对 BBS 进行检索时，一般只能对一个 BBS 的信息进行检索，无法实现跨 BBS 的检索；而 Blog 使用 RDF（资源描述框架）标准来组织信息，每个 Blog 都有 XML 标志，它的链接文档是个 XML 文档，也就是说 RSS（是由 XML 语言进行描述的），可以同时在多个 Blog 内检索信息。通过 RSS，Blog 可以向 Newzcrawler 这类新闻聚合工具提供 News Feeds 源，实现信息的共享，这是 BBS 与 Blog 最显著的技术区别。

（7）从形成的过程上来看。BBS 的形成是由一大批网友针对不同的主题在不同的时间发表各自的看法，使得知识的形成没有一个连续性，显得杂乱；而 Blog 就不同了，通常它是一个人的学习过程和思维经历按时间记录的工具。举个例子，在学习一门计算机技术时（如学习 Java 或是 ASP），如果一个新手跑到论坛里面去寻求帮助，常常会被论坛杂乱的帖子搞得晕头转向，因此论坛更适合有经验的学习者。而 Blog 把用户（技术的高手）学习或者研究的过程记录下来，当我们去读这些网志时，就可以借鉴和参考技术高手的学习经历，引导我们以最快的速度掌握一门新的技术，因此，Blog 对新手的指导作用比论坛大。

3. 博客的申请

和使用电子邮箱一样，使用博客也要进行申请。

首先在博客首页（https://www.blogger.com）上方单击"立即创建博客"，如图 8-31 所示。

假设事先已经有 google 的电子邮箱，则在单击"立即创建您的博客"出现的界面上，选择"登录"，进入如图 8-32 所示的界面。

图 8-31　博客首页

图 8-32 博客注册界面 1

接着在图 8-32 所示的界面上输入显示名称,这里假设输入"心情故事",并且勾选"我接受服务条款",然后单击"继续",接着进入图 8-33 所示的界面。

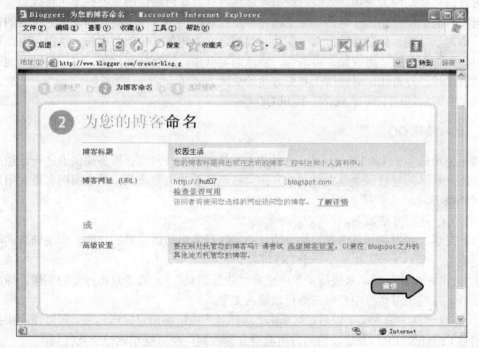

图 8-33 博客注册界面 2

在图 8-33 所示的界面中输入博客标题以及博客网址,接着单击"继续"按钮,如果网址不重复，则进入选择博客模板界面，选择合适的模板，单击"继续"按钮，进入博客申请成功的界面，如图 8-34 所示。

图 8-34　博客注册成功界面

单击"START BLOGGING"，则博客开通完成。对博客信息进一步完善，将地址 http://hut07.blogspot.com 告诉其他人即可。

以上讲解了在 http://www.blogger.com 上创建博客的方法，其他博客上的创建方法都与此类似。

8.4.9　即时通信工具

科技只能进步，不能倒退，从电报、传真到邮子邮件，是一大进步，从电子邮件、电话到即时通信，更是一大进步。人类已经进入信息时代，即时通信的重要性不可替代。

与即时通信工具相比，电话、电子邮件都是过时的信息交流工具。即时通信工具的优点在于，即时、方便、信息传输量大，图片、视频、文本想怎么传就怎么传，单键可得，更人性的是，双方面对面，可视频、可语音，就像同案共事，没有任何阻隔。对于身处两地的编辑和作者来说，没有比即时通信工具更方便的交流方式了。

常见的即时通信工具有 MSN、腾讯 QQ 等。

1. 玩转腾讯 QQ

腾讯公司成立于 1998 年 11 月，是目前中国最大的互联网综合服务提供商之一，也是中国服务用户最多的互联网企业之一。QQ 作为腾讯公司的主要产品，是中国拥有最大用户群的即时通信工具。

腾讯 QQ 使用方法如下。

（1）发送、接收和回复消息。收发消息是 QQ 最常用和最重要的功能，实现消息的收发前提是要有一个 QQ 号码和至少一个 QQ 好友。

① 单击好友的头像，从快捷菜单中选择"收发消息"。或者双击好友的头像，弹出一个对话框，在这个对话框中空白部分可以输入文字。

② 在对话框中输入文字以后，就单击"送讯息"按钮将消息发送出去。可以使用快捷键发送消息 Ctrl+ENTER，发送以后对方可能会立刻收到，也可能稍迟一会儿收到。

回复消息时，根据闪动的头像可判断是哪个好友的消息。双击该头像即可弹出查看消息对话框，在对话框中输入回复的文字，然后单击"发送"按钮即可。

（2）查找与添加好友。用户可以通过好友的一些资料，如 QQ 号码、E-mail 或昵称，查找该用户，查找到用户以后再把对方添加为好友，对方也把你添加为好友，这样你们两人就可以互发消息了。如果不知道任何资料，也可以使用网页查询方式在腾讯网站上进行模糊查询。

（3）手机发短信消息。在开通了移动 QQ 的城市，可以通过移动 QQ 向手机用户发送短消息。使用 QQ 的短讯功能首先要确保对方的手机开通了短消息服务且最好是在 QQ 的"个人设定"中设置了手机号码。

（4）QQ 群。群是腾讯公司推出的多人交流的服务。群是为 QQ 用户中拥有共性的小群体建立的一个即时通信平台。比如可创建"我的大学同学"，"我的同事"等群，每个群内的成员都有着密切的关系，如同一个大家庭中的兄弟姐妹一样相互沟通。QQ 群功能的实现，一下子改变了网络的生活方式，您不再一个人孤独的呆在 QQ 上，而是在一个拥有密切关系的群内，共同体验网络带来的精彩。

（5）QQ 系统设置。在使用 QQ 之前，为了保证我们在网上的安全，应先进行包含参数设置、回复设置、网络设置、E-mail 设置、声音设置、安全设置在内的系统参数设置。设置步骤如下：打开 QQ 菜单，单击系统菜单中的[系统参数]命令，打开[QQ 参数设置]对话框，即可对相应的参数进行设置。

2. MSN

MSN 是由当今软件的霸主微软推出的 IM 软件，也就是即时通信工具，同 QQ 一样，只是 MSN 是基于 E-mail 的，也就是说 E-mail 就是账户，登录之前必须有微软的 MSN 邮箱或者是 hotmail 邮箱，如果没有邮箱必须注册。这个软件在世界范围内都是十分流行的，但是，由于微软始终不重视中国市场，所以现在使用的人不多，这款软件在功能上远超 QQ 和 TM，但本地化做的似乎明显不足。Windows XP 已经捆绑了 MSN 的客户端，叫 Windows Messager，现在最新版本为 8.0 正式版，详细情况可以到 http://cn.msn.com 查看。

8.4.10　电子商务

1. 什么是电子商务

简单地讲，电子商务是指利用电子网络进行的商务活动。但电子商务的定义至今仍不是一个很清晰的概念，各国政府、学者、企业界人士都根据自己所处的地位和对电子商务的参与程度，给出了许多表述不同的定义，目前对它尚无统一的定义。通过归纳目前较为流行的几种说法，可以认为：电子商务是一种新的商务活动形式，它采用现代信息技术手段，以通信网络和计算机装置替代交易过程中纸介质信息载体的存储、传递、统计、发布等环节，从而实现商品和服务交易管理等活动全过程的无纸化和在线交易，它是通过电子方式进行的商务活动。

电子商务可以基于因特网（它包括内联网（Intranet）和外联网（Extranet））等通信网络来进行，内容包括商品的查询、采购、展示、订货以及电子支付等一系列的交易行为，以及资金的电子转拨、股票的电子交易、网上拍卖、协同设计、远程联机服务等服务贸易活动。

2. 电子商务的应用

电子商务应用非常广泛，像网上银行、网上炒股、网上购物、网上订票、网上租赁、工资发放、费用交纳等服务。

（1）网上购物。网上购物，就是通过互联网检索商品信息，并通过电子订购单发出购物请求，然后填上私人支票账户或信用卡的号码，厂商通过邮购的方式发货，或是通过快递公司送货上门。

随着互联网在中国的进一步普及应用，网上购物逐渐成为人们的网上行为之一，根据 CNNIC 第 14 次互联网统计报告公布的数据，中国目前 7.3%的网民有网上购物的习惯，也就是说，有六百多万的中国网民会从网站上购买自己中意的商品。

（2）网上拍卖。网上拍卖是另一种流行的电子商务形式，它把传统的拍卖活动移植到了 Internet 上。目前网上拍卖的主要缺点是缺乏一个权威的信用人证机构，来确认各方的身份和信用。

（3）网络广告。由于 www 提供的多媒体平台，使得通信费用降低，对于机构或公司而言，利用其进行产品宣传，非常具有诱惑力。网络广告可以根据更精细的个性差别将顾客进行分类，分别传送不同的广告信息。而且网络广告不像电视广告那样被动接受广告信息，网络广告的顾客是主动浏览广告内容的。未来的广告将利用最先进的虚拟现实界面设计达到身临其境地的效果，给人们带来一种全新的感官体验。

（4）网上银行。为了适应业务日益发展的需要，以及为客户提供更好、更有效率的服务，银行金融业正积极地转向电子商务，开办各种网上金融服务。

目前金融机构基本上都开设了网上银行，国内做得最好的是招商银行，建设银行、工商银行也不错。招商银行在网上可以提供个人金融服务、企业金融服务、网上支付、网上证券等多种服务。

（5）网上证券交易。目前，网上证券交易比网上银行开展得更加广泛。网上证券交易系统的最大好处是下单比电话委托快，可以在家中上网交易，方便、快捷、及时。

（6）网上旅游服务。旅游业是我国开展电子商务比较成功的一个行业，很多旅游服务，例如订票、订酒店等都可以通过 Internet 进行，而且内容不断地增加，所涉及的范围不断扩大。

3. 电子商务的基本结构

最基本的电子商务应用集中在企业对企业（B2B）、企业对消费者（B2C）、消费者对消费者（C2C）和企业对职业经理人的应用系统（B2M）这四大领域，它们构成了现有电子商务应用进一步拓展的基础，体现了电子商务体系结构的基本规律，它们具有类似的运营结构，从而构成了电子商务的顶层结构。所谓电子商务顶层结构是指多个电子商务实体利用电子商务应用系统提供的技术手段进行商业、贸易等商务活动，实现商务处理过程电子化所遵循的概念结构，是实际运作的电子商务体系结构的抽象。

（1）B2B。B2B 指的是 Business to Business，商家（泛指企业）对商家的电子商务，即企业与企业之间通过互联网进行产品、服务及信息的交换。通俗的说法是指进行电子商务交易的供需双方都是商家（或企业、公司），她（他）们使用了 Internet 的技术或各种商务网络平台，完成商务交易的过程。这些过程包括：发布供求信息，订货及确认订货，支付过程及票据的签发、传送和接收，确定配送方案并监控配送过程等。有时写作 B to B，但为了简便干脆用其谐音 B2B（2 即 to）。B2B 的典型是阿里巴巴，中国制造网，慧聪网等。

（2）B2C。B2C 即 Business to Customer，这种模式是我国最早产生的电子商务模式，以 8848 网上商城正式运营为标志。B2C 即企业通过互联网为消费者提供一个新型的购物环境——网上商店，消费者通过网络在网上购物、在网上支付。由于这种模式节省了客户和企业的时间和空间，大大提高了交易效率，特别对于工作忙碌的上班族，这种模式可以为其节省宝贵的时间。

（3）C2C。C2C 即 Consumer To Consumer，同 B2B、B2C 一样，都是电子商务的几种模式之一。不同的是 C2C 是用户（消费者）对用户（消费者）的模式，C2C 商务平台就是通过为买卖双方提供一个在线交易平台，使卖方可以主动提供商品上网拍卖，而买方可以自行选择商品进行竞价。C2C 的典型是淘宝网、易趣等。

（4）B2M。B2M 指的是 Business to Manager，是相对于 B2B、B2C、C2C 的电子商务模式而言，是一种全新的电子商务模式。而这种电子商务相对于以上三种有着本质的不同，其根本的区别在于目标客户群的性质不同，前三者的目标客户群都是作为一种消费者的身份出现，而 B2M 所针对的客户群是该企业或者该产品的销售者或者为其工作者，而不是最终消费者。

B2M 与传统电子商务相比有了巨大的改进，除了面对的用户群体有着本质的区别外，B2M 具有一个更大的特点优势是，电子商务的线下发展。以上三者传统电子商务的特点是，商品或者服务的买家和卖家都只能是网民，而 B2M 模式能将网络上的商品和服务信息完全地走到线下，企业发布信息，经理人获得商业信息，并且将商品或者服务提供给所有的百姓，不论是线上还是线下。

以中国市场为例，传统电子商务网站面对 1.4 亿网民，而 B2M 面对则是 14 亿的中国公民！B2B 的典型是 E 步伐等。

除以上四种模式外，电子商务还有企业对政府机构（B2G）、消费者对政府机构（C2G）等电子商务模式。

8.5 网页制作基础知识

8.5.1 网页制作的基本原理

发布在 Internet 的 WWW 信息采用网页形式，其内容保存在网络服务器上，网页可以使用网页编辑工具（如 FrontPage、Dreamwaver 等）进行设计和加工。用户则通过浏览器来读取这些网页。

1. HTML 概述

HTML 是一种计算机程序语言，是一种用来制作超文本文档的简单标记语言，它是网页的重要组成部分。用 HTML 编写的超文本文档称为 HTML 文件，扩展名通常为 htm 或 html。

HTML 文件可以通过任何文本编辑工具编辑，如记事本、Word 等，在实际应用中，为了简化设计，可以使用专用的网页设计工具（如 FrontPage，Dreamweaver 等）来编辑和生成 HTML 文件。

HTML 文件是一种文本格式的文件，但是它可以链接文本、图片、声音、动画、视频等内容，通过 HTML 可以表现出丰富多彩的设计风格，可以实现页面之间的跳转，可以展现各种多媒体效果等，使得 HTML 成为因特网上广为使用的语言。

2. HTML 的基本结构

HTML 文件的基本结构可以分为文件头（HEAD）和正文（BODY）两部分，文件头部分对文件的相关信息进行一些必要的定义，正文是文件的主体部分，正文中的信息就是要通过浏览器显示的内容。下面是一个最基本的 HTML 文件。

```
<HTML>
<HEAD>
<TITLE> HTML 文件结构</TITLE>
</HEAD>
<BODY>
<CENTER>
<H1> 超文本标记语言 </H1>
<HR>
<FONT SIZE=3>这是我做的第一个网页</FONT>
</CENTER>
</BODY>
</HTML>
```

上面的 HTML 代码中，符号"<>"中的内容称为标记，其中<HTML>在最外层，表示<HTML>和</HTML>之间的内容是 HTML 文档。在<HEAD>和</HEAD>之间包括文件头信息，如文件的标题（TITLE）；<BODY>和</BODY>之间是 HTML 文件的正文，即在网页中要显示的内容。示例中的<HR>表示画一条水平线，这一 HTML 文件在浏览器中显示的结果如图 8-35 所示。

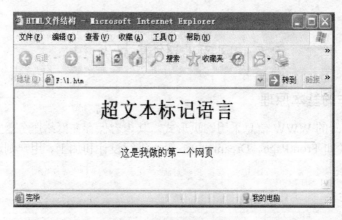

图 8-35　HTML 网页示例

3. HTML 中的基本标记

HTML 是一种标记语言，它定义了许多特殊的标记，以便进行格式定义或区分网页中的各个部分。

在 HTML 文件中的标记可以分成两类，即单标记和双标记，多数标记为双标记。

双标记又称包容标记，由一个开始标记和一个结束标记组成，必须成对使用，其中开始标记告知 Web 浏览器从此处开始执行该标记所表示的功能，而结束标记告知 Web 浏览器在这里结束该标记表示的功能。双标记的格式为：<标记> 内容 </ 标记>。

例如，<FONT SIZE=3>这是我做的第一个网页</FONT>（表示将标记中的文字显示为 3

号字）。单标记又称空标记，只有开始标记，没有结束标记，是只需单独使用就能完整表达意思的标记。如<HR>表示画一条水平线，
表示换行等。

许多标记的开始标记内可以包含标记属性，其格式是：<标记名 属性 1 属性 2 属性 3 …>，各属性之间一般没有先后次序。

例如，标记<FONT SIZE=4 COLOR="#FF0000" FACE="黑体"> 表示要求将其后面的文字显示为 4 号红色黑体字（SIZE 后面的数字越大，显示的字越大）。

在一个文档中可能有标题、副标题等不同级别的标题，在 HTML 中提供了相应的标题标记<H$_n$>，其中 n 为标题的等级，n 越小，标题字号就越大，在 HTML 中共有 6 级标题。

例如，标记<H1> 超文本标记语言 </H1>表示显示 1 级标题。

段落标记<P>也是一个双标记，用来表示一个段落，强制另起一段。在段落标记中可以使用 align 属性来指定段落的对齐方式，有 4 种属性值：left、right、center、justify，默认为左对齐（left）。段落标记中的结束标记</P>在不引起混淆的情况下可以省略，下面的例子中省略了 1 个</P>。

如　<P align=center>　这一段采用居中对齐格式</P>

注释注记格式为<!- -注释内容- ->，　注释标记用来显示网页注释，如<!- 程序设计：Chirs- ->。

4. 通过 HTML 在网页中加入多媒体效果

此标记用来在网页中插入图像，以美化网页的用户界面，或使网页描述的内容更加清楚明了。为了压缩图像文件的大小，减少网络数据传输量，一般在网页中插入的图像为 GIF 格式和 JPEG 格式。

SRC 属性指出的图像文件可以是本地机器上的图像文件，也可以是位于远程主机上的图像文件。

HEIGHT 属性和 WIDTH 属性分别表示图像的高度和宽度。如果没有设置这两个属性，图像按其实际大小显示。ALIGN 属性的取值有 5 种，即 top、bottom、middle、left、right。

例如：<IMG src="img/pic1.jpg" align=middle width=150 height=50 alt="IMG 标记示例">

5. 插入超级链接标记<A>

使用超级链接可以从一个页面跳转到其他页面，链接的目标页面可以是网页，也可以是图像或其他文件。用户单击超级链接时，如果链接目标浏览器可以识别，链接目标将被浏览器直接打开和显示，如果链接目标浏览器不能识别，则会弹出一个下载对话框，提示用户将链接目标下载到本机。

超级链接标记的一般格式为：　<A HREF="链接目标的 URL"> 链接文字 </A>

标记<A>表示超级链接的开始，</A>表示链接的结束；属性“HREF”指出链接目标的地址，链接目标可以在本机，也可以在其他远程主机，单击“链接文字”即可以跳转到链接目标。如：

<A HREF=" http://www.hut.edu.cn ">湖南工业大学</A>

<A HREF="info/index.asp">信息动态</A>

“链接文字”实际上也可以是一幅图片，如：

<A HREF="http://www.hut.edu.cn"><IMG SRC="images/logo.jpg"></A>

6. HTML 表格

表格可以把文字和图像等内容按照行和列排列起来，将它们显示在指定的单元格中，可以用来建立网页的框架，使得整个网页的内容更加清楚明了，所以在网页中经常要用到表格。

通过 HTML 建立一个表格要用到<TABLE>、<TR>、<TH>、<TD>等标记。它们的作用分别如下。

（1）<TABLE>标记，<TABLE>...</TABLE>定义一个表格框架。

（2）<TR>标记，<TR>...</TR>定义一个表格行。

（3）<TD>标记，<TD>...</TD>定义一个普通单元格。

（4）<TH>标记，<TH>...</TH>定义一个表头单元格，其属性和<TD>标记类似。

8.5.2　利用 FrontPage 2003 制作网页

FrontPage 是由微软开发的一个"所见即所得"的网页制作工具，它操作简单，使用方便，特别适合初学者使用。使 FrontPage 可以很方便地在网页上添加各种多媒体对象，可以很方便地调整网页的布局结构，而且还可用它来管理和维护整个网站。

1．FrontPage 的用户界面

单击"开始"按钮，选择"程序"→"Microsoft FrontPage 2003"即可以启动 FrontPage 2003，启动后的用户界面如图 8-36 所示。

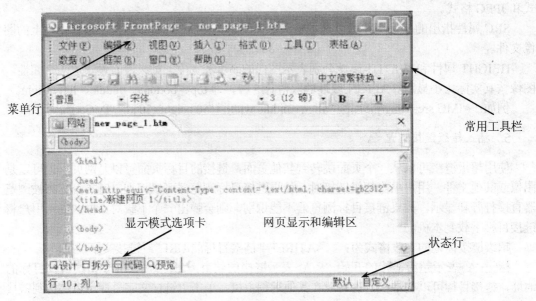

图 8-36　FrontPage2003 的主界面

FrontPage 的用户界面可以分成标题行，菜单行、常用工具栏、网页显示和编辑区、状态行和显示模式选项卡。

在 FrontPage 2003 中提供了三种显示模式，即"设计"模式、"代码"模式、"拆分"模式、"预览"模式。用户可以通过显示模式选项卡在这四种显示模式之间进行自由切换。

在"设计"模式下，用户在网页显示和编辑区看到的是网页的实际效果，并且用户可以通过 FrontPage 提供的编辑功能对网页进行编辑，在这种模式下的编辑风格和在 Word 中的编辑风格十分相似，操作非常简单、方便。

在"代码"模式下，用户在网页显示和编辑区看不到网页的实际效果，看到的只是 HTML 代码，用户可对局部 HTML 代码进行编辑，从而修改网页的某些细节。在 HTML 模式下，用户还可以在网页中加入一些 Javascript 或 Vbscript 代码，得到一些特殊效果。

在"预览"模式下，用户在网页显示和编辑区看到的是当前编辑的文件在浏览器中看到的显示效果。在这　模式下用户不能编辑网页。

在"拆分"模式下，网页显示区分成上下两部分，上面部分"代码"显示窗口，下面为"设计"窗口，用户可以在任意一个窗口中进行编辑，且上下两部分内容保持同步更新，在这种模式下，用户可以边设计，边查看源代码。

2. 用 FrontPage2003 创建简单网页

在 FrongPage 中创建一个网页非常简单，并且可以在网页中非常简便地编辑文字、插入图像、加入动画、制作表格、添加链接等。

（1）创建新的网页。启动 FrontPage 后，单击菜单中"文件"→"新建"命令，然后在右边的导航工具栏上选择"空白网页"或选择"其他网页模板"。如果是选择选择"其他网页模板"，将弹出对话框并且在对话框的右下角可以预览被选择模板的大致效果。网页模板选择好后再单击对话框右下角的"确定"按钮，即可以按照选择的模板创建一个新的网页，然后可以通过 FrontPage 2003 对网页的内容、布局进行进一步加工。

（2）在网页中添加文字。在"设计"模式下，用户可以很方便地在网页的指定位置输入文字，文字输入好后，可以通过菜单中的"格式"→"字体"命令，设置选定文字的字体、字型和字号（大小），设置字符间距，还可以通过菜单中的"格式"→"段落"命令来设置段落格式，如段落缩进、对齐方式和行距等。以上操作也可以直接通过工具栏实现。

（3）建立表格。在网页中，表格除了可以用来描述适合用表格说明的内容外，还有一个很重要的作用就是可以用表格来建立网页的整体布局结构，将不同的内容（如文本、图像）分隔在不同的单元格内。

在 FrontPage 中插入表格的方法是：选择"表格"菜单中的"绘制表格"（或"表格"→"插入"→"表格"命令），操作方法与在 Word 中建立表格的方法非常相似。

（4）在网页中添加图像。在网页中加入图像可以增强网页的易读性，并且可以起到美化网页的效果。在 FrontPage 中插入图像的方法是：选择菜单中的"插入"→"图片"→"来自文件"，打开"选择文件"对话框，通过该对话框指定图像文件所在的路径和图像文件的文件名，即可以将指定的图像插入网页中。图像插入网页后，在该图像上单击鼠标右键，从弹出的菜单中选择"图片属性"命令，可以设置图像的属性，如图像的大小、对齐方式等。

（5）建立超级链接。建立超级链接的方法很简单，在网页中选择要建立超级链接的文本或图像，然后在被选择的对象上按鼠标右键，在弹出的菜单中选择"超链接"命令，弹出"创建超链接"对话框。

在图 8-37 所示的对话框中通过"链接目标选择按钮"选择超级链接的链接目标，或直接输入链接目标的 URL，然后再单击对话框中的"确定"按钮即可建立超级链接。

链接目标选择按钮

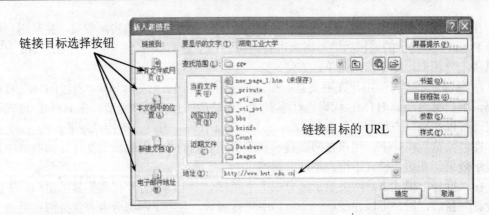

链接目标的 URL

图 8-37　在 FrontPage 中创建超链接

8.6　网络基础技术应用实例

8.6.1　网络服务器与网站建设

1. IIS 的安装与配置

网页程序文件必须运行在服务器上，因此建立网站的第一项工作是构建服务器运行环境。目前最好的运行环境为 Windows 2000 Server 或 Windows 2003 Server，这里以 Windows 2000 操作系统下的 IIS 5.0 进行操作说明。

（1）安装 IIS。"开始"→"控制面板"→"添加或删除程序"→"添加/删除 Windows 组件"→"Windows 组件向导"，则出现如图 8-38 所示对话框。

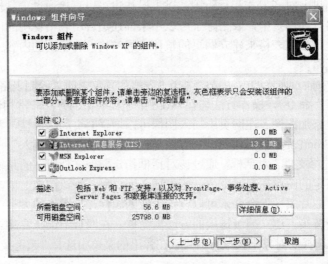

图 8-38　安装 IIS

若没选中"Interne 信息服务（IIS）"，则选中，并单击"下一步"按钮，按屏幕提示安装直到完成安装，在安装过程中，需要准备系统安装光盘。

（2）检验安装。在 IE 浏览器的地址栏输入：http://localhost 或 http://127.0.0.1，观察其结果。

（3）配置 IIS 5.0。"开始"→"控制面板"→"管理工具"→" Internet 服务管理器"，则出现如图 8-39 所示对话框：

在"默认网站"项单击鼠标右键，出现弹出菜单，选择"属性"。

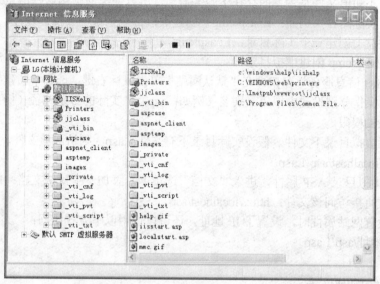

图 8-39　配置 IIS

可根据需要修改默认网站的属性，一般多为"主目录"和"文档"，如图 8-40 所示。

图 8-40　修改默认网站属性

主目录中主要包括网站在本地机器中的实际路径以及相关权限；文档则设置网站启用的默认文档，一般为 index.asp 或 default.asp。

2. 虚拟目录的设置

要从主目录以外的其他目录中进行发布，就必须创建虚拟目录。"虚拟目录"不包含在主目录中，但在显示给客户浏览器时就像位于主目录中一样。虚拟目录有一个"别名"，供Web浏览器用于访问此目录。别名通常要比目录的路径名短，便于用户输入。使用别名更安全，因为用户不知道文件是否真的存在于服务器上，所以便无法使用这些信息来修改文件。

本例以对实际路径（例如：E:\asptemp）创建虚拟目录来说明其操作过程。

（1）在硬盘上创建一个实际目录：E:\asptemp。

（2）为 E:\asptemp 创建虚拟目录。

在"Internet 信息服务"窗口，在"默认网站"单击鼠标右键，选择"新建"→"虚拟目录"，按提示操作分别设置虚拟目录别名（例如：asp）、实际的目录路径（例：E:\asptemp）以及虚拟目录的权限。

（3）运行虚拟目录下文件。假设实际目录下有文件 1.asp，则访问该文件。

① http://localhost/asp/1.asp。

② 打开虚拟目录 ASP 属性，进入"文档"选项卡，添加一个默认文档：1.asp；则可以使用以下方式直接访问该文件：http://localhost/asp。

（4）若设置网站属性时，设置了 IP 地址，还可以使用以下方式访问：

http://IP 地址/asp/1.asp

8.6.2　双绞线的制作方法

因双绞线是局域网中使用最多的传输媒体，在此讲解一下双绞线接头（即 RJ-45 接头）与双绞线连接的方法，制作工具如图 8-41 所示。RJ-45 水晶头是一种只能沿固定方向插入并自动防止脱落的塑料接头，因为它的外表晶莹透亮，通常称为"水晶头"。

RJ-45 接头　　　　　　　　　双绞线　　　　　　　　　网线钳

图 8-41　制作网线的必备工具

双绞线内部实际包含了 8 根导线（4 对），每一对的两根导线绞在一起，故称双绞线。其中有 4 根有色线：橙，绿，兰，棕，另有 4 根白线。双绞线的两端必须都安装这种 RJ-45 水晶头，以便插在网卡（NIC）、集线器（Hub）或交换机（Switch）的 RJ-45 接口上进行网络通信。在制作双绞线接头时必须符合国际标准，并使用专用压线钳制作。目前，最常使用的布线标准有两个，即 EIA/TIA T568A 标准和 EIA/TIA T568B 标准。通常 T568B 是首选布线标准，而 T568A 是可选的。EIA/TIA T568 标准规定双绞线接头制作时导线的排列顺序如表 8-4 所示，其中"白橙"是指与橙色线绞在一起的白色导线，"白棕"是指与棕色的线绞在一起的白色导线。

表 8-4 T568A 标准和 T568B 标准线序表

标准 \ 线号	1	2	3	4	5	6	7	8	备注
T568B	白橙	橙	白绿	蓝	白蓝	绿	白棕	棕	首选
T568A	白绿	绿	白橙	蓝	白蓝	橙	白棕	棕	可选

导线的编号方法：将水晶头有铜片（针脚）的一面对着自己，且使有铜片的一方朝上（有方型进线孔的一端朝下），如图 8-42 所示，此时，最左边的是第 1 脚，最右边的是第 8 脚，其余以次排列。

需特别说明的是，如果两台计算机的网卡通过双绞线直接连接，则双绞线的一端按 T568A 标准连接，而另一端要按 T568B 标准连接。工程中使用比较多的是 T568B 布线标准。

图 8-42 双绞线接头的制作

8.6.3 在淘宝网上购买商品

网上购物一般都是比较安全的，只要按照正确的步骤做，谨慎点是没问题的。在网上购物也是非常方便的，可以使用支付宝、网上银行、财付通等来支付，安全快捷。当在确认购买信息后，可以直接按照系统的提示进行操作付款即可。但若卖家的商品不支持支付宝等付款，请先跟卖家进行协商。

下面以通过在淘宝网上购买商品为例来说明网上购物的方法。

（1）在浏览器地址栏输入 http://www.taobao.com，进入淘宝网首页，如图 8-43 所示。

图 8-43 淘宝网首页

若没有淘宝账户，则选择"立即注册"，输入相关信息，申请得到账户，这个过程与注册电子邮件的方法相同。若已经有淘宝账户，则直接单击"登录"即可。要网上购物，除淘宝账户外，还需要准备一张已经开通网上银行的银行卡，然后注册支付宝账户，这一步登录在淘宝网后，选择"我的淘宝"，根据提示操作即可。

（2）登录之后，即可开始网上购物。在"搜索宝贝"右边的文本框中输入想要购买商品的关键字，如果知道具体型号，将更容易找到我们想要的商品。在这里假设输入"朗科 U310 1G"，单击"搜索"按钮，将列出所有与此匹配的商品，如图 8-44 所示。

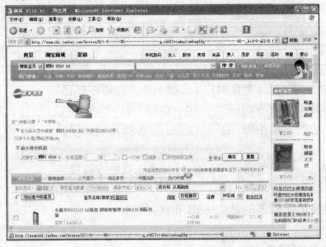

图 8-44　在淘宝网搜索商品

（3）选择符合要求的商品，在选择商品时应注意：一看，仔细看商品图片，分辨是商业照片还是店主自己拍的实物，而且还要注意图片上的水印和店铺名，因为很多店家都在盗用其他人制作的图片；二问，通过旺旺询问产品相关问题，一是了解他对产品的了解，二是看他的态度，人品不好的话，买了他的东西也是麻烦；三查，查店主的信用记录，看其他买家对此款或相关产品的评价。如果有中差评，要仔细看店主对该评价的解释。

找到合适的商品后，在如图 8-45 所示的界面上选择"立即购买"，接着会进入如图 8-46 所示的界面。

（4）在图 8-46 中，选择收货地址，输入购买数量，运送方式，以及校验代码后，单击"确定"按钮后，即完成此商品的购买，如果此时进入"交易管理"，即可以看到相关的购买信息。下一步就该进行付款操作了。

（5）在图 8-47 所示的界面上，选择付款银行、金额，按照网上银行的相关要求，完成付款。但此时，所付的款项并不是已经付给了卖家，而是付给了淘宝，暂时存在淘宝里。

图 8-45　商品信息页

图 8-46 商品购买页

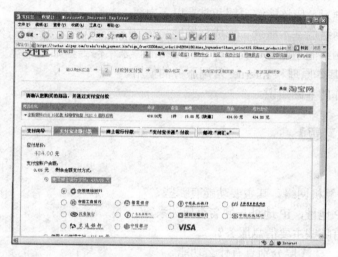

图 8-47 付款页面

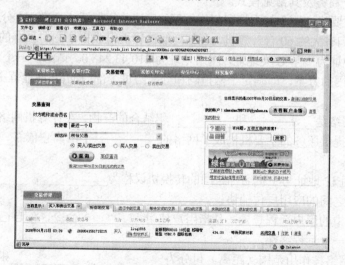

图 8-48 交易管理页面

（6）在图 8-48 中，当付款完成之后，"付款"按钮将变成"确认收货"及"退款"。

（7）当我们收到商品后，进入"交易管理"界面，单击"确认收货"按钮，淘宝将马上把费用支付给卖家。若商品有质量原因或其他情况，则可以和卖家协商"退款"。

淘宝网作为一个典型的 C2C 网站，除了可以在上面购物外，自己也可以作为卖家在上面卖东西，开自己的网上店铺。详细情况请查看淘宝的帮助系统。

8.7　本章小结

本章介绍了计算机网络的概念、发展历史，讲解了计算机网络技术的基础知识；同时也介绍了 Internet 基础知识，Internet 的常见服务如电子邮件、博客、电子商务等以及 Internet 最新的发展方向；介绍了网页制作的基本原理，以及利用 FrontPage 制作网页的方法等。

通过本章的学习，应该能够理解和掌握以下内容。

（1）计算机网络的基本概念、形成与发展。

（2）计算机网络的功能与分类和计算机网络的体系结构等基础知识。

（3）Internet 基本原理和 Internet 常用服务的使用。

（4）网页制作的基础知识。

【思考题与习题】

一、思考题

1．什么是计算机网络？其主要功能有哪些？

2．什么是 IP 地址，IP 地址与域名有何关系？

3．Internet 有哪些主要信息服务？

4．OSI 的 1，2，3 层分别具有什么功能？

5．简述电子商务及其常见模式。

6．设某单位要建立一个与因特网相连的网络，该单位包括 4 个部门，分别位于 4 栋不同的大楼，每个部门有大约 60 台计算机，各部门的计算机组成一个相对独立的子网。假设分配给该单位的 IP 地址为一个 C 类地址，网络地址为 210.43.248.0，请给出一个将该 C 类网络地址划分成 4 个子网的方案，即确定子网掩码和分配给每个部门的 IP 地址范围。

二、填空题

1．计算机网络是_____和_____相结合的产物，在计算机网络中，所有负责信息处理和向网络提供服务的主要机构成了网络的_____子网，它依靠_____子网提供信息传输服务。

2．负责主机 IP 地址与主机名称之间的转换协议称为_____，_____是 WWW 客户机与服务器之间的应用层传输协议。

3．Internet 中的用户远程登录，是指用户使用_____命令，使自己的计算机暂时成为远程计算机的一个远程终端。

4．计算机网络按作用范围（距离）可分为_____、_____和_____。按拓扑结构来分可以分为_____、_____、_____和不规则型等。

5．在 OSI/RM 中将计算机网络的体系结构分成七层，从上至下分别是_____、_____、_____、_____、_____、_____和应用层。

6．以太网是指符合_____标准的网络，它使用 CSMA/CD 传输媒体控制协议，CSMA/CD 的原理可以简单地概括为_____、_____、_____。

7．URL 一般可以分成三个部分，即_____、_____、和_____，IP 地址可以分成网络号和主机号两部分，主机号如果全为 1，则表示_____地址，127.0.0.1 被称作_____地址。

8．计算机网络中，分层和协议的集合称为计算机网络的_____。其中，在网络中，实际应用最广泛的是_____，由它组成了 Internet 的一整套协议。

三、选择题

1．当前使用的因特网协议（IPv4）中，IP 地址由一组（　　）的二进制数字组成。

A．8 位　　　　B．16 位　　　　C．32 位　　　　D．64 位

2．在常用的传输媒体中，（　　）的传输速度最快，信号传输衰减最小，抗干扰能力最强。

A．双绞线　　　B．同轴电缆　　　C．光纤　　　　D．微波

3．在下面给出的协议中，属于 TCP/IP 应用层协议的是（　　）。

A．Token Ring　　B．UDP　　　　C．DNS　　　　D．IP

4．路由器运行于 OSI/RM 的（　　）。

A．数据链路层　　B．网络层　　　C．传输层　　　D．物理层

5．在下面给出的 IP 地址中，（　　）属于 C 类地址。

A．102.10.10.10　　　　　　B．10.20.00.00

C．197.43.68.112　　　　　 D．1.2.3.4

6．（　　）为用户发出的数据包通过通信子网时选择一条合适的路径。

A．物理层　　　B．数据链路层　　C．网络层　　　D．传输层

7．ARP 协议的主要功能是（　　）。

A．将 IP 地址解析为物理地址　　　B．将物理地址解析为 IP 地址
C．将主机域名解析为 IP 地址　　　D．将 IP 地址解析为主机域名

8．在 Internet 中，收发电子邮件需用到的协议是（　　）。

A．HTTP　　　　B．FTP　　　　C．ARP　　　　D．SMTP

9．当一台计算机要通过拨号方式接入 Internet 时，必需的设备是（　　）

A．电话机　　　B．传真机　　　C．Modem　　　D．Hub

10．在没有中继的情况下，双绞线的最大传输距离是（　　）。

A．30m　　　　B．50m　　　　C．100m　　　　D．200m

第 9 章　信息安全基础

【学习目标】

1. 了解计算机安全相关的概念。
2. 了解计算机病毒及其预防。
3. 了解信息安全基本技术。

9.1　信息安全概述

计算机技术和网络飞速发展，我们每天都和网络及成千上万的信息打交道，我们怎样保证我们所使用的计算机的安全、网络的安全？我们生活的方方面面又受到来自哪些方面的安全威胁？它的安全包括哪些方面？通过本章内容的学习，我们将逐一进行了解。

9.1.1　信息安全及其相关概念

1. 信息安全的概念

信息安全是指保护计算机中存放的信息，以防止不合法的使用所造成的信息泄漏、更改或破坏。即确保信息的机密性、完整性、抗否认性和可用性。

（1）机密性（Confidentiality）。机密性是指保证信息不被非授权访问，即使非授权用户得到信息也无法知晓信息内容，因而不能使用。通常通过访问控制阻止非授权用户获得机密信息，通过加密变换阻止非授权用户获知信息内容。

（2）完整性（Integrity）。完整性是指维护信息的一致性，即信息在生成、传输、存储和使用过程中不应发生人为或非人为的非授权篡改。一般通过访问控制阻止篡改行为，同时通过消息摘要算法来检验信息是否被篡改。

（3）抗否认性（Non-Repudiation）。抗否认性是指能保障用户无法在事后否认曾经对信息进行的生成、签发、接收等行为，是针对通信各方信息真实同一性的安全要求。一般通过数字签名来提供抗否认服务，关于数字签名，会在 9.3.3 节里进行讲述。

（4）可用性（Availability）。可用性是指保障信息资源随时可提供服务的特性，即授权用户根据需要可以随时访问所需信息。可用性是信息资源服务功能和性能可靠性的度量，涉及物理、网络、系统、数据、应用和用户等多方面的因素，是对信息网络总体可靠性的要求。

2. 对信息安全的威胁

对信息的威胁主要有两种：信息泄漏和信息破坏。所采用的手段主要有信息中断、截获、伪造和更改。

信息泄漏是指故意或偶然获取用户的信息（特别是敏感的机密信息），即通常所说的泄密或失密事件。在信息泄漏中，必须引起高度重视的是，一切电子设备在工作过程中都会产生电磁辐射，在数百米处，即使不利用很先进的设备，也可将这些信号所携带的信息，包括在终端屏幕上显示的数据接收下来，这成为窃密的主要途径之一。

信息破坏则是指由于人为故意或偶然事件而破坏信息的正确性、完整性和可用性。例如，各种硬、软件设备的故障，环境或自然因素的影响以及操作失误等，都能造成对信息的破坏。其中最严重的是对他人信息的恶意破坏，这种有意的威胁称为攻击。攻击的方法主要有被动攻击和主动攻击两种。

所谓被动攻击，是指在不干扰系统正常工作的情况下，进行接收、截获、窃取信息，通过破译分析等方式获取机密；或者利用观察信息中的控制信息内容，以获悉计算机用户的身份、位置。这种攻击非常隐蔽，其攻击的持久性和危害性更大。有些专门从事接收和破译分析的机构，就是进行这种被动攻击的特殊部门。

被动攻击的主要方法有：直接接收（例如通过电磁传感器、窃听器或者直接搭线接收计算机、外围设备、终端、通信设备以及线路上的信息）；利用电子设备的电磁辐射和泄漏来截获信息；利用合法身份，窃取未授权的信息；通过分析废弃的记录媒体（如打印纸、磁盘、磁带等）以获取有用信息；通过破译加密信息，从中获取机密等。

所谓主动攻击，是指以各种方式有选择地修改、删除、添加、伪装、重排和复制信息内容等，以破坏信息（数据）的真实性、完整性和顺序性。其主要方法有：返回渗透（即有选择地截获用户的信息，然后将信息回传给用户），线间插入，冒充合法用户进行非法窃密和破坏活动，系统工作人员的破坏性窃密和毁坏信息的活动等。

对信息的威胁，除上述有意攻击以外，还可能有各种无意的信息泄漏和信息破坏，例如，操作失误、程序控制错误、管理不严等。

9.1.2　计算机硬件安全

谈到计算机的安全问题，人们总是会把他们的注意力集中到病毒，特洛伊木马和其他涉及到软件方面的威胁，而忽略了计算机的硬件安全。今天我们谈谈这方面的问题，首先需要考虑的是要保护的是哪种系统，是个人用户还是企业网用户，以及计算机中信息的敏感性程度。

首先是要保证物理安全。物理安全是防止意外事件或人为破坏物理设备。不管是个人用户或企业用户首先应考虑的是环境和电源。另外就是计算机应放在一个安全的房间里，以预防盗窃及未经允许的人对计算机、服务器以及网络设备的接触。如果是企业用户还可以使用反偷窃装置来保护计算机和其外部设备。

对于磁盘和磁带机等的储存设备也应妥善保管，像能抵抗火灾和水灾的保险箱就是个不错的选择。在某些情况下，对软驱和光驱加锁能有效防止人们利用软盘或光盘启动机器从而绕开系统的安全设置。

其次是计算机在使用环境方面的安全。对于计算机周围环境的考虑，应尽量保证合适的温度和湿度，避免热源，并给予计算机充分的空气流通。决不能把机器安置在有潜在水、烟或火患的地方。计算机应经常擦拭，因为灰尘是它们最大的敌人。还应该牢记的是不要在吃喝的地方附近放置计算机，比如液体溅到了键盘上或液体流进主机，计算机一旦进水，请立即关闭电源，晾干后再使用。

对于电源问题，应确保设备正确接地，应当给计算机及外围设备提供稳定的电流、电压和断电自动保护装置，防止高电流对计算机内部部件的损坏。如果不能保证，则使用 UPS（不间断电源）就能有效控制电流的冲击或突然停电，以保护重要数据不至于丢失；另外，养成良好的开关机习惯，开机时，首先接同计算机的外部设备（如打印机、显示器等）的电源，最后接通主机的电源，关机时顺序正好相反。

9.1.3　计算机软件安全

相对硬件系统的安全而言，软件系统安全问题是最多的，也是最复杂的。随着软件开发的日益深入和广泛，软件的安全问题变得越来越重要。

计算机软件方面的安全主要分为设置安全和软件系统的安全防护措施两部分。

1. 设置安全

设置安全是指在设备上进行必要的设置（如服务器、交换机的密码等），防止黑客取得硬件设备的远程控制权。例如，许多网络管理员往往没有在服务器或网管的交换机上设置必要的密码，使得熟悉网络设备管理技术的人可以通过网络来取得服务器或交换机的控制权，这是非常危险的。因为路由器属于接入设备，必然要暴露在互联网黑客攻击的视野之中，因此需要采取更为严格的安全管理措施，例如，口令加密、加载严格的访问列表等。

2. 软件系统的安全防护措施

现在 TCP／IP 协议广泛应用于各种网络。但是 TCP／IP 协议起源于 Internet，而 Internet 在其早期是一个开放的为研究人员服务的网际网，是完全非营利性的信息共享载体，所以几乎所有 Internet 协议都没有考虑安全机制。网络不安全的另一个因素是因为，人们很容易从 Internet 上获得相关的核心技术资料，特别是有关 Internet 自身的技术资料及各类黑客软件，很容易造成网络安全问题。

面对层出不穷的网络安全问题从以下几个方面着手，就能够做到防患于未然。

（1）安装补丁程序。任何操作系统随着用户的使用都会有漏洞。软件公司为了弥补这些安全漏洞，在其网站上提供了相应的补丁，供用户下载安装。

（2）安装和设置防火墙。现在有许多基于硬件或软件的防火墙，如华为、神州数码、联想、瑞星等厂商的产品。对于企业内部网来说，安装防火墙是非常必要的。防火墙对于非法访问具有很好的预防作用，但并不是安装了防火墙之后就万事大吉了，而是需要进行适当的设置才能起作用。如果对防火墙的设置不了解，需要请技术支持人员协助设置。

（3）安装网络杀毒软件。现在网络上的病毒非常猖獗，为了控制病毒的传播，需要在终端计算机或网络服务器上安装杀毒软件并及时升级。

（4）账号和密码保护。账号和密码保护可以说是系统的第一道防线，目前网上的大部分对系统的攻击都是从截获或猜测密码开始的，所以对各种账号和密码进行管理是保证系统安全非常重要的措施。

密码的位数一般应该在 6 位以上，而且不要设置成容易猜测的密码，如自己的名字、出生日期等。对于普通用户，设置一定的账号管理策略，如强制用户每个月更改一次密码。对于一些不常用的账户要关闭，例如匿名登录账号。

（5）监测系统日志。通过运行系统日志程序，系统会记录下所有用户使用系统的情形，包括最近登录时间、使用的账号、进行的活动等。日志程序会定期生成报表，通过对报表进行分析，就可以知道是否有异常现象。

（6）关闭不需要的服务和端口。服务器操作系统在安装的时候，会启动一些不需要的服务，这样会占用系统的资源，而且也增加了系统的安全隐患。对于在一定期间不用的服务器，可以完全关闭。另外，还要关掉没有必要开的 TCP 端口和服务，如 Telnet。

（7）定期对服务器进行备份。为防止不能预料的系统故障或用户不小心的非法操作，必须对系统进行安全备份。除了对全系统进行每月一次的备份外，还应对修改过的数据进行每周一次的备份。同时，应该将重要的文件复制到其他机器，当出现系统故障时，可及时地将系统恢复到正常状态。

9.1.4　计算机网络安全知识

1. 网络的不安全因素

（1）自然环境和社会环境

① 自然环境。恶劣的天气会对计算机网络造成严重的损坏；强电和强磁场会毁坏信息载体上的数据信息，损坏网络中的计算机，甚至使计算机网络瘫痪。

② 社会环境。危害网络安全的主要有：故意破坏者（又称黑客 Hacker）、不遵守规则者和刺探秘密者。

（2）资源共享。资源共享使各个终端可以访问主计算机资源，各个终端之间也可以相互共享资源。这就有可能为一些非法用户窃取、破坏信息创造了条件，这些非法用户有可能通过终端或节点进行非法浏览、非法修改，甚至截获重要信息。

（3）数据通信。信息在网络传输过程中极易遭受破坏，如通过专门设备搭线窃听、窃取等都是网络安全的重大威胁。

（4）计算机病毒。计算机网络极易感染计算机病毒。病毒一旦入侵，在网络内进行再生、传染，很快就会遍布整个网络，短时间内就会造成网络瘫痪。

（5）网络管理。网络系统的管理措施不当，也可能造成设备的损坏或保密信息的人为泄漏等。

2. 网络安全的相关概念

随着电子邮件、网络查询和浏览、电子商务等技术的迅猛发展，网络正在成为现代社会正常运转不可或缺的组成部分。然而，网络在给人们带来种种益处的同时，也向人们提出了挑战，这就是网络的安全问题。电子邮件可能被偷看，商业机密可能被窃取，政府网站可能被恶意修改等，所有这些都是网络存在的安全隐患。

国际标准化组织（ISO）引用 ISO 74982 文献中对安全的定义是这样的，安全就是最大程度地减少数据和资源被攻击的可能性。Internet 的最大特点就是开放性，对于安全来说，这又是它致命的弱点。

网络安全是指网络系统的硬件、软件及其系统中的数据受到保护，不受偶然的或者恶意的因素而遭到破坏、更改、泄漏，系统连续可靠正常地运行，网络服务不中断。

从其本质上来讲就是网络上的信息安全。从广义来说，凡是涉及到网络上信息的保密性、完整性、可用性、真实性和可控性的相关技术和理论都是网络安全的研究领域。

网络安全的具体含义会随着"角度"的变化而变化。例如，从用户（个人、企业等）的角度来说，他们希望涉及个人隐私或商业利益的信息在网络上传输时受到机密性、完整性和真实性的保护，避免其他人或对手利用窃听、冒充、篡改、抵赖等手段侵犯用户的利益和隐私，进行恶意的访问和破坏；从网络运行和管理者的角度来说，他们希望对本地网络信息的访问、读写操作受到保护和控制，避免出现"陷阱"、病毒、非法存取、拒绝服务和网络资源非法占用和非法控制等威胁，制止和防御网络黑客的攻击；对安全保密部门来说，他们希望对非法的、有害的或涉及机密的信息进行过滤和防堵，避免机要信息泄漏，避免对社会产生危害，对国家造成巨大损失；从社会教育和意识形态角度来讲，网络上不健康的内容，会对社会的稳定和人类的发展造成阻碍，必须对其进行有效地控制。

网络安全是一个关系国家安全和主权、社会的稳定、民族文化的继承和发扬的重要问题。其重要性，正随着全球信息化步伐的加快而变得越来越重要。

9.2　计算机病毒及其预防

说到预防计算机病毒，正如不可能研究出一种像能包治人类百病的灵丹妙药一样，研制出一劳永逸的防治计算机病毒程序也是不可能的。但可针对病毒的特点，利用现有的技术，开发出新的技术、手段，使防御病毒软件在与计算机病毒的对抗中不断得到完善，更好地发挥保护计算机的作用。

9.2.1　计算机病毒的概念

1.　计算机病毒的定义

那到底什么是病毒呢？计算机病毒是某些人利用计算机软、硬件所固有的脆弱性，编制的具有特殊功能的程序。由于它与生物医学上的"病毒"同样有传染和破坏的特性，因此这一名词是由生物医学上的"病毒"概念引申而来。

可以从不同的角度来定义计算机病毒的概念。一种定义为计算机病毒是以磁带、磁盘和网络等作为媒体传播扩散，能传播其他程序的程序。另一种定义则为计算机病毒是能够实现自身复制且借助一定的载体存在的具有潜伏性、传染性和破坏性的程序。还有的将其定义为计算机病毒是一种人为制造的程序，它通过不同的途径潜伏或寄生在存储器（如磁盘、内存），在某种条件或时机成熟时，它会自身复制并传播，使计算机资源受到不同程度的破坏。这些说法从某种意义上借用了生物学病毒的概念，综上所述，计算机病毒是能够通过某种途径潜伏在存储媒体里，当达到某种条件即被激活，对计算机资源具有破坏作用的一组程序或指令集合。

2.　计算机病毒的特点

目前所发现的病毒，其主要特点如下。

（1）计算机病毒是一段可执行程序。计算机病毒和其他合法程序一样，它可以直接或间接地运行，可以隐藏在可执行程序和数据文件中，不易被人们察觉和发现。

（2）传染性。传染性是衡量一种程序是否为病毒的首要条件。计算机病毒具有强再生机制和智能作用，能主动地将自身或其变体通过媒体（主要是磁盘驱动器）传染到其他无毒对象上，这些对象可以是一个程序，也可以是系统中的某一部位，如系统的引导记录等。

（3）隐蔽性。计算机源病毒程序可以是一个独立的程序体，但其经过扩散生成的再生病毒往往采用附加或插入的方式分散隐藏在被感染文件中，并随文件的合法调用而运行，一般难以发现。

（4）潜伏性。计算机病毒具有可依附于其他媒体寄生的能力，可以在几周或几个月内进行传播或再生而不被发现。

（5）可激发性。病毒侵入后一般不立即活动，待到某种条件满足后立即被激活，执行破坏作用。这些条件包括指定的某个日期或时间，特定用户标识的出现，特定文件的出现和使用，特定的安全保密等级，或某文件使用达到一定次数等。

（6）破坏性。凡是用软件手段能触及计算机资源的地方均可能受到病毒的破坏。这种破坏不仅是指破坏系统、修改或删除数据，而且包括占用系统资源，干扰机器正常运行。

3. 病毒的工作过程

计算机病毒的完整工作过程应包括以下几个环节。

（1）传染源：病毒总是依附于某些存储介质，例如软盘、硬盘等。

（2）传染媒介：病毒传染的媒介可能是计算机网络，也可能是可移动的存储介质，如磁盘、磁带。

（3）病毒激活：是指将病毒装入内存，并设置触发条件。

（4）病毒触发：计算机病毒一旦被激活，立刻就发生作用，触发的条件是多样化的，可以是内部时钟、系统的日期、用户标识符，也可以是系统的一次通信等。如"周日"病毒，它每个星期天发作，这时屏幕会显示："今天是星期天，何必这么辛苦呢？"，之后，就会捣毁 FAT 表摧毁全部硬盘数据。

（5）病毒表现：表现是病毒的主要目的之一，有时会在以在屏幕显示的方式出现，有时则表现为破坏系统数据，有时甚至像先前所述的 CIH 病毒那样会直接损害系统硬件。

（6）传染：病毒的传染是病毒性能的一个重要标志。在传染环节中，病毒将复制一个自身副本到传染对象中去。

4. 主要传播途径

计算机的病毒之所以称之为病毒是因为其具有传染性的本质。传统渠道通常通过以下几种方式。

（1）不可移动的计算机硬件设备。这种病毒虽然极少，但破坏力却极强，目前尚没有较好的检测手段对付。

（2）移动存储设备。例如，软盘、光盘、可移动硬盘。

（3）计算机网络。如通过网络共享、FTP 下载、电子邮件、WWW 浏览，系统漏洞、群件系统如 Lotus Domino 和 Ms Exchange 等传播。通过网络，病毒传播的国际化发展趋势更加明显，反病毒工作也由本地走向国际化。

（4）点对点通信系统和无线通道。目前，这种传播途径还不是十分广泛，但预计在未来的信息时代，这种途径很可能与网络传播途径成为病毒扩散的最主要的两大渠道。

5. 病毒感染症状

当运行中的计算机系统出现以下不正常现象时，应当怀疑是否感染了病毒。

（1）系统运行异常。磁盘引导出现死机现象；引导时间比平时长；系统启动时间比平时长；程序装入时间比平时长，这就有可能是病毒在感染执行程序；磁盘引导扇区被修改；磁盘根目录区被修改；COMMAND.COM、AUTOEXEC.BAT、CONFIG.SYS 等重要文件被非法修改；系统运行中经常无故死机；运行较大程序时，显示程序太大、内存不够等信息；原来可运行的程序变得无法运行；或者运行出现错误的结果等。

（2）磁盘文件异常。磁盘文件长度无故增长；磁盘文件被修改；磁盘文件无故消失，或文件中的数据神秘地消失；磁盘上出现莫名其妙的隐藏文件或其他异常文件。

（3）屏幕画面异常。屏幕上出现与系统无关的提示、警告或问候等异常信息；屏幕显示突然出现混乱画面。

（4）内存或磁盘可用空间异常　用户可用内存空间突然减少；磁盘可用空间减少；磁盘出现固定坏扇区。

（5）外围设备异常。正常的外围设备无法使用；用户并没有访问的设备出现"忙"信号；打印机不能联机，或虽然联机但打不出内容；软盘无法进行正常的读写。

除了上述的直接观察法外，还可以利用 DEBUG 等软件工具通过检测软件来进行检查。

6. 计算机病毒的危害

就目前来看，计算机病毒对计算机造成影响，主要包括对计算机网络的危害和对个人计算机的危害两方面。

对计算机网络的危害主要有：病毒程序通过"自我复制"传染正在运行的其他程序，与正常运行的程序争夺计算机资源；病毒程序可以冲毁存储器中的大量数据，使网络上的其他用户的数据蒙受损失；病毒不仅侵害所使用的计算机系统，还侵害与该系统联网的其他计算机系统。

从近几年计算机病毒的传播及危害来看，对于多数单机应用系统，计算机病毒的危害主要体现在对数据的破坏和对系统本身的攻击上，一般来说，这种破坏的结果还是有限的。但是，计算机病毒对计算机网络的攻击绝不可低估。在控制系统，尤其是在实时控制系统，特别是在国防、银行等系统中的实时控制系统，计算机任何一点点故障都可能引起严重后果，这些系统一旦受到计算机病毒的侵袭，其后果难以设想。

计算机病毒作为一种新的犯罪手段，还能在政治和军事上产生巨大的影响。计算机病毒作为一种新型的电子武器，它在战争中的破坏性可能比原子弹还大。美国在海湾战争中，首次利用计算机病毒，使伊拉克军事指挥中心的计算机失灵，达到了预期的目的。

9.2.2　病毒的种类及预防措施

1. 计算机病毒的类型

从计算机病毒设计者的意图和病毒程序对计算机系统的破坏程度来看，病毒可分为两种。

（1）良性病毒。是指只表现自己而不恶意破坏系统数据的一种病毒，例如只占用系统开销、降低系统或程序运行速度、干扰屏幕画面等。

（2）恶性病毒。系有目的有预谋的人为破坏。例如，破坏系统数据、删除文件，甚至摧毁系统等、危害性大，后果严重。

根据计算机病毒入侵系统的途径，大致可将其分为 4 种。

（1）操作系统病毒（Operating System Virus）。操作系统病毒用本身程序加入或代替部分操作系统运行，它往往把大量的攻击程序隐藏在故意标明是坏的磁盘扇区上，其他部分装在常驻 RAM 程序或设备驱动程序之中，以便隐蔽地从内存对目标文件进行感染或攻击。这种病毒有持续的攻击力，危害性最大，也最常见，例如"大麻"、"小球"等病毒均属于此类。

（2）入侵型病毒（Intrusive Virus）。病毒侵入到被攻击的对象（程序），以插入的方式链接，成为合法文件的一部分。

（3）源码型病毒（Source Code Virus）。攻击高级语言编写的程序，它经编译成为合法程序的一部分，以合法身份存在的非法程序。

（4）外壳病毒（Shell Virus）。它将自己置放在主程序四周，对原来的程序一般不做修改。这种病毒易于编写，数量最多，较易检测和清除。例如，可通过检查文件长短来判断病毒存在与否，也可用简单覆盖方法来消除病毒。例如"耶路撒冷"、"扬基督得"病毒均属于此类。

后面三类病毒以攻击文件为目标，故又称为文件型病毒。

按照计算机病毒攻击的操作系统来分类，可分为以下 4 种。

（1）攻击 DOS 系统的病毒。这类病毒出现最早、最多，变种也多，杀毒软件能够查杀的病毒中一半以上都是 DOS 病毒，可见 DOS 时代 DOS 病毒的泛滥程度。

（2）攻击 Windows 系统的病毒。目前 Windows 操作系统几乎已经取代 DOS 操作系统，从而成为计算机病毒攻击的主要对象。查证首例破坏计算机硬件的 CIH 病毒就是一个攻击 Windows 95/98 的病毒。

（3）攻击 UNIX 系统的病毒。由于 UNIX 操作系统应用非常广泛，且许多大型的系统均采用 UNIX 作为其主要的操作系统，所以 UNIX 病毒的破坏性是很大的。

（4）攻击 OS/2 系统的病毒。该类病毒比较少见。

2．计算机病毒防治策略

病毒的侵入必将对系统资源构成威胁，即使是良性病毒，至少也要占用少量的系统空间，影响系统的正常运行。特别是通过网络传播的计算机病毒，能在很短的时间内使整个计算机网络处于瘫痪状态，从而造成巨大的损失。从原则上说，计算机病毒防治应采取"主动预防为主，被动处理结合"的策略，偏废哪一方面都是不应该的。

防毒是主动的，主要表现在监测行为的动态性和防范方法的广谱性。防毒主要是从病毒的寄生对象、内存驻留方式、传染途径等病毒行为入手进行动态监测和防范。一方面防止外界病毒向机内传染，另一方面抑制现有病毒向外传染。防毒是以病毒的原理为基础，防范的目标不仅是已知的病毒，而是以现有的病毒原理设计的一类病毒，包括按现有原理设计出来的今后的新病毒或变种病毒。

杀毒是被动的，只有发现病毒后，对其剖析、选取特征串，才能设计出该"已知"病毒的防杀软件，但发现新病毒或变种病毒时，又要对其剖析、选取特征串，才能设计出新的杀毒软件，它不能检测和消除研制者未曾见过的"未知"病毒，甚至对已知病毒的特征串稍作改动，就可能无法检测出这种变种病毒或者在杀毒时会出错。

3．计算机病毒的传播防范

计算机病毒主要通过读写文件、使用网络进行传播。但这些操作又是不可缺少的，因此必须根据其传播途径采取适当措施加以防范。

（1）避免多人共用一台计算机。在多人共用的计算机上，由于使用者较多，各种软件使用频繁，且来源复杂，从而大大增加了病毒传染的机会。

（2）杜绝使用来源不明的软件。避免使用盗版的软件（文件、程序、游戏），因为它们极可能携带病毒。

（3）要到知名大网站进行下载。近年来，计算机病毒通过网络散发已成为主流，网络也使病毒的传播达到前所未有的疯狂程度。因此网上下载要谨慎，一定要到安全可靠的知名网站、大型网站，不要选择一些小型网站。使用网站下载的东西之前最好先做病毒扫描，确保安全无毒。

（4）管好、用好电子邮件（E-Mail）系统。据 ICSA 的统计报告显示，电子邮件已经成为计算机病毒传播的主要媒介，其比例占所有计算机病毒传播媒介的 60%。如 Nimda（尼姆达）病毒通过电子邮件传播，用户邮件的正文为空，似乎没有附件，实际上邮件中嵌入了病毒的执行代码，用户在预览邮件时，病毒就已经在不知不觉执行了。病毒还会用取得的地址将带毒邮件发送出去，所以为防止计算机通过电子邮件渠道感染，需要及时升级 Internet Explorer（浏览器），并且为操作系统打上必要的补丁。在收到电子邮件时，不要打开来历不明邮件的附件。对可疑的电子邮件在确定没有病毒前不要打开，如发现带毒邮件，马上删除，有些邮件主题写得很吸引，这个时候就要尤为注意了，很有可能这就是个"陷阱"。

4. 个人计算机防治病毒的建议

（1）经常从软件供应商那边下载、安装安全补丁程序和升级杀毒软件。随着计算机病毒编制技术和黑客技术的逐步融合，下载、安装补丁程序和杀毒软件升级并举将成为防治病毒的有效手段。

（2）新购置的计算机和新安装的系统，一定要进行系统升级，保证修补所有已知的安全漏洞。

（3）使用较为复杂的口令。尽量选择难于猜测的口令，不同的账号选用不同的口令。

（4）经常备份重要数据。尽量做到每天坚持备份。较大的单位要做到每周作完全备份，每天进行增量备份，并且每个月要对备份进行校验。

（5）使用经过公安部认证的防病毒软件，定期对整个硬盘进行病毒检测、清除工作。

（6）可以在计算机和互联网之间安装使用防火墙，提高系统的安全性。

（7）重要的计算机系统和网络一定要严格与互联网进行物理隔离。这种隔离包括离线隔离，即在互联网中使用过的系统不能再用于内部网络。

（8）正确配置、使用病毒防治产品。一定要了解所选用产品的技术特点。正确配置使用，才能发挥产品的特点，保护自身系统的安全。

（9）正确配置系统，减少病毒侵害事件。充分利用系统提供的安全机制，提高系统防范病毒的能力。

9.2.3　网络黑客及其防范

1. 什么是网络黑客

黑客，总是那么神秘莫测。在人们眼中，黑客是一群聪明绝顶，精力旺盛的年轻人，一门心思地破译各种密码，以便偷偷地、未经允许地打入政府、企业或他人的计算机系统，窥视他人的隐私。那么，什么是黑客哪？

黑客是那些检查（网络）系统完整性和完全性的人。黑客（hacker），源于英语动词 hack，意为"劈，砍"，引申为"干了一件非常漂亮的工作"。在早期麻省理工学院的校园俚语中，"黑客"则有"恶作剧"之意，尤指手法巧妙、技术高明的恶作剧。在日本《新黑客词典》中，对黑客的定义是"喜欢探索软件程序奥秘，并从中增长了其个人才干的人。他们不像绝大多数电脑使用者那样，只规规矩矩地了解别人指定了解的狭小部分知识。"由这些定义中，还看不出太贬义的意味。他们通常具有硬件和软件的高级知识，并有能力通过创新的方法剖析系统。"黑客"能使更多的网络趋于完善和安全，他们以保护网络为目的，而以不正当侵入为手段找出网络漏洞。

另一种入侵者是那些利用网络漏洞破坏网络的人。他们往往做一些重复的工作（如用暴力法破解口令），他们也具备广泛的电脑知识，但与黑客不同的是他们以破坏为目的。这些群体称为"骇客"。当然还有一种人兼于黑客与入侵者之间。

2. 网络黑客攻击方法

许多上网的用户对网络安全可能抱着无所谓的态度，认为最多不过是被"黑客"盗用账号，他们往往会认为"安全"只是针对那些大中型企事业单位的，而且黑客与自己无冤无仇，干吗要攻击自己呢？其实，在一无法纪二无制度的虚拟网络世界中，现实生活中所有的阴险和卑鄙都表现得一览无余，在这样的信息时代里，几乎每个人都面临着安全威胁，都有必要对网络安全有所了解，并能够处理一些安全方面的问题，那些平时不注意安全的人，往往在受到安全方面的攻击，付出惨重的代价时才会后悔不已。同志们一定要记住啊，防人之心不可无呀！

为了把损失降低到最低限度，我们一定要有安全观念，并掌握一定的安全防范措施，坚决让黑客无任何机会可趁。下面我们就来研究一下那些黑客是如何找到计算机中的安全漏洞的，只有了解了他们的攻击手段，才能采取准确的对策对付这些黑客。

（1）获取口令。这又有三种方法：一是通过网络监听非法得到用户口令，这类方法有一定的局限性，但危害性极大，监听者往往能够获得其所在网段的所有用户账号和口令，对局域网安全威胁巨大；二是在知道用户的账号后（如电子邮件@前面的部分），利用一些专门软件强行破解用户口令，这种方法不受网段限制，但黑客要有足够的耐心和时间；三是在获得一个服务器上的用户口令文件（此文件成为 Shadow 文件）后，用暴力破解程序破解用户口令，该方法的使用前提是黑客获得口令的 Shadow 文件。此方法在所有方法中危害最大，因为它不需要像第二种方法那样一遍又一遍地尝试登录服务器，而是在本地将加密后的口令与 Shadow 文件中的口令相比较就能非常容易地破获用户密码，尤其对那些弱智用户（指口令安全系数极低的用户，如某用户账号为 zys，其口令就是 zys666、666666、或干脆就是 zys 等）更是在短短的一两分钟内，甚至几十秒内就可以将其干掉。

（2）放置特洛伊木马程序。特洛伊木马程序可以直接侵入用户的电脑并进行破坏，它常被伪装成工具程序或者游戏等诱使用户打开带有特洛伊木马程序的邮件附件或从网上直接下载，一旦用户打开了这些邮件的附件或者执行了这些程序之后，它们就会像古特洛伊人在敌人城外留下的藏满士兵的木马一样留在自己的电脑中，并在自己的计算机系统中隐藏一个可以在 Windows 启动时悄悄执行的程序。当连接到因特网上时，这个程序就会通知黑客，来报告 IP 地址以及预先设定的端口。黑客在收到这些信息后，再利用这个潜伏在其中的程序，就可以任意地修改计算机的参数设定、复制文件、窥视整个硬盘中的内容等，从而达到控制计算机的目的。

（3）WWW 的欺骗技术。在网上用户可以利用 IE 等浏览器进行各种各样的 Web 站点的访问，如阅读新闻组、咨询产品价格、订阅报纸、电子商务等。然而一般的用户恐怕不会想到有这些问题存在：正在访问的网页已经被黑客篡改过，网页上的信息是虚假的！例如，黑客将用户要浏览的网页的 URL 改写为指向黑客自己的服务器，当用户浏览目标网页的时候，实际上是向黑客服务器发出请求，那么黑客就可以达到欺骗的目的。

（4）电子邮件攻击。电子邮件攻击主要表现为两种方式：一是电子邮件轰炸和电子邮件"滚雪球"，也就是通常所说的邮件炸弹，指的是用伪造的 IP 地址和电子邮件地址向同一信箱发送数以千计、万计甚至无穷多次内容相同的垃圾邮件，致使受害人邮箱被"炸"，严重者可能会给电子邮件服务器操作系统带来危险，甚至瘫痪；二是电子邮件欺骗，攻击者伪称自己为系统管理员（邮件地址和系统管理员完全相同），给用户发送邮件要求用户修改口令（口令可能为指定字符串）或在貌似正常的附件中加载病毒或其他木马程序（据笔者所知，某些单位的网络管理员有定期给用户免费发送防火墙升级程序的义务，这为黑客成功地利用该方法提供了可乘之机），这类欺骗只要用户提高警惕，一般危害性不是太大。

（5）通过一个节点来攻击其他节点。黑客在突破一台主机后，往往以此主机作为根据地，攻击其他主机（以隐蔽其入侵路径，避免留下蛛丝马迹）。他们可以使用网络监听方法，尝试攻破同一网络内的其他主机；也可以通过 IP 欺骗和主机信任关系，攻击其他主机。这类攻击很狡猾，但由于某些技术很难掌握，如 IP 欺骗，因此较少被黑客使用。

（6）网络监听。网络监听是主机的一种工作模式，在这种模式下，主机可以接受到本网段在同一条物理通道上传输的所有信息，而不管这些信息的发送方和接受方是谁。此时，如果两台主机进行通信的信息没有加密，只要使用某些网络监听工具，例如，NetXray for Windows 95/98/nt, sniffit for linux 、solaries 等就可以轻而易举地截取包括口令和账号在内的信息资料。虽然网络监听获得的用户账号和口令具有一定的局限性，但监听者往往能够获得其所在网段的所有用户账号及口令。

（7）寻找系统漏洞。许多系统都有这样那样的安全漏洞（Bugs），其中某些是操作系统或应用软件本身具有的，如 Sendmail 漏洞，Windows 98 中的共享目录密码验证漏洞和 IE5 漏洞等，这些漏洞在补丁未被开发出来之前一般很难防御黑客的破坏，除非将网线拔掉；还有一些漏洞是由于系统管理员配置错误引起的，如在网络文件系统中，将目录和文件以可写的方式调出，将未加 Shadow 的用户密码文件以明码方式存放在某一目录下，这都会给黑客带来可乘之机，应及时加以修正。

（8）利用账号进行攻击。有的黑客会利用操作系统提供的默认账户和密码进行攻击，例如许多 Unix 主机都有 FTP 和 Guest 等默认账户（其密码和账户名同名），有的甚至没有口令。黑客用 Unix 操作系统提供的命令如 Finger 和 Ruser 等收集信息，不断提高自己的攻击能力。这类攻击只要系统管理员提高警惕，将系统提供的默认账户关掉或提醒无口令用户增加口令一般都能克服。

（9）偷取特权。利用各种特洛伊木马程序、后门程序和黑客自己编写的导致缓冲区溢出的程序进行攻击，前者可使黑客非法获得对用户机器的完全控制权，后者可使黑客获得超级用户的权限，从而拥有对整个网络的绝对控制权。这种攻击手段，一旦奏效，危害性极大。

3. 防范措施

（1）经常做 Telnet、FTP 等需要传送口令的重要机密信息应用的主机应该单独设立一个网段，以避免某一台个人机被攻破，被攻击者装上 sniffer，造成整个网段通信全部暴露。有条件的情况下，重要主机装在交换机上，这样可以避免 sniffer 偷听密码。

（2）专用主机只开专用功能，如运行网管、数据库重要进程的主机上不应该运行如 sendmail 这种 Bug 比较多的程序。网管网段路由器中的访问控制应该限制在最小限度，研究清楚各进程必需的进程端口号，关闭不必要的端口。

（3）对用户开放的各个主机的日志文件全部定向到一个 syslogd server 上，集中管理,该服务器可以由一台拥有大容量存储设备的Unix 或NT 主机承当,定期检查备份日志主机上的数据。

（4）网管不得访问 Internet。并建议设立专门机器使用 ftp 或 WWW 下载工具和资料。

（5）提供电子邮件、WWW、DNS 的主机不安装任何开发工具，避免攻击者编译攻击程序。

（6）网络配置原则是"用户权限最小化"，例如关闭不必要或者不了解的网络服务，不用电子邮件寄送密码。

（7）下载安装最新的操作系统及其他应用软件的安全和升级补丁，安装几种必要的安全加强工具，限制对主机的访问，加强日志记录，对系统进行完整性检查，定期检查用户的脆弱口令，并通知用户尽快修改。重要用户的口令应该定期修改（不长于 3 个月），不同主机使用不同的口令。

（8）定期检查系统日志文件，在备份设备上及时备份。制订完整的系统备份计划，并严格实施。

（9）定期检查关键配置文件（最长不超过 1 个月）。

（10）制定详尽的入侵应急措施以及汇报制度。发现入侵迹象，立即打开进程记录功能，同时保存内存中的进程列表以及网络连接状态，保护当前的重要日志文件，有条件的话，立即打开网段上另外一台主机监听网络流量，尽力定位入侵者的位置。如有必要，断开网络连接。在服务主机不能继续服务的情况下，应该有能力从备份磁带中把服务恢复到备份主机上。

9.2.4　杀毒软件的使用

一旦检测到计算机病毒，就应该想办法将病毒立即清除，由于病毒的防治技术总是滞后于病毒的制作，所以并不是所有病毒都能马上得以清除。目前市场上的查杀毒软件有许多种，可以根据自己的需要选购。下面简要介绍常用的几个查杀毒软件，具体的使用操作请参看其配套的使用说明书。

1．金山毒霸

金山公司的金山毒霸 V 可以防毒、查毒和杀毒，其闪电杀毒技术，嵌入最新的病毒库，4 分钟即可将 40GB 的硬盘全部扫描一遍，因为大部分的病毒已经不大可能再感染，无需将所有文件对所有病毒进行查验，如果只是中了尼姆达、求职信等几十种病毒，只需几分钟时间即可让机器开始正常工作。闪电杀毒还可根据流行病毒情况随时更新。金山毒霸可查杀超过 2 万种病毒和近百种黑客程序，具备完善的实时监控（病毒防火墙）功能，它能对多种压缩格式文件进行病毒查杀，能进行在线杀毒，具有功能强大的定时自动查杀功能。如图 9-1 所示。

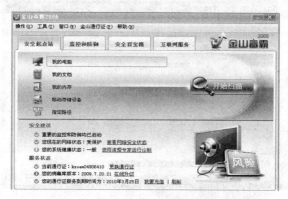

图 9-1　金山毒霸使用界面

2. 瑞星杀毒软件

瑞星杀毒软件 2008 版，是针对目前流行的网络病毒研制开发的最新产品，全新的病毒查杀引擎和多项最新技术应用，有效提升对位置病毒、变种病毒、黑客木马、恶意网页等新型病毒的查杀能力，在降低系统资源消耗、提升查杀毒速度、快速智能升级等多方面进行了改进，是保护计算机系统安全的工具软件。瑞星公司提供免费在线查毒和在线杀毒服务，如图 9-2 所示。

图 9-2 瑞星在线杀毒页面

3. KV 江民杀毒软件

江民杀毒软件 KV2008 独创的"驱动级编程技术"，能够与操作系统底层技术结合更紧密、兼容性更强、占用系统资源更小。"系统级深度防护技术"，KV2008 与操作系统互动防毒，彻底改变以往杀毒软件独立于操作系统和防火墙的单一应用模式，开创杀毒软件系统级病毒防护新纪元。独创"立体联动防杀技术"，KV2008 杀毒软件与防火墙联动防毒、同步升级，防杀病毒更有效，如图 9-3 所示。

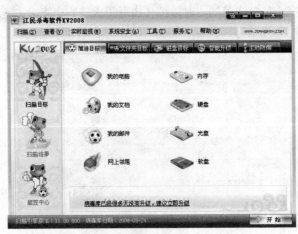

图 9-3 江民杀毒软件防毒方案选项

一般杀毒软件都具有在线监视功能，可在操作系统启动后即自动装载并运行，时刻监视打开的磁盘文件、从网络上下载的文件以及收发的邮件等。一旦某个防毒软件已经装载并运行，如果这时再安装另一个杀毒软件，系统将提示先把原有的杀毒软件卸载，然后才能继续安装，因为两个杀毒软件同时安装使用可能会有冲突，容易导致原有杀毒软件不能正常工作，对用户来说选择一个合适的防杀毒软件主要应该考虑以下几个因素：

（1）能够查杀的病毒种类越多越好；

（2）对病毒具有免疫功能，即能预防未知病毒；

（3）具有实现在线检测和即时查杀病毒的能力；

（4）能不断对杀毒软件进行升级服务，因为每天都可能有新病毒产生，所以杀毒软件必须能够对病毒库进行不断地更新；

（5）最后当然还有价格因素，买一个正版的杀毒软件可以不断地对病毒库进行升级，能免去用户的后顾之忧。

9.3　信息安全基本技术

9.3.1　访问控制技术措施

1. 访问控制的概念

访问控制（Access Control）就是在身份认证的基础上，依据授权对提出的资源访问请求加以控制。访问控制是网络安全防范和保护的主要策略，它可以限制对关键资源的访问，防止非法用户的侵入或合法用户的不慎操作所造成的破坏。

访问控制系统的一些相关概念如下。

（1）主体：是系统中的主动元素，可能是一个人、一个组、一个子系统或者一个进程。

（2）客体：客体可以是计算机，一个文件或者附属于计算机的设备。客体在信息流动中的地位是被动的，在主体的作用之下，具体地说，客体可以是目录／文件夹、文件、域、屏幕、键盘、内存、磁带或者打印机等。

（3）访问：在计算机系统中，访问是主体和客体之间的交互，这种交互的结果往往引发信息流动。主体对客体的访问就意味着对客体所包含的数据的访问。一般来讲，访问总是指用户登录到计算机上，使用这个系统的资源。

（4）访问许可：与计算机系统每个文件或者目录相联系的许可集合，它描述了谁可以执行相应的读、写和执行操作。只有文件的主人或者超级用户可以改变这些许可，维护访问许可非常麻烦，但是仍然是系统安全最重要的一类工作。

（5）访问权：访问权是赋予一个主体访问特定客体，执行特定操作的许可。

（6）访问级别：一个主体访问一个客体需要的授权级别。

（7）访问控制表：是用来描述访问许可的一种通用机制，最简单的访问控制表是系统中被管理的客体列表，这个列表指定哪些主体可以对哪些客体执行哪些类型的访问，如果主体的标识没有包含在访问控制表中，这个主体就不被允许访问这个客体。

2. 访问控制的基本原则

访问控制机制是用来实施对资源访问加以限制的策略，这种策略把对资源的访问只限于那些被授权用户。应该建立起申请、建立、发出和关闭用户授权的严格制度，以及管理和监督用户操作责任的机制。

为获取系统的安全，授权应该遵守访问控制的三个基本原则。

（1）最小特权原则

最小特权原则是系统安全中最基本的原则之一。所谓最小特权（Least Privilege），指的是"在完成某种操作时所赋予网络中的每个主体（用户或进程）必不可少的特权"。最小特权原则是指，"应限定网络中每个主体所必需的最小特权，确保可能的事故、错误、网络部件的篡改等原因造成的损失最小"。

最小特权原则使得用户所拥有的权力不能超过他执行工作时所需的权限。最小特权原则一方面给予主体"必不可少"的特权，这保证了所有的主体都能在所赋予的特权之下完成所需要完成的任务或操作；另一方面，它只给予主体"必不可少"的特权，这就限制了每个主体所能进行的操作。

（2）多人负责原则

即权利分散化，对于关键的任务必须在功能上进行划分，由多人来共同承担，保证没有任何个人具有独立完成任务的全部授权或信息。如将任务作分解，使得没有一个人具有重要密钥的完全拷贝。

（3）职责分离原则

职责分离是保障安全的一个基本原则。职责分离是指将不同的责任分派给不同的人员以期达到互相牵制，消除一个人执行两项不兼容工作的风险。例如，收款员、出纳员、审计员应由不同的人担任。计算机环境下也要有职责分离，为避免安全上的漏洞，有些许可不能同时被同一用户获得。

9.3.2　防火墙及其使用

防火墙原意是指古代修建在房屋之间的一道墙，当某一房屋发生火灾的时候，它能防止火势蔓延到别的房屋。这里所说的防火墙是指目前一种广泛应用的网络安全技术。防火墙技术是建立在现代通信网络技术和信息安全技术基础上的应用性安全技术，越来越多地应用于专用网络与公用网络的互联环境之中，特别是在 Internet 网络中得到了广泛应用，见图 9-4。

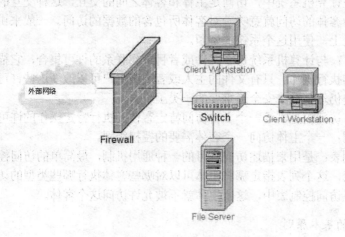

图9-4　防火墙在计算机系统中的位置

（1）什么是防火墙

防火墙是指设置在不同网络（如可信任的企业内部网和不可信的公共网）或网络安全域之间的一系列软件和硬件设备的组合。它是不同网络或网络安全域之间信息的唯一出入口，能根据安全政策控制（允许、拒绝、监测）出入网络的信息流，且本身具有较强的抗攻击能力。它是提供信息安全服务，实现网络和信息安全的基础设施。在逻辑上，防火墙是一个分离器，一个限制器，也是一个分析器，有效地监控了内部网和 Internet 之间的任何活动，保证了内部网络的安全。

（2）防火墙的功能

一般来说，防火墙具有以下几种功能。

① 是网络安全的屏障。一个防火墙（作为阻塞点、控制点）能极大地提高一个内部网络的安全性，并通过过滤不安全的服务而降低风险。由于只有经过精心选择的应用协议才能通过防火墙，所以网络环境变得更安全。例如，防火墙可以禁止诸如众所周知的不安全的 NFS 协议进出受保护的网络，这样外部的攻击者就不可能利用这些脆弱的协议来攻击内部网络。防火墙同时可以保护网络免受基于路由的攻击，如 IP 选项中的源路由攻击和 ICMP 重定向中的重定向路径。防火墙应该可以拒绝所有以上类型攻击的报文并通知防火墙管理员。

② 可以强化网络安全策略。通过以防火墙为中心的安全方案配置，能将所有安全软件（如口令、加密、身份认证、审计等）配置在防火墙上。与将网络安全问题分散到各个主机上相比，防火墙的集中安全管理更经济。例如，在网络访问时，一次一个口令系统和其他的身份认证系统完全可以不必分散在各个主机上，而是集中在防火墙一身上。

③ 对网络存取和访问进行监控审计。如果所有的访问都经过防火墙，那么，防火墙就能记录下这些访问并做出日志记录，同时也能提供网络使用情况的统计数据。当发生可疑动作时，防火墙能进行适当的报警，并提供网络是否受到监测和攻击的详细信息。另外，收集一个网络的使用和误用情况也是非常重要的。首先的理由是可以清楚防火墙是否能够抵挡攻击者的探测和攻击，并且清楚防火墙的控制是否充足。而网络使用统计对网络需求分析和威胁分析等而言也是非常重要的。

④ 防止内部信息的外泄。通过利用防火墙对内部网络的划分，可实现内部网、重点网段的隔离，从而限制了局部重点或敏感网络安全问题对全局网络造成的影响。再者，隐私是内部网络非常关心的问题，一个内部网络中不引人注意的细节可能包含了有关安全的线索而引起外部攻击者的兴趣，甚至因此而暴露了内部网络的某些安全漏洞。使用防火墙就可以隐蔽那些透漏内部细节如 Finger，DNS 等服务。

除了安全作用，防火墙还支持具有 Internet 服务特性的企业内部网络技术体系 VPN。通过 VPN，将企事业单位在地域上分布在全世界各地的 LAN 或专用子网，有机地联成一个整体，这不仅省去了专用通信线路，而且为信息共享提供了技术保障。

（3）防火墙的基本类型

① 包过滤型（Packet Filter）：包过滤通常安装在路由器上，并且大多数商用路由器都提供了包过滤的功能。另外，PC 上同样可以安装包过滤软件。包过滤规则以 IP 包信息为基础，对 IP 源地址、IP 目标地址、封装协议、端口号等进行筛选。

② 代理服务型（Proxy Service）：代理服务型防火墙通常由两部分构成，即服务器端程序和客户端程序。客户端程序与中间节点（Proxy Server）连接，中间节点再与要访问的外部服务器实际连接。与包过滤型防火墙不同的是，内部网与外部网之间不存在直接的连接，同

时提供日志（Log）及审计（Audit）服务。

③ 复合型（Hybrid）防火墙:把包过滤和代理服务两种方法结合起来，可以形成新的防火墙，所用主机称为堡垒主机（Bastion Host），负责提供代理服务。

④ 其他防火墙：路由器和各种主机按其配置和功能可组成各种类型的防火墙。例如，双端主机防火墙（Dyal-Homed Host Firewall），堡垒主机充当网关，并在其上运行防火墙软件。内部网与外部网之间不能直接进行通信，必须经过堡垒主机。另外还有屏蔽主机防火墙（Screened Host Firewall），它是由一个包过滤路由器与外部网相连，同时，一个堡垒主机安装在内部网上，使堡垒主机成为外部网所能到达的唯一节点，确保内部网不受外部非授权用户的攻击。加密路由器（Encrypting Router）：加密路由器对通过路由器的信息流进行加密和压缩，然后通过外部网络传输到目的端进行解压缩和解密。

（4）防火墙的基本规则

配置防火墙有两种基本规则。

① 一切未被允许的就是禁止的（No 规则）：在该规则下，防火墙封锁所有的信息流，只允许符合开放规则的信息进出。这种方法可以形成一种比较安全的网络环境，但这是以牺牲用户使用的方便性为代价的，用户需要的新服务必须通过防火墙管理员逐步添加。

② 一些未被禁止的就是允许（Yes 规则）：在该规则下，防火墙只禁止符合屏蔽规则的信息进出，而转发所有其他信息流。这种方法提供了一种更为灵活的应用环境，但很难提供可靠的安全防护。

具体选择哪种规则，要根据实际情况决定，如果出于安全考虑，就选择第一条规则；如果出于应用的便捷性考虑，就选用第二条规则。

（5）防火墙的局限性

需要指出的是，防火墙是网络安全的重要一环，但并非全部，认为所有的网络安全问题都可以通过简单地配置防火墙来解决是不切实际的。

防火墙有自身的缺陷和不足，主要有以下几点：

① 为了提高安全性，限制或关闭了一些有用但存在安全缺陷的网络服务，给用户带来使用的不便；

② 目前防火墙防范来自网络内部攻击的能力有限；

③ 防火墙不能防范不经过防火墙的攻击，如内部网用户通过拨号直接进入 Internet；

④ 防火墙对用户完全不透明，可能带来传输延迟、瓶颈以及单点失效；

⑤ 防火墙也不能完全防止受病毒感染的文件或软件的传输，由于病毒的种类繁多，如果要在防火墙完成对所有病毒代码的检查，防火墙的效率就会下降；

⑥ 防火墙不能有效地防范数据驱动式攻击。

在实际应用中，可以根据对安全的需求选择合适的防火墙技术及相应的配置方式。防火墙最早只是提供一种简单的数据流访问控制策略，随着各项信息技术的迅速发展，新的软件技术、信息安全思想和技术不断地应用于防火墙的开发上，比如现代密码技术、一次口令系统、智能卡等。随着各种新的安全问题的出现，防火墙的概念和内涵也随着需求的发展而不断丰富，比如支持 VPN 构建、远程集中管理、对内容的过滤、阻止脚本程序、具有一定的病毒检测功能等。如今个人防火墙已得到了广泛的应用，操作系统大多也提供了许多在传统意义上属于防火墙的功能，目前，作为构建安全网络环境的第一道屏障，防火墙还是目前比较有效的防范措施。

（6）防火墙技术的展望

考虑到 Internet 发展的凶猛势头和防火墙产品的更新步伐，要全面展望防火墙技术的发展几乎是不可能的，但是，从产品及功能上，却又可以看出一些动向和趋势，下面可能是防火墙技术下一步的走向和选择。

① 防火墙将从目前对子网或内部网管理的方式向远程上网集中管理的方式发展；过滤深度不断加强，从目前的地址、服务过滤，发展到 URL（页面）过滤，关键字过滤和对 ActiveX、Java 等的过滤，并逐渐有病毒扫除功能。

② 利用防火墙建立专用网（VPN）是较长一段时间内用户使用的主流，对于 IP 的加密需求也越来越强，安全协议的开发又是另外的一大热点。

③ 对网络攻击的检测和告警将成为防火墙的重要功能。

④ 安全管理工具不断完善，特别是可疑活动日志分析工具等将成为防火墙产品的一部分。

9.3.3　数据加密技术

1. 数据加密

加密技术的使用至少可以追溯到 4000 年前，从古至今，它都是在敌对环境下，尤其是战争和外交场合，保护通信的重要手段。在信息社会的今天，这门古老的加密技术更加具有重要的意义。计算机密码学是研究计算机的加密和解密及变换的科学，尽管其背后的数学理论相当高深，但加密的概念却十分简单。加密就是把数据和信息转换为不可直接辩识的密文过程，使不应了解该数据和信息的人不能够识别，欲知密文的内容，需将其转换为明文，这就是解密过程。

加密是在不安全的环境中实现信息安全传输的重要方法。例如，当你要发送一份文件给别人时，先用密钥将其加密成密文，当对方收到带有密文的信息后，也要用密钥将密文恢复成明文。即使发送的过程中有人窃取了文件，得到的也是一些无法理解的密文信息。

加密和解密过程组成为加密系统，明文与密文总称为报文，任何加密系统，不管形式多么复杂，至少包括以下 4 个组成部分：

（1）待加密的报文，也称明文；

（2）加密后的报文，也称密文；

（3）加密、解密装置或算法；

（4）用于加密和解密的密钥，它可以是数字、词汇或语句。

任何加密系统应满足以下基本要求：

（1）密码系统是容易使用的；

（2）加、解密必须对所有密钥均有效；

（3）密码系统的安全性仅仅依赖密钥的保密，而与算法无关。

传统的加密方法，其密钥是由简单的字符串组成的，它可以选择许多加密形式中的一种。只要有必要，就可以经常改变密钥。因此，这种基本加密模型是稳定的，是人所共知的，它的好处就在于，可以秘密而又方便地变换密钥，从而达到保密的目的。

密码学也在不断地发展和进步，新的技术不断涌现，如公开密钥加密技术，与传统加密方法不同，它使用两把钥匙：一把公开钥匙和一把秘密钥匙，前者用于加密，后者用于解密，它也称为"非对称式"加密方法。公开密钥加密技术解决了传统加密方法的局限性问题，极大简化了钥匙分发过程，它若与传统加密方法相结合，可以进一步增加传统加密方法的可靠性，在许多重要的场所，得到了广泛的应用。

2. 数字签名

数字签名（Digital Signature）是指对网上传输的电子报文进行签名确认的一种方式，这种签名方式不同于传统的手写签名。手写签名只需要把名字写在纸上就可以了；而数字签名却不能简单地在报文或文件里写个名字，因为使用计算机中的一些图形软件可以很容易地修改名字而不留任何痕迹，这样的签名就很容易被盗用，十分的不安全，如果这样，接收方将无法确认文件的真伪，达不到签名确认的效果。那么计算机通信中传送的报文又是如何得到确认的呢？这就是数字签名所要解决的问题，数字签名必须满足以下 3 点：

（1）接收方能够核实发送方对报文的签名；

（2）发送方不能抵赖对报文的签名；

（3）接收方不能伪造对报文的签名。

目前，数字签名已经应用于网上安全支付系统、电子银行系统、电子证券系统、安全邮件系统、电子订票系统、网上购物系统、网上报税等一系列电子商务应用的签名认证服务。如果需要发送添加数字签名的安全电子邮件，首先启动 Outlook Express，选择"工具"→"选项"→"安全选项卡"，显示如图 9-5 所示的对话框，选中"在所有待发邮件中添加数字签名"，或在"新邮件"窗口中单击"工具"→"数字签名"就可以对指定的新邮件添加数字签名。

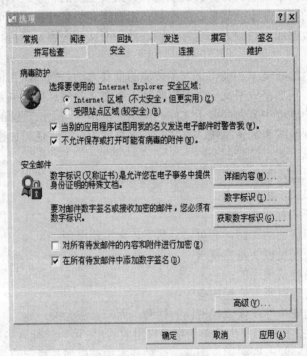

图 9-5　安全邮件设置

要能够添加数字签名，必须首先获取一个数字标识即数字证书，下面介绍有关数字证书的内容。

3. 数字证书

数字证书就是标志网络用户身份信息的一系列数据，用来在网络通信中识别通信各方的身份，即要在 Internet 上解决"我是谁"的问题，就如同现实中每一个人都要拥有一张证明个人身份的身份证或驾驶执照一样，以表明我们的身份或某种资格。数字证书相当于网上的身份证，它以数字签名的方式通过第三方权威认证中心身份验证机构（Certificate Authority，CA）有效地进行网上身份认证，数字身份认证是基于国际公钥基础结构（Public Key Infrastructure，PKI）标准的网上身份认证系统，帮助网上各终端用户识别对方身份和表明自身的身份，具有真实性和防抵赖的功能，与物理身份证不同的是，数字证书还具有安全、保密、防篡改的特性，可对网上传输的信息进行有效的保护和安全的传递。

数字证书采用公钥密码体制，即利用一对互相匹配的密钥进行加密、解密。每个用户拥有一把仅为本人所掌握的私有密钥（私钥），用它进行解密和签名；同时拥有一把公共密钥（公钥）并可以对外公开，用于加密和验证签名。当发送一份保密文件时，发送方使用接收方的公钥对数据加密，而接收方则使用自己的私钥解密，这样，信息就可以安全无误地到达目的地，即使被第三方截获，由于没有相应的私钥，也无法进行解密。通过数字的手段保证加密过程是一个不可逆过程，即只有用私有密钥才能解密。在公开密钥密码体制中，常用的一种是 RSA 体制。

数字证书一般包含用户的身份信息、公钥信息以及身份验证机构（CA）的数字签名数据。身份验证机构的数字签名可以确保证书的真实性，用户公钥信息可以保证数字信息传输的完整性，用户的数字签名可以保证信息的不可否认性。数字证书的格式一般采用 X.509 国际标准。一个标准的 X.509 数字证书包含以下一些内容：

（1）证书的版本信息；

（2）证书的序列号，每个证书都有一个唯一的证书序列号；

（3）证书所使用的签名算法；

（4）证书的发行机构名称，命名规则一般采用 X.400 格式；

（5）证书的有效期，现在通用的证书一般采用 UTC 时间格式，它的计时范围为 1950～2649 年；

（6）证书所有人的名称，命名规则一般采用 X.400 格式；

（7）证书所有人的公开密钥；

（8）证书发行者对证书的签名。

随着 Internet 的日益普及，以网上银行、网上购物为代表的电子商务已越来越受到人们的重视，并开始深入到普通百姓的生活之中。在网上做交易时，由于交易双方并不在现场交易，无法确认双发的合法身份，同时交易信息是交易双方的商业秘密，在网上传输时必须既安全又保密，交易双方一旦发生纠纷，还必须能够提供仲裁，所以在网上交易之前必须去申请一个数字证书，那么到哪里去申请，又如何申请呢？目前我国已有几十家提供数字证书的CA 中心，如中国人民银行认证中心（CFCA）、中国电信认证中心（CTCA）、各省市的商务部认证中心等，可以申领的证书一般有个人数字证书、单位数字证书、安全电子邮件证书、代码签名数字证书等，用户只需携带有关证件到当地的证书受理点，或者直接到证书发放机构即 CA 中心填写申请表并进行身份审核，审核通过后交纳一定费用就可以得到装有证书的相关介质（软盘、IC 卡或 Key）和一个写有密码口令的密码信封。用户还需登录指定的相关网站下载证明私钥，然后就可以在网上操作使用数字证书。

我们可以使用数字证书，通过运用对称和非对称密码体制等密码技术建立起一套严密的身份认证系统，从而保证：

（1）信息除发送方和接收方外不被其他人窃取；

（2）信息在传输过程中不被篡改；

（3）发送方能够通过数字证书来确认接收方的身份；

（4）发送方对于自己的信息不能抵赖。

9.4　信息安全技术实例

9.4.1　系统备份与还原 Ghost 软件应用

Ghost 是赛门铁克公司推出的一个用于系统、数据备份与恢复的工具，目前，最新版本是 Ghost 11.3。Ghost 提供数据定时备份、自动恢复与系统备份恢复的功能，其主界面如图 9-6 所示。

这里要介绍的是 Ghost 8.x 系列，它在 DOS 下面运行，能够提供对系统的完整备份和恢复，支持的磁盘文件系统格式包括 FAT、FAT32、NTFS、ext2、ext3、linux swap 等，还能够对不支持的分区进行扇区对扇区的完全备份。

Ghost 8.x 系列分为两个版本，Ghost（在 DOS 下面运行）和 Ghost32（在 Windows 下面运行），两者具有统一的界面，可以实现相同的功能，但是 Windows 系统下面的 Ghost 不能恢复 Windows 操作系统所在的分区，因此在这种情况下需要使用 DOS 版的 Ghost。

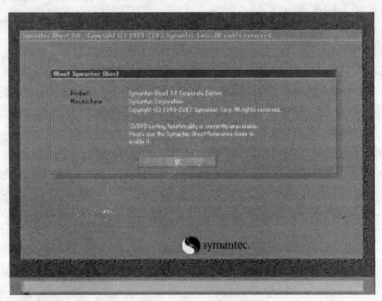

图 9-6　Ghost 主界面

1. 分区备份技巧

硬盘分区备份的一般操作方法：从 Ghost 主选单中选择"Local→Partition→To Image"选项，打开制作分区映象文件窗口，挑选欲备份的硬盘（如果挂有一个以上硬盘）和分区，再指定映象文件名称和存放路径，确认之后，即开始生成扩展名为 ".gho" 的映象文件，耗时大约十分钟左右。

备份技巧如下。

（1）最好在 D 盘建一个 Ghost 文件夹，将生成的备份文件 "*.gho" 与 "Ghost.exe" 都存放在此文件夹下。这样，日后进行恢复操作时，一启动 Ghost 软件，立刻就能显示出备份的映象文件，无须到处去查找。要知道，在 DOS 下运行 Ghost 软件，如果未加载鼠标驱动程序，单靠键盘找起文件来是很麻烦。

（2）将备份的映象义件设成系统、隐含、只读属性。一方面可以防止意外删除、感染病毒；另一方面可以避免在对 D 盘进行碎片整理时，频繁移动映象文件的位置，节约整理磁盘时间。

（3）在生成映象文件时，通常应该采用最大压缩算法，这样，生成的映象文件字节明显减少，节省硬盘空间，否则，映象文件将和 C 盘文件总字节数一样。采用最大压缩方式，虽然处理时间会相应延长，但分区备份和恢复操作频率很低，也许好几个月才进行一次，还是节省硬盘空间更划算。

2. 让备份和恢复更加保险

由于病毒或操作失误，有可能造成映象文件丢失或文件分区表损坏。如果仅仅按照上述方法做了备份，尽管几率很小，仍然有遭到 "灭顶之灾" 的危险。因此有条件的话，还应该采取以下防范措施。

（1）备份文件分区表信息。采用 Kill、KV2008、Norton 等软件，即可在软盘或 U 盘上生成文件分区表备份。如遇病毒攻击分区信息致瘫时，可轻松予以复原。

（2）将映象文件复制到外置硬盘或刻录到光盘上，以防硬盘上的映象文件受损。

（3）将 "Ghost.exe" 文件拷贝至软盘上，必要时可以运行软盘上的文件，由光盘或外置存储设备恢复分区原貌。

3. 恢复备份需知

对于采用了启动管理器分区实现双启动或多启动方式的硬盘，进行恢复分区操作（即由映象文件重写分区）时，最好先关闭启动管理，然后进行恢复操作，待一切正常后，再将启动管理器复原。之所以这么做，是因为启动管理器所在分区必定是活动分区，如果当初制作备份的分区也是活动的，那么在执行恢复操作后，就同时出现两个活动分区，极易造成死机。

有时，在执行重写分区操作后，用 DIR 命令列目录，发现目录全部是怪怪的、长长的乱码文件名，并且全部文件都位于根目录下，看不到树状子目录结构了。这时，千万不要惊慌，更不要冒失地删除文件或格式化硬盘。其实，你的硬盘根本没事儿，只需重新启动电脑，就会一切正常了。

4. 应用 Ghost 需知

（1）无论是备份还是恢复分区，都应尽量在纯 DOS 环境下进行，一般不要从 Windows 或假 DOS 下进行相应的操作。

Ghost 软件包里有一个 Explorer 程序，在 Windows 环境下运行它后，可以像普通解压软件那样，随便从映象文件里释放文件或文件夹。不过，这个 Explorer 程序用处不大，因为 Ghost

的最大好处就是可以不管三七二十一，在最短的时间里可以将分区恢复原样，而无须过问到底是缺损哪个文件引起的故障。

（2）在使用 Ghost 进行硬盘或分区对拷时，由容量小的硬盘或分区向容量等同或大的硬盘、分区进行克隆是完全没有问题的，并且目标硬盘或分区会与源盘一样，大于源盘容量的部分，就成为自由空间。例如，源分区共 600 MB，采用 FAT16 分区方式，共有 400 MB 数据，而目标分区共 1GB，采用 FAT32 分区方式，则由源分区顺利克隆到目标分区后，目标分区也变成了 FAT16 分区方式，但容量仍为 1GB，数据文件同样占据 400 MB 空间。所以，在将电脑升级为大硬盘时，可以很容易地将原来硬盘上的内容复制过去，根本无须重装操作系统和应用软件。

（3）有些玩家的 Ghost 是未授权版本，需要找到扩展名为 ".env" 的文件，先行注册方能正常使用，注册以 DOS 下的命令行方式进行，其格式在软件包自述文件里有详细说明。

9.4.2　一键还原

现在电脑安装的一般是 Windows XP 系统，并且大多没有软驱，由于无法进入纯 DOS，而且以前版本的 Ghost 无法在 NTFS 下运行，再加上 Ghost 操作比较复杂，给初学者们的系统备份/恢复带来很大不便，不过 "一键 Ghost" 的出现解决了初学者们的难题。只需要按方向键和回车键，就可以轻松地一键备份/恢复系统（即使是 NTFS 系统）。

一键自动备份/恢复系统的安装步骤如下。

（1）下载该程序并在 Windows XP 系统下安装，程序安装完成后会自动生成双重启动菜单，重启后按提示选择 "1KEY GHOST 8.2 Build 050706" 即可进入 DOS 系统（见图 9-7）。

（2）接着在出现主菜单选择 "一键备份 C 盘"（见图 9-8）。如果是恢复系统则选择 "一键恢复 C 盘"。"一键恢复 C 盘" 操作是建立在已经备份过 C 盘的基础上的。

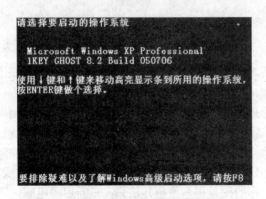

图 9-7　一键 Ghost 启动界面　　　　　　　　图 9-8　一键 Ghost 主菜单

小提示：由于是一键自动备份/还原，很容易被其他用户误操作，可以在 BIOS 中设置登录密码。

（3）在弹出窗口中的 "确定" 按钮处按下回车，程序自动启动 Ghost 并将系统 C 盘备份到 "D:\\c_pan.gho"，如图 9-9 所示。

小提示：备份前要保证 D 盘有足够空间并不要更改 GHO 文件名，否则无法完成一键自动备份/恢复。

图 9-9　一键 Ghost 主菜单

9.5　本 章 小 结

本章介绍了信息安全、计算机病毒及其预防、信息安全基本技术等内容。通过学习使读者对信息安全及其相关知识有一个基本了解，为后面的学习打下良好的基础。

通过本章的学习，应该能够理解和掌握：

（1）计算机安全知识的重要性；

（2）计算机病毒的相关知识以及预防计算机病毒的方法；

（3）信息安全技术基础知识；

（4）备份与还原计算机系统的方法。

【思考题与习题】

一、思考题

1．简述计算机病毒的工作过程。

2．什么是防火墙？它有哪些基本功能？

3．简述黑客与入侵者的区别。

二、填空题

1．保证信息安全，即保证信息的 ＿＿＿＿＿＿＿、＿＿＿＿＿＿＿、＿＿＿＿＿＿＿、
＿＿＿＿＿＿不被破坏。

2．计算机病毒有＿＿＿＿＿＿、＿＿＿＿＿＿＿、＿＿＿＿＿＿、
＿＿＿＿＿＿等显著特征。

3．加密系统是由＿＿＿＿＿＿＿、＿＿＿＿＿＿＿、＿＿＿＿＿＿＿、＿＿＿＿＿＿共同组成的。

参 考 文 献

[1] 冯博琴，姚普选等. 计算机文化基础教程 [M]. 北京：清华大学出版社，2001.

[2] 陆汉权等. 大学计算机基础教程 [M]. 浙江：浙江大学出版社，2006.

[3] 蒋外文，赵辉. 计算机文化基础教程 [M]. 长沙：中南大学出版社，2004.

[4] 武马群. 计算机应用基础教程 [M]. 北京：北京工业大学出版社，2005.

[5] 周明德. 微机原理与接口技术 [M]. 北京：人民邮电出版社，2002.

[6] 刘艳丽. 大学计算机应用基础 [M]. 北京：高等教育出版社，2005.

[7] 陈志刚. 大学计算机基础 [M]. 湖南：中南大学出版社，2005.

[8] 老松杨，吴玲达. 多媒体技术教程 [M]. 北京：人民邮电出版社，2005.9.

[9] 萨师煊，王珊. 数据库系统概论（第三版）[M]. 北京：高等教育出版社，2000.

[10] 汤庸，叶小平，汤娜. 数据库理论及应用基础 [M]. 北京：清华大学出版社，2004.

[11] 施伯乐，丁宝康. 数据库技术 [M]. 北京：科学出版社，2002.

[12] 黄志球，李清. 数据库应用技术基础 [M]. 北京：机械工业出版社，2003.

[13] Thomas Connolly, Carolyn Begg. Database Systems: A Practical Approach to Design, Implementation and Management（Third Edition）. 中译本，宁洪译. 数据库系统-设计、实现与管理（第三版）[M]. 北京：电子工业出版社，2004.

[14] James L. Johnson.Database:Models,Languages,Design.中译本，李天柱等译. 数据库-模型、语言与设计 [M]. 北京：电子工业出版社，2004.

[15] 王诚君. 中文 Access 2000 新编教程 [M]. 北京：清华大学出版社，2003.

[16] 马威. 中文 Access 2003 实用培训教材 [M]. 北京：清华大学出版社，2003.

[17] 孟静. 操作系统原理简明教程 [M]. 北京：高等教育出版社，2004.

[18] 邹鹏等. 操作系统原理 [M]. 长沙：国防科技大学出版社，2000.

[19] 史湘宁，葛新辉. 操作系统典型题解析与实战模拟 [M]. 长沙：国防科技大学出版社，2001.

[20] 东方人华. office 2003 中文版入门与提高 [M]. 北京：清华大学出版社，2005.

[21] 肖华等. 精通 office 2003 [M]. 北京：清华大学出版社，2005.

[22] 王诚君等. 中文 office 2003 培训教程 [M]. 北京：清华大学出版社，2005.

[23] 叶茹燕. 计算机应用基础教程与上机指导 [M]. 北京：清华大学出版社，2003.

[24] CEAC 国家信息化培训认证管理办公室. 信息化办公——演示文稿 [M]. 北京：人民邮电出版社，2002.

[25] 李宁. 办公自动化技术 [M]. 北京：中国铁道出版社，2003.

[26] http://www. office.microsoft.com.